정보통신망과 시스템

강 경 인 저

오성 미디어

머리말

정보통신이란 말이 아주 익숙한 시대가 되었다. 정보통신 없이는 한 순간도 살 수가 없다는 사람들도 많이 있다. 오늘날 우리에게 정보통신을 가능하게 해주는 두 가지 중요한 부분이 정보통신망과 정보통신시스템이라고 할 수 있다. 한 나라의 교통 편리성을 이야기 할 때 가장 먼저 교통망을 떠올리게 된다. 물론 자동차, 기차, 배, 비행기 등의 성능도 중요하다. 먼저 정보통신을 학습하기위해서는 정보통신을 위해 사용되어지는 정보통신망과 정보통신시스템에 대한 개념이 중요하다. 우리가 정보통신을 이야기할 때 일반적으로 사용하고 있는 정보통신시스템에 대한 중요성은 많이 강조하지만 정보통신망에 대한 생각은 거의 하지 않는 경향이 있다. 그것은 어쩌면 당연한 일이지도 모른다. 왜냐하면 실제로 일반 사람들에게는 자신이 항상 즐겨 사용하는 휴대폰, mp3, 컴퓨터 등이 중요하지 이러한 정보통신시스템들이 어떻게 동작되는 지 또한 어떠한 과정을 통해 통신이 되어지는 것이는 특별한 관심이 없다. 그렇지만 정보통신에 관심이 있고 또한 정보통신에 관련된 전공을 가진 사람이라면 정보가 송수신되는 과정과 관련되는 정보통신망과 정보통신시스템의 동작원리는 아주 중요한 문제가 될 것이다. 모스(Morse) 전신기 발명과 함께 시작된 전기통신은 현재 사용자들의 다양한 서비스 요구와 성능이 우수한 통신장비의 개발에 따라 여러 가지 형태로 발전하게 되었다. 이어서 우리가 현재 사용하고 있는 유선통신, 무선통신, 컴퓨터통신, 이동통신, 위성통신, 이동 애드 혹 네트워크 등의 다양한 통신 서비스들이 상호 작용을 통해 급속도로 발전하게 되었다.

이 책은 정보통신을 이해하기 위해서 정보통신망과 정보통신시스템에 대해서 학습한다. 다양한 정보통신망과 정보통신시스템에 대해서 학습하고 분석함으로써 정보통신에 대한 이해력을 높이고 더 나아가 새로운 정보통신시스템을 개발할 수 있는 동기부여를 하고자 한다.

이 책은 정보통신망 개념과 분류, LAN(Local Area Network), VAN(Value Added Area), ISDN(Integrated Service Digital Network), 무선통신망, 이동통신망, 위성통신망, 이동 애드 혹 네트워크와 정보통신망에서 사용되어지는 다양한 정보통신시스템 등으로 구성되어져 있다.

이 책을 통해서 정보통신을 학습하는 독자들의 무궁한 발전을 기원하며, 이 책의 출판을 위해 노력해주신 모든 분들에게 감사하며 출판의 기쁨을 함께 나누고자 한다.

2010년 어느 더운 날에

제 1 장 정보통신망과 시스템 개요 ········ 2
1.1 정보통신망과 시스템의 발전과정 ········ 2
1.2 정보통신망의 개요 ········ 8

제 2 장 정보통신망과 시스템 기초 ········ 14
2.1 정보통신망의 구성 요소 ········ 14
2.2 정보통신망 관리 ········ 15
2.3 정보통신시스템 ········ 18
2.4 프로토콜 ········ 25
2.5 정보통신망 기본 구조 ········ 31
2.6 LAN의 일반적인 구조 ········ 34

제 3 장 정보통신망 분류 ········ 40
3.1 정보통신망 종류 ········ 40
3.2 교환통신망 ········ 40
3.3 방송통신망 ········ 41

제 4 장 교환통신망 ········ 46
4.1 교환기 ········ 46
4.2 회선교환 망 ········ 52
4.3 메시지교환 망 ········ 54
4.4 패킷교환 망 ········ 55
4.5 셀 교환 방식 ········ 65
4.6 교환 망 기술의 비교 ········ 66

제 5 장 방송통신망 ········ 72
5.1 패킷 라디오 망 ········ 72
5.2 인공위성 망 ········ 74
5.3 로컬 망 ········ 75

제 6 장 LAN ········ 80
6.1 LAN의 개요 ········ 80

6.2 LAN의 분류 ······ 81
6.3 광 LAN과 FDDI ······ 94
6.4 네트워크 기본구조 ······ 96
6.5 이더넷 ······ 97
6.6 무선 LAN ······ 98
6.7 인터네트워킹의 개요 ······ 108
6.8 부가적인 장치 ······ 121

제 7 장 VAN ······ 126

7.1 VAN의 개요 ······ 126
7.2 VAN의 계층구조 ······ 127
7.3 VAN의 분류 ······ 129
7.4 VAN의 실례 ······ 130
7.5 VAN의 국내외 현황 ······ 131

제 8 장 ISDN ······ 136

8.1 ISDN의 개요 ······ 136
8.2 ISDN의 특성 및 장점 ······ 139
8.3 ISDN 서비스 ······ 141
8.4 ISDN의 채널과 전송 구조 ······ 145
8.5 ISDN의 사용자 인터페이스 ······ 148
8.6 ISDN 3계층 프로토콜 ······ 150

제 9 장 B-ISDN ······ 154

9.1 B-ISDN의 환경 ······ 154
9.2 B-ISDN의 개요 ······ 155
9.3 B-ISDN의 서비스 ······ 155
9.4 UNI 및 전송 구조 ······ 157
9.5 B-ISDN 프로토콜 ······ 158
9.6 ATM 교환 기술 ······ 161
9.7 초고속 정보통신망과 사회의 변화 ······ 172

제 10 장 무선통신망 ······ 176

10.1. 무선통신망의 개요 ······ 176
10.2 무선통신망의 응용 및 시장전망 ······ 179
10.3 무선 통신 스펙트럼과 행정규제 ······ 182
10.4 무선 통신 기술 ······ 183
10.5 무선 통신 성능과 용량 ······ 184
10.6 무선통신망의 구성 ······ 185
10.7 무선통신망의 설치 ······ 186
10.8 무선 통신 시스템의 발전 ······ 186
10.9 WLL ······ 187

제 11 장 이동통신망 ······ 192

11.1 이동통신망의 개요 ······ 192
11.2 PCS ······ 193
11.3 PCS의 특징 ······ 199
11.4 IMT-2000 ······ 204
11.5 주파수 면에서 본 이동통신 ······ 215
11.6 서비스 면에서 본 이동통신 ······ 217
11.7 셀룰러 이동 통신 ······ 222
11.8 차세대 이동 통신서비스의 전망 ······ 237
11.9 위성 이동통신 ······ 239
11.10 다양한 이동통신시스팀 ······ 257

제 12 장 이동 애드 혹 네트워크 ······ 266

12.1 배경 ······ 266
12.2 GloMo 프로젝트 ······ 270
12.3 이동 애드 혹 네트워드 ······ 270
12.4 이동 인터넷 구축 ······ 271
12.5 설계의 극대화 ······ 272
12.6 라우팅 프로토콜 ······ 273
12.7 DSR ······ 278
12.8 AODV ······ 287

제 13 장 인터넷 ····· 296

13.1 개요 ····· 296
13.2 서비스 ····· 299

제 14 장 다양한 정보통신시스템 ····· 310

14.1 정보보안시스템 ····· 310
14.2 전자상거래시스템 ····· 321
14.3 영상압축시스템 ····· 342
14.4 가상현실시스템 ····· 368
14.5 FT 시스템 ····· 384

제 1 장

정보통신망과 시스템 개요

1.1 정보통신망과 시스템의 발전과정
1.2 정보통신망의 개요

제 1 장 정보통신망과 시스템 개요

1.1 정보통신망과 시스템의 발전과정

먼저 정보통신망과 정보통신시스템의 발전과정을 알아보기 전에 정보통신망과 정보통신시스템에 대한 정확한 정의가 필요하다. 일반적으로 사용자가 직접 사용하는 시스템을 제외한 통신에 필요한 모든 것들을 정보통신망으로 정의하기도 한다. 이동통신에 이를 적용해 보면 여러분들이 사용하는 휴대폰만이 정보통신시스템이 되고 BS(Base Station), MSC(Mobile Switching Center), 메인 컴퓨터(main computer), 각종 전송매체 등이 정보통신망이라고 할 수 있다. 또 다른 정의는 정보통신망은 전송매체와 전송매체를 통해서 정보를 어떻게 송수신하는 방법에 따른 기술 사항들만을 포함하고 나머지는 모두 정보통신시스템이라고 하기도 한다. 이 경우를 이동통신에 적용하면 휴대폰을 포함해서 BS, MSC, 메인 컴퓨터 등 통신에 필요한 물리적인 시스템은 모두 정보통신시스템이 되고 휴대폰과 , BS와 MSC, MSC와 메인 컴퓨터 사이를 연결하는 전송매체와 전송방식 만이 정보통신망이 된다. 위에서 살펴 본 두 가지 정의가 서로 다르지만 공통점은 정보통신은 정보통신망과 정보통신시스템으로 구성되어진다는 것이며 정보통신망과 정보통신시스템을 학습하게 되면 자연스럽게 정보통신을 이해할 수 있다는 것이다. 따라서 이 책에서는 정보통신망과 정보통신시스템을 특별히 구분하지 않고 정보통신을 위해서는 정보통신망과 정보통신시스템이 필요하며 정보통신망을 구성하는 요소에 정보통신시스템이 포함되며 정보통신망은 전송매체를 비롯하여 전송기술과 방법까지 포함한 것으로 정의한다.

우리가 가장 익숙하게 사용하는 전화에 대한 정보통신망과 정보통신시스템에 대한 구조를 그림 1.1에 나타내었다. 그림 1.1을 살펴보면 가입자 건물과 가입자 빌딩에 있는 전화기와 각종 교환기들을 정보통신시스템이라고 하며 나머지 모든 것들을 통칭해서 공중 전화망 즉 정보통신망으로 분류할 수 있다. 공중전화망에서 보이는 로컬 교환기들과 로컬 교환기들을 연결하는 중계 교환기 등은 개인인 사용하는 시스템보다 복잡하지만 기본적으로 정보통신시스템의 형태를 가지고 있다.

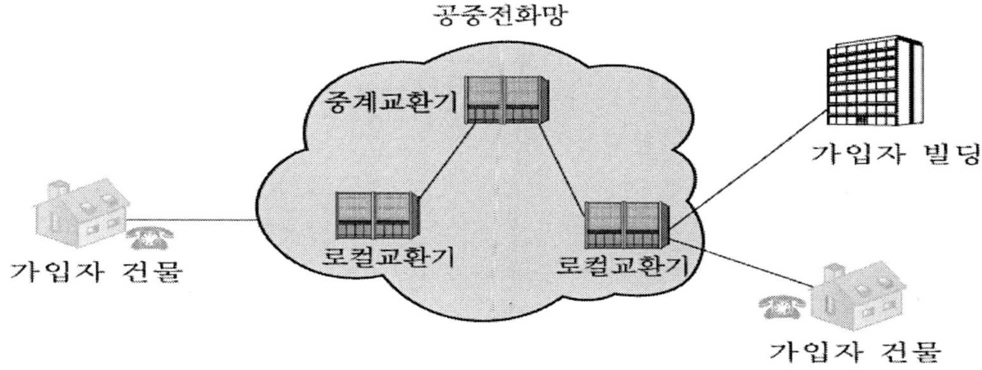

그림 1.1 일반적인 공중 전화망

정보통신망과 정보통신시스템의 발전과정 즉 역사를 배우기에 앞서서 역사를 배우는 목적에 대해 살펴보자. 대부분의 책들이 어떤 내용을 설명할 때 먼저 소개와 역사를 설명한다. 그렇다면 우리가 역사를 배우는 목적은 무엇일까 역사란 과거에 일어난 사건들을 기술한 것이고 역사를 통해서 단순히 몇 년도에 무슨 일이 일어났는지를 알아보는 것이 아니라 과거에 일어났던 사건을 통해 현재를 사는 우리들에게 교훈적인 것들을 전달하여 현재를 좀 더 알차게 살 수 있는 계기를 마련한다.

한편, 우리가 배우는 정보통신망과 정보통신시스템의 역사도 이와 유사한 의미해서 배운다고 할 수 있다. 과거에 사용되어졌던 정보통신망과 정보통신시스템을 배우는 목적은 과거의 정보통신망과 정보통신시스템이 개발되어질 당시에 어떤 필요성에 의해 개발되어졌고 또한 사용 중에 어떠한 단점과 문제점이 발생하였으며 그러한 단점과 문제점을 극복한 또 다른 정보통신망과 정보통신시스템이 어떻게 개발되어졌는지를 분석하여 즉 과거의 정보통신망과 정보통신시스템의 장점과 단점을 철저하게 분석하여 현재의 정보통신망과 정보통신시스템을 좀 더 효율적으로 만드는데 그 목적이 있다 하겠다. 따라서 정보통신망과 정보통신시스템을 학습하는 사람들은 과거의 정보통신망과 정보통신시스템에 대한 개발 동기 및 필요성, 장점과 단점을 철저히 분석하고 이해하여 새롭고 효율적인 정보통신망과 정보통신시스템을 개발하는데 집중해야 할 것이다. 또한 개별 정보통신망과 정보통신시스템의 사용에 따른 불편함을 지나치지 말고 불편함을 해결할 수 있는 창의적인 아이디어를 사용하여 새로운 정보통신망과 정보통신시스템을 개발하는 계기를 만들어야 한다.

먼저 정보통신망의 발전과정에 대해서 살펴보도록 하자. 전기를 사용하는 정보통신의 역사는 1837년경에 모스(Morse) 전신기 발명과 함께 시작되었고 1844년 워싱턴과 볼티모어 64km 사이에 전신기가 설치됨으로써 실용화되었다. 이때의 통신망 형태는 일 대 일(point to point) 방식인 직접적인 연결방식을 사용하였다. 모스 전신기는 전기신호의 조합에 의하여 문자를 표시하는 방법으로서 통신하고자 하는 송신기와 수신기 사이에 전기신호 조합에 대한 코드 표를 공유함으로써 정보를 전달하였다. 모스 전신기의 사용과 함께 정보통신은 본격적으로 시작되었으며 급속하게 발전하였다. 전기신호는 빛의 속도와 같은 속도로 정보를 전달할 수 있으므로 이전의 통신방법과는 비교할 수 없는 신속한 통신방법이었다. 하지만 모스 코드에 익숙하지 않은 사람들이 사용하기에는 너무 어렵고 또한 수신하는 사람의 부재 시에는 정보수신이 불가능하였다. 즉 기록통신이 아니어서 일반적인 사용을 위해서는 많은 문제점의 해결이 필요하였다.

이러한 모스 전신기의 단점들을 해결할 수 있는 시스템에 대한 연구가 진행되었고 연구 결과 등장한 시스템이 바로 텔렉스(telex)이다. 텔렉스는 사용자들이 문자를 쉽게 쓰고 받을 수 있는 타이프라이터(typewriter)와 문자를 전기신호로 또는 전기신호를 문자로 변환시킬 수 있는 컨버터(converter)를 도입한 시스템이다. 텔렉스의 등장으로 인해서 기록통신이 가능하여 졌으며 전문가가 아닌 일반인들의 사용도 가능하여져서 널리 사용하게 되었다. 현재의 시각에서 보면 모스 전신기와 텔렉스는 문자통신이라 할 수 있다. 따라서 현재의 음성통신에 비해 정보전달 전송 량이 적고 또한 모스 전신기에 비해서는 텔렉스가 사용하기에 편해졌다고 하나 여전히 일반인들이 사용하기에는 어려움이 많았다. 따라서 이러한 문제점들을 해결할 수 있는 시스템의 개발이 절실히 필요했다.

이러한 사회적 필요성으로 인해 음성통신의 대표 주자인 전화기가 1876년에 미국의 벨(Bell)에 의해서 개발되었다. 그 당시의 전화기는 우리가 현재 사용하고 있는 전화 시스템과 기본적인 구조는 거의 유사하였다. 전화기의 송화기 즉 컨버터에 의해서 사람들의 음성을 전기신호로 변환하여 송신하고 수화기에 의해 수신된 전기신호는 사람들이 들을 수 있는 음성으로 바꾸어 줌으로써 송신자와 수신자가 신속하게 정보를 전달할 수 있도록 하였다. 전화기는 전문가가 아닌 일반인들도 누구나 쉽고 편리하게 사용할 수 있다는 장점을 가지고 있었다. 하지만 현재의 통신시스템 관점에서 살펴보면 텔렉스가 기록통신이 가능했던 것과는 달리 전화는 송신자의 정보 전송 시 수신자가 부재인 경우 통신은 불가능하였으며 즉 기록통신은 어려웠다. 현재의 전화시스템은 수신자의 부재 시 자동응답기능을 통해서 송신자의 메시지를 저장할 수도 있으며 텔렉스와 마찬가지로 문자통신도 가능한 다양한 형태의 전화시스템이 되었다. 아마도 음성통신 위주의 전화기에 텔렉스의 장점을 결합한 것이 오늘날의 전화시스템을 가능하게 한 요인이 되었을 것이다.

우리도 과거의 시스템들의 장점과 단점을 철저하게 분석함으로써 오늘날의 다양한 정보통신시스템의 개발과 개선이 가능하도록 하는 계기가 되어야 할 것이다. 유선전화에 이어 사용의 편리성과 이동성을 위한 코드리스 전화가 개발되었고 결국 사용자의 이동성을 보장해 주는 이동통신의 등장을 가능하게 하였다.

모스 전신기, 텔렉스와 전화에 이어 완전히 새로운 통신환경을 제공하는 것이 바로 각종 컴퓨터와 터미널 등을 활용한 통신이다. 그 중에서 대표적인 것이 우리가 정보처리용으로 사용하던 개인용 컴퓨터(personal computer)에 신호변환장치인 모뎀(MODEM)을 붙여 통신을 가능하게 한 컴퓨터통신이다. 초기에 컴퓨터통신은 문자통신 위주로 이루어졌으며 점차 음성과 영상통신으로 확장되었다. 즉 컴퓨터상에서 이전의 텔렉스와 전화에서 하던 모든 통신 형태를 할 수 있게 되었으며 컴퓨터 통신 시대에 접어들면서 대량의 데이터를 가공 처리하여 짧은 시간에 먼 거리까지 정확하게 데이터를 주고받을 수 있게 되었다.

컴퓨터의 역사는 1946년 세계 최초의 컴퓨터 에니악(ENIAC : Electronic Numerical Integrator And Calculator)으로부터 시작되었다. 에니악은 18,000 여개의 진공관(vacuum tube)으로 구성된 지금으로서는 상상하기 어려운 크기와 무게를 가지고 있었다. 진공관은 현재에도 백열전구나 CRT(Cathode Ray Tube) 즉 브라운관 및 전자레인지의 전자기파 발생장치 등에서 흔히 볼 수 있다. 진공관이란 높은 진공 속에서 금속을 가열할 때 방출되는 전자를 전기장으로 제어하여 정류(rectification), 증폭(amplification) 등의 특성을 얻을 수 있는 유리관을 말한다.

이 후에는 진공관을 대신에 트랜지스터(transistor), 집적회로(IC : Integrated Circuit), 고집적회로(LSI : Large Scale Integrated Circuit), 초고집적회로(VLSI : Very Large Scale Integrated Circuit), 극 초고집적회로(ULSI : Ultra Large Scale Integrated Circuit) 순으로 개발되어 오늘날 컴퓨터시스템의 다양한 성능향상과 함께 소형화에 기여하였다.

한편, 우리가 현재 사용하는 통신을 위한 최초의 컴퓨터 통신 시스템은 1958년에 미국에 의해 개발된 군사용 SAGE (Semi-Automatic Ground Environment)이고, 1961년에 민간용으로 SABRE(Semi-Automatic Business Research Environment)가 등장하였다. 1960년대 말에는 미국의 ARPA(The Advanced Research Projects Agency)라는 단체를 중심으로 ARPANet이 개발되어졌으며 오늘날 우리들이 사용하는 인터넷의 기원이 되는 시스템이다. 1974년에는 DARPA(The Defence Advanced Research Projects Agency)에서 TCP(Transmission Control Protocol)와 IP(Internet Protocol)를 개발하여 운영체제가 다른 컴퓨터들 간의 통신이 가능하게 하였다. 1975년에는 상업용 통신네트워크인 TELNet과 TYMNet 시스템이 개발되었다. 1980년대에는 ARPANet을 군사용인 MILNet과 민간용인 ARPANet으로 분리하였다. 미국 과학 재단(NSF : National Science Foundation)이 개발한 NSFNet이 TCP/IP를 채택함으로써 컴퓨터통신은 세계

로 급속하게 발전하였다.

이와 같이 발전에 발전을 거듭하여 1980년대에는 LAN(Local Area Network), MAN (Metropolitan Area Network), WAN(Wide Area Network), ISDN(Integrated Service Digital Network) 등의 디지털 기술에 의한 종합적 컴퓨터 통신망 시대를 맞이하게 된다. 그림 1.2는 LAN에 대한 일반적인 사항들을 표현하였다.

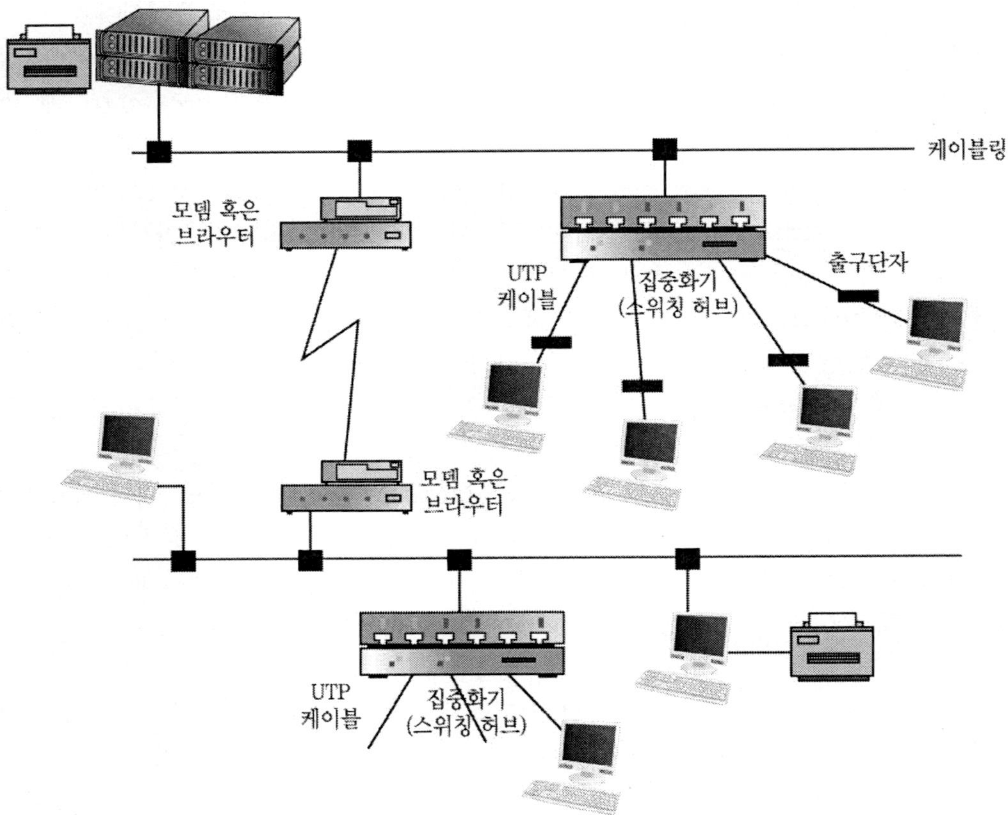

그림 1.2 LAN의 일반적인 구조

그림 1.2에서 브라우터(bridging router)는 브리지(bridge)에 라우터(router) 기능을 추가한 것으로 개발 순서는 브리지, 브라우터, 라우터 순으로 개발되었고 요즘에는 일반적으로 라우터를 사용한다. 한편 UTP(Unshielded Twisted Pair) 케이블은 두 개의 구리선을 꼬아서 만든 여러 개의 케이블의 외부를 플라스틱으로 감싸 전류가 통하지 않게 만든 선으로서 전화선이나 랜에서 주로 사용된다.

그림 1.3은 그림 1.2에서 살펴 본 LAN들을 연결하여 통신망을 확대한 MAN의 예를

나타낸 것이다. 기업체, 연구소, 학교, 병원 등에서 자체적으로 구성한 LAN을 하나로 통합해서 MAN으로 사용하고 있다.

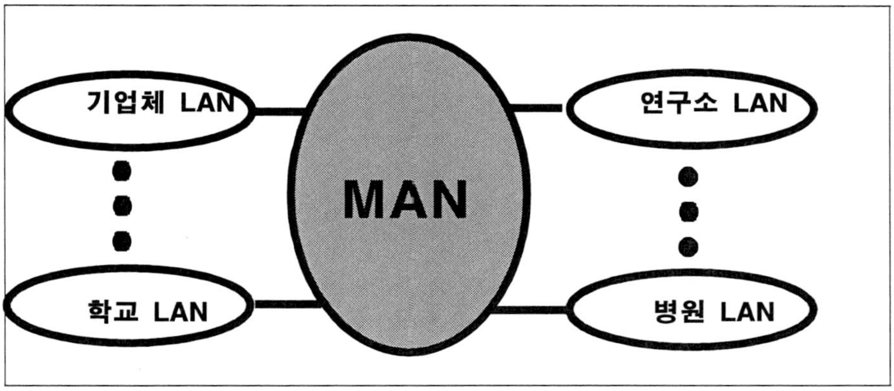

그림 1.3 MAN의 일반적인 구조

1990년대에는 폭발적으로 증가하고 있는 정보를 쉽고 빠르게 검색할 수 있는 웹(Web)의 등장으로 컴퓨터 네트워크의 사용은 한층 더 활기를 띄기 시작하여 130여개의 국가가 컴퓨터 네트워크에 연결되어 있으며, 전 세계에서 약 3,000만 명의 사람들이 컴퓨터 네트워크를 이용해 정보를 교환하고 있는 것으로 추정되고 있다.

이와 같이 컴퓨터 통신의 이용률이 폭발적으로 증가하고 통신 서비스에 대한 사용자의 요구가 고급화 및 다양화되면서 시간과 공간을 초월하여 통신하고자 하는 욕구를 충족시켜 줄 수 있는 이동 통신 및 위성 통신에 관한 기술이 지속적으로 연구되어져 왔으며 다양한 곳에서 편리하게 사용 중이다. 또한, 차세대 통신망으로 주목을 받았던 IMT(International Mobile Telecommunication)-2000 또는 미래공중이동통신망인 FPLMTS(Future Public Land Mobile Telecommunication System)는 각 사용자가 자신의 단말기로 문자, 음성, 영상 등의 멀티미디어 서비스를 제공받을 수 있으며 편리한 정보화 사회를 위한 중요한 수단이 되었다.

이와 같이 인류가 성취해온 통신 기술은 엄청난 발전을 거듭하여 오늘날 우리 생활의 거의 모든 분야(은행, 학교, 연구소, 기업체, 가정 등)에서 없어서는 안 될 중요한 요소가 되었으며 미래에도 더욱 더 발전할 것으로 기대된다.

현재의 컴퓨터통신은 언제 어디서나 누구와도 문자, 음성, 정지영상, 동영상 등 모든 미디어 정보들을 신속하고 정확하게 또한 편리하게 주고받을 수 있는 것을 가능하게 하였고 필요한 정보를 빠르게 검색하고 상품을 쇼핑하며 온라인 은행업무, 온라인 교육 강좌 등 오프라인 상에서 할 수 있는 모든 일들을 가능하게 하였다. 한편, 휴대폰에서도 문자통신, 음성통신뿐만 아니라 영상통신도 가능하게 되었으며 이동 인터넷도 편리하게 사용할 수 있게 되었다.

앞으로의 통신환경은 모든 통신도구들이 결합되어 사용되어지고 또한 정보처리 분야와도 밀접하게 관련되어 발전하여 편리한 정보화시대를 활짝 열게 될 것이다.

1.2 정보통신망의 개요

정보통신망이란 기본적으로 정보통신을 가능하게 해주는 전송매체들의 모임이라고 할 수 있다. 하지만 단순히 다수의 전송매체들의 모임을 말하기보다는 확장해서 해석하면 송신 원과 수신 원 사이에 위치해서 송신 원에서 전송하는 정보를 신속하고 정확하게 수신 원에 전달하는 역할을 하는 통신시스템을 포함하기도 한다.

송신 원에서 전송한 데이터를 수신 원에서 정확하게 수신하기 위해 송신 원과 수신 원 사이를 물리적으로 연결하는 전송매체가 필요하다. 송신 원과 수신 원 사이에 전송매체를 이용하여 연결하는 방식은 일반적으로 직접 연결하는 방식이다. 송신 원과 수신 원을 각각 하나의 단말기(terminal, station)라고 하면 두 개의 단말기가 직접 연결되기 위해서는 하나의 전송매체가 필요하고 세 개의 단말기가 서로 직접 연결되기 위해서는 세 개의 전송매체가 필요하다. 이와 같은 형태의 통신망의 구성은 전송 거리가 너무 멀지 않고 통신을 요구하는 단말기의 수가 상대적으로 적은 경우에는 어느 정도 성능이 효율적일 수 있으나, 통신을 요구하는 단말기들 사이의 전송 거리가 너무 멀고 단말기들의 수가 너무 많은 경우에는 단말기들을 상호 연결하는 전송매체가 너무 많아지고 또한 단말기들이 송수신할 수 있는 입출력 포트의 수가 너무 많아지므로 상당히 비효율적이며 고비용 구조의 통신망 형태라 할 수 있다.

따라서 단말기 상호 간의 직접 연결로 인한 비효율과 고비용 구조의 문제점을 해결하기 위해 단말기들을 서로 간접 연결하는 통신망을 사용한다. 단말기들을 간접 연결하는 방식은 비효율적이고 고비용 구조인 직접 연결 방식에 비해 필요한 전송매체의 수와 입출력 포트의 수를 줄임으로써 효율적이고 저비용 구조를 가질 수 있다. 하지만 직접 연결 방식에 비해 구조가 복잡하고 여러 가지 운영상의 문제점을 유발하기도 한다. 그렇지만 실제 상황에서 많은 단말기들을 직접 연결하는 것은 일반적인 상황이 아니고 또한 대단히 어려워서 대부분은 교환기(switch)를 통해 간접적으로 연결하는 방식을 취한다.

정보통신망의 기본 요소는 정보를 전기 신호로 변환하여 통신 회선에 송출하는 송신기 및 신호를 받아서 원래의 정보로 복원하는 수신기 역할을 하는 단말기와 전기적인 수단에 의해서 정보 전달을 행하는 설비를 담당하는 전송 장치 및 다수의 단말기의 접속 요구에 응하여 착신 단말기까지의 접속 경로를 설정하는 교환 장치 등으로 구성된다. 한편 정보통신망의 3대 동작 기능으로는 음성, 데이터 등의 정보를 실제로 교환 및 전송하는 수단으로서의 전달 기능, 전기 통신망에서 특히 접속의 설정 및 제어 그리고 관리에 관한 정보를 교환하는 신호 기능과 단말기와 교환설비간, 망과 망간의 접속 및 복구에 필요한 수단들을 제어하는 기능을 포함하여 시스템이 정상적으로 동작하기 위한 유지 보수 및 관리 기능을 하는 제어 기능이 있다.

일반적으로 처리 관점에 의한 정보통신망은 여러 개의 처리 센터가 있어서, 서로 다른 운영 체제를 가지거나 기능 수행 능력이 동일하지 않을 수 있으며, 단말기 장치 자체가 기억 능력과 처리 능력을 내장하여 데이터베이스의 분산화가 가능한 분산 통신망과 하나의 컴퓨터가 처리를 담당하여 모든 통신망의 제어는 중앙의 컴퓨터에 의해 처리되는 중앙 집중 통신망이 있다.

그림 1.4는 단말기와 노드들로 구성되어진 일반적인 통신망 형태를 표현한다. 하나의 단말기가 다른 단말기와 통신하기 위해서는 일반적으로 여러 개의 교환기를 필요로 한다. 이러한 교환기들은 단말기와 직접 접속되어서 단말기에게 여러 가지 통신환경을 제공해 주며 또한 단말기를 제어하는 역할을 하고 단순히 데이터를 중계해 주는 중계기 역할을 하기도 한다.

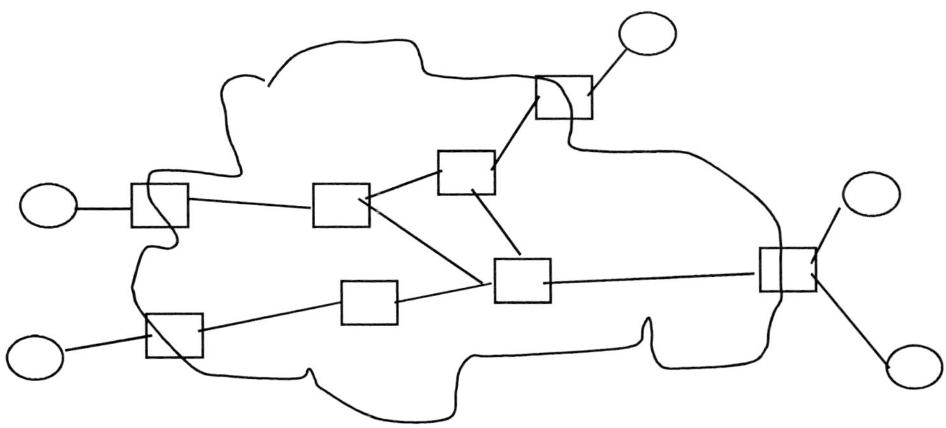

그림1.4 일반적인 정보통신망 구조

○ : 단말기로서 통신을 원하는 주체
□ : 노드(node)라고 하며 교환 기능을 가진 교환기

각 단말기(○)는 노드(□)를 통해 네트워크에 접속하게 된다. 따라서 통신을 하기 위해 필요한 링크의 수와 입출력 포트는 모두 한 개만이 필요하게 된다. 일반적인 통신

망의 예로 기존의 PSTN(Public Switched Telephone Network)을 들 수 있다. 우리들은 PSTN을 이용해 자신이 송신하고자하는 데이터(문자, 음성, 영상)를 상대방에게 전송할 수 있다.

송수신 단말기 간에 효율적인 데이터 전송을 위해서는 물리적 인터페이스 위에 각 통신 디바이스의 제어계층을 부가함으로서 가능하다. 이러한 제어계층을 DLC(Data Link Control) 또는 DLP(Data Link Protocol)이라 한다. 데이터 링크 프로토콜은 전송 도중 오류가 발생했을 경우 양쪽 단말기가 데이터를 원활하게 주고받기 위한 것이며, 이러한 프로토콜을 사용하여 두 단말기간의 연결이 이루어졌을 때를 데이터 링크(data link)라 한다. 이와 같은 데이터 링크는 토폴로지(topology)와 통신대화 방식에 의해 형성되며 회선 제어 절차에 따라 전송 제어를 수행하게 된다. 따라서 여러 형태의 데이터 링크 구성(회선 구성)은 토폴로지, 통신대화 방식, 회선 제어 절차(흐름제어와 에러제어)의 세 가지 특성에 따라 구분된다.

연 습 문 제

1. 정보통신망의 개념에 대해서 설명하시오.

2. 정보통신시스템의 개념에 대해서 설명하시오.

3. 정보통신망과 정보통신시스템의 역사를 배우는 목적에 대해서 설명하시오.

4. 정보통신망과 정보통신시스템의 발전과정을 설명하시오.

5. 정보통신망의 구조에 대해 설명하시오.

제 2 장

정보통신망과 시스템 기초

2.1 정보통신망의 구성 요소

2.2 정보통신망 관리

2.3 정보통신시스템

2.4 프로토콜

2.5 정보통신망 기본 구조

2.6 LAN의 일반적인 구조

제 2 장 정보통신망과 시스템 기초

2.1 정보통신망의 구성 요소

오늘날 정보통신은 다양한 멀티미디어 정보를 통합하고 동기화시켜 정보통신망을 이용하여 사용자에 적합한 서비스를 제공하고 있다. 정보통신망의 발달과 사용자들의 서비스 욕구 증대로 인해 정보통신시스템에 대한 고속화, 광대역화, 고기능화 등이 요구되어지고 있다. 정보통신시스템이란 데이터 전송과 컴퓨터 처리를 유기적으로 결합하여 원하는 서비스를 제공하는 시스템을 의미한다. VLSI(Very Large Scale Integrated Circuit)에 의한 하드웨어의 발달, 디지털 통신 기술의 발달, 컴퓨터의 발달 등에 따라 정보통신망도 통합화와 대형화되어지고 있는 추세이다.

정보통신망의 구성 요소로는 가입자 장치, 전송 설비, 교환 시스템 등이 있다. 뒤에서 설명하는 정보통신시스템의 개념과 아주 유사하다. 정보통신시스템에서의 DTE(Data Terminal Equipment), DCE(Data Circuit-terminating Equipment), CCE(Communication Control Equipment)와 메인 컴퓨터(main computer)의 개념과 거의 같은 개념이다. 아래에는 가입자 장치, 전송 설비, 교환 시스템에 대해서 간단히 설명한다.

1) 가입자 장치

가입자 장치는 가입자와 통신망간의 정보 및 제어 신호를 송수신하는 기능을 제공하며 전화, 팩스, 컴퓨터 및 각종 단말기 등을 말한다.

2) 전송 설비

전송 설비는 가입자간의 정보 전달을 위한 통신 경로를 제공하는데 유선 매체로는 전화선, 동축케이블, 광섬유 등이 있고 무선 매체로는 마이크로파통신회선, 위성통신회선, 방송통신회선, 이동체통신회선 등이 있다.

3) 교환 시스템

교환시스템은 정보통신망내의 모든 가입자와 국간을 상호연결 하는 것으로 전송경로를 설정하는 기능을 제공한다.

정보통신망의 구성 요소에 대한 설명을 그림 2.1에 나타내었다. 통신 가입자들 상호간의 편리한 통신을 지원하기 위해서 가입자 장치들이 모뎀과 전송 설비(전송 매체)를 통해 교환 시스템에 연결되어진다.

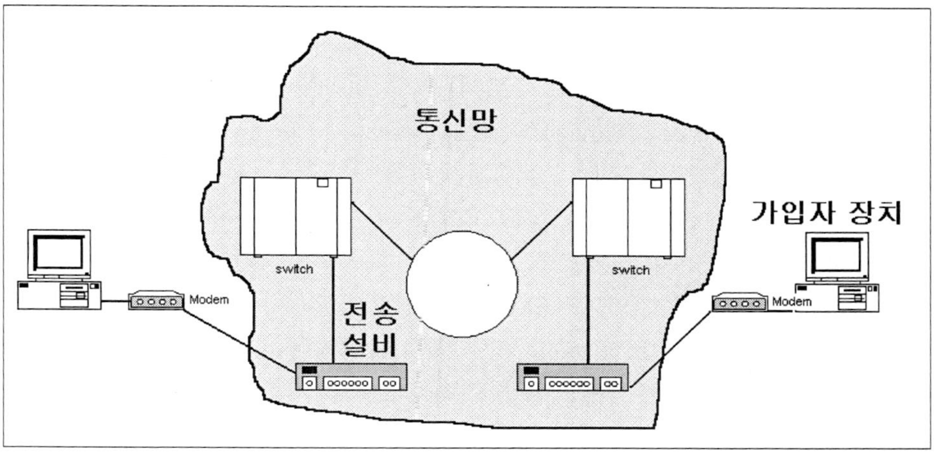

그림 2.1 정보통신망 구성 요소의 개략도

2.2 정보통신망 관리

정보통신망 관리는 통신 사용자들의 서비스 관점에서 아주 중요한 문제이다. 정보통신망 관리의 목적은 정보통신의 목적과 같다. 정보통신망의 효율적인 관리를 통해 통신 사용자들이 정보를 신속하고 정확하게 또한 편리하게 송수신할 수 있도록 해야 한다. 정보를 신속하게 송수신하기 위해서는 적절한 전송매체의 선택, 트래픽(traffic) 제어와 라우팅(routing) 제어 등과 같은 데이터 전송 제어가 필요하며 정보를 정확하게 송수신하기 위해서는 에러 제어(error control)와 흐름 제어(flow control)와 같은 기술이 필요하다.

1) 등장 배경

소규모의 정보통신망을 운영하는 경우에는 연결된 통신 장비 및 사용자 터미널의 수가 적기 때문에 정보통신망 관리의 필요성을 중요하게 생각하지 못했다. 그러나 정보통신망이 확장되면 될수록 새로운 기술 및 제품에 의한 통신 장비 및 사용자 터미널의 수는 많아지게 되고 이들을 효과적으로 관리할 수 없는 경우에는 향후 정보통신망의 확장, 유지 보수 및 서비스 제공에 커다란 장애 요인으로 등장하게 된다. 이는 정보통신망에 국한되는 문제가 아니라 투자되는 비용측면에서도 불필요한 낭비가 될 확률이 많기 때문이다.

수많은 업체에서 제작된 많은 종류의 장비들을 일관성 있게 관리한다는 것은 매우 힘든 일이지만 국제 표준화 그룹은 망 관리를 위한 표준 프로토콜을 제정하고 있으며, 이러한 표준 프로토콜을 지원하는 통신 장비를 사용하도록 권장하고 있는 실정이다.

현재 잘 알려진 망 관리 프로토콜로서는 SNMP(Simple Network Management Protocol)과 CMIP(Common Management Information Protocol) 등이 있다. 여기서 SNMP는 네트워크 장비를 관리 감시하기 위한 목적으로 TCP/IP(Transmission Control Protocol/Internet Protocol) 상에 정의된 응용 계층(application layer) 표준 프로토콜이며 네트워크 관리자가 네트워크 성능을 관리하고 네트워크 문제점을 찾아 수정할 수 있도록 한다. 한편 CMIP는 SMNP와 거의 같은 기능을 수행하고 보안 체계를 잘 갖추고 있어서 SNMP에 비해 관리 시스템이 안정적이며 이벤트 발생 기능을 수행하기 때문에 관리 프로세서가 관리 대상을 계속해서 감시할 필요한 없다는 장점을 가지고 있다. 하지만 SNMP에 비해 관리 프로세서가 운영되는 시스템의 자원(resource)을 너무 많이 소비하는 단점을 가지고 있다.

그림 2.2에는 간략하게 정보통신망 관리 구조에 대해 표현하였다.

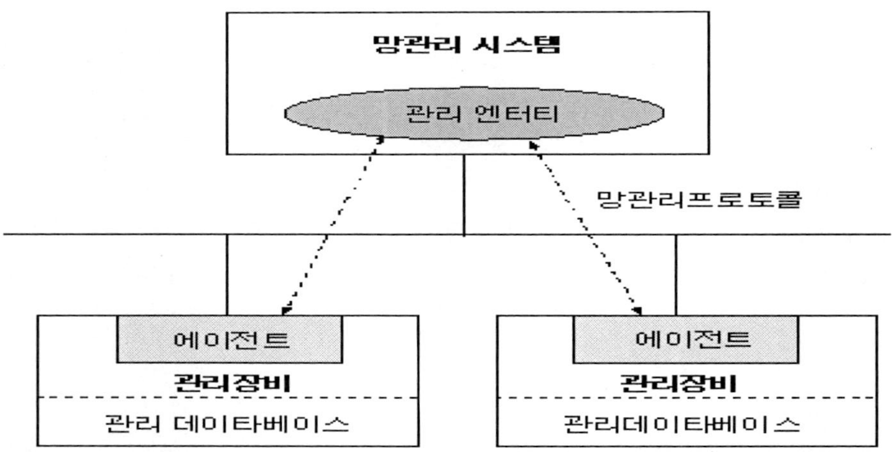

그림 2.2 정보통신망 관리 구조

2) 망 관리 구조

현재 사용 중인 대부분의 네트워크 망 관리 구조들은 그림 2.2에 나타난 것과 같은 동일한 기본 구조를 사용한다. 하나의 망 관리 시스템이 여러 개의 망 관리 대상을 관리 장비를 통해서 관리하고 있다. 컴퓨터 시스템이나 통신 장비 등의 관리 장비들은 문제가 발생했을 때 경보를 전송할 수 있는 소프트웨어(에이전트 : agent)를 가지고 있으며 각 관리 대상에 대한 정보를 관리 데이터베이스에 저장하고 있다. 발생한 문제가 어떤 정해진 한계치를 넘어서면, 관리 시스템에 망 관리 프로토콜을 통하여 경보를 전송하게 된다. 경보를 수신한 관리 시스템은 운영자에게 이를 알리거나, 이 사실을 기록하고 문제를 해결하기 위한 절차들 수행하는 등의 역할을 수행하게 된다.

관리 시스템은 각각의 관리 대상들에게 어떤 특정한 정보에 대해 문의할 수가 있는데 이는 자동적으로 수행되거나 관리자의 요청에 의해 수행될 수도 있다. 이 경우, 관리 대상들은 관리 시스템의 문의에 대해 각자가 유지하고 있는 관리 데이터베이스를 참조하여 이 정보를 망 관리 프로토콜을 이용하여 관리 시스템에게 알려주게 된다.

3) 망 관리 모델

ISO(International Organization for Standardization)에서는 망 표준화에 많은 공헌을 하고 있으며, ISO에서 제시한 망 관리 모델은 망 관리 시스템의 주요 기능을 이해하는데 도움을 준다. ISO에서 제시한 망 관리 모델은 성능 관리(performance management), 형상 관리(configuration management), 회계 관리(accounting management), 고장 관리(fault management), 그리고 보안 관리(security management) 등의 개념적인 영역으로 구분될 수 있다. 위에서 제시한 관리 방법들은 각자 고유한 기능들을 가지고 있으며 서로 보완적인 기능을 가지고 있기도 하다. 관리 방법들의 기능은 다음과 같다.

성능 관리는 망의 성능이 어떤 주어진 수준 이상으로 유지될 수 있도록 망의 성능과 관련된 여러 가지 측면들을 유지하고 관리하는 역할을 수행한다. 형상 관리는 망의 동작과 관련된 여러 하드웨어 및 소프트웨어들에 대한 형상 정보들이 추적되고 관리될 수 있도록 망 및 시스템의 형상 정보들을 감시하는 역할을 수행한다. 회계 관리는 사용자나 혹은 사용자 그룹에서 망 자원을 고르게 사용할 수 있게 하기 위해 망 자원의 사용 도를 측정하고 이를 분석하는 역할을 하는 것으로서 이를 통하여 망 자원에 대한 효율적 분배 및 사용이 가능해 질 수 있으며, 이를 근거로 비용 정보를 산출할 수 있다. 고장 관리는 망에서 발생하는 문제점들을 검출하고, 기록하고, 사용자에게 알려주거나 혹은 수리를 하는 역할을 수행한다. 보안 관리는 허가된 사용자만이 망 자원을 접근하여 사용할 수 있도록 하는 역할을 수행한다.

2.3 정보통신시스템

정보통신시스템은 컴퓨터나 단말기 장치를 통신 회선으로 상호 접속하여 정보를 주고받는 시스템을 말한다. 정보통신시스템의 구성 요소는 DTE(Data Terminal Equipment), DCE(Data Circuit-terminating Equipment), CCE(Communication Control Equipment)와 메인 컴퓨터(main computer) 등이 있다. 정보통신시스템의 구성 요소는 정보통신망 구성 요소와 거의 유사하다.

1) DTE

DTE는 일반적으로 사용자 단말기를 가리키는 용어로 전송매체의 양끝에 위치하며, 기본적으로 다음과 같은 네 가지 기능을 수행한다.

① 데이터 입력 기능 : 사용자가 각종 입력 장치(키보드, 마우스, 스캐너 등)를 이용해 입력하는 각종 데이터를 입력받는다.

② 데이터 송신 기능 : 입력된 각종 데이터를 전송매체를 통해 목적지로 송신한다.

③ 데이터 수신 기능 : 전송매체를 통해 들어오는 각종 데이터를 수신한다.

④ 데이터 출력 기능 : 수신된 데이터를 각종 출력장치(모니터, 프린터, 플로터 등)를 이용해 사용자에게 출력해준다.

DTE는 은행의 자동 예금 인출기가 될 수도 있고, 지하철 승차권 판매기 또는 개인용 컴퓨터, 휴대폰 등이 될 수도 있다. 예전에는 단말기 기능만을 가지는 더미 터미널(dummy terminal)이었으나, 지금은 개인용 컴퓨터에 통신 대리 실행기(emulator)를 장착하여 단말기로서의 기능을 수행하는 개인용 컴퓨터 통신에도 많이 사용되고 있다. 이와 같이 DTE는 컴퓨터와 데이터 통신이 발달하면서 더욱 지능화되고, 특수 용도에 맞도록 발전하였다.

2) DCE

DCE란 DTE부터 CCE까지의 전송 회선과 전송 장비를 말하는 것이다. 데이터의 운반 통로인 전송 회선에는 트위스티드 페어 케이블(twisted pair cable), 동축 케이블(coaxial cable), 광섬유 케이블(optical fiber cable) 등이 사용된다. 그리고 CCE나 DTE를 전송 선로에 접속시키기 위한 전송 장비로는 주로 모뎀(MODEM : Modulator & Demodulator)이 사용된다. 모뎀은 DTE 또는 메인 컴퓨터에서 발생한 디지털 데이터를 아날로그 신호로 변환(modulation)하여 전송 선로에 실어주고, 반대로 전송 선로를 통해 들어오는 아날로그 신호를 디지털 데이터로 복원(demodulation)하여 데이터 단말기 장치나 메인 컴퓨터로 보내는 기능을 한다.

데이터 전송 장비로 사용되는 모뎀의 종류와 모뎀의 권고안과 표준안에 대해서 알아보자.

(1) 모뎀 종류

전화선을 이용한 단말기간의 연결 요구가 증대함에 따라 새로운 통신 규약과 하드웨어가 요구되었다. 모뎀은 전화선 등의 아날로그 통신매체를 이용하여 컴퓨터의 디지털 신호를 아날로그로 바꾸는 변조를 거쳐 다시 전송된 아날로그 신호를 디지털 신호로 바꾸는 복조를 수행하는 장비이다. 즉, 데이터 처리신호체계(디지털 신호)와 전화회선 신호체계(아날로그 신호)의 상호 변환 장치로써 컴퓨터 내부에 설치하는 내장형 모뎀과 외부에 연결시켜 사용하는 외장 형 모뎀으로 구분된다. 전송 속도에 따라 다양한 종류가 있으며 과거 간단한 전자우편이나 파일전송은 비교적 느린 속도의 모뎀으로도 충분히 가능했지만 오늘날 대용량 데이터 전송을 필요로 하는 멀티미디어 정보의 홍수로 고속 모뎀의 수요가 증대되고 있다. 모뎀에 종류는 다음과 같다.

① 벨 103 모뎀

우리가 흔히 사용하는 다이얼 업 모뎀이라는 것은 미국의 AT&T (American Telegraph & Telephone)사에서 만든 Bell 103 이라는 모뎀이 시초입니다. 최대 300bps의 비교적 느린 전송속도로 변조방식은 저속통신에 주로 이용되는 FSK(Frequency Shift Keying)를 사용한다.

② 벨 212A 모뎀

벨 103 모뎀 발표 이후, Bell 212A 모뎀을 생산하여 판매를 판매하였다. 모뎀규격은 CCITT 권고안 V.22와 동일하며 최대 1,200bps까지의 전송속도를 갖으며 동시에 두 개를 변조할 수 있는 PSK(Phasor Shift Keying)를 사용한다.

③ 팩스 모뎀

전송 문장을 그림 이미지로 인식하여 전송하며 송신기는 스캐너와 프로세서의 통합된 형태를 갖는다. 또한 데이터 압축방식이 가장 큰 효과를 나타내고 있는 분야의 하나로써 팩시밀리 통신은 문서의 이미지 정보를 통신채널을 통해 전달하는 것이므로 이미지정보의 특성상 한 문서 당 표현되는 정보의 양이 방대해 데이터 압축을 거치지 않고 전송 할 경우 그 전달시간이 많이 소요되며 따라서 전송비용 부담이 커지게 된다. 팩시밀리 통신에 있어서는 이러한 문제를 해결하기 위해 런 랭스(run length) 부호화와 수정 허프만(huffman) 압축기법을 채용하여 전송될 이미지정보의 양을 축소시키고 있다.

④ 케이블 모뎀

케이블 TV 망을 이용한 고속 데이터 통신은 10Mbps이상의 빠른 속도를 제공한다. 이것은 28,800bps 모뎀으로 전화회선을 사용하는 것보다 대략 300배, 128Kbps의 ISDN보다 100배 빠른 속도이다. 인터넷 서비스, 재택근무, 화상회의, LAN연결 등은 케이블 모뎀에서 제공하는 서비스들이다. 또한 가정과 가정, 학교, 기업간에 보다 빠르고 신속한 데이터 서비스를 제공 할 수 있다. 일반 네트워크를 위한 제품들을 보면, 케이블 모뎀, 라우터, 스위치, ATM 연결 등이 있으며, 망 관리로 End-to-End 서비스, 사용자 관리 등을 할 수 있다. 일반 사용자의 입장에서는 기존의 전화선으로는 할 수 없었던 보다 빠른 통신과 상호교환적인 경험을 할 수 있다. 또한 대용량의 파일들도 10Mbps의 빠른 속도로 200마일까지 전송이 가능하다.

⑤ 무선 모뎀

무선 모뎀은 RS232와 RS422/RS485 시리얼 통신표준을 갖고 있으며 소프트웨어 드라이버나 하드웨어 버퍼를 사용하지 않고도 최대 19,200bps의 속도로 완전한 무선 시리얼 데이터를 전송할 수 있다. 전송거리는 개활지에서는 보통 수백m 정도이고 건물 내에서는 수십m 정도의 범위를 갖는다. 이 무선 모뎀은 강력한 통신 프로토콜에 의해 데이터의 전송 중 끊어짐이 없는 한 어떤 포맷으로도 가능하며 또한 파일 크기의 제한이 없으며 코드 조화는 자동적으로 수행되기 때문에 단일 문자나 다중 문자의 전송이 가능하다. 시스템 지연은 보통 수십 ms보다 적어 기존의 시스템 타이밍을 변경하지 않고도 응답 메시지의 수신이 가능하다.

⑥ 노트북 모뎀

일반적인 데스크 탑 컴퓨터에 비해 부피가 매우 작은 노트북은 보다 가볍고 얇은 PCMCIA(Personal Computer Memory Card International Association) 방식의 형태를 갖는다. PCMCIA는 퍼스널 컴퓨터 메모리 카드 국제 협회로 많은 노트북에서 사용되는 신용 카드 크기의 어댑터 카드에 대한 표준을 정하는 컴퓨터 제조업체 협회로써 세 가지 타입이 정의되어 있다. 먼저 첫 번째 타입1은 두께 3.3mm로 RAM, ROM 확장카드에 주로 사용되고 타입2는 두께 5.5mm로 모뎀 등에 많이 사용되며 TypeⅢ는 최대 두께 10.5mm로 소형 하드디스크에 사용된다. LAN과 함께 연결이 가능하기도 하며 최상의 데이터 압축과 에러 정정 기술을 제공하여 56Kbps의 전송속도를 유지한다. ITU-T권고 사항의 V.90을 지원하며 노트북을 사무실 또는 가정에서 사용할 수 있는 완벽한 데이터 통신 및 윈도우용 워드프로세서나 그래픽 운용프로그램으로 작성한 문서를 팩스 프로그램을 이용하여 일반 팩스보다 선명하게 즉시 전송한다.

(2) 모뎀 권고안 및 표준안

모뎀을 구입할 때 판매하고 있는 모뎀이 어떠한 표준안을 만족하고 있는지를 아는 것은 상당히 중요하다. 전 세계적으로 표준안의 제정은 먼저 ISO(International Organization for Standardization)와 다음으로 현재 ITU-T의 전신인 CCITT와 IEEE(Institute of Electrical and Electronic Engineers)를 포함하여 크게 3 곳이지만 제품을 만드는 많은 업체들도 새로운 표준안을 마련하고 있다.

① V.22 bis

CCITT(현재 ITU-T)의 권고안인 V 시리즈로 데이터의 전송속도는 최대 2,400bps를 유지하며 과거의 변조방식인 FSK나 PSK로는 전송이 불가능했기 때문에 새로운 변조방식인 QAM(Quadrature Amplitude Modulator) 을 사용한다.

② V.32

데이터의 전송속도는 최대 9,600bps를 유지하며 V.22 bis와 마찬가지로 변조방식은 QAM을 사용한다.

③ V.32 bis

V.32의 확장된 형태로 최대 전송속도는 14,400bps를 유지한다.

④ V.42

V.32의 전송속도를 유지하며 자동 재 전송 방식을 적용한 표준안으로 에러에 대한 수정기능을 포함한다.

⑤ V.42 bis

일반 공중전화망을 이용한 데이터통신을 위한 표준 권고안인 V시리즈의 하나로서 V.42 bis라는 표준을 제정하여 권고하고 있다. 이 표준은 자동 재 전송 방식에 의한 에러제어방식을 정하고 있는 V.42라는 표준에 새로이 LZW(Lempel-Ziv-Welch) 압축기법을 추가한 것인데, 모뎀 내에 에러제어와 데이터 압축방식을 모두 채용함으로써 데이터전송에 있어서 정보의 제1원칙인 정확성 확보와 제2원칙인 경제성 확보를 동시에 제공하도록 한 것이다.

⑥ V.90

SAM(Synchronous Access Mode)을 뜻하며 컴퓨터와 모뎀 사이의 데이터를 실시간으로 주고받는 규약으로 안정된 화상회의를 가능하게 한다.

⑦ K-56

락웰(Rockwell)사에서 제안한 56Kbps급 모뎀에 대한 규격이다. US 로보틱스에서 제안한 X2 규격과는 달리 하드웨어적인 설계로 완벽한 56K를 실현하는 방식이며 ASIC 방식을 사용함으로써 기본설계에 충실하면 제작에 무리가 없고 작동이 가능하다는 특징이 있으나 칩 셋의 명령이 고정되어 있어 사후에 성능 향상이 불가능하다는 단점을 갖는다. 락웰의 지지 세력을 기반으로 표준화하려는 움직임이 활발히 진행되고 있다.

⑧ X2

X2는 US 로보틱스가 표준으로 내세우는 기술로 사실 K-56과 기술상 서로 차이점은 없다. 그러나 서로 호환이 잘 되지 않으며 TI 칩 셋을 이용한 X2는 ASIC 칩보다 발전한 TI에 DSP를 사용하기 때문에 안정적인 작동이 어렵고 제작기술이 어렵다는 단점이 있지만 발전된 기술임에는 논란의 여지가 없다.

(3) DTE와 DCE 접속 규격

컴퓨터나 터미널 등의 DTE가 만들어낸 정보를 보다 먼 거리의 상대에게 전달하기 위해서는 정보를 다른 형태의 신호로 변환하여야 한다. 그리고 이 신호 변환의 역할을 담당하는 기기를 DCE라 하며, 그 대표적인 예가 모뎀이라는 사실에 대해서는 지금까지 언급되었던 사항이다. 그러나 정보를 정확하게 잘 전달하기 위해서는 또 다른 기술이 요구된다. 먼저 DTE와 DCE가 서로 잘 조화되어 동작하여야만 할 것이다. 그러기 위해서는 DTE와 DCE 간에 미리 정의된 접속 규격이 요구된다.

세계 시장에는 여러 제조업자들이 생산한 수많은 종류의 DTE나 DCE가 나와 있다. 그런데 만일 이들 DTE난 DCE 간을 상호 연결하기 위한 접속 규격이 정의되어 있지 않다면 이들을 접속하는데 상당한 혼란이 야기될 것이다. 따라서 이를 막기 위해 현재 국제적 표준 기구들인 ITU-T(CCITT), ISO, EIA(Electronics Industrial Association) 등에서는 DTE와 DCE 사이의 접속 규격에 관한 표준들을 제정, 권고하고 있다.

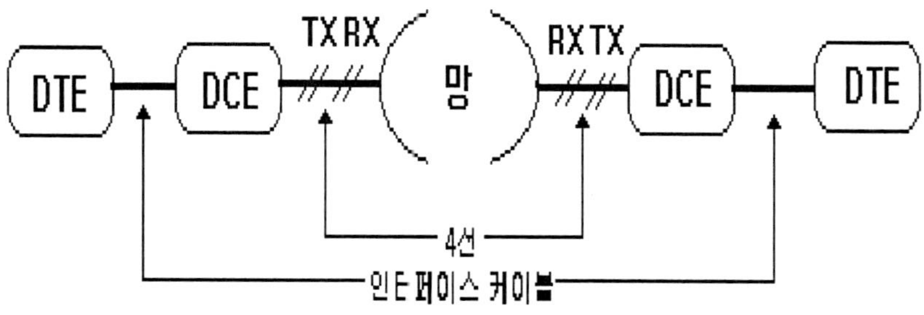

그림 2.3 DTE와 DCE 인터페이스

위 그림 2.3은 일반적인 DTE와 DCE 인터페이스구성을 보여준다. 여기서 DCE와 망 간의 연결은 4선으로, 송/수신 각각 2선으로 구성된다. DTE와 DCE 간의 연결은 전용 인터페이스 규약에 따라 각각에 맞는 케이블로 연결된다. DTE는 단극 성(unipolar) NRZ(Not Return to Zero) 신호를 사용하고, 전송 유효거리는 약 20~30m 정도이며, DCE는 DTE의 양극 성(bipolar) RZ(Return to Zero) 신호로 코딩해서 망으로 전송하고 전송 유효거리는 5~6Km 정도이다.

① RS-232C 특성

RS-232C는 EIA가 RS-232B의 개정판으로 1969년에 발표하고 1981년 개선하여 승인한 규격이다. 이는 본래 아날로그 통신회선을 이용하는 모뎀 등의 DCE와 텔레타이프와 같은 DTE를 접속하는 규격으로서 발표되었다. 그러나 현재에는 대부분의 PC와 주변기기들이 RS-232C를 입·출력 인터페이스로서 채용하고 있으며 또 대형컴퓨터와의 연결에도 이를 사용하고 있다. RS-232C는 ITU-T(CCITT) 권고 중 V.24(DTE와 DCE간 상호접속회로의 정의, 핀 번호와 회토의 의미)와 V.28(불 평형 복류 상호접속회로의 전기적 특성)에 ISO2110(25핀 커넥터와 핀 배치)을 사용하는 접속규격과 기능적으로 호환성을 갖고 있다.

RS-232C는 25핀 커넥터로서 이론적으로는 DTE와 DCE가 25개의 선으로 연결되어야 함을 의미하나 실제 응용에서는 이보다 적은 수의 선을 이용해서도 상호 접속할 수 있게 된다.

RS-232C에서는 임의 신호를 수신하였을 때, 그 신호전압이 -3V이하이면 2진 값 '1'로서 +3V이상이면 '0'으로 판정하게 된다. 또 송신 시에는 2진 값 '0' 과 '1'을 각각 +12V, -12V의 전압 값으로 표현한다. 여기서 입력과 출력 시의 전압 값이 서로 다른 것은 전송중의 전압감쇠나 잡음을 고려한 것이며, 이 접속규격의 데이터속도는

20Kbps이하, 전송거리는 15m이하이다.

RS-232C에서는 송신 측과 수신측이 서로 상대의 상태를 확인하면서 데이터전송을 수행한다. 이러한 방법을 핸드세이크(handshake)라 한다. RS-232C의 핸드세이크는 DTE 측이 송신할 때와 DCE 측이 송신할 때가 서로 다른 방법을 사용한다.

② DTE와 DCE 접속 방법

RS-232C는 원래 DTE와 DCE 간의 데이터전송 방법을 정하기 위한 것으로 각 방향에 따라 별개의 신호선이 준비되어 있다. 따라서 DTE와 DCE를 접속하는 경우에는 서로 같은 핀번호를 갖는 것끼리 접속하면 된다.

실제 RS-232C 접속규격을 갖는 프린터나 플로터등 대부분의 주변기기들은 DTE로서 만들어져 있다. 따라서 컴퓨터를 이들 기기와 접속하려면 앞의 경우보다 더 주의를 기울이지 않으면 안 된다. 왜냐하면 DTE 측의 2번 핀은 데이터를 송신하기 위한 것이므로 DTE와 DCE 접속처럼 2번 핀끼리 서로 연결하면 양쪽에서 모두 데이터를 송신하려고만 하기 때문에 혼란이 야기된다. 따라서 DTE와 DTE간 접속의 경우에는 서로 반대되는 기능을 갖는 핀끼리 연결해야 한다.

간혹 퍼스널 컴퓨터 중에는 DCE로서 설계된 것도 있다. 이러한 퍼스널 컴퓨터와 모뎀의 접속은 DCE와 DCE의 접속이 된다. 이 경우도 DTE와 DTE 간 접속과 마찬가지로 케이블과 커넥터를 해체하여 서로 반대 기능을 갖는 핀끼리 접속한다. 그런데 이 경우에는 서로 받을 필요가 없는 신호는 끊어버리면 된다.

3) CCE

CCE는 메인 컴퓨터와 DCE 사이에 위치하여 DCE로부터 들어오는 데이터에 오류가 있는지를 조사하고, 메인 컴퓨터의 처리 속도와 DCT의 전송 속도를 맞추어 주는 역할을 수행한다. 또한, 메인 컴퓨터의 처리 방식에 맞추기 위해 직렬(serial) 데이터를 병렬(parallel) 형태로 바꾸어 주는 역할도 수행한다.

4) 메인 컴퓨터

통신을 위한 모든 기능들을 제어하고 관리하는 기능을 수행한다. 이전에는 메인 컴퓨터가 CCE의 기능을 포함하여 수행하기도 하였지만 통신을 위한 장비의 다양화와 많은 제어 기능들의 추가로 인해서 기능을 일정부분을 CCE가 대신하게 되었다.

그림 2.4에는 정보통신시스템의 기본적인 구조를 표현하였다. 사용자들은 DTE를 사용하여 DCE, CCE, 메인 컴퓨터를 통하여 다른 사용자들과 통신하게 된다.

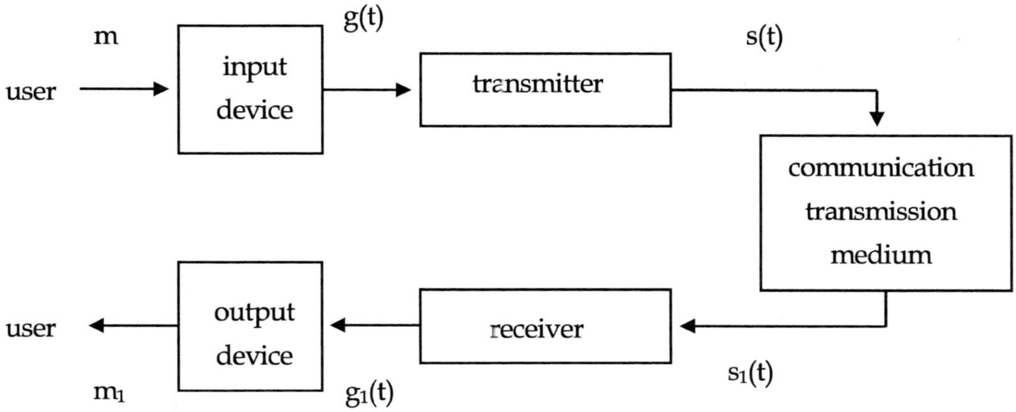

그림 2.4 정보통신 기본적인 구조

2.4 프로토콜

2.4.1 개념

대중들이 정보통신에 대해 전혀 관심이 없었을 때에도 프로토콜이란 단어가 가끔 신문기사에 등장한 적이 있었다. 대체로 외국의 국빈이 우리나라를 방문하였을 때 그 방문기사에 등장하던 프로토콜이란 단어는 국빈을 대접하는 의전 절차라는 의미로 쓰인다. 프로토콜이란 단어를 사전에서 찾으면 위에 얘기한 외교상의 의례란 의미 외에도 의정서, 조약(안)으로 설명이 되어있다. 아무튼 프로토콜이란 단어 속에는 어떤 경우이든지 간에 두 상대방이 있어 그 두 상대방간 합의된 약속이란 의미를 내포하고 있다. 국빈의 의전절차에도 피 방문자가 지켜야 할 도리뿐만 아니라 방문객이 이에 따라 취해야 하는 행동 절차도 같이 포함되어 있으므로, 프로토콜이란 방문자와 피 방문자 두 상대방의 행동양식에 대한 미리 정해진 약속으로 볼 수 있다.

통신에 등장하는 프로토콜은 어떤 의미를 지니고 있으며 왜 필요한가? 사실 통신에서 말하는 프로토콜은 엄밀히 말하면 통신 프로토콜이라고 앞에 통신을 반드시 붙여 말해야 한다. 그런데 어떤 사실을 얘기할 때 주제가 통신인 경우 우리는 통신을 생략하고 보통 프로토콜이라고만 말하게 되고, 이 경우 듣는 사람이나 말하는 사람 모두 프로토콜은 통신 프로토콜을 의미하게 되는 셈이다. 이제 프로토콜이 통신 프로토콜의 생략 형이라는 것은 분명해 졌다. 통신 프로토콜의 정의에는 앞에서 말한 프로토콜의 일반적인 개념이 그대로 들어있다. 통신이란 말에 이미 두 상대방이라는 개념이 배경에 놓여 있다. 상대방이 없는 통신이란 있을 수 없으므로, 통신 프로토콜 또한 당연히 정보를 송신하고 수신하는 두 상대방 사이의 약속이다. 약속은 약속인데 그럼 무슨 약속인가. 앞에서 말한 외교적인 프로토콜에서처럼 상대방을 예우하기 위한 약속이 아님은 분명하다. 통신은 공학이다. 따라서 필요한 것은 예의가 아니고 통신의 목적을 경제적으로 달성하기 위한 약속이다.

2.4.2 효율적인 관리

공학적인 의미의 통신의 목적은 한마디로 정확하고 신속한 정보의 전송이다. 공학에서는 정확성과 신속성만 의미를 갖는 것이 아니라 경제성 또한 중요한 의미를 갖는다. 따라서 통신 프로토콜은 두 통신하는 상대방 사이에 정확, 신속하고 효율적인 정보의 전송을 위한 여러 가지 약속의 집합이다. 다시 말하면 통신 프로토콜은 송신자가 이렇게 하면 수신자가 저렇게 하고, 수신자가 어떻게 하면 송신자가 거기에 따라 어떤 행동을 취해야 하는지 등을 사전에 약속해 둔 것이다. 이러한 사전 약속이 없다면 어떤 상황에서든지 정확하고 신속하게 정보를 효율적으로 전송해야 한다는 통신의 기본목적을 달성할 수 없다.

통신하는 상대방은 일반적으로 서로 원격지에 위치한다. 따라서 정보를 전송하기 위해서는 정보를 전기적인 혹은 광학적인 형태로 변환하고 그 변환된 신호가 통신채널을 통해 흐르게 될 때, 정상적인 신호의 흐름을 방해하는 여러 가지 현상이 존재하게 된다. 이러한 훼방 행위는 통칭하여 전송손상(transmission impairment)이라는 형태로 나타나게 되고 이는 신호의 변형을 가져오고 신호변형은 결국 정확한 정보의 전송을 방해한다. 즉, 신호의 전송 중에 에러가 발생하게 되고, 따라서 통신 프로토콜에서는 이러한 에러가 발생하였을 때 어떻게 에러의 발생사실을 알아내고 손실된 정보를 회복할 것인가에 대한 엄밀한 절차가 사전에 약속되어 있어야 한다. 그러한 약속이 프로토콜의 일부가 된다. 프로토콜이라는 약속의 집합 속에 이렇게 에러에 대응하기 위한 약속이 중요하기는 하나 그것이 프로토콜의 전부는 아니다. 정보를 정확히 그리고 효율적으로 전송하기 위해서는 동기(synchronization)라고 부르는 개념도 중요하다. 예를 들어 정보를 송수신하는 상대방이 서로 한 비트의 시간 길이를 서로 다르게 사용한다든지, 한 메시지의 시작 지점을 서로 다르게 인식하게 되면 순식간에 대량의 에러가 발생하기 때문에 이들에 대해서도 사전 약속이 필요하다. 또한 정보흐름의 양을 조절하는 흐름 제어(flow control) 방법도 역시 사전에 약속되어 프로토콜 속에 포함되어 있어야 한다. 흐름 제어란 정보의 송신 측에서 너무 빠르게 정보를 내 보내는 바람에 수신 측에서 이를 미처 소화하지 못함으로써 결과적으로 정보의 손실을 가져오는 사태를 막기 위한 방법을 말한다.

에러 제어, 동기, 흐름 제어 등에 관한 약속 이외에도 통신하는 상대방의 상호위치가 어디냐에 따라 여러 가지 약속이 추가로 필요하다. 그리고 효율적인 전송을 위해서도 여러 가지 기법이 있으므로 어떤 경우에 어떤 방법을 사용해야 하는가에 대해서도 사전에 약속하여 프로토콜에 포함시켜야 하며 최근에 관심이 높아지고 있는 정보의 안전성(security)을 위한 약속도 역시 여러 가지 방법이 있을 수 있으므로 사전에 프로토콜에 포함되어야 한다.

2.4.3 원리

지금까지 우리는 통신하는 두 상대방이란 표현을 사용하였는데 OSI(Open System Interconnection) 규약에서는 이를 실체(entity)라는 용어로 사용하고 있다. OSI에서는 통신하는 두 상대방이 컴퓨터 내부에서 돌아가는 프로그램인 경우가 대부분이다. 하지만 위에서 설명한 통신 프로토콜은 통신하는 두 상대방 즉 실체가 사람인 경우, 우리가 전화를 이용하여 음성 통신을 하는 것과 마찬가지로 그대로 적용되는 이야기이다. 이는 사람들이 전화기를 통해서 음성 정보를 주고받을 때에도 프로토콜이 필요하다는 뜻이며 사람이 다른 사람과 전화 할 때에도 전화선이라는 전송채널에서 에러가 발생하며, 사람에 따라서는 너무 빨리 말하는 사람이 있어 듣는 사람이 미처 이해하지 못하고 지나가는 경우가 있는데 사람들은 이 경우 그러한 상황에 자연스럽게 대처할 수 있는 능력을 태어났을 때부터 갖고 있다. 즉, 잡음 때문에 상대방의 단어를 놓쳤을 때에는 "잘못 들었는데 다시 한번 말해 줄래"라든지 상대방의 말이 너무 빨라 의미를 소화하기 어려우면 "잠깐 좀 천천히 말해줄래"라고 하는데 이는 프로토콜 용어로는 각각 에러 제어와 흐름 제어에 해당된다.

위에서 말한 대로 사람들은 누구든지 프로토콜을 학습하지 않고도 잘 알 수 있으므로 굳이 사전에 프로토콜이라는 약속을 할 필요가 없을 뿐이다. 따라서 지금은 사람간의 통신에는 정보를 정확히 효율적으로 전송하기 위한 약속은 필요치 않고, 그 대신 예의바른 통신을 하기 위한 프로토콜은 많을수록 좋은 것이다. 반대로 지능이 전혀 없는 정보기기들은 돌발적인 상황에 대처할 능력이 전혀 없으므로 통신할 때 발생할 수 있는 모든 상황에 일일이 지시를 해 놓아 마치 지능을 갖는 것처럼 만들어 주어야 한다. 이렇게 통신하는 두 상대방은 정보의 정확하고 효율적인 전송을 위한 많은 약속들이 필요하나, 상대방끼리 예의를 차리기 위한 프로토콜은 전혀 필요치 않다.

통신하는 두 상대방은 틀림없이 모든 프로토콜이 요구되기는 하나 사람인 경우에는 그 프로토콜이 명문화되어 있지 않고 예의범절이 포함되어야 하며, 정보기기인 경우에는 그 프로토콜은 엄밀히 명문화되어야 하고 그 대신 예의범절에 관한 부분을 포함시킬 필요도 없고 포함되어서도 안 된다. 정보통신이 사람 사이의 통신과 다른 점은 지능이 없는 정보기기 사이의 통신이라는 점 이외에도 사람과 사람간의 통신이 일 대 일인 경우와는 달리 정보기기 사이의 통신은 일 대 다수, 혹은 다수 대 다수의 경우가 많으므로 프로토콜 또한 이러한 경우까지 대비해서 만들어져야 하므로 종류가 많고 복잡해질 수밖에 없다. 여기서 말하는 정보통신이라는 용어는 정보처리 및 모든 통신을 통칭하는 넓은 의미의 정보통신이 아니라 정보기기 사이의 통신을 의미한다. 정보기기는 물론 정보를 송신하고 수신할 수 있는 기기를 통칭하는 용어로서, 컴퓨터만을 의미하지 않는다. 예를 들어 팩시밀리도 정보기기이며, 공해를 측정하여 그 결과를 공해 감시 센터로 전송하는 공해 측정기나, 장마철에 한강의 수위나 유속을 홍수 통제 본부로 송신하는 수위 유속 측정기도 정보기기다. 따라서 이들 사이에도 모두 통신의 프로토콜이 필요하다. 더 나아가 현존하는 모든 통신 관련 정보기기는 어떠한 형태든 모두 프로토콜을 갖고 있다.

2.4.4 구성

여기서 중요한 의미를 갖는 프로토콜은 사용하는 범위가 넓고 표준화 되어 있어 전 세계 어디에 설치되어 있는 정보기기 간에도 정보의 상호교환을 가능하게 하는 그런 종류의 프로토콜로, 흔히 말하는 컴퓨터의 네트워크에서 사용되는 프로토콜이다.

실제로 말하면 ISO, TCP/IP 등의 프로토콜이며, 그밖에도 SNA(Simple Network Architecture), ONA(Open Network Architecture) 등 특정 컴퓨터 회사에서 만들어진 프로토콜 등도 있다. 좀 더 구체적으로 말하면 X.25나 HDLC(High level Data link control)등의 예를 들 수 있다.

프로토콜을 폭 넓게 이해하기 위해서는 계층화의 사고방식을 이해하지 않으면 안 된다. 컴퓨터 네트워크는 제작회사가 서로 다른 컴퓨터끼리 통신할 수 있도록 다양한 응용 프로그램과 터미널, 그리고 데이터 전송을 돕는 갖가지 통신장비 및 전송장비와 전송매체 등으로 구성되게 되었고, 이러한 환경에서 정확하고 효과적인 정보전송을 수행하기 위해서는 프로토콜 역시 복잡하고 다기능화 할 수밖에 없다. 따라서 이러한 프로토콜들의 효과적인 정리를 위해서 프로토콜 계층화의 사고방식이 도입되었다.

계층화의 개념은 구조화 프로그래밍(structured programming)의 경우와 흡사하다. 프로토콜의 각 계층은 구조화 프로그래밍의 모듈(module)과 같으며, 각 계층이 수직적으로 상하 관계를 갖는 것은 모듈들을 수직적으로 배치하여 모듈 사이의 접촉(interface)이 최소화 되도록 하는 개념과 흡사하다. 즉, 네트워크 프로토콜이 계층화되어 상위계층이 인접한 바로 아래 계층의 서비스를 받는 것은 마치 구조화 프로그래밍에서 메인 프로그램이 부 프로그램을 호출하여 서비스를 받는 것과 같으며, 이때 호출한 프로그램과 호출 당한 프로그램이 변수를 이용하여 필요한 정보를 주고받는 것과 같이 역시 상위 계층이 인접한 하위 계층의 서비스를 받을 때 필요한 정보를 변수의 형태로 주고받게 된다. 또한 구조화 프로그램에서 모듈 내부의 변경이 외부의 다른 모듈에게는 영향을 미치지 않는 것과 마찬가지로, 어떤 계층의 내부적인 변화는 다른 계층의 내부적인 변화에 전혀 영향을 받지 않으므로 계층화 되지 않았던 종래의 통신 프로토콜에서 기능의 일부 변경으로 프로토콜 전체를 다시 작성해야 하는 어려움을 극복할 수 있게 되었다.

계층화된 네트워크 프로토콜들을 총칭하여 네트워크 구조라고 부른다. 앞에서 말한 OSI나 SNA, TCP/IP등의 프로토콜들은 상위 계층에서부터 하위계층까지 논리 정연한 구조를 갖는 프로토콜의 집합으로, 이들은 각각 현재 사용 중인 가장 대표적인 네트워크 구조인 셈이다. 가장 나중에 만들어진 네트워크 구조인 OSI는 국제표준기구인 ISO에서 만들어진 7계층을 갖는 네트워크 구조로서 가장 넓은 지지층을 확보하고 있으며, 모든 네트워크 교과서의 모델로 소개되고 있다. 가장 많은 프로토콜을 거느리고 있고 가장 다양한 기능을 갖고 있으며, 언젠가는 지구상의 모든 정보기기들이 이에 따르려는 계획을 갖고 있는 세계적인 표준이다. 물론 철저하게 계층화 된 구조를 갖고 있고, 많은 프로토콜이 개발되어 있으며 지금도 끊임없이 개발이 이루어지고 있어 앞으로도 계속 개발이 이루어 질 것이다. 그러나 모든 정보기기들이 이들을 채택할 때까지는 상당한 시간이 걸릴 것이다.

2.4.5 종류

컴퓨터 언어에서도 이론적으로 가장 좋은 언어가 반드시 가장 많은 사용자를 확보하지 못하는 것과 마찬가지로, 네트워크 프로토콜에서도 가장 이상적이고 논리적이며 다양한 기능까지 갖춘 OSI가 현재 시점에서는 가장 많은 사용자를 확보하지 못하고 있는 실정이다. 이는 OSI가 만들어진 것이 SNA(Systems Network Architecture)나 TCP/IP 보다 늦고, 실제 상품화가 늦어지고 이용자들이 비교 평가하여 값싸고 좋은 물건을 살 수 있을 만큼 OSI에 근거한 다양한 프로토콜 제품들이 시장에 풍부하지 못하기 때문이다. 이에 비해 TCP/IP 프로토콜 제품들은 매우 다양한 제조회사들이 관련 제품을 선보이고 있고 때문에 가장 널리 보급되어 있기 때문에 현재 시점에서 가장 큰 지지 세력을 확보하고 있는 셈이다. 이러한 경향은 최소한 5년에서 10년 이상 지속될 가능성이 있다. 특히 국내의 경우에는 워크스테이션(workstation)과 유닉스(Unix), 그리고 인터넷의 보급과 함께 시작된 TCP/IP 프로토콜 제품들이 한 동안 큰 세력을 형성하며 상당기간 동안 그 자리를 지켜나갈 것으로 보인다. SNA는 그 동안 IBM 컴퓨터의 막강한 시장 점유율에 의해 널리 보급되었고, 아직도 IBM의 후광을 입고 있어 쉽게 사라지지 않을 것으로 보인다. 어떻게 보면 현재 네트워크 기술의 중심사상이 된 계층화의 개념을 비롯하여, 중요기술과 개념들이 상당 부분 IBM의 SNA로부터 출발했다고 봐도 무리는 아니다. 최근 IBM 자체의 시장점유율 하락에 따라 SNA에 근거한 프로토콜의 사용도 줄어들 것으로 생각할 수 있으나, 아직은 프로토콜을 공부할 때 SNA를 빼놓을 수 없다.

우리가 프로토콜을 분류할 때 상위계층 프로토콜과 하위계층 프로토콜로 구분하는데 여기서 상위계층 프로토콜은 통신의 이용자가 손쉽게 통신을 이용할 수 있도록 해주는 역할을 수행하는데 반하여, 하위계층은 실제 통신이 어떻게 효과적으로 정확하게 정보를 전송할 수 있게 하느냐에 관심이 있다. 어떻게 보면 통신의 최종 이용자에게 보이는 것은 상위계층 중에서도 가장 상위계층인 응용계층 (OSI인 경우 7 계층)뿐이고, 나머지 계층들은 응용계층이 운용되는데 필요한 각종 서비스를 제공하는데 불과하다.

전자우편, EDI(Electronic Data Interchange), 메시지 핸들링 시스템, FTAM(File Transfer Access and Management)등은 모두 응용계층 프로토콜에 속한다. 따라서 네트워크의 단순한 이용자는 이러한 응용계층의 프로토콜 이용법만 공부하면 네트워크를 이용하여 원하는 정보전송을 행할 수 있으나, 네트워크의 설계 운용자들은 그 이하 계층의 프로토콜을 공부해야 한다.

한국적인 통신 프로토콜의 개발은 국제 표준과의 문제 때문에 의미 없는 일이지만 모든 프로토콜 제품을 돈을 주고 사와야 하는 현실을 생각할 때, 통신 소프트웨어에 많은 관심을 기울여야 함은 당연한 일이다. 다른 일반 응용 소프트웨어에 비해 통신 프로토콜 제품의 가격이 상대적으로 높고 따라서 국내 개발 자체가 더 높은 부가가치의 창출을 의미하기 때문이다.

2.4.6 PDU

프로토콜 이용자 정보를 실어 나르기 위해서는 PDU(Protocol Data Unit)를 사용한다. 즉, PDU는 물건을 운반할 때 상자 단위로 포장하여 운반하는 것과 같이 프로토콜이 정보의 운반을 위해서는 PDU라는 상자를 이용한다. 우리가 상자 단위로 물건을 포장하여 운반할 때 그 상자마다 물품의 내용이나 발송 처, 수신 처 등을 표기하는 것과 마찬가지로 PDU에도 이용자 정보뿐만 아니라 정보의 발신 처, 수신 처 등의 주소와 전송 등에 에러의 발생이 있었는지를 점검하기 위한 정보 그밖에 흐름 제어 등을 위한 정보 등이 같이 들어가게 된다.

계층화된 프로토콜에서는 계층마다 PDU 이름을 독특하게 붙여 사용하는 경우가 있다. 즉, 계층2 PDU는 프레임으로 계층3 PDU는 패킷으로 계층4 PDU는 세그먼트 등으로 부르는 것이 일반적이다. 이러한 특별한 이름이 없는 경우에는 그냥 몇 계층의 PDU라고 부르게 된다. 그리고 세그먼트라는 PDU 이름은 TCP에서 사용하는 경우가 많다.

2.5 정보통신망 기본 구조

정보통신망은 지리적으로 분산되어 있는 사용자 간에 자원의 공유를 가능하게 하기 위해 상호 연결된 동질 혹은 이질적인 컴퓨터 시스템의 집단을 말한다. 기본적으로 정보통신망은 원격지에 있는 자원의 공유를 위하여 사용자 또는 프로세서 간의 통신기능 제공, 신뢰성 제공(일부시스템 고장 시에도 통신 가능), 처리 기능 분산, 지리적으로 분산된 시스템의 중앙제어가 가능하고 사용자의 최소비용을 고려하여야 한다.

2.5.1 토폴로지

토폴로지(topology)란 하나의 링크에 접속된 단말기들의 물리적 배열을 말하는 것으로 일 대 일(point-to-point) 링크 방식과 일 대 다(point to multi-point) 링크 방식으로 나누어진다.

일 대 일 링크 방식은 가장 간단한 링크 방식으로 메인 컴퓨터와 단말기가 일 대 일로 접속되어 있는 것을 말한다. 메인 컴퓨터는 n개의 단말기에 대해 n개의 입출력(input/output) 포트가 필요하기 때문에 비용이 많이 든다는 단점을 가지고 있으며, 구성이 단순하고 제어가 용이하다는 장점을 갖는다.

일 대 다 링크 방식은 하나의 메인 컴퓨터와 여러 개의 단말기를 접속하기 위해 사용되는 방식이다. 메인 컴퓨터는 하나의 입출력 포트와 전용회선만이 필요하기 때문에 비용이 저렴하다는 장점을 가지고 있으며, 로직(logic)이 복잡하다는 단점을 갖는다.

2.5.2 통신대화 방식

링크의 통신대화 방식은 신호 흐름의 방향과 타이밍(timing)에 관련된다. 통신대화 방식이란 터미널, 컴퓨터 채널, 통신회선, 모뎀 등에서 통신의 전송방향을 구분하는 방법으로서 단 방향통신(simplex)과 이중통신이 있으며, 이중통신은 다시 반 이중

(half-duplex)과 전 이중(full-duplex)으로 나누어진다. 단 방향통신이란 송신자와 수신자가 고정되어 있고 항상 한 방향으로만 데이터를 전송하는 방식이다. 단 방향통신의 경우 전송로는 2선식으로 되어있다. 전기적으로 신호를 보내기 위해서는 송신 측과 수신 측을 연결하는 폐쇄회로를 구성해야 하므로 전송로는 한 방향 전송일지라도 선로는 2개가 필요하다. 반이중 통신방식이란 송신 측과 수신 측을 서로 필요에 따라 교대하는 방식으로서 양방향 어느 쪽으로도 데이터를 전송할 수는 있으나 동시에 전송할 수는 없다. 전송로는 단 방향통신의 경우와 마찬가지로 2선식이다. 전 이중 통신방식이란 송신을 하면서 동시에 수신도 할 수 있는 방식으로서 동시에 양방향 전송을 하려면 송신용과 수신용의 2쌍의 전송로가 각각 필요하므로 4선식 전송로로 되어있다. 그러나 2선식 전송로에서도 시분할 방식 등과 같이 다중화 기술을 채용하게 되면 마치 4선식 전송로인 것처럼 전 이중 통신이 가능하게 된다. 그림 2.5에는 통신대화방식에 대해 간략하게 표현하였다.

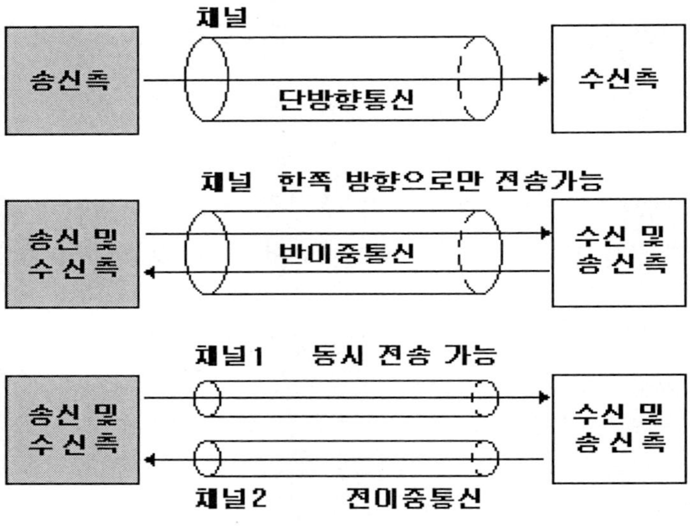

그림 2.5 통신대화방식의 구분

1) 단 방향통신

단 방향 통신은 데이터가 송신 시스템에서 수신 시스템으로 한 방향으로만 전송되는 통신 방식을 말한다. 이러한 단 방향 통신의 대표적인 예는 라디오, TV, 카드 리더(card reader) 등이 있다.

2) 반이중통신

반이중통신은 하나의 전송로에서 송신과 수신을 번갈아 가면서 교대로 하는 통신 방식을 말한다. 따라서 송신 시에는 수신을 할 수 없고 수신 시에는 송신을 할 수 없게 되며, 대표적인 예로 휴대용 무전기가 있다.

3) 전 이중통신

전이중통신은 송신과 수신을 동시에 할 수 있는 통신방식을 말한다. 3가지의 통신 방식 중에 가장 효율적인 통신이 가능하며, 대표적인 예로 전화기가 있다.

2.5.3 토폴로지와 통신대화방식의 조합

1) 일 대 일 링크

일 대 일 링크는 하나의 메인 컴퓨터와 하나의 단말기가 일 대 일로 연결되어 있는 경우를 말한다. 일 대 일 링크에는 반 이중 방식과 전 이중 방식의 두 가지가 있다.

(1) 반 이중 방식

반 이중 방식은 메인 컴퓨터와 단말기가 교대로 데이터를 전송한다.

(2) 전 이중 방식

전 이중 방식은 메인 컴퓨터와 단말기가 서로 동시에 데이터 전송한다.

2) 일 대 다 링크

일 대 다 링크는 하나의 메인 컴퓨터와 여러 개의 단말기가 하나의 회선으로 구성되는 경우를 말한다. 일 대 다 링크에는 전 이중 반 이중 방식, 반 이중 방식, 전 이중 방식의 세 가지가 있다.

(1) 전 이중 반 이중 방식

전 이중 반 이중 방식은 메인 컴퓨터는 전 이중 방식을 사용하고, 단말기는 반 이중 방식을 사용한다.

(2) 반 이중

반 이중 방식은 메인 컴퓨터와 단말기가 모두 반 이중 방식을 사용한다.

(3) 전 이중

전 이중 방식은 메인 컴퓨터와 단말기가 모두 전 이중 방식을 사용한다.

2.6 LAN의 일반적인 구조

정보통신망에서 우리가 가장 익숙하게 사용하고 있는 LAN의 구조를 통해 정보통신망의 기본구조에 대해 살펴보기로 하자.

2.6.1. 스타 형

스타(star) 형은 중앙에 시스템을 중심으로 단말기 간에 일 대 일로 연결되어 있는 형태를 의미한다. 단말기는 스위치 역할을 담당하는 중앙 시스템을 통해 메시지를 전송하는 중앙집중식 형태로 구성된다. 대표적인 예로 전화통신망이나 사설교환통신망을 들 수 있다. 그림 2.6에는 스타 형 구조에 대해서 표현하였다.

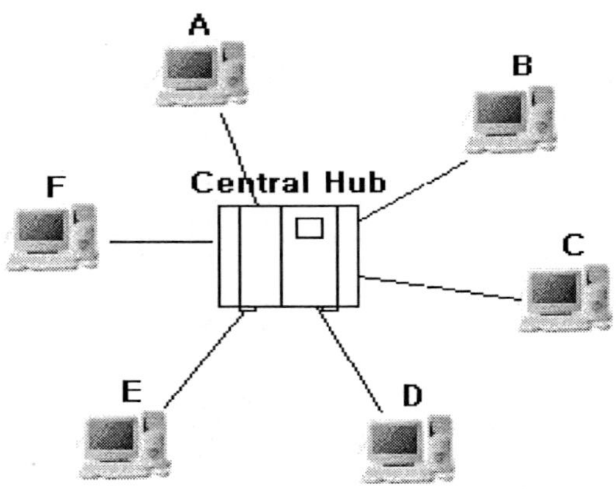

그림 2.6 스타 형

2.6.2 링 형

링(ring) 형은 루프 형(loop)이라고도 하며 통신망에서 직접 또는 중계기를 통해 서로 이웃한 기기끼리 연결한 형태이다. 그러나 그림에서와 같이 반드시 링의 형태를 갖는 것이 아니며, 단지 논리적으로 링의 형태를 이루는 것으로 생각하면 된다. 전형적인 링 형에서의 데이터의 흐름은 한 방향이 된다. 그러나 두 경로를 사용할 경우는 데이터의 흐름을 양방향으로 할 수 있지만, 여분의 다른 선은 회선 단절을 대비한 여유분으로 생각하는 것이 일반적인 견해이다. 데이터의 전송은 폴링에 의한 방식과 토큰에 의한 방식이 있다. 그림 2.7에는 링 형 구조에 대해서 표현하였다.

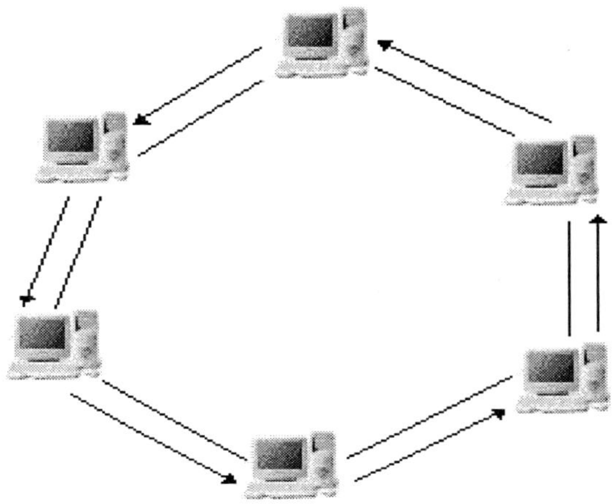

그림 2.7 링 형

2.6.3. 버스 형

버스(bus) 형은 끝단이 연결되지 않은 것을 제외하면 링 형과 같은 형태이다. 한 개의 통신회선에 여러 개의 단말기 연결한 형태로 전송은 기본적으로 브로드캐스팅의 특성을 갖는다. 데이터 전송은 폴링 방식과 선택에 의해 수행되며 버스의 고장에 기인한 경우를 제외하고 매우 높은 신뢰성을 제공한다. 버스 형에서 모든 노드는 동일하고 통신제어는 분산처리 된다. 그림 2.8에는 버스 형 구조에 대해서 표현하였다.

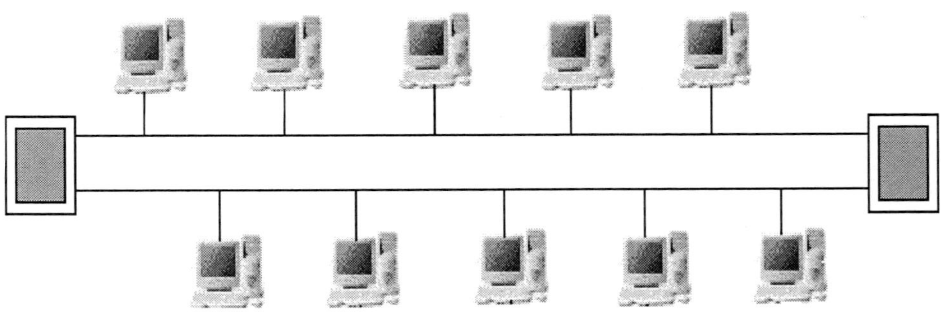

그림 2.8 버스 형

2.6.4. 트리 형

트리(tree) 형은 계층 형(hierarchical)이라고도 하며 루트를 중심으로 계층적 형태로 구성된다. 즉, 그림 2.9와 같이 루트인 A의 하위에 B~F의 2번째 계층이 연결되고 다시 그 하위로 3번째 계층과 4번째 계층이 연결된다. 이때 최하위 계층의 L은 그 상위 계층 G와 다시 그 상위계층인 C와 밀접한 연관성을 갖고 연결된다. 스타 형보다는 통신회선을 절약할 수 있으며 일정지역에 설치되면 분산처리시스템이 된다.

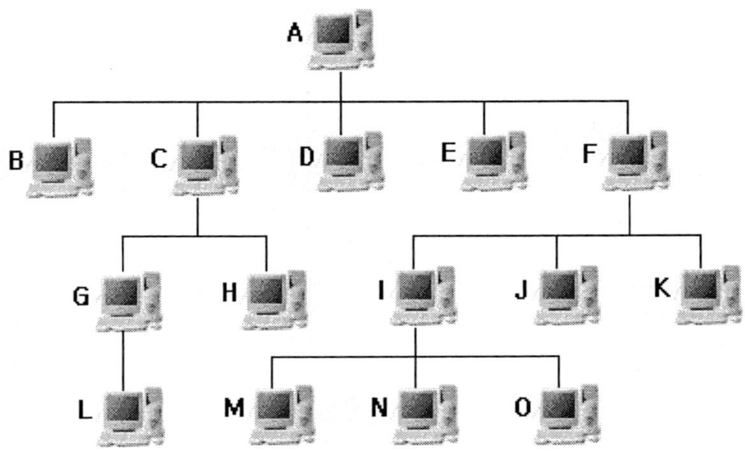

그림 2.9 트리 형(계층 형)

2.6.5 망형

망(mesh/interconnected)형은 단말기 간에 통신회선으로 서로 연결되어 있는 형태로 완전 망형과 부분 망형이 있다. 일반적으로 공중데이터 통신망에 이용되고 통신회선의 총 경로가 다른 망과 비교할 때 가장 길며, 통신회선의 장애 시 다른 경로를 통하여 데이터를 전송할 수 있는 장점을 갖는다. 완전 망형에서 E와 부분 망형에서 G와 같은 새로운 노드가 추가될 경우, 완전 망형은 원가와 시간이 부분 망형보다 더 많이 소요된다. 여기서 점선은 새롭게 추가된 회선을 나타낸다. 그림 2.10에는 망형의 완전 망형 구조와 부분 망형 구조에 대해서 표현하였다.

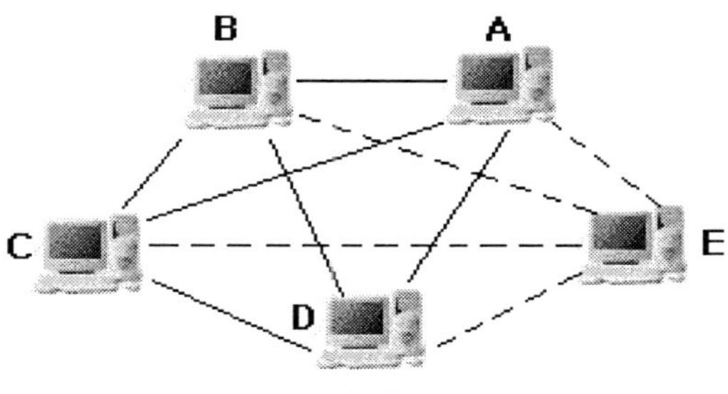

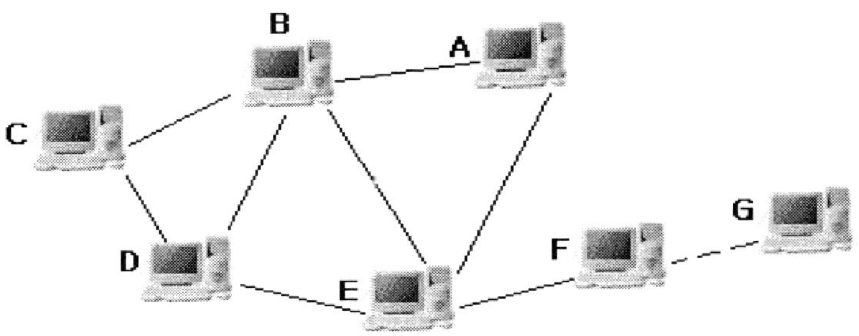

그림 2.10 망형 (a) 완전 망형 (b) 부분 망형

연 습 문 제

1. 정보통신망의 구성요소에 대해 설명하시오.

2. 정보통신망 관리 구조에 대해 설명하시오.

3. ISO에서 제시한 망 관리 모델에 대해서 설명하시오.

4. 정보통신시스템의 구성 요소에 대해 설명하시오.

5. 정보통신망의 기본 구조에 대해 설명하시오.

6. LAN의 구조에 대해 설명하시오.

제 3 장

정보통신망 분류

3.1 정보통신망 종류
3.2 교환통신망
3.3 방송통신망

제 3 장 정보통신망 분류

우리가 일상생활에서 가장 많이 사용하고 있는 통신시스템은 휴대폰, PC, 일반전화기, 인터넷전화기 등이다. 이러한 통신시스템들은 통신망들을 통해서 연결되어져 사용자들이 신속, 정확, 편리하게 통신할 수 있도록 한다. 우리에게 익숙한 통신시스템과는 달리 통신망에 대한 개념은 다소 어려워 보인다. 이 번장에서는 우리가 사용하고 있는 정보통신망에 대해서 개략적으로 살펴보고자 한다.

3.1 정보통신망 종류

정보통신망은 일반적으로 데이터를 전달하는 방식과 전달하는 구조에 따라 교환통신망(switched communication network)과 방송통신망(broadcast communication network)으로 분류된다. 그리고 이들 두 가지 정보통신망은 다음 표 3.1과 같이 각각 세분화되어 분류된다.

표 3.1 정보통신망의 분류

정보통신망의 분류	정보통신망의 기능
교환통신망	회선교환 망(circuit switched network)
	메시지교환 망(message switched network)
	패킷교환 망(packet switched network)
방송통신망	패킷라디오 망(packet radio network)
	인공위성 망(satellite network)
	로컬 망(local network)

3.2 교환통신망

교환통신망(switched communication network)은 일반적으로 상호 연결된 노드(교환기)들의 모임으로 구성된다. 송신 단말기에서 통신망으로 전송된 데이터는 여러 개의 노드를 거쳐 최종 수신 단말기에 전달된다. 그림 3.1에는 일반적인 교환 통신망에 대해 표현하였다. 교환통신망의 구성요소는 단말기, 노드와 회선(링크)으로 구성되어져 있다. 단말기는 컴퓨터, 터미널, 전화와 통신장치 등을 말하며 일반적으로 일 대 일 방식으로 노드에 연결되어져 있으며 노드는 전송 및 데이터 교환의 역할을 하는 메인 노드와 단순히 연결 기능만 갖고 있는 중간 노드로 분류된다. 한편, 회선은 노드와 노드를 연결하며 일반적으로 다중화 된 링크를 사용한다.

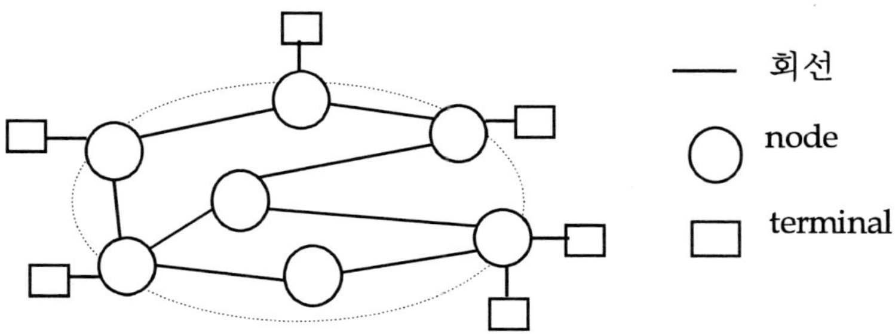

그림 3.1 교환통신망

이 때, 하나의 노드에서 다른 노드로 데이터를 교환하는 방법에 따라 위의 표 3.1과 같이 회선교환 망, 메시지교환 망, 패킷교환 망으로 분류된다. 노드와 단말기 간의 링크는 전용선으로 일반적으로 일 대 일 링크를 사용하며, 노드와 노드사이의 링크는 다중화 된 링크를 사용한다. 노드는 단말기를 통신망에 접속시켜 주는 기능, 노드와 노드를 접속시켜 주는 기능, 단말기 사이에서 데이터의 전송 및 수신 기능을 수행한다.

3.3 방송통신망

방송통신망(Broadcast Communication Network)은 중간에 교환 노드 없이 단말기들이 통신 매체를 공유하여 데이터를 송수신하는 방식으로 구성된다. 이와 같이 방송 통신망은 통신 매체를 공유하기 때문에, 통신 로 상에 존재하는 여러 개의 전송 데이터 중 매체 액세스 제어(MAC : Medium Access Control) 기술을 이용하여 자신의 데이터를 선택하여 수신하여야 한다. 단말기 간의 데이터 전송 율과 거리에 따라 위의 표 3.1과 같이 패킷라디오 망, 인공위성 망, 로컬 망으로 분류된다. 그림 3.2에는 다양한 방송통신망 구조에 대해 표현하였다.

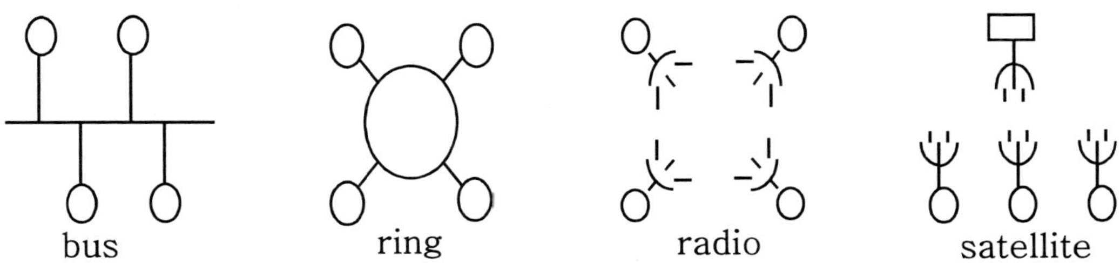

그림 3.2 다양한 방송통신망

패킷라디오 망에서 단말기는 안테나를 통해 패킷을 송수신하고 모든 단말기는 동일 채널을 사용하여 한 단말기에서 모든 다른 단말기로 직접 방송하게 된다. 패킷(packet)이란 전송 데이터를 정해진 길이로 분리한 것에 상대방 번지 등을 나타내는 헤더를 붙인 통신 전송 단위를 말하며 프레임(frame)의 개념과 유사하다.

인공위성 망에서 단말기는 안테나를 통해 패킷을 송수신하고 모든 단말기는 동일 채널을 사용하는 것은 패킷 라디오 망과 동일하다. 그러나 패킷을 단말기 사이에 직접 송수신하지 않고 인공위성의 중계를 통해 송수신 한다는 점이 다르다.

로컬망은 단일 건물이나 몇 개의 건물 군과 같은 작은 지역에 한정된 통신망을 말한다. 그림 3.3에는 다양한 로컬 망 구조에 대해 나타냈었다.

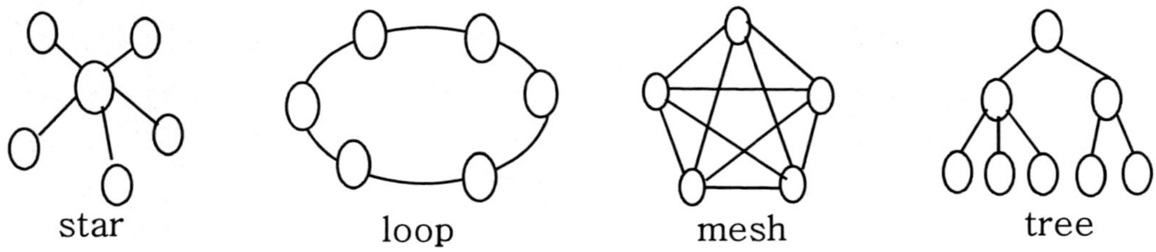

그림 3.3 다양한 로컬 망의 구조

연 습 문 제

1. 교환통신망에 대해 설명하시오.

2. 교환통신망에서 노드(교환기)의 역할이 대해 설명하시오.

3. 방송통신망에 대해 설명하시오.

4. 패킷라디오 망에 대해 설명하시오.

5. 인공위성 망에 대해 설명하시오.

6. 로컬 망에 대해 설명하시오.

제 4 장

교환통신망

4.1 교환기

4.2 회선교환 망

4.3 메시지교환 망

4.4 패킷교환 망

4.5 셀 교환 방식

4.6 교환 망 기술의 비교

제 4 장 교환통신망

교환통신망은 단말기들이 직접적으로 통신하는 것이 아니라 교환기능을 수행하는 교환기 즉 노드들을 통해서 통신하는 방식이다. 교환통신망은 하나의 노드가 아니라 여러 개의 노드들이 상호 연결되어져 있는 복잡한 구조를 가지고 있다. 데이터는 송신 단말기에서 출발해서 여러 개의 노드를 거쳐 수신 단말기에 도착하게 된다.

데이터 전송 필요성이 급증하면서 데이터의 교환이 필요해지고 중요한 문제로 대두되었으며 교환 방식은 동일기종 또는 이 기종 단말기 간의 지리적 분산 상태를 서로 공유하기 위해 물리적인 전송 매체를 통한 상호 연결한 방식을 사용하며 전용회선을 사용하면 비효율적이기 때문에 공유의 개념으로서 교환기를 이용하게 되었다.

4.1 교환기

4.1.1 개념

일반적인 교환기(switch)는 가장 보편적으로 사용되는 기본 통신 서비스인 전화 교환의 목적으로 개발되었으며 기본적으로 음성이 입력되어 교환되고 출력되는 통화로 계와 이를 제어하는 제어계로 구성된다. 통화로 계는 구성방식에 따라 기계식, 반전자식, 전전자식으로 분류되고 제어 계는 구성방식에 따라 수동식, 기계식자동, 전자식자동으로 분류된다. 또한 사용목적에 따라 사설교환기, 시내교환기, 시외교환기, 국제교환기로 구분된다. 최근에는 ISDN(Intergrated Service Digital Network) 기능을 수용한 ISDN 교환기와 ATM(Asynchronous Transfer Mode) 방식을 수용한 ATM 교환기가 많이 사용되고 있다.

4.1.2 기본 구성

교환기를 기본적으로 통화로 계와 제어 계로 구성되어져 있고 통화로 계는 가입자계, 중계선계와 스위치 네트워크로 이루어져 있으며 제어 계는 하드웨어와 소프트웨어적으로 제어할 수 있는 모듈들로 구성되어져 있다.

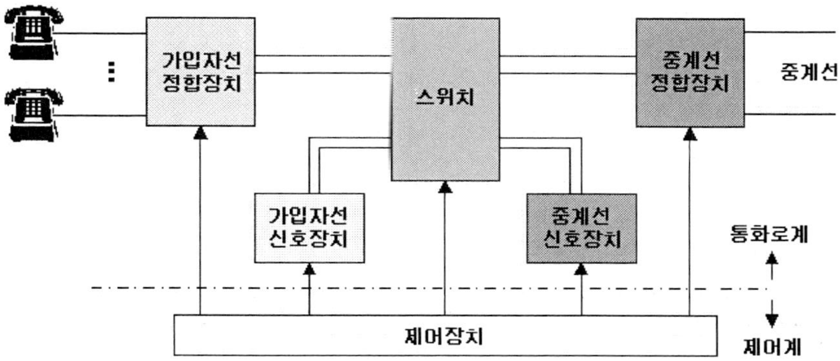

그림 4.1 교환기 기본 구성

1) 통화로 계

(1) 가입자계

전화와 가입간의 접속을 담당하는 정합장치(matching device)와 신호장치(signal device)로 구성된다.

① 가입자선 정합장치
가입자선 정합회로(matching circuit)는 Battery feed, Overvoltage protection, Ringing, Supervision, Codec, Hybrid, Testing의 7가지 기능을 수행하는 회로로 첫 글자를 따서 BORSCHT라고 하며 가입자선 집선 장치는 사용 율이 낮은 가입자선들을 집선 하여 네트워크에 접속시킴으로써 자원 사용 도를 높이는 장치로 통상 시분할 스위치를 이용하여 구성한다. 일반적으로 정합회로란 두 회로를 전기적으로 결합할 때 한 회로의 출력 단에서 입력 측을 보았을 때의 임피던스(impedance)와 다른 회로의 입력 단 임피던스의 공액 값을 같게 하여 전력 손실을 가장 적게 하기 위해서 삽입하는 회로를 말한다.

② 가입자선 신호장치
가입자와 교환기 간의 신호처리를 위한 장치로 톤 발생장치, 링 발생장치, DTMF(Dual Tone Multi Frequency) 수신 장치 등으로 구성된다. 기타 녹음안내장치, 3자 통화 및 회의통화를 지원하는 회의통화 장치 등의 다양한 음성 서비스를 제공하는 장치를 부가할 수 있다.

(2) 중계선계

중계선계는 중계선 정합장치와 중계선 신호장치 등으로 구성되어져 있다.

① 중계선 정합장치
주로 T1 중계선 정합회로와 기준 클록으로 동기를 맞추기 위해 망 동기회로로 구성된다.

② 중계선 신호장치
전화국 간의 신호처리를 위한 장치로 인-밴드(in-band) 신호용과 공통선 신호용으로 구성된다.

(3) 스위치 네트워크

가입자와 중계선계의 입출력 채널을 상호연결해 주는 장치로 채널에 대응하는 슬롯(slot)에 대한 시간/공간적 형태로 구성하여 대용량 스위치 네트워크를 구성한다.

2) 제어 계

하드웨어적으로는 마이크로프로세서 기반의 분산제어 방식으로 구성한다. 또한 처리능력을 높이고 고장 발생시에도 고유용성과 고 신뢰성을 보장하기 위해 이중구조 이상으로 구성된다. 소프트웨어적으로는 기본 교환 기능을 담당하는 호 처리 부분과 운용관리/유지보수를 위한 OAM(Operation Administration and Maintenance)으로 구성된다. 또한 기본적으로 실시간으로 동작해야 하기 때문에 세부적이고 구체적인 방식으로 설계된다.

4.1.3 교환기 역사

1) 세대별 분류

교환기를 발전 순서에 따라 분류하는 것은 견해에 따라 다양하다. 1880년대 교환원에 의해 수동으로 교환이 이루어졌던 시대를 개막한 이래 중앙제어방식에서 중앙의 노드를 줄여주기 위해 분산제어로 발전하였다. 이 후, 다시 기계식 교환방식을 이용한 공통제어 방식을 도입함으로써 접속시간을 단축할 수 있게 되었다. 1960년대에 드디어 컴퓨터를 이용한 전자식 교환방식이 등장함에 따라 한 대의 교환기가 처리할 수 있는 최대 용량은 증가하였고 급작스런 고장에 견딜 수 있는 새로운 방식의 설계가 등장하였다. 중소형 PBX(Private Branch eXchange) 시장의 응용분야 확대 및 세대교체를 대비한 ISDN 교환기는 컴퓨터 네트워크 및 각종 부가장비와 통합으로 응용분야를 확대할 수 있다. ISDN 교환기는 디지털 다기능 전화 활용의 확대 및 보편화의 실현에 따라 PBX의 그룹화에 따른 계열화, 네트워크화, 및 미래화를 선도할 시스템으로 발전하였다.

(1) 제 1 세대 교환기

1960년대 초반기에는 수천에서 65,000 회선까지의 교환 범위를 갖는 대용량 설계에 중점을 두었다. 대도시의 전화국용으로 설계된 교환기로써 일반적으로 PBX라고도 불려진다. 비용보다는 수행성(performance)과 신뢰성(reliability)이 중시되었기 때문에 모든 구조를 이중화시킴으로써 고장 유닛을 즉시 대체할 수 있도록 설계하였다.

(2) 제 2 세대 교환기

1960년대 중반부터 개발된 교환기로 엄밀히 말하면 1.5세대로 분류된다. 기본적 구조 및 프로그램 제어 방식은 1세대 교환기와 같은 방식을 이용하지만 근본적으로 다른 점은 소 용량으로 설계되었다는 점이다. 즉 1,000~10,000 회선 정도를 수용할 수 있도록 설계되었고 이전의 교환기에서는 그다지 중요하지 않았던 비용의 문제가 설계의 중요한 관점이 되었다. 1세대 교환기에 비해 하드웨어 비용이 감소하였고, 고장 율을 포함한 시스템 신뢰성도 현저히 감소하였다.

(3) 제 3 세대 교환기

1970년대 초반 실리콘 IC(Integrated Circuit)의 출현으로 소형화, 수행성 증가, 하드웨어의 비용 감소를 가져왔다. 이전 교환기와의 큰 차이는 프로그램 저장장소가 읽기 및 쓰기가 가능한 램으로 대체되었다는 점이다. 파일의 형태로 저장시키는 추가된 디스크 시스템은 프로세서의 유연성을 증가시켰지만 반면 시스템의 복잡성을 증가시켰다. 처리속도를 향상시키기 위해 시분할 방식이 도입되었다.

(4) 제 4 세대 교환기

3세대 교환기를 2세대로 구분할 때, 이것은 2.5세대로 구분하기도 한다. 대도시 교환국이 세분화되면서 500~5,000 회선 정도를 수용할 수 있도록 설계되었으며 통합된 논리 회로에 의해 고속화가 성취되었다. 이전 세대의 교환기에 비해 회선수가 감소하여 전체 하드웨어와 프로세서 수가 감소하였기 때문에 모든 구조를 완전히 이중화할 수 있었다. 고장에 대한 자기진단회로는 자체 검사를 수행하였고 검출 회로가 프로세서의 통합된 부분으로써 결합되었다. 호 처리와 내장 프로그램이 분리되어 처리되던 것을 단일 저장 시스템으로 통합되었다. 그러나 복잡성이 증가하면서 시스템이 강등될 가능성이 증가하였고, 강등 시 복구를 위해 복잡한 처리가 요청되었다. 호 저장과 프로그램 저장 사이의 동시접근은 허용되지 않았고, 이로 인해 발생된 불이익은 고속의 실리콘 메모리를 사용함으로써 보상되었다.

(5) 제 5 세대 교환기

이전까지의 교환기는 대형과 중형 교환국의 제어를 위해 설계되었지만 제 5 세대 교환기는 다중 응용에 적합하도록 분산된 처리 방식 및 스위치 구조를 갖도록 설계되어 더욱 커다란 수용력을 갖게 되었다. 기존의 방식을 그대로 사용하면서 새로운 프로세서의 개발, 기존 교환기와의 스위치 재구축 등을 구현하였다. 또한 근거리 접속 망, 고속의 B-ISDN, 무선통신망 등을 위한 사용자들의 새로운 요구 사항들을 수용하였다. 특히 하나의 스위칭(switching) 시스템 내에 저장과 프로세서를 동시에 수행할 수 있도록 설계함으로써 전체적인 시스템 성능의 향상을 성취하였다. 완벽한 고장진단 및 고장복구가 가능하도록 설계되었다. 완전한 디지털 시스템으로 다음의 세 가지 모듈 구조를 갖는다.

① 관리 모듈

관리 모듈(AM : Administration Module)은 트래픽 및 과금 데이터 수집 기능 등의 시스템 관리 기능뿐만 아니라 호 처리 기능을 지원한다.

② 통신 모듈

통신 모듈(CM : Communication Module)은 스위칭(switching) 모듈과 관리 모듈 또는 스위칭 모듈간의 통신 설비를 제공한다. 시분할 다중화(multiplexing) 스위치와 메시지 스위치로 구성되며 호 라우팅(routing) 기능이 수행된다.

③ 스위칭 모듈

스위칭 모듈(SM : Switching Module)은 전체 처리비율 중 95%를 담당하는 것은 호 처리로써 회선 및 패킷 교환 기능을 수행하도록 설계되어 원격 스위치 모듈은 최대 10,000 회선 정도를 수용할 수 있다.

2) 국내 공중 교환기의 변천사

(1) TDX-1A

우리 국내 기술로 개발한 최초의 양산 공급기로서 교환기 국산화의 첫걸음이 된 교환기로 최대 10,240 회선 용량을 갖고 주로 농어촌의 교환을 담당한다. 디스크를 채용하였고 선로 시험 기능을 보강한 것으로 자동안내용으로 사용된 호 자동분배장치는 시외 국에 설치되었고 사설교환 기능을 보유한 집단전화용으로 집단전화 교환기와 행정통합 망에 ISDN 기능을 첨가한 부가사업용의 TDX(Time Division eXchanger)-NET 등의 제품이 있다.

(2) TDX-1B

현재까지의 최대 수출기종으로 22,528 회선 용량을 갖는 중소도 시범위의 국설 중형 교환시스템으로 주로 사용된다. TDX-1A의 기본 구조를 유지하며 호 처리 능력과 가입자 및 중계선 용량이 개선되어 M&A 기능을 보완하는 효과를 보인다. 최초로 32 비트 마이크로프로세서를 채택함으로써 보다 고속처리가 가능해진 것으로 자국용 소형 원격 교환 장치인 소형원격교환기와 ISDN 망 구축을 위한 ISDN-NET 등의 제품이 있다.

(3) TDX-10

국내 정보 통신망의 자력 실현을 위해 개발되어 100,000 회선 용량을 갖는 대도시 지역의 국설 대용량 교환시스템으로 사용된다. 톨(toll) 기능과 ISDN 교환 기능을 포함하고 있으며 모듈 구조와 광섬유를 채용한 완전한 32 비트 마이크로프로세서로써 자체 개발한 병렬처리 운영체계를 사용한다. 또한 DBMS(Data Base Management System)를 채택하여 사용자들을 통합 관리한다. 국설 대용량 교환기와 생활정보서비스 안내 교환용의 생활정보서비스 시스텝 등이 있다.

(4) TDX-10A

최대 100,000 회선 용량 또는 60,000 중계선을 수용할 수 있으며 국내외의 가격 경쟁에서의 우위를 확보하기 위하여 경제성을 최우선으로 설계한 것이다. 하드웨어와 소프트웨어가 모듈화 되어 기능의 추가, 변경 및 확장이 용이하여 다양한 망 환경에 쉽게 적용될 수 있다. 따라서 TDX-10A는 PSTN의 모든 교환기능, 즉 시내, 시내/중계, 그리고 시외교환기의 용도로 사용될 수 있고 궁극적으로는 PSTN, ISDN 뿐만 아니라 IN(Intelligent Network), PLMN(Public Land Mobile Network) 등 다양한 망 형태에서 융통성 있게 적용될 수 있다. 또한 1,200,000 BHCA(Busy Hour Call Attempts)의 처리가 가능한 강력한 분산제어 기능을 갖는다.

(5) TDX-100

TDX-100은 통신시장개방에 따라 전전자교환기에 있어서도 국제 경쟁력의 확보가 필요한 환경에서 기존 제품의 운용상의 문제점을 개선시키며 운용 보전의 편리성을 증대시키고 고품질 저가격의 교환기로 경영 효율성을 높이기 위해 개발된 것이다. 특히 다양한 서비스를 수용할 수 있는 슈퍼 노드(super node) 개념의 교환기로서 PSTN, N-ISDN, PCS, ATM, VAN, 인터넷 등 각종 망과의 연동 및 서비스를 제공할 수 있다. 종합정보통신망 구축을 위한 국제 표준 전전자교환기로서 TDX-10과 마찬가지로 모든 망에서 융통성과 유지 보수성을 갖는다. 최대 260,000 회선 용량 또는 50만 이동 가입자를 수용할 수 있으며 아날로그/디지털의 혼용도 가능하다.

(6) ATM

ATM(Asynchronous Transfer Mode)은 B-ISDN용 차세대 교환기로 기존의 시분할 방식을 이용한 STM(Synchronous Transfer Mode)에서의 비효율성을 극복한 망 효율의 증대를 통해 광 대역 종합서비스와 초고속 멀티미디어 통신을 위한 종합적 해결책으로 등장한 것으로 다양하게 요구되는 통신이용자의 서비스 욕구를 충족시킬 수 있을 것으로 전망된다.

4.2 회선교환 망

음성 교환기가 취하고 있는 기본적인 교환 방식인 회선교환(circuit switching)은 정보 전송의 필요성이 생겼을 때, 상대방을 호출하여 연결하고 정보전송이 종료될 때까지 이 물리적인 연결은 계속된다. 물론 정보전송이 끝나면 이 물리적 연결은 해제된다. 그러나 한 가지 문제점은 일단 물리적 연결이 이루어진 후 그 회선은 다른 사람과 공유하지 못하고 배타적으로 연결된 두 사람 사이 외에는 이용이 불가능하다는 점이다. 즉, 경로를 구성하는 링크의 집합을 회선이라고 하는 데 회선교환방식에서는 송·수신간의 통신회선을 독점한다. 이 방식의 장점은 경로설정시간외의 지연이 발생하지 않는다는 점과 고정된 정보 전송 율로 전송이 가능하기 때문에 연속적인 데이터나 사용 시간이 긴 경우에 유리하다는 점 등을 들 수 있다. 단점으로는 독점된 회선은 배타적으로 사용하기 때문에 전체적으로 보면 비효율적이며 어느 정도의 지연이 허용되는 전송에는 부적합하다는 점을 들 수 있다.

회선 교환은 송신 단말기와 수신 단말기 사이에 데이터를 전송하기 전에 먼저 노드를 통해 물리적으로 연결이 되어야 한다. 따라서 두 단말기 간의 전용 통신 로로 한 채널이 설정된 상태에서 데이터를 교환하게 되므로 다량의 데이터를 전송하거나 지속적인 통신하고자 할 경우에 효과적인 방법이다. 아날로그 데이터 교환에 적절하다.

회선교환에 의한 통신은 다음과 같이 3단계로 이루어진다.

① 회선 설립(circuit establishment)
② 데이터 전송(data transfer)
③ 회선 해체(circuit disconnect)

첫 번째 단계인 회선 설립 단계에서는 송신 단말기가 데이터의 전송을 요구하게 되면 교환기(노드)는 전송 링크 상에서 사용되지 않는 회선이 있으면 그 회선을 통하여 다음 교환기로 연결시켜 준다. 그러나 사용되지 않는 회선이 없으면 송신 단말기에게 연결할 수 없다는 신호를 보내게 된다. 전화의 경우에는 통화 중 신호를 보낼 것이다. 이러한 방식으로 여러 개의 교환기를 거쳐 최종 수신 단말기까지 연결된다. 이것은 우리가 전화 수화기를 들어 상대방 전화번호를 다이얼링하고, 상대방이 전화를 받음으로서 두 통화자 사이에 하나의 전용 회선이 설립되는 것과 같은 개념이다. 이와 같이 설정된 회선은 사용 여부에 관계없이 점유되어 있는 것이기 때문에 다른 데이터의 전송을 위해 사용할 수 없다. 이것은 우리가 전화 통화 중에 누군가 초인종을 눌러서 통화를 잠시 중단하고 문을 열어 주러 나갔을 경우에도 그 전화는 사용 중이기 때문에 다른 사람이 그 전화번호로 전화를 하게 되면 통화 중 신호를 듣게 되는 경우에 해당한다.

두 번째 단계인 데이터 전송 단계에서는 첫 번째 단계에서 연결된 전송로를 통해 송신 단말기에서 수신 단말기로 데이터가 전송된다. 이것은 두 통화 사이에 용건을 주고받는 경우에 해당된다.

세 번째 단계인 회선 해체 단계에서는 모든 데이터의 전송이 끝나고 두 단말기 중에서 한 단말기가 회선 연결 해제를 위한 신호를 보냄으로서 연결은 해제 된다. 이것은 두 통화자 사이에 모든 대화가 끝나고 둘 중에 한 사람이 전화를 끊는 것에 해당한다.

회선교환 망은 송수신 단말기가 모두 데이터 교환을 위해 동시에 이용 가능해야 하며, 채널은 데이터가 전송되지 않는다 해도 접속이 유지되므로 비효율적일 수도 있다. 회선 교환 방식은 최초에 음성 통신을 위하여 개발되었으며 현재는 널리 사용되고 있는 전화 시스템이 대표적인 예가 된다. 그림 4.2에는 회선교환 절차에 대해 개략적으로 표현하였다.

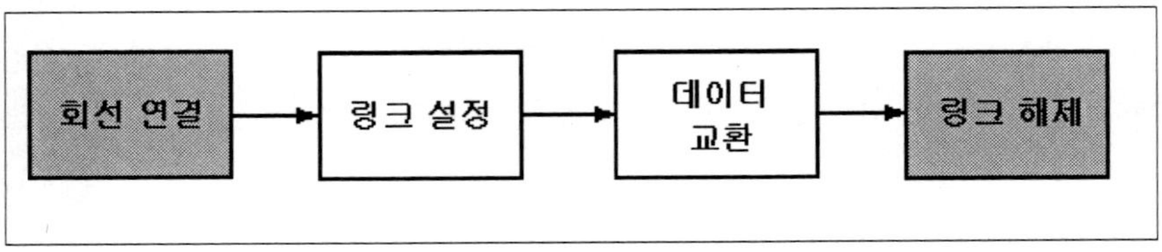

그림 4.2 회선교환의 절차

4.3 메시지교환 망

메시지 교환(message switching)은 회선 교환이 갖는 비효율적인 측면을 개선시킨 방식이다. 메시지 교환 방식이란 하나의 메시지 단위로 축적-전달(store-and-forward) 방식에 의해 데이터를 교환하는 방식이다. 축적-전달이란 각 노드에서 전체 메시지를 수신하여 저장한 후, 다음 노드로 가는 링크가 비어 있으면 그 노드로 메시지를 전송하는 방식을 말한다. 이와 같은 메시지 교환 방식은 회선 교환 방식과는 달리 두 단말기 간의 전용선을 확정할 필요가 없으나, 상대 단말기의 주소를 첨부하여 전송하여야 한다.

메시지라는 논리적 데이터 단위로 전송하는 방식으로 메시지에는 수신 측의 주소가 포함된 헤더를 보유한다. 노드에서 노드로 전달되어 수신 측에 해당하는 단말기로 전송되며 이때 교환 노드는 임시의 저장 장소를 보유한다. 각 노드는 모든 메시지를 수신하는 시간지연과 전송을 기다리는 대기지연시간을 소요한다. 즉, 메시지 교환에서는 전송되는 데이터를 교환기가 수신하고 필요하면 저장하였다가 이를 다시 적절한 경로를 통해 전달하는 '축적 후 전송(store-and-forward)' 방식을 사용한다.

메시지 교환은 단순히 메시지를 전달하는 것이 주목적이기 때문에 빠른 응답시간을 요하는 대화 형 서비스에는 적합하지 않다. 이러한 특성으로 인해 네트워크가 과부하가 걸려도 데이터를 버리는 것이 아니라 전송할 수 있을 때까지 데이터를 저장하므로 지연만 점점 커지게 된다.

광범위한 지역에 걸친 효율적인 통신을 위해서는 회선 교환방식이나 메시지 교환방식보다 뛰어난 방식이 요구된다. 이를 위해 다음에 소개할 패킷 교환방식이 제안되었다. 이 방식은 메시지 교환의 일종으로 메시지를 패킷이라는 더 작은 단위로 나누어 전송속도를 향상시키면서, 동시에 자원을 효율적으로 사용하고자 하는 것이다.

메시지 교환 방식은 디지털 데이터 교환에 적절하며, 그 예로서 전보 전자우편

(e-mail), 컴퓨터 파일 등이 있다. 메시지 교환 방식은 회선교환 방식과 비교해서 다음과 같은 장점을 갖는다. 첫 번째는 두 단말기가 동시에 사용가능한 상태일 필요가 없기 때문에 회선 효율성이 좋다. 두 번째는 축적 교환 방식을 사용하므로 한 개의 메시지를 여러 목적지로 보낼 수 있다. 세 번째는 메시지에 주소가 있으므로 재 전송이 가능함으로서 오류에 대비할 수 있다. 네 번째는 축적 교환 방식을 사용하므로 전송대기 중인 여러 메시지 중에서 우선순위를 결정할 수 있다. 그러나 메시지 교환 방식은 지연시간이 길어 실시간 통신 및 대화 식 통신에는 부적합하다는 단점을 가지고 있다. 현재는 이와 같은 메시지 교환 방식의 단점을 개선한 패킷 교환 방식의 등장으로 거의 사용되지 않고 있다.

4.4 패킷교환 망

패킷 교환(packet switching)을 이용한 대표적인 통신망으로는 ARPANet과 TYMNet이 있다. 1960년대 말 미국 정부는 컴퓨터가 교육과 국방 연구에 지대한 영향을 끼친다는 것을 깨닫고 미국 국방성 산하의 ARPA(The Advanced Research Projects Agency)라는 단체를 중심으로 ARPANet이라는 컴퓨터 네트워크를 구성하기로 결정했다. 이러한 ARPANet은 1969년 최초로 4개 지역(UCLA, UCSB, 유타 주립대학, 스탠포드 연구센터)을 중심으로 구성되었으며, 최초의 패킷 교환 방식을 이용한 컴퓨터 통신망이다. 이어서 1970년대에는 패킷 교환 기술의 본격적인 상용화가 추진되어 미국에서는 TYMNet과 같은 상용 컴퓨터 통신망들이 등장하였다. 이 TYMNet은 1968년 하와이 대학에서 실험을 시작한 무선 패킷 교환 네트워크인 ALOHA(Additive Links Online Hawaii Area)시스템이 개선되어 1975년에 서비스를 개시한 미국 민간 기준의 패킷 교환 데이터 통신망이다.

이러한 패킷 교환 방식은 현재도 원거리 컴퓨터 통신망에서 널리 사용되고 있다. 패킷 교환망의 대표적인 기능은 다음과 같다. 첫 번째는 각 패킷을 네트워크를 통해서 노드에서 노드로 보내기 위해 경로를 배정하는 기능이다. 두 번째는 트래픽(traffic)의 양을 효율적이고 안정되도록 통제하는 트래픽 제어 기능이다. 세 번째는 접속되어 있는 단말기들의 타격을 경감시키기 위한 오류 제어 기능이다. 다음으로는 패킷 처리 방식에 대해서 먼저 알아보고, 패킷 교환망의 대표적인 기능 세 가지에 대해서 자세히 알아보기로 한다.

패킷 처리 방식은 전체 데이터를 일정한 크기의 데이터 블록으로 나누어 정해진 형식에 따라 전송하는 방식으로 목적지 주소에 따라 통신경로가 선택된다. 일반적으로 교환기에서 소요되는 지연이 없는 방식으로 빠른 응답시간이 요구되는 응용에 적합하다. 링크의 효율적인 사용과 신뢰성이 높은 교환방식이기 때문에 과부하시 지연은 발생해도 송신 자체의 거부는 발생하지 않는다. 동시에 여러 사용자에게 전송이 가능하며 패킷 구조의 변환장치를 이용해 이 기종 단말기간의 통신도 가능하다. 패킷 교환방식은 데이터 전용 교환방식으로 대역폭의 효율적인 이용이라는 요구를 충족시킬 수 있고 교환기 자체의 비용 또한 현저하게 낮출 수 있다. 또한 패킷에 우선순위를 부과할 수 있으며 동일한 패킷을 여러 사용자에게 동시에 전송할 수 있다. 교환 행위는 컴퓨터 메모리의 어떤 부분에 있는 데이터를 다른 메모리 위치로 움직이는 컴퓨터 명령어에 의해 수행되므로 패킷교환 방식은 소프트웨어에 의한 교환이라고 볼 수 있다. 그림 4.3에는 일반적인 패킷교환 망에 대해서 표현하였다.

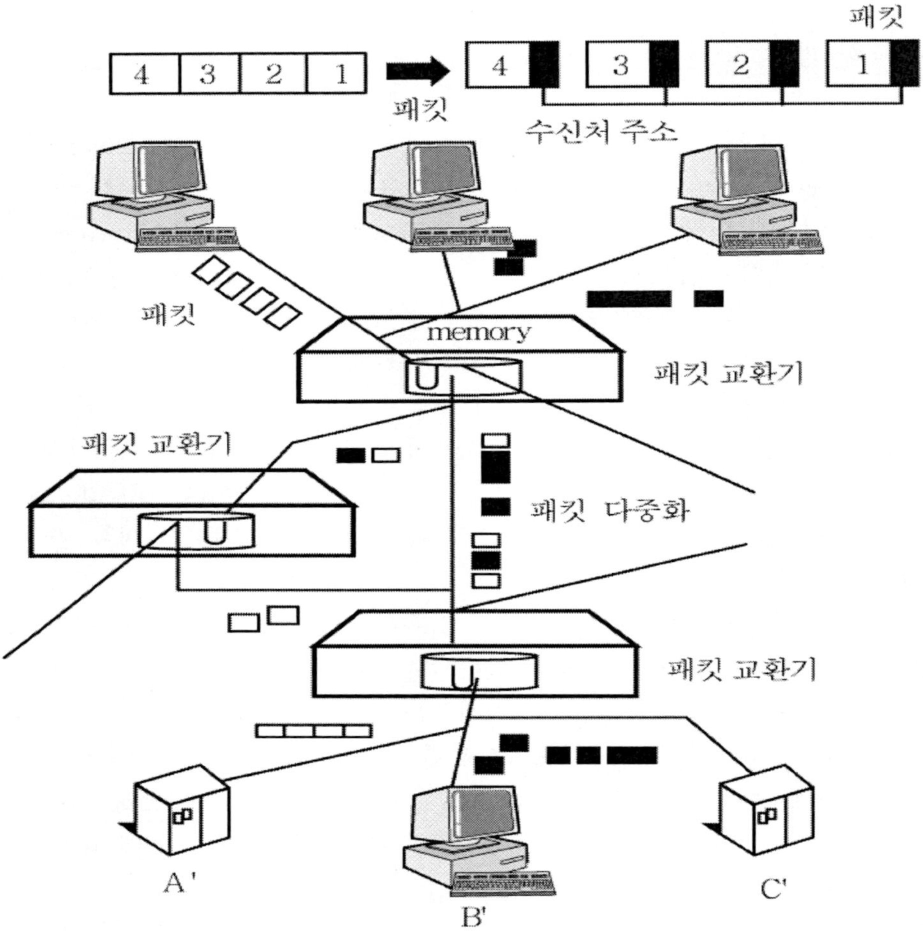

그림 4.3 일반적인 패킷교환 망

4.4.1 패킷 처리 방식

패킷 교환 방식은 세 가지 방식 중에서 가장 우수한 방식으로서, 메시지 교환이 갖는 장점을 그대로 유지하면서 대화 형 데이터 통신에 적합하도록 개발된 효율적인 방식이다. 패킷 교환 방식은 축적-전달 방식을 사용한다는 측면에서는 메시지 교환 방식과 동일하다. 그러나 메시지 교환 방식은 하나의 메시지 단위로 데이터를 전송하는 반면에 패킷 교환 방식은 메시지를 일정한 크기의 패킷(packet) 단위로 나누어서 전송한다는 측면이 근본적인 차이점이다. 패킷이란 전송 데이터를 정해진 길이로 분리한 것에 상대방 번지 등을 나타내는 헤더를 붙인 통신 전송 단위를 말한다. 일반적으로 패킷의 최대 길이는 제한되어 있는데, 메시지가 이 최대 패킷 길이보다 긴 경우에만 여러 개의 패킷으로 나누어지게 된다. 이와 같은 패킷의 처리 방식에는 데이터 그램(datagram) 방식과 가상 회선(virtual circuit) 방식이 있다.

1) 데이터 그램 방식

데이터 그램 방식은 비 연결형 접속 방식으로 메시지 교환 방식과 마찬가지로 패킷을 전송하기 전에 경로를 미리 설정할 필요가 없다. 따라서 각 패킷이 목적지로 가기 위한 경로 배정이 독립적으로 이루어지는데, 이와 같이 독립적으로 취급되는 각 패킷을 데이터 그램이라 한다. 각 패킷은 독립적으로 처리되기 때문에 각 패킷은 각기 다른 경로로 전송되어 순서대로 수신되지는 않는다. 따라서 목적지 노드는 패킷들의 순서를 재구성하는 기능을 가져야 한다. 이와 같은 데이터 그램 방식은 비 연결 접속 방식을 사용하므로 패킷들을 전송하기 위한 시간이 단축되고, 경로가 지정되어 있지 않으므로 복잡한 통신망을 피해 경로설정이 가능하다는 장점을 가지고 있다.

데이터 그램 방식은 가상회선과는 달리, 노드의 부하를 고려해서 패킷을 받은 각 노드가 그 상황에서 최적의 경로를 설정한다. 데이터 그램 방식은 상황에 따라 새롭게 경로가 결정되므로 네트워크 내에서 장애가 발생했을 때도 호를 재 성립할 필요가 없다는 장점이 있다. 즉, 데이터 그램은 매 패킷마다 주소를 넣어 패킷을 구성하는 방식으로 데이터 전송 전에 경로를 미리 확보해야 하며 회선도 공유할 수 있다. 이때, 패킷은 순차적으로 전송된다.

2) 가상 회선 방식

가상 회선 방식은 연결형 접속 방식으로 회선 교환 방식과 마찬가지로 패킷을 전송하기 전에 논리적인 연결 설정이 이루어져야 한다. 이 논리적인 연결은 회선 교환 망과 유사하게 경로가 고정되기 때문에 가상 회선이라 부른다. 경로 설정은 연결 설정 시 한 번만 이루어지기 때문에 연결이 설정된 다음에 각 패킷은 최종 목적지를 찾아가기 위해서 헤더에 가상 회선을 식별할 수 있는 번호만 가지고 있으면 된다. 따라서 각 패킷은 모두 같은 경로로 전송되기 때문에 순서대로 수신된다는 장점을 가지고 있다.

정보 전송을 시작할 때 우선 두 지점 사이에 논리적인 전송로를 설정하고 이후에는 매 패킷마다 송수신자의 주소를 넣지 않고 그 논리적 전송로의 번호만으로 전송을 행하는 방식으로 링크의 상황에 따라 적절히 전송되며 효율적인 경로를 제공한다. 그러나 패킷의 재조립이 요구된다. 가상 회선은 통신을 행할 때마다 새로운 통신 경로를 설정/해제하는 교환 가상 회선(SVC : Switched Virtual Circuit)과 통신할 상대방에 따라 고정된 통신경로를 미리 설정하는 고정 가상 회선(PVC : Permanent Virtual Circuit)으로 구분된다. 또한 하나의 물리회선에 여러 개의 가상 회선을 구성하는 것이 가능하다.

4.4.2 패킷 교환망의 경로 배정 기준

패킷 교환망의 근본적인 목적은 송신 단말기에서 패킷을 받아서 최종 목적지인 수신 단말기로 전달하는 것이다. 한 개 이상의 경로가 가능하므로 최적 경로의 선택을 위해 경로 배정을 해야 한다. 이 경로 배정을 라우팅(routing)이라고도 한다. 경로 배정의 기준에는 일반적으로 성능 기준, 결정 시간, 결정 장소, 경로 배정 방법이 있다.

경로 배정은 일반적으로 어떤 성능 기준(performance criteria)에 근거하여 정해진다. 가장 간단한 성능 기준으로 최단 경로(shortest path)를 선택하는 것이다. 여기서 최단 경로란 송신 단말기에서 최종 수신 단말기까지 존재하는 많은 노드들 중에서, 최소의 노드들을 통하여 전송하는 것을 말한다. 이러한 최단 경로 기준을 일반화시킨 것이 최소비용경로(least-cost route)이다. 이 경우에는 각 링크에 비용이 주어지게 되고, 네트워크상의 경로 중에서 최소 비용이 드는 경로를 선택하여 패킷을 전송하는 것이다. 결정 시간(decision time)은 네트워크의 패킷 처리 방식이 데이터 그램인지 또는 가상 회선인지에 따라 다르게 된다. 패킷 처리 방식이 데이터 그램인 경우에 경로배정 결정은 패킷마다 개별적으로 이루어지며, 패킷 처리 방식이 가상 회선인 경우 회선이 설립될 때 경로배정 결정이 이루진다.

경로 배정은 결정 장소(decision place)에 따라 달라진다. 분산 경로배정(distributed routing)인 경우에는 각 노드가 경로 배정을 결정하게 되고, 중앙 경로배정(centralized routing)은 중앙 노드에서 모든 각 노드의 경로 배정을 결정하게 된다.

경로 배정 방법은 일반적으로 비 적응(nonadaptive) 경로 배정 방법과 적응(adaptive) 경로 배정 방법의 두 가지 그룹으로 분류한다. 비적응 경로 배정 방법은 현재의 통신 량과 토폴로지에 상관없이 네트워크가 활성화될 때 바로 결정되는 방식으로 고정 경로배정(fixed routing), 플러딩(flooding) 방식이 여기에 속한다. 적응 경로 배정 방법은 일정기준 시간마다 통신 량과 토폴로지의 상황 변화를 감지하여 경로배정을 변경하는 방식으로 근원지 노드 경로 배정(source node routing), 분산 경로 배정(distributed routing), 집중 경로 배정(centralized routing) 방식이 여기에 속한다.

4.4.3 패킷 교환망의 경로 배정 방식

1) 고정 경로 배정 방식

네트워크의 토폴로지를 고려하여 네트워크상의 모든 근원지-목적지 노드 쌍에 대해서 하나의 경로씩을 미리 결정해 두는 가장 단순한 방식이다. 결정 장소가 집중형인 경우에는 중앙에 모든 노드들의 최적경로를 표시하는 경로설정 테이블을 갖게 되며, 가능한 경로 중에서 최저비용 경로배정 방법을 사용하여 패킷을 전송하게 된다. 결정 장소가 분산형인 경우에는 각 노드가 자기의 경로설정 테이블을 갖게 되며, 이 경우도 가능한 경로 중에서 최저비용 경로 방법을 사용하여 매 패킷이 도착할 때마다 최적의 경로를 선택하여 전송하게 된다.

이와 같은 고정 경로 배정 방식은 단순하다는 장점을 가지고 있으나, 경로들은 고정적이어서 갱신되지 않으므로 유연성이 없다는 단점을 가지기 때문에 많이 사용되지 않고, 네트워크의 규모가 작은 경우에 가끔 사용되는 방식이다.

2) 플러딩 방식

플러딩 방식은 통신 량이나 토폴로지에 대한 네트워크의 정보를 이용하지 않고 패킷을 전송하는 방식으로, 각 노드들에 들어오는 패킷은 그것이 들어온 링크를 제외한 모든 다른 링크로 복사하여 전송한다. 이러한 플러딩 방식을 사용하게 되면 근원지와 목적지 사이의 모든 가능한 경로를 시도하기 때문에 어떤 노드나 링크가 고장이 났더라도, 적어도 한 경로라도 존재하면 하나의 패킷은 목적지에 전송될 수 있게 된다. 따라서 높은 우선순위를 갖는 데이터를 보내는데 사용할 수 있다. 또한, 모든 경로가 시도되므로 목적지에 도착한 패킷의 복사판 중의 하나는 최소의 노드를 지나는 최단경로를 통해 전송되었을 것이다. 따라서 가상 회선의 경로 설립을 위해 쓰일 수 있다.

그러나, 이와 같은 플러딩 방식의 문제점은 한 근원지의 패킷이 노드를 통과할 때마다 복사판이 무한히 불어나게 된다는 것이다. 이를 방지하기 위해 일반적으로 각각의 노드들이 이미 재전송한 패킷의 식별 자, 예를 들면 근원지 노드와 순서번호를 기억해 중복된 복사판이 도착하면 버리는 방법이 있으며, 홉 카운트(hop count)를 사용하는 방법이 있다. 패킷의 헤더에 홉 카운트 필드를 설정하고 근원지 단말기에서 패킷을 네트워크로 전송할 때 허용할 수 있는 최대 홉 카운트를 설정한다. 그리고 각 노드가 패킷을 보낼 때 마다 이 카운트를 하나씩 감소시켜 0이 되면 제거시키는 것이다.

플러딩 방식은 네트워크의 정보를 이용하지 않고도 최적의 경로를 선택할 수 있다는 장점을 가지고 있으나, 지나치게 트래픽 부하가 커서 일반적으로 잘 사용되지 않는 방식이다. 대부분의 패킷 교환 망에서는 위에서 설명한 두 가지 종류의 비적응 경로 배정 방식보다는 설계는 복잡하지만 효율적인 적응 경로 배정을 많이 사용한다.

3) 적응 경로 배정 방식

적응 경로 배정 방식은 네트워크 내의 변화하는 조건에 적응하여 최적의 경로를 배정하는 방식이다. 이러한 적응 경로 배정 방식은 최적의 경로를 결정하기 위해서 네트워크의 상태 정보를 자신의 노드에서만 수집할 수도 있고, 이웃 노드에서 수집할 수도 있으며, 전체 노드들에서 수집할 수도 있다. 이와 같이 수집된 네트워크의 상태 정보를 이용해 경로 배정을 근원지 노드가 결정하느냐 각 노드가 결정하느냐 중앙 노드에서 결정하느냐에 따라 근원지 노드 형, 분산 형, 중앙 형으로 나누어진다.

근원지 노드 경로 배정(source node routing) 방식은 근원지 노드가 최종 목적지 노드까지의 경로를 배정하는 방식이며, 분산 경로 배정(distributed routing) 방식은 각 노드들이 네트워크의 상태 정보를 이용하여 그 다음 노드로 가기 위한 경로를 배정하게 된다. 집중 경로 배정(centralized routing) 방식은 중앙 노드에서 모든 경로를 배정하는 방식이다. 이러한 집중 경로 배정 방식은 중앙 노드에서 문제가 발생하면 네트워크 전체에 영향을 끼칠 수 있다. 따라서 설계가 복잡하지만 일반적으로 분산 경로 배정 방식이 많이 사용된다.

4.4.4 패킷 교환망의 트래픽 제어

트래픽 제어(traffic control)는 네트워크로 들어오는 패킷의 수를 제어하는 것을 말한다. 이러한 트래픽 제어 기법의 대표적인 종류에는 흐름 제어(flow control), 과잉밀집 제어(congestion control), 데드락 방지(deadlock avoidance) 기법이 있다.

흐름 제어(flow control)란 송수신 단말기 간에 처리 속도가 다름에 따라 발생하는 문제를 해결하는 기능으로 수신 단말기의 용량 이상으로 데이터가 넘치지 않도록 송신 단말기를 제어하는 기술을 말한다. 이러한 흐름 제어 방식의 대표적인 예는 정지-대기(stop-and-wait) 흐름 제어 방식과 슬라이딩 윈도우(sliding window) 흐름 제어 방식이 있다.

과잉밀집 제어(congestion control)란 네트워크 내에서 패킷의 대기지연(queuing delay)이 너무 높아지게 되어 트래픽이 붕괴되지 않도록 유지시키는 기법을 말한다. 통신망 또는 통신망의 한 지역에서 과잉 밀집 제어를 하지 않으면 낮은 부하에서도 통신망이 포화되어 붕괴될 수 있으나, 효과적인 제어를 통해 통신망의 용량까지 부하를 증가시킬 수 있어 통신망의 효율을 증대하게 된다. 가장 이상적인 경우에 공급된 부하에 대해 네트워크의 처리 율이 100%가 될 수 있으나, 실제로는 불가능하다. 따라서 과잉밀집 제어를 함으로서, 이상적인 경우에는 못 미치지만, 처리 율을 80%정도 유지하면서 처리율의 붕괴를 피할 수 있다. 그러나 과잉밀집 제어를 하지 않게 되면 처음에는 정상적인 상황을 보이지만 부하가 커질수록 처리 율은 0%로 향하게 되고 결국 붕괴되고 만다.

데드락 방지(deadlock avoidance)란 데드락이 발생하지 않도록 통신망을 설계하는 것을 말한다. 데드락(deadlock)이란 버퍼의 부족으로 노드들이 패킷을 보낼 수 없는 상태를 의미한다. 이러한 데드락의 종류에는 세 가지, 즉 직접 축적-전달 데드락(directed store-and-forward deadlock), 간접 축적-전달 데드락(indirected store-and-forward deadlock), 재결합 데드락(reassembly deadlock)이 있다.

직접 축적-전달 데드락이란 이웃하는 두 개의 노드들 간에 서로에게 보낼 패킷으로 가득 차서 어떤 노드도 패킷을 서로에게 전달할 수 없는 상태를 말한다. 이것은 모든 버퍼가 하나의 링크에 쓰이도록 설계하지 않음으로서 방지할 수 있다.

간접 보관-전달 데드락은 세 개의 각 노드에 대해 한쪽 방향으로 이웃 노드가 다음 노드로 가는 패킷으로 가득 차 있어서, 어느 노드도 패킷을 더 보내거나 받을 수 없는 경우를 말한다. 이것은 링크를 순환 식으로 설계하지 않음으로서 방지할 수 있다.

재결합 데드락이란 버퍼가 가득 차 있어서 패킷을 더 이상 받을 수 없는데, 아직 완전한 메시지도 가지지 못해서 패킷을 재결합하여 목적지 노드로 보낼 수 없는 경우를 말한다. 이와 같은 경우에는 목적지 노드가 패킷을 재결합해야 한다.

4.4.5 패킷 교환망의 오류 제어(Error Control)

통신망에서 발생하는 대부분의 오류, 다시 말해 링크, 노드, 목적지 단말기에서 패킷 손실로 인해 발생되는 오류는 데이터 링크 제어에 의해서 부분적으로는 복구 가능하지만 좀 더 확실히 하기 위해서 다음과 같은 오류 제어가 요구된다. 첫 번째는 링크나 노드에 문제가 발생하여 동작이 정지되면 네트워크는 우회링크로 패킷을 전송할 수 있어야 한다. 두 번째는 링크가 끊어지거나 노드가 고장 나면 그곳을 통하는 모든 회선이 자동적으로 재구성되어야 하며, 그로 인해 패킷이 손실되면 해당 단말기는 그 손실된 패킷을 복원할 수 있어야 한다. 세 번째는 링크나 노드가 실패로 인해 패킷들이 손실되면 패킷들은 네트워크에 의해서 회복될 수 있어야 한다.

4.4.6 패킷 교환망의 구성

패킷 교환망의 기본적인 구성은 다음과 같다.
① 전송링크(transmission link)
② 네트워크 관리 센터(network management center) : 망 관리 및 운용
③ 패킷 모드 단말기(packet mode terminal) : 패킷 형 단말기(메시지의 패킷 화)
④ 비 패킷 모드 단말기(non-packet mode terminal) : 비 패킷 형 단말기(문자 단위의 전송 : 비동기형 단말기)
⑤ PAD(Packet Assembler / De-assembler) : 패킷의 조립/분해
⑥ NC(Network Concentrator) : 링크의 공유

1) 패킷 교환망의 기능

패킷 교환망은 데이터 패킷을 적절한 경로를 통해 오류 없이 목적지까지 정확하게 전달하기 위해서 다음과 같은 다양한 기능들을 가지고 있다.
① 호 설정 및 해제 : 가상회선 설정 및 해제
② 경로배정 : 다수의 중계 로에서의 최적의 경로 선택
③ 다중화 : 하나의 링크를 다수의 논리채널로 다중화
④ 에러제어 : 망 내에서의 데이터패킷의 비트 에러나 손실 등을 감지하고 복구
⑤ 흐름제어 : 패킷의 전송 량을 제어하여 수신버퍼의 범람을 방지
⑥ 과잉밀집제어 : 네트워크 내에서 Q(Queue) 지연을 줄이기 위해 패킷 수를 적절히 조절

2) 패킷 교환망의 프로토콜

패킷 교환망의 프로토콜은 계층적 프로토콜로서 물리 계층, 데이터링크 계층과 네트워크 계층으로 구성되어져 있다. 물리 계층은 데이터를 전송로에 싣기 위해서 신호로 바꾸어 주거나 신호를 전송로에서 내리기 위해서 데이터로 바꾸어 주는 역할을 하고 데이터링크 계층은 에러제어 및 흐름제어의 기능(하나의 링크 단위)을 하고 정보 프레임의 손실 및 비트 오류 검출과 복구 기능을 수행한다. 또한 네트워크 계층은 에러제어 및 흐름제어(다중화된 논리 채널 단위) 기능을 수행하고 정보 프레임의 손실 및 재전송 기능을 하며 호 설정 및 해제, 경로 설정, 다중화, 트래픽 제어 등을 수행한다. 그림 4.4에는 패킷 교환망의 프로토콜에 대해 간략하게 표현하였다.

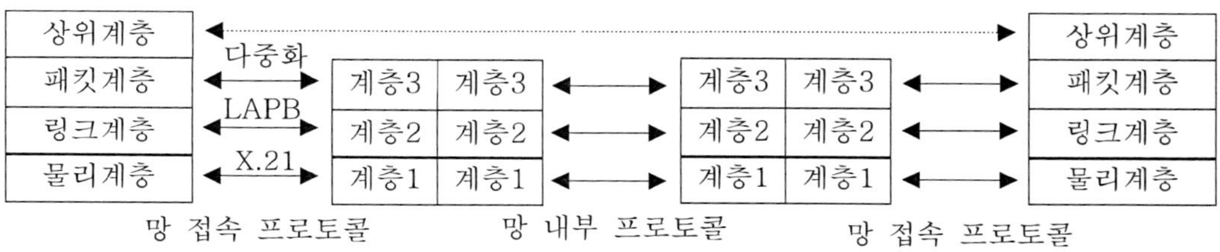

그림 4.4 패킷 교환망의 프로토콜

패킷 교환망의 프로토콜에는 다음과 같은 다양한 기능을 수행하는 프로토콜들이 있다.

① 패킷 형 단말기와 패킷 교환 노드 간의 인터페이스 : X.25
② X.25 패킷 교환 망간의 연동 : X.75
③ 비 패킷 단말기에 패킷 교환 서비스를 제공 : X.3, X.28, X.29

(1) X.25 프로토콜

X.25 프로토콜의 계층별 기능은 다음과 같다.

① 물리 계층 : X.21, EIA(Electronics Industrial Association)-232
② 링크 계층 : 프레임으로 데이터를 전송함으로써 물리적 링크를 통한 신뢰성 있는 데이터 전송을 제공(에러 및 흐름제어) : LAPB(Link Access Procedure-Balanced)
③ 패킷 계층 : 가입자 사이의 연결 기능과 호 설정 및 해제, 다중화, 에러 및 흐름제어(가상회선단위) 기능을 한다. 흐름 제어는 슬라이딩 윈도우(sliding window) 방식을 사용하고 에러 제어는 Go-back-N ARQ(Automatic Repeat reQuest) 방식을 사용한다.

(2) PAD

비 패킷 형 단말기의 패킷 교환 망과의 접속을 위해 X.25 프로토콜의 수행하며 한 번에 한 문자식 전송하는 문자를 PAD(Packet Assembler / De-assembler) 버퍼에 저장하고 X.25용 패킷으로 전환한다. 한편 패킷 교환 망을 통해 전송된 패킷에서 X.25 헤더를 제거/분해하며 한 문자씩 단말기에 전달하는 기능을 수행한다.

(3) X.3

PAD의 매개변수와 동작을 정의하고 다양한 종류와 특성을 가진 단말기를 접속 기능 제공한다.

(4) X.28

비 패킷 형 단말기와 PAD의 인터페이스를 수행하며 비 패킷 형 단말기가 PAD의 매개변수를 설정하고 변경하는 절차 제공하고 가상 회선 설정 및 해제 기능을 수행한다.

(5) X.29

PAD와 원격 패킷형단말기와의 제어정보교환을 위한 프로토콜이다.

3) 패킷 구조

그림 4.5에는 패킷의 일반적인 구조에 대해 표현하였다.

8	7	6	5	4	3	2	1
Q	D	0	1	논리그룹번호			
논리채널번호							
P(R)			M	P(S)			0
사용자데이터							

8	7	6	5	4	3	2	1
Q	D	0	1	논리그룹번호			
논리채널번호							
P(R)			패킷 형			0	1

RR, RNR, REJ 용
Control packet

8	7	6	5	4	3	2	1
Q	D	0	1	논리그룹번호			
논리채널번호							
패킷 형						1	1
부가적인 정보							

그림 4.5 패킷의 일반적인 구조

(1) GFI(General Format Identifier)

일반 형식 식별 자 (첫 번째 octet의 비트 8-5)이다.

① Q (Qualifier) : 데이터 패킷에서 사용, 제어패킷 : Q=0

② D (Delivery Confirmation) : 데이터 패킷과 호 설정 및 해제 패킷의 지점 간 또는 종단간의 확인 절차의 구별 : D=0(DTE-DCE), D=1(DTE-DTE)
③ 순서번호 : 01(3 bit : modulo 8), 10(7 bit : modulo 128)

(2) VCI(Virtual Circuit Identifier)

가상 회선 식별자이며 첫 번째 octet의 비트 4-1 과 두 번째 octet (12 bit 사용)을 사용한다.

(3) PTI(Packet Type Identifier)

패킷 형 식별자이며 패킷의 종류를 식별한다.(0 : 데이터 패킷, 1 : 제어패킷)
① P(S), P(R) : 패킷의 송신 및 수신번호, 에러 및 흐름 제어 기능을 수행한다.
② M : more bit, 긴 메시지를 여러 개의 데이터 패킷으로 분리되고 마지막 데이터 패킷을 제외하고 M=1로 설정한다.

4.5 셀 교환 방식

셀 교환(cell switching)이 음성, 데이터, 화상, 영상, 방송뿐만 아니라 복합적 형태의 정보 전송을 고속으로 교환해 주는 미래의 교환 기술로 급격히 떠오르고 있다. 셀 교환의 이해를 위해 우선 셀이 무엇인지부터 살펴보자. 셀은 작은 고정 크기의 패킷이다. 따라서 패킷에서와 같이 주소 등과 같은 제어 정보와 이용자 정보로 구성된다. 셀을 전송하기 위해 송신자는 메시지를 셀 크기에 맞추어 제어 정보를 추가하여 전송하고 수신 측에서 이들 셀을 다시 조합하여 원래의 정보를 재생한다. 셀의 크기는 네트워크마다 다를 수 있으나 B-ISDN의 표준으로는 5바이트의 헤더와 48바이트의 이용자 정보를 합하여 53bytes의 고정 크기로 셀의 크기를 정하였다. 그러나 B-ISDN의 표준이 아닌 경우 셀의 크기는 4바이트에서 256바이트까지 다양하다. 셀의 크기에 따라 제어 정보의 오버헤드(overhead)가 다르기 때문에 셀의 크기는 중요한 의미를 갖는다. 작은 셀이 갖는 장점은 낭비가 없다는 점이다. 송신자가 메시지를 셀 크기로 나눌 때 보통 맨 마지막 셀은 꽉 채워지지 않게 되는데 셀의 크기가 클수록 사용되지 않는 셀의 부분이 많아지게 되어 낭비가 많아진다. 셀의 크기에 따라 영향을 받는 다른 요인은 직렬화(serialize)에 따르는 지연시간이다. 대화 형 음성이나 비디오 회의 등 지연시간이 큰 영향을 미치는 응용 분야에서는 큰 셀이 지연을 가져올 수 있으므로 매우 불리하다고 할 수 있다. 그렇지만 셀의 크기가 너무 작으면 오버헤드가 과다하게 되어 실제의 정보 전송 율이 떨어지게 되는 단점도 있다. 따라서 적당한 크기의 셀을 선택해야 한다. ITU-T(CCITT)가 B-ISDN의 교환 방법으로 셀 교환을 채택한 데는 다음과 같은 세 가지 이유가 있다.

첫째로 셀 교환은 전화, CATV(Community Antenna TV), 컴퓨터 데이터 등 특성이 다른 여러 가지 네트워크를 종합적으로 지원하는데 매우 효과적이므로 하나의 셀 네트워크로 모든 형태의 트래픽을 지원할 수 있다. 둘째로 앞으로의 고속 네트워크의 기능으로 멀티캐스트(Multicast)가 필수적인데 셀 구조가 이에 적합하다. 멀티캐스트는 한 사람의 송신자로부터의 정보가 여러 곳에 동시에 전달되는 기능으로 CATV 등에서는 반드시 요구된다. 종전의 회선교환 방식도 멀티캐스트가 가능하기는 하나 셀 교환이 더욱 적합한 방식이다. 마지막으로 셀 네트워크의 또 다른 장점은 다중화의 용이성이다. ISDN에서는 고정된 대역폭을 할당하는 방식을 취하기 때문에 대역폭 이용이 효율적이지 못하다. 셀 방식은 대역폭을 역동적으로 할당할 수 있는 이점을 제공한다. 셀이 네트워크를 통하여 목적지까지 전달되는 과정은 기본적으로 기존의 패킷 네트워크와 동일하다. 결국 셀 교환은 종전의 회선교환 방식이 갖고 있는 짧은 지연 특성과 패킷교환 방식이 갖고 있는 효율적 대역폭 이용의 장점에다 고속이라는 장점까지를 겸비하고 있어 모든 형태의 정보를 효율적으로 교환 분배할 수 있는 교환방식인 셈이다. 더욱이 셀 교환방식은 LAN에서도 그대로 이용이 가능하여 최초로 LAN과 WAN을 천하 통일할 교환방식으로도 주목을 받고 있다.

ATM은 CCITT에 의해서 표준안으로 정해진 셀을 기본으로 하는 교환방식이다. 이 경우의 53바이트 셀을 ATM 셀이라고 부른다. ATM은 교환은 다중화를 담당하는 B-ISDN의 핵심기술이다. 현재의 ATM 표준안은 622Mbps의 속도까지 지원가능하나 장차 기가 비트급까지 가능할 것으로 기대 된다. 향후, 더 발전이 기대되고 있는 교환방식으로 광 교환 방식이 있다.

4.6 교환 망 기술의 비교

지금까지 데이터 통신망을 교환 기술 측면에서 회선 교환, 메시지 교환, 패킷 교환으로 나누고, 패킷 교환은 다시 데이터 그램과 가상 회선 방식으로 나누어 설명하였다. 여기서는 이들을 비교 종합하여 그 특성과 성능에 대해서 간단히 비교한다.

성능 평가 시 다음과 같은 세 가지 종류의 지연 시간에 대해서 고려한다.

① 전파 지연 시간(propagation delay time) : 신호가 한 노드에서 다음 노드까지 도달하는데 걸리는 소요되는 시간

② 전송 시간(transmission time) : 송신 단말기가 데이터의 한 블록을 전송하는데 소요되는 시간

③ 노드 지연 시간(node delay time) : 한 노드가 데이터를 교환할 때 필요한 처리를 하는데 소요되는 시간

회선 교환(circuit switching) 방식은 메시지가 전송되기 전에 수신 단말기와의 연결을 위해 호출요청 신호를 전송한다. 그러면, 이 호출요청신호가 한 노드에서 다음 노드로 도달하기 위해 소요되는 전파지연시간과 다음 노드를 찾기 위해 소요되는 처리 시간이 필요하다. 호출요청신호를 받은 수신 단말기가 바쁘지(busy) 않으면 호출 승낙 신호를 전송하게 되는데, 이때는 이미 연결된 전용 통신 로를 사용하므로 별도의 처리시간은 소요되지 않고 송신 단말기에 도달하는 전파지연시간만이 필요하다. 이와 같은 접속 구성이 끝나면 메시지가 전송되는데, 이 때 중간 교환 노드에서 소요되는 특별한 지연 시간은 없고 메시지가 송신 단말기에서 수신 단말기로 도착하는데 소요되는 전파지연시간만이 필요하다. 끝으로, 메시지의 전송이 모두 끝나면 메시지를 잘 수신했다는 수신확인 신호의 전송을 위한 전파지연시간이 필요하다.

메시지 교환(message switching) 방식은 미리 경로 구성을 할 필요가 없다. 한 노드에서 다른 노드로 메시지 전송이 모두 이루어져야 다음 노드로 메시지 전송이 가능하기 때문에 회선 교환 방식보다 전체 지연 시간은 길어지게 된다.

가상 회선(virtual circuit) 패킷 교환 방식은 회선 교환 방식과 유사하지만 데이터가 패킷 단위로 전송된다는 점과 호출 승낙 패킷의 처리지연 시간이 필요하다는 점만이 다르다. 회선 교환 방식의 경우와는 달리 가상 회선의 경로가 이미 설정되었다 하더라도 전용 통신 로가 주어지는 것이 아니기 때문에 호출 승낙 패킷이 되돌아올 때 각 노드에서 대기행렬(queue)에 들어가 차례를 기다려야 한다. 일단 가상 회선이 설립되면 메시지는 정해진 경로를 따라 패킷 단위로 축적-전달되므로 회선 교환 방식보다는 데이터 전송 시간이 더 많이 걸리게 된다. 이러한 가상 회선 패킷 교환 방식은 주로 긴 데이터의 교환에 적합한 방식이다.

데이터 그램(datagram) 패킷교환 방식은 메시지 교환 방식과 마찬가지로 전송하기 전에 미리 경로를 설정할 필요가 없다는 점과 축적-전달 방식을 사용한다는 측면에서는 동일하다. 그러나 데이터 그램 패킷 교환 방식이 메시지 교환 방식과 다른 점은 각 노드에서 다음 노드로 완전한 메시지를 수신할 때까지 기다리지 않고 수신되는 패킷을 즉시 다음 노드로 전송하기 때문에 하나의 메시지를 최종 송신 단말기까지 전달하는데 소요되는 시간은 훨씬 짧아진다. 이와 같은 데이터 그램 패킷 교환 방식은 주로 짧은 데이터의 교환에 적합한 방식이다.

지금까지 설명한 네 가지 교환 방식은 상대적인 측면을 고려한 것으로 이들의 실제적인 성능은 링크된 단말기의 수, 노드의 수와 배열, 시스템 전체의 작업량, 두 단말기의 데이터 교환시간, 노드의 처리 속도, 패킷의 크기에 의해 달라진다. 다음 표 4.1은

회선 교환, 메시지 교환, 데이터 그램, 가상 회선 방식의 통신 기술을 비교 요약한 것이다.

표 4.1 여러 가지 통신교환 방식의 비교

교환 방식 / 비교 특성	회선 교환	메시지 교환	데이터 그램	가상 회선
연결 설정	필요	불필요	불필요	필요
전용 전송로	있음	없음	없음	없음
전송 형태	연속 데이터단위	메시지단위	패킷단위	패킷단위
축적-전달 기능	사용 안함	사용함	사용함	사용함
전송 대역폭	고정	가변	가변	가변
전송 경로	전체 설정	메시지별 설정	패킷별 설정	전체 설정
전송지연 시간	호출설정 지연	메시지 지연	패킷 지연	호출설정/패킷 지연
상대 통화 중	busy신호 보냄	busy신호 없음	busy신호 없음	busy신호 보냄
오류 제어	제공 안됨	제공	제공	제공
오버 헤드	호출 설정	메시지단위	패킷단위	패킷단위

연 습 문 제

1. 교환기의 기본 구성에 대해 설명하시오.

2. 교환기의 발전과정에 대해 설명하시오.

3. 국내 교환기의 발전과정에 대해 설명하시오.

4. 회선 교환 방식에 대해 설명하시오.

5. 메시지 교환 방식에 대해 설명하시오.

6. 패킷 교환 방식에 대해 설명하시오.

7. 패킷 교환망의 경로 배정 방법에 대해 설명하시오.

8. 패킷 교환망의 트래픽 제어 기법에 대해 설명하시오.

9. 패킷 교환망의 프로토콜에 대해 설명하시오.

10. 셀 교환 방식에 대해 설명하시오.

제 5 장

방송통신망

5.1 패킷 라디오 망

5.2 인공위성 망

5.3 로컬 망

제 5 장 방송통신망

교환통신망(switched communication network)이 교환기를 통해서 단말기들이 서로 통신하는 방식인 반면에 방송통신망(broadcast communication network)은 중간에 교환기 없이 단말기들이 서로 직접 통신 매체를 공유하여 데이터를 송수신하는 방식이다. 따라서 방송통신망은 교환통신망에 비해 구조는 비교적 간단하기도 하지만 부가적으로 복잡한 기술들이 필요하다. 방송통신망은 통신 매체를 공유하기 때문에, 통신 로상에 존재하는 여러 개의 전송 데이터 중 MAC(Medium Access Control) 기술을 이용하여 자신의 데이터를 선택하여 수신하여야 한다. 이러한 MAC 기술에 대해서는 이후에 논의하기로 하자. 방송통신망은 단말기 간의 데이터 전송 율과 전송 거리에 따라 패킷라디오 망, 인공위성 망, 로컬 망으로 분류된다. 다음 절에는 패킷라디오 망, 인공위성 망, 로컬 망에 대해 상세하게 설명한다.

5.1 패킷 라디오 망

5.1.1 패킷 라디오 망의 구조

패킷 라디오 망(packet radio network)의 구조는 크게 집중형망(centralized network)과 분산형망(distributed network)으로 분류된다. 집중형망은 중앙 제어기가 전송 순서의 권한을 전담하고 모든 노드를 관리하는 네트워크를 말한다. 이러한 형태의 네트워크에서 각 노드들은 반드시 중앙 제어기를 통해서만 상대 노드들과 통신이 가능하다. 이와 같은 집중 형 시스템의 대표적인 예로는 ALOHA(Additive Links Online Hawaii Area)-Net이 있다. 분산형망은 중앙 제어기가 없고 통신을 원하는 노드는 상대 노드와 직접적으로 통신이 가능한 네트워크를 말한다. 이러한 형태의 네트워크에서 노드들은 각자가 패킷 라디오망의 MAC 프로토콜을 이용하여 전송 순서를 결정하게 된다. 이와 같은 분산 형 시스템의 대표적인 예로는 MP-Net이 있다.

5.1.2 패킷 라디오망의 MAC 프로토콜

모든 방송통신망에서는 한 번에 단지 하나의 단말기만이 공유된 전송 매체를 통하여 패킷을 전송할 수 있도록 제어하는 액세스 제어(access control) 기술을 필요로 한다. 따라서 패킷 라디오 망과 같은 다중 액세스 망에서는 MAC 프로토콜이 필요하게 된다. 패킷 라디오 망에서 사용되는 주요한 매체 액세스 기법은 경쟁(contention) 기법이다. 경쟁 기법이란 중앙 통제가 없어 모든 단말기들이 공유된 전송 매체를 먼저 점유하여 패킷을 전송하기 위해서 경쟁하는 기법을 말한다. 패킷 라디오 망에서 사용되는 대표적인 경쟁 프로토콜의 종류에는 ALOHA(Additive Links Online Hawaii Area) 프로토콜, 슬롯(Slotted) ALOHA 프로토콜, CSMA(Carrier Sense Multiple Access) 프로토콜 등이 있다.

1) ALOHA 프로토콜

ALOHA 시스템은 1970년 하와이 대학 연구팀에 의해 개발된 최초의 경쟁 기법 패킷 라디오 망으로서 여러 섬에 분산되어 있는 사용자들에게 중앙 컴퓨터의 이용을 쉽고 값싸게 제공하기 위해 설계된 것이다.

ALOHA의 전송 기법은 다음과 같다. 첫 번째, 송신 단말기는 원하는 단말기로 패킷을 전송한다. 두 번째, 송신 단말기는 패킷을 전송한 다음 일정한 시간 동안 수신 단말기의 응답을 기다린다. 세 번째, 수신 단말기는 정확한 패킷을 받으면 ACK(acknowledgement)를 송신 단말기로 전송하고, 잡음이나 패킷간의 충돌(두 패킷이 서로 부딪혀 데이터가 파괴되는 현상)로 인해 정확하지 않은 패킷을 받으면 무시하고 응답을 하지 않는다. 네 번째, 송신 단말기는 수신 단말기로부터 ACK를 받으면 그 다음 패킷을 전송하지만, 일정한 시간이 지나도 응답이 오지 않으면 동일한 패킷을 재 전송한다. 동일한 패킷을 재전송한 다음에 또 응답이 없으면 전송을 포기한다.

이와 같이 ALOHA는 단순하다는 장점을 가지고 있으나, 부하가 증가할수록 충돌의 횟수가 늘어나기 때문에 채널의 최대 이용률은 18% 정도 밖에 안 된다는 단점을 가지고 있다.

2) 슬롯 ALOHA 프로토콜

슬롯(Slotted) ALOHA는 최대 이용률이 18%인 ALOHA를 개선한 프로토콜이다. 슬롯 ALOHA의 전송 기법은 ALOHA와 유사하지만, 채널을 시간 슬롯(slot)으로 나누어 각 단말기는 할당된 시간 슬롯의 경계에서만 패킷을 전송한다는 차이점을 가지고 있다. 따라서 이와 같은 방법으로 패킷의 충돌 횟수를 줄여 채널의 최대 이용률을 37%로 증가시켰다. ALOHA와 마찬가지로 슬롯 ALOHA도 이용률이 별로 좋지 않음을 알 수 있다.

3) CSMA 프로토콜

CSMA(Carrier Sense Multiple Access) 방식은 전송을 원하는 단말기가 패킷을 전송

하기 전에 전송매체를 살펴서 사용 여부를 판단하여 전송을 시도하는 방식을 말한다.

CSMA 방식의 전송 기법은 다음과 같다. 첫 번째, 전송을 원하는 단말기는 패킷을 전송하기 전에 전송매체를 살핀다. 두 번째, 전송 매체를 다른 단말기가 사용하고 있으면 일정한 시간만큼 기다린 다음 다시 시도한다. 세 번째, 전송 매체가 사용 중이 아니면 전송을 시작한다. 그러나 이 때, 둘 이상의 단말기가 동시에 전송 매체를 살펴서 사용 중이 아니라고 판단하여 동시에 전송하면 충돌이 발생하게 된다. 네 번째, 송신 단말기는 얼마의 시간 동안 ACK를 받지 못하면 동일한 패킷을 재 전송한다.

CSMA를 사용했을 때의 최대 이용률은 ALOHA나 슬롯 ALOHA의 경우보다 훨씬 크다. 이 때 최대 이용률은 전파지연시간과 패킷의 길이에 따라 달라진다. 다시 말해, 패킷의 길이가 길고 전파지연시간이 짧을수록 이용률은 높아지게 된다.

5.2 인공위성 망

5.2.1 인공위성 망의 구조

인공위성 망(Satellite Network)에서 모든 단말기들은 인공위성의 중계를 거쳐 데이터 송수신하게 된다. 각 단말기는 인공위성에 데이터를 전송하고 인공위성은 그 데이터를 다른 단말기로 재 전송하게 된다. 인공위성 망의 통신과정을 간단하게 설명하면 다음과 같다. 송신 단말기가 업-링크(up-link) 주파수대를 사용하여 인공위성으로 신호를 전송하면, 인공위성은 그 신호를 수신하고 다운-링크(down-link) 주파수대를 사용하여 수신 단말기로 내려 보낸다. 다운-링크로 보내지는 신호는 그 신호가 도달하는 지역 내에 있는 모든 단말기들에 의해 수신된다. 그 신호는 음성, 영상, 데이터, 텔레비전 비디오 신호일 수 있다.

5.2.2 인공위성 망의 장단점

1) 인공위성 망의 장점

인공위성의 장점은 다음과 같다. 첫 번째, 인공위성은 매우 큰 전송 용량을 갖고 있다. 위성은 Giga-Hz 수준의 넓은 대역폭을 사용하기 때문에 수천 개까지의 음성 급 채널을 지원할 수 있다. 두 번째, 인공위성은 서비스할 수 있는 지역이 대단히 광범위하다. 따라서 세계를 대상으로 사업을 하는 조직체에게는 매우 유용할 수 있다. 세 번째, 신호를 전송하는 비용은 지구상의 두 단말기 간의 거리와는 무관하다. 두 단말기 사이의 거리가 100미터 떨어진 곳인지 수 천 킬로미터 떨어진 곳인지에 상관없이 동일한 인공위성에 의해서 서비스가 제공된다면 송신 비용은 동일하다. 네 번째, 비용적인 측면에서 다수의 물리적 전송 선로와 교환기를 사용하는 지상 교환망보다 훨씬 저렴하다.

2) 인공위성 망의 단점

인공위성의 장점은 다음과 같다. 첫 번째, 단말기와 위성간의 거리는 멀리 떨어져 있으므로 전파지연시간이 크므로 데이터 전송이 느려지게 된다. 따라서 인공위성 망에서는 가능한 재 전송을 줄여야 한다. 두 번째, 폭풍우와 같은 고르지 못한 날씨가 인공위성에 의해서 전송되는 신호를 방해할 수 있다. 세 번째, 신호를 암호화하지 않으면 보안 측면에서 심각한 문제가 될 수 있다.

5.3 로컬 망

5.3.1 로컬 망의 구조

로컬 망(Local Network)의 구조는 크게 링(ring) 구조, 성형(star) 구조, 버스(bus)/트리(tree) 구조로 나눌 수 있다. 이와 같은 로컬망의 구조에 대해서는 다음 6장 LAN에서 자세히 설명된다.

5.3.2 로컬망의 MAC 프로토콜

로컬망의 대표적인 MAC 프로토콜에는 CSMA/CD(CSMA with Collision Detection), 토큰 링(token ring), 토큰 버스(token bus) 등이 있다.

1) CSMA/CD 프로토콜

CSMA/CD(CSMA with Collision Detection) 프로토콜은 버스/트리 구조를 가지는 로컬망의 MAC 프로토콜로 가장 많이 사용되는 방식이다. CSMA/CD 프로토콜은 이름에서도 알 수 있는 바와 CSMA 방식을 사용하되 데이터를 전송하는 동안 전송 매체를 계속 살펴서 충돌(collision)이 감지(detection)되면 전송을 중단하는 방식이다.

CSMA/CD의 동작 원리는 다음과 같다. 첫 번째, 전송 매체가 사용 중이 아니면 데이터를 전송하고 전송 매체가 다른 단말기에서 사용 중이면 전송을 마칠 때까지 대기한다. 두 번째, 데이터를 전송하는 동안 전송 매체를 계속 살펴보고 있다가 전송 도중에 충돌이 일어난 것을 감지하면, 모든 단말기에게 충돌이 일어났다는 것을 알리는 잼

(jam) 신호를 보내고, 전송을 중단한다. 세 번째, 잼 신호를 보낸 다음 적당한 시간을 기다린 후에 다시 전송을 시도한다.

CSMA/CD의 동작 원리는 다음과 같다. 먼저 단말기 A가 t_0 시간에 전송을 시작한다. 이어서 t_1 시간에 단말기 A의 패킷이 단말기 C에 도착하기 전에 단말기 C가 전송을 시작한다. 단말기 C는 t_2 시간에 곧 충돌을 감지하여 전송을 중지하고, 잼 신호를 모든 단말기에게 전송한다. 따라서 단말기 A는 잼 신호를 감지하고 전송을 중단한다. 따라서 충돌 감지 시간은 두 단말기가 가장 멀리 떨어져 있는 최악의 경우 종점 간 지연시간의 2배가 걸리게 된다.

이와 같이 방식으로 동작하는 CSMA/CD는 채널의 이용률이 30% 이하로 비교적 낮을 때 최적의 상태로 동작한다. 그러나 로컬 망을 지속적으로 사용하는 환경에서는 다른 형식의 프로토콜이 더욱 효과적일 수 있다. 예를 들면, 채널 이용률이 높은 상황에서는 일반적으로 토큰 링 방식이 CSMA/CD 방식보다 우수하게 동작한다.

2) 토큰링 프로토콜

토큰링(token ring) 기법은 IEEE802 표준 위원회에서 표준화를 위해서 선택한 링 액세스 방법이다. 토큰링의 기법은 링 주위를 순회하는 작은 토큰 패킷을 사용하여 데이터를 전송하게 된다.

토큰링의 동작원리는 다음과 같다. 첫 번째, 프리 토큰(free token)이 링 주위를 순회한다. 여기서 프리 토큰이란 모든 단말기가 휴지(idle) 상태에 있을 때의 토큰 패킷을 말한다. 두 번째, 패킷을 전송하려는 단말기는 프리 토큰이 지나가기를 기다리다가 프리 토큰이 지나가면 잡는다. 세 번째, 프리 토큰을 잡은 단말기가 01111111 형태를 가지는 프리토큰의 비트 패턴을 01111110 형태의 비지(busy) 토큰으로 바꾸고, 비지 토큰에 연이어서 곧 바로 패킷을 전송한다. 이 때, 링 내에는 프리 토큰이 없으므로 전송을 원하는 다른 단말기는 대기해야 한다. 네 번째, 패킷 전송이 모두 끝난 다음 비지 토큰을 프리 토큰 형태의 비트 패턴으로 바꾸고 전송이 끝난 패킷을 제거한다. 일반적으로 패킷 제거는 패킷을 받은 수신(destination) 단말기에서 수행할 수도 있고 패킷을 전송한 송신(source) 단말기에서 수행할 수도 있으나, 후자가 더 좋은 방법이다. 그 이유는 송신 단말기가 수신 단말기의 ACK의 여부를 알 수 있기 때문이다.

3) 토큰버스 프로토콜

토큰 버스(token bus) 방식은 단말기들이 물리적으로는 버스/트리 구조를 갖고 논리적으로는 링 구조로 동작하게 된다. 이 때, 단말기들의 논리적인 순서가 정해지기 때문에 단말기들은 자신의 순서에 맞게 동작하게 된다.

토큰버스의 동작 원리는 다음과 같다. 첫 번째, 토큰링과 마찬가지로 전송을 원하는 단말기는 토큰을 잡는다. 두 번째, 토큰을 소유한 단말기는 일정한 시간 동안 전송 매체를 제어하면서 패킷을 전송한다. 세 번째, 토큰을 소유한 단말기가 패킷 전송을 모두 끝냈거나 일정한 시간이 지나면 토큰은 다음 순서의 단말기로 이동된다. 이와 같이 동작하는 토큰 버스는 토큰(token)이 어차피 모든 단말기를 다 지나가기 때문에 네트워크의 부하(load)가 작을 때는 성능이 떨어지고, 부하가 클 때는 성능이 좋아진다는 특징을 가지고 있다. 또한 토큰 버스 기법은 공정한 액세스가 이루어지므로 경쟁이 없다.

연 습 문 제

1. 패킷 라디오 망의 MAC 개념에 대해 설명하시오.

2. ALOHA 프로토콜에 대해 설명하시오.

3. 슬롯 ALOHA 프로토콜에 대해 설명하시오.

4. CSMA 프로토콜에 대해 설명하시오.

5. 인공위성 망의 장점과 단점을 설명하시오.

6. CSMA/CD(CSMA with Collision Detection) 프로토콜에 대해 설명하시오.

7. 토큰 링(token ring) 프로토콜에 대해 설명하시오.

8. 토큰 버스(token bus) 프로토콜에 대해 설명하시오.

제 6 장

LAN

6.1 LAN의 개요
6.2 LAN의 분류
6.3 광 LAN과 FDDI
6.4 네트워크 기본구조
6.5 이더넷
6.6 무선 LAN
6.7 인터네트워킹의 개요
6.8 부가적인 장치

제 6 장 LAN

6.1 LAN의 개요

지난 40여 년간 통신업계에서는 장거리 정보 통신 시스템에 많은 관심을 두고 연구를 지속해 온 결과, WAN(Wide Area Network) 분야는 현재 성숙 단계에 접어들어 비교적 안정된 분야가 되었다. 그러나 LAN(Local Area Network) 분야는 대략 1970년대 후반부터 세간의 주의를 끌기 시작하였다. 한정된 지역 내에서 필요한 정보를 신속히 상호 교환하고 공유할 수 있는 통신망을 설치한다면, 그 지역 내에 있는 여러 단체, 기업체, 학교 등의 생산성과 효율성을 극대화할 수 있을 것이라는 개념을 기초로 LAN이 발전하기 시작하여 오늘날 정보 통신 분야에서 가장 빠르게 발전하고 있는 분야이다. LAN은 주로 프린터나 데이터 등과 같은 통신망 자원들을 공유하기 위하여 학교, 공장, 사무실과 같은 소규모 지역 내에 존재하는 각종 통신 단말기들을 하나의 통신망으로 상호 연결하여 각 단말기 사이에서 데이터를 신속하게 교환할 수 있도록 해주는 기능을 수행한다. 다시 말해, 사무실에 있어서 사무 작업이나 설계 효율의 향상을 위한 사무 자동화, 공장에 있어서 생산 자동화 등을 실현하기 위해서 다수의 데이터 단말기를 연결해서 컴퓨터나 프린터 등의 자원을 공유 혹은 분산 처리, 단말기 간의 정보 교환을 하는 네트워크를 총칭해서 LAN이라고 부른다.

6.1.1 LAN의 특성

LAN은 일반적으로 단일 조직 내의 제한된 범위에서 데이터의 교환과 자원의 공유를 목표로 하는데 LAN은 다음과 같은 특성을 갖는 네트워크이다.

(1) 빌딩, 공장, 연구소, 학교 등의 구내에 분산적으로 설치된 여러 디바이스를 상호 연결함으로서 자원을 공유한다. 따라서 비용 절감의 효과를 얻을 수 있다.
(2) LAN의 적용거리는 수십 미터에서 수십 킬로미터까지 가능하다. 따라서 하나의 빌딩과 같은 소규모 또는 여러 건물과 같은 대규모로 구성이 가능하다.
(3) 확장성과 재배치성이 좋기 때문에 한 지역의 LAN이 다른 지역의 LAN과 쉽게 연결하여 사용이 가능하다
(4) 전송거리가 비교적 짧고 오류가 적게 발생하기 때문에 데이터의 정확한 송수신이 가능하다.

(5) 고속 통신이 가능하다. LAN을 도입하는 규모, 목적, 가격 등에 따라 전송속도 100Kbps에서 100Mbps까지 사용 가능하다.
(6) 케이블의 배선을 다양하게 구성할 수 있고 대폭적으로 생략할 수 있기 때문에 전체적인 구성을 간소화시킬 수 있다.
(7) 종합적인 데이터 처리 능력을 갖는다. 다중화 기술을 통해 문자, 음성, 영상 등의 다양한 데이터를 하나의 통신망을 통해 전송할 수 있다.

6.1.2 LAN의 표준화

LAN 역시 통신망이므로 다른 컴퓨터 시스템과 접속을 위해선 프로토콜이 필요하다. LAN의 표준화를 위해 IEEE(The Institute of Electrical and Electronics Engineers) 802 위원회는 ISO(International Organization for Standardization) 등의 국제 표준화 기관과 밀접한 관계를 유지하면서 LAN의 표준화 조직으로 활약하고 있다. 다음은 IEEE 802가 제정한 LAN 프로토콜과 인터페이스에 대한 규격이다.

IEEE 802.1 상위 인터페이스 및 MAC(Media Access Control) 브리지
IEEE 802.2 LLC(Logical Link Control)
IEEE 802.3 CSMA/CD(Carrier Sense Multiple Access/Collision Detection)
IEEE 802.4 토큰 버스(token bus)
IEEE 802.5 토큰 링(token ring)
IEEE 802.6 MAN(Metropolitan Area Networks)
IEEE 802.7 광 대역 LAN(Local Area Network)
IEEE 802.8 광섬유 LAN(Local Area Network)
IEEE 802.9 종합 데이터 음성 네트워크(Integrated Data and Voice Networks)
IEEE 802.10 보안(Security)
IEEE 802.11 무선 네트워크(Wireless Network)

6.2 LAN의 분류

LAN은 일반적으로 네트워크의 전송 매체(transmission medium), 물리적 구조(topology), 전송 방식, MAC(Medium Access Control) 방식의 4가지 측면에서 분류할 수 있다. 이들의 선택에 따라서 LAN의 성능과 특성이 달라진다.

6.2.1 전송 매체에 따른 분류

통신망을 구성하는 전송 매체에는 유선 통신 전송 매체인 트위스티드 페어 케이블(twisted pair cable), 동축 케이블(coaxial cable), 광섬유 케이블(optical fiber cable)과 무선 통신 전송 매체가 있다. 이들 중에서 LAN을 구성하는 데 일반적으로 세 가지의 유선 통신 매체가 주로 사용된다.

LAN을 구성하는 매체에 따라 트위스티드 페어 케이블 LAN, 동축 케이블 LAN, 광섬유 케이블 LAN 등으로 구분한다.

1) 트위스티드 페어 케이블 LAN

트위스티드 페어 케이블은 가장 일반적으로 사용되는 전송 매체이다. 다른 전송 매체와 비교할 때 상대적으로 전송 거리, 데이터 전송 율, 대역폭에서 많은 제약점을 가지고 있지만 가격이 저렴하기 때문에 많이 사용된다. 비교적 저속도, 근거리에서 주로 사용되고 주로 우리가 쉽게 접할 수 있는 전화선이나 단일 건물 내의 통신 선로, 예를 들면 컴퓨터와 단말기 사이의 전송 선로와 같은 곳에 사용된다.

트위스티드 페어 케이블(twisted pair cable)은 두 가닥의 절연된 구리선이 균일하게 서로 잠겨 있는 형태를 가지고 있으며, 여러 개의 쌍이 다발로 묶여져 하나의 케이블을 형성하고, 바깥쪽 부분에는 보호용 피복으로 감싸여 있다. 이와 같이 두 선을 꼬아 놓은 이유는 다른 쌍들과의 누화(closstalk) 영향을 감소시킬 수 있기 때문이다.

트위스티드 페어 케이블은 아날로그 전송과 디지털 전송에 모두 사용할 수 있으며 아날로그 전송 시에는 약 6Km 간격마다 증폭기(amplifier)를 설치하여 세기가 약해진 전송 신호를 증폭시켜 주어야 하고, 모뎀을 사용하여 28,800bps(bits per second)까지의 데이터 전송 율을 가질 수 있으며, 4kHz까지의 주파수 대역을 사용한다. 디지털 전송 시에는 약 3Km 간격마다 리피터(repeater)를 설치해야 하고, 64kbps까지의 데이터 전송률을 가질 수 있으며, 250kHz까지의 주파수 대역을 사용한다.

2) 동축 케이블 LAN

동축 케이블 역시 트위스티드 페어 케이블과 마찬가지로 널리 사용되는 전송 매체로서 트위스티드 페어 케이블보다 데이터 전송 율이 높고, 더 많은 디바이스를 처리할 수 있다. 일반적으로 트위스티드 페어 케이블보다 더 멀리 연결하고자 할 경우 사용한다. 동축 케이블은 통신망 설치에 필요한 각종 접속기, 분할기(splitter), 탭(tap) 등은 비교적 저렴하며 구입도 용이한 편이다. 이와 같은 동축 케이블은 용도에 따라 두 가지로 구분되는데, 하나는 베이스밴드(baseband) 동축 케이블이고 다른 하나는 브로드

밴드(broadband) 동축 케이블이다. 베이스밴드 동축 케이블은 디지털 신호를 전송하는데 사용되며, 데이터 전송 율은 최대 50Mbps이다. 브로드밴드 동축 케이블은 아날로그 신호를 전송하는데 사용되며, 데이터 전송 율은 최대 150Mbps이다. CATV(Community Antenna TV) 케이블에 사용되며 베이스밴드 동축 케이블보다는 가격이 비싸지만 통신 용량이 크므로 여러 개의 데이터 통로로 사용할 수 있다.

동축 케이블(coaxial cable)은 원통형 외부 도체와 그 중심에 놓인 내부 도체 그리고 이 둘을 일정 간격으로 유지시키는 절연체 및 가장 바깥쪽에 보호용 외피로 감싸여져 있다. 동축 케이블은 집중적 구조를 가지고 있기 때문에 트위스티드 페어 케이블보다 간섭과 누화 현상에 강하다. 우리가 가정에서 TV를 옥외 안테나에 연결할 때 사용하는 둥글고 검은 케이블이 바로 동축 케이블이다.

동축 케이블 역시 아날로그 전송과 디지털 전송에 모두 사용할 수 있다. 아날로그 전송 시 약 400MHz까지의 주파수 대역을 사용할 수 있기 때문에 약 10,000개 정도의 음성 채널을 동시에 제공하며, 약 10개 정도의 TV 채널을 동시에 제공한다. 이 때, 증폭기는 수 Km마다 설치해야 하며, 높은 주파수 대역을 사용할수록 이 간격을 좀 더 좁게 하여 설치해야 한다. 디지털 전송 시에는 약 500Mbps 정도의 데이터 전송 율을 가지며, 리피터를 매 Km마다 설치할 경우 약 800Mbps까지의 데이터 전송 율을 가질 수 있다.

동축 케이블은 다양한 분야에서 사용할 수 있는 전송 매체로서 장거리 전화, TV, CATV(Community Antenna TV), LAN에 등에 많이 사용된다.

3) 광섬유 케이블 LAN

광섬유는 현재 사용 중인 유선 통신 전송 매체들 중에서 가장 넓은 대역폭을 가진다. 따라서 동축 케이블보다 용량이 높고 주로 지점 간 회선의 링(Ring) 구조에 적합하다. 이 케이블의 특성은 매우 가늘고 유연성이 있어서 공장 자동화용 LAN에 많이 사용된다. 가격이 고가이고 접속이 어렵다는 기술적인 이유로 인해 대중화되지 못했으나, 앞으로는 많이 사용될 전망이다.

꿈의 전송로라 일컬어지고 있는 광섬유 통신방식은 음성을 전기신호로 바꾼 뒤 이를 빛의 강약 또는 광신호로 바꾸어 광섬유를 통해 정보를 전달하는 새롭고 혁신적인 통신방식이다.

광섬유는 빛의 신호를 전송할 수 있는 선로로써 원통형 유전체 도파관으로 코어(core)와 클래드(clad), 아크릴 코팅 층으로 구성되어 있으며 중앙의 코어를 주위의 클래드가 감싸고 있는 이중원통형 구조로 되어 있다. 코어와 클래드 층의 굴절률 차에 의해 빛의 전반사가 일어나며 코어 층을 통해 빛이 전달된다. 코어부의 전파모드의 수에 따라 단일모드와 다중모드로 구별되며 이중 단일모드는 광섬유 손실은 적으나 코어 반경이 수 마이크론 이하로 광섬유 상호간의 접속이 어렵다는 단점이 있으나 장거리 전송 및 대용량 통신에 다중모드보다 유리하다는 장점이 있다. 이러한 용도로 사용되는 단일모드 광섬유는 차단차장 천이 광섬유와 분산천이 광섬유가 있다. 또한 코팅 재질에 따라 실리콘 코팅과 아크릴 코팅으로 구별되며 실리콘 코팅 광섬유에 느슨하게 삽입한 유닛(unit)을 중심 인장선 위에 접합한 구조를 갖는 광섬유는 특히 인장력에 강한 특성을 가지게 된다.

광섬유케이블은 석영유리를 이용한 광섬유 코어를 플라스틱 재질로 2차 코팅하고, 이것을 여러 개 집합하여 케이블 코어를 형성시킨 후, 그 위에 다시 외부 피복한 것이다. 광섬유 심선을 만드는 석영유리의 투명도가 극히 높기 때문에 입사된 광파는 감쇄가 적어서 전송 손실이 매우 적으며, 전자유도나 정전유도가 전혀 발생하지 않아 누화나 잡음이 없고, 고전압에 의한 전력유도 고장이 없는 무유도 전송이 가능하며, 전송 주파수 대역도 광섬유에서 제공하는 것만큼 넓다. 또한 케이블의 가설이나 포설작업상 동선에 비해 4분의 1 정도로 가벼워 취급이 용이하고 운반, 보관 및 설치 작업이 간편하며, 특성에서도 내열성과 내화학성이 우수하여 전선의 수명이 길다는 장점을 가지고 있다. 광통신케이블의 기본 구조는 광섬유 다발을 완충재(jelly-compound)와 함께 플라스틱 재질의 튜브 내에 함유시킨 느슨한 튜브(loose tube)형과 광섬유를 나란히 배열한 형상으로 2차 코팅한 리본 형이 있다. 느슨한 튜브 형은 케이블의 중심 인장선 위에 느슨한 튜브를 필요한 심선 수만큼 집합하고 포설 환경에 적합한 재질로 외부 피복을 한 것으로 느슨한 튜브 내의 광섬유가 일정한 여장을 가지고 있기 때문에 포설 시의 과중한 인장 하중에서도 광섬유가 직접 영향을 받지 않아 기계적 특성이 매우 안정적이라는 강점을 가지고 있다. 적용 위치에 따라 가공용, 직매용, 관로용 및 등으로 응용 구조가 다양하다.

일반적으로 광섬유는 사용 대역이 넓으며 고속 데이터처리(100Mbps~2.5Gbps)가 가능하고 인접 케이블이나 다른 광파이버와의 혼신이 발생하지 않는다. 링크의 양단은 전기적으로 절연 상태이기 때문에 작동 오차가 발생하지 않으며 전송 중 외부로 복사되는 에너지가 없기 때문 도청이 불가능하여 보안기능이 강력하며 전기 에너지가 아니기 때문에 스파크에 의한 폭발 위험성이 없다는 장점을 갖는다. 또한 무게나 부피가 극히 작기 때문에 설치 및 관리가 용이하며 주된 재질이 유리이므로 신호감쇠가 낮고 부식이 안 된다. 일반적인 광파이버의 선로 당 통화량은 2선식 선로일 경우 1,344 통화가 가능하다.

광섬유 케이블은 1.7Gbps의 높은 데이터 전송 율을 가지기 때문에 음성, 문자, 영상 등의 방대한 양의 정보를 고속으로 전송할 수 있어 각광을 받고 있다. 광섬유 케이블을 트위스티드 페어 케이블이나 동축 케이블과 비교해 볼 때 다음과 같은 장점을 가지고 있다.

① 대역폭이 넓다.
대역폭이 넓기 때문에 고속 및 대량의 데이터 전송이 가능하다.
② 소형이면서 경량이다.
작고 가볍기 때문에 유연성이 좋고 설치가 간편하다.
③ 감쇠 율이 적다.
감쇠 율이 적기 때문에 약 100Km 간격마다 리피터를 설치하면 된다.
④ 고품질 전송이 가능하다.
외부적 전자기장에 영향을 받지 않기 때문에 간섭, 누화, 충격, 잡음 등에 강하다.
이와 같은 장점이 있는 반면에 접속이 어렵고 급격하게 구부리면 끊어질 수 있다는 단점을 가지고 있다.

6.2.2 물리적 구조에 따른 분류

LAN의 물리적 구조에 따른 기본적인 분류는 스타 형(star) LAN, 링(ring) 형 LAN, 버스(bus) 형 또는 트리(tree) 형 LAN, 망(mesh/interconnected)형 LAN 등이 있다. 스타 형 LAN은 중앙 스위치를 사용하여 네트워크의 모든 요소를 연결된다. 중앙 스위치는 교환 기능 및 신호의 중계 기능을 수행함으로서 통신을 원하는 두 개의 단말기 사이에 전용회선을 만들어 준다. 링 형 LAN은 닫친 원의 형태로 구성되며, 데이터는 리피터(repeater)들 사이에서 두 지점 간 전송방식으로 송수신하게 된다. 버스/트리 형 LAN은 멀티 포인트 형태로 전송 매체를 사용하며, 단말기들이 하나의 전송 매체를 공유하므로 한 쌍의 디바이스만이 동시에 통신이 가능하다. 망(mesh/interconnected)형은 단말기 간에 통신회선으로 서로 연결되어 있는 형태로 완전 망형과 부분 망형이 있다.

1) 스타 형 LAN

스타(star) 형 LAN은 교환기를 중심으로 한 일반적인 전화망에서 유래하였다. 스타 형 LAN의 형태는 모든 단말기는 공통의 중앙 교환기에 의해 지점 간 링크로 구성된다. 임의의 두 단말기 사이의 통신은 회선 교환 방식에 의해 이루어진다. 데이터 전송을 원하는 단말기는 먼저 중앙 교환기에 목적지 단말기로의 연결을 요청하는 신호를 보내야 한다. 이어서 중앙 교환기에 의해 두 단말기 사이에 회선이 확립되면, 데이터는 고정된 지점 간 링크에 의해 연결된 것처럼 두 단말기 사이에서 상호 교환된다. 이 때, 중앙 교환기는 단말기 사이의 모든 통신을 제어하고 링크를 설정하고 유지하는 책임을 진다. 따라서 중앙 교환기의 부담은 커지고 구조도 복잡하다.

스타 형 LAN 방식의 장점은 단말기의 고장이 전체 통신망에 영향을 미치지 않으며 고장의 발견이 용이하기 때문에 유지 보수가 수월하다는 점이다. 또한 시스템의 일괄 변경과 데이터베이스 관리가 쉽다는 점이다. 반면에 단점은 중앙 교환기에 문제가 발생해 고장이 나게 되면 전체 통신망에 영향을 미쳐 통신이 불가능하게 된다는 점이고 최초 설치 시 케이블 링에 소요되는 노력과 비용이 크다. 표 6.1에는 스타 형 통신망의 장·단점을 나타내었고, 그림 6.1에는 스타 형 구조에 대해서 표현하였다.

표 6.1 스타 형의 장·단점

장　　점	단　　점
보수 및 관리가 용이 전송제어 기능이 간단 전송속도를 다르게 설정 가능 고장에 대한 파급효과가 없다. 고장 위치 탐색이 쉽다	중앙 시스템 고장 시, 치명적 통신회선 수 증가 복잡한 통신망 구조 선로의 비효율성

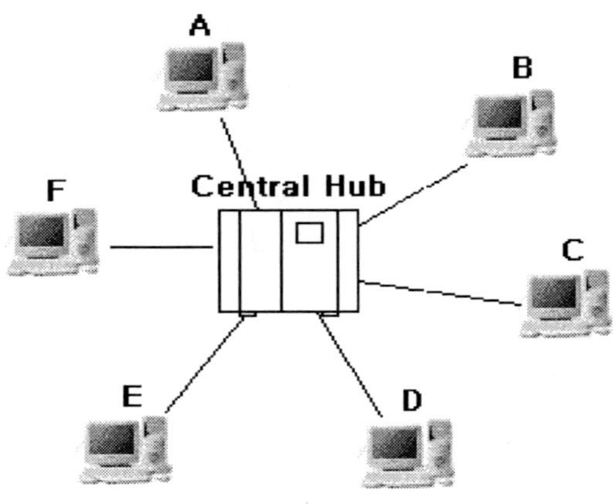

그림 6.1 스타 형

2) 링 형 LAN

링(ring) 형 LAN은 링의 형태로 한 방향으로 통신하게 되며 각 노드에서 신호의 재생이 가능하기 때문에 비교적 거리의 제약이 적고, 잡음에 강하다. 링의 형태를 취하나 결국 한쪽 방향 지점 간 형태이다. 광섬유의 특성에 잘 부합되며, 통신제어가 간단하고 신뢰성이 높다. 노드의 증가시 버스방식에 비해 속도의 감소가 심하지 않으므로 비교적 큰 네트워크에 많이 사용된다. 링 형 LAN은 전송링크를 통해서 다른 리피터와 지점 간 링크들로 연결된 하나의 폐쇄된 원의 형태를 갖는다. 리피터는 하나의 링크 상에서 데이터를 수신하여 버퍼를 사용하지 않고 수신하자마자 다른 링크로 전송해 주는 기능을 수행한다. 그리고 리피터는 시계 또는 반시계의 한 방향으로만 데이터를 전송하는 특성이 있다. 이 구조는 많은 단말기들이 링을 공유하기 때문에 전송할 순서를 결정하기 위해서 매체 액세스 제어 프로토콜을 필요로 한다. 각 단말기에서는 주소필드, 제어정보, 사용자 데이터를 갖는 패킷을 전송하게 되고, 목적지(destination) 단말기에서는 데이터를 자신의 버퍼에 복사하고, 근원지(source) 단말기는 패킷을 제거하는 책임을 담당하게 된다. 이러한 링 형 LAN은 다른 구성에 비해 비용이 많이 들고 노드의 변경이나 추가가 비교적 어려우며, 폐쇄된 원으로 구성되어 있기 때문에 하나의 링크가 파괴되면 모든 네트워크의 기능이 마비된다는 단점을 가지고 있다. 분산제어와 검사 및 복구가 가능하며, 주로 FDDI(Fiber Data Distributed Interface)에 사용된다. 그림 6.2에서와 같이 반드시 링의 형태를 갖는 것이 아니며, 단지 논리적으로 링의 형태를 이루는 것으로 생각하면 된다. 전형적인 링 형에서의 데이터의 흐름은 한 방향이 된다. 그러나 두 경로를 사용할 경우는 데이터의 흐름을 양방향으로 할 수 있지만, 여분의 다른 선은 회선 단절을 대비한 여유분으로 생각하는 것이 일반적인 견해이다. 데이터의 전송은 폴링에 의한 방식과 토큰에 의한 방식이 있다. 한편, 표 6.2에는 링 형 통신망의 장·단점을 나타내었다.

표 6.2 링 형의 장·단점

장　점	단　점
단말기 간 공평한 서비스 분배 브로드캐스팅이 용이 고장 위치 탐색이 용이 분산 및 집중제어 방식 가능	단말기 추가 시 선로 절단 기밀 유지의 곤란 전송지연 발생 단말기 고장 파급효과가 크다. 선로 상에 에러 잔여 가능

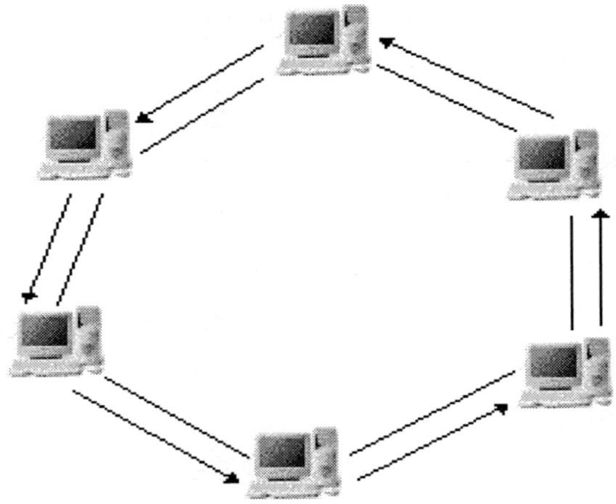

그림 6.2 링 형

3) 스타-링 형 LAN

스타-링(star-ring) 형 LAN은 폐쇄된 원으로 구성되어 있기 때문에 하나의 링크가 파괴되면 모든 네트워크의 기능이 마비되는 링 형 LAN의 단점을 보완하여 만든 것이다. 스타-링 형 LAN의 구조는 링 구조와 성형 구조를 조합한 형태로서, 리피터 사이의 링크를 중앙에 있는 링 배선 집중 기(ring wiring concentrator)에 모두 모은 것이다. 따라서 하나의 링크가 파손되더라도 링 배선 집중 기에서 이를 파악하여 연결을 끊고 수리해 주게 된다. 그러나 이 때, 전체 네트워크에는 영향을 주지 않는다.

4) 버스 형 LAN

버스(bus) 형은 끝단이 연결되지 않은 것을 제외하면 링 형과 같은 형태이다. 한 개의 통신회선에 여러 개의 단말기 연결한 형태로 전송은 기본적으로 브로드캐스팅의 특성을 갖는다. 버스 형 LAN은 모든 노드들이 버스에 T자형으로 연결되어 각 노드의 연결은 탭(tap)을 통하여 이루어진다. 버스 형 LAN은 멀티 포인트 링크 구성을 가지며 두 개 이상의 디바이스들이 공동 전송 매체에 부착되어 데이터를 송수신 한다. 많은 단말기들이 하나의 전송 매체로 연결되어 있기 때문에 한 번에 단지 하나의 단말기만이 데이터를 전송할 수 있다. 따라서 버스 형 LAN은 전송할 순서를 결정하기 위해서 MAC 프로토콜을 필요로 한다. 그리고 버스 형 LAN은 데이터의 반사를 막기 위해 종료기(terminator)를 사용하는데 버스형의 경우에는 케이블의 양 끝에 부착한다.

종료기는 패킷을 흡수함으로서 데이터를 제거하는 장치이다. 그리고 탭(tap)은 케이블을 이용한 정보전송시스템에서 자기가 원하는 곳에서 정보를 송수신하거나 케이블을 분기할 때, 케이블의 분기점을 마련하는 장치를 말한다.

각 노드의 고장이 네트워크의 다른 부분에 전혀 영향을 미치지 않으며, 신뢰성과 확장성이 좋다는 장점이 있다. 이러한 장점 때문에 국내 및 해외에서 많이 사용하고 있으며, CSMA/CD 방식이 대표적이 예이다. 또한 토큰 버스 방식에도 사용된다.

데이터 전송은 폴링 방식과 선택에 의해 수행되며 버스의 고장에 기인한 경우를 제외하고 매우 높은 신뢰성을 제공한다. 버스 형과 링 형은 LAN을 구성하는 기본적인 형태이다. 버스 형에서 모든 노드는 동일하고 통신제어는 분산처리 된다. 표 6.3은 버스형의 장·단점을 나타낸 것이고, 그림 6.3에는 버스 형 구조에 대해서 표현하였다.

표 6.3 버스형의 장·단점

장 점	단 점
간단한 구조 추가 및 제거가 용이 고장에 대한 파급효과가 없다. 경로제어 불필요	기밀 유지 곤란 회선 길이 제한 단말기의 통신처리량 증가 송신 시 충돌 가능성 증대

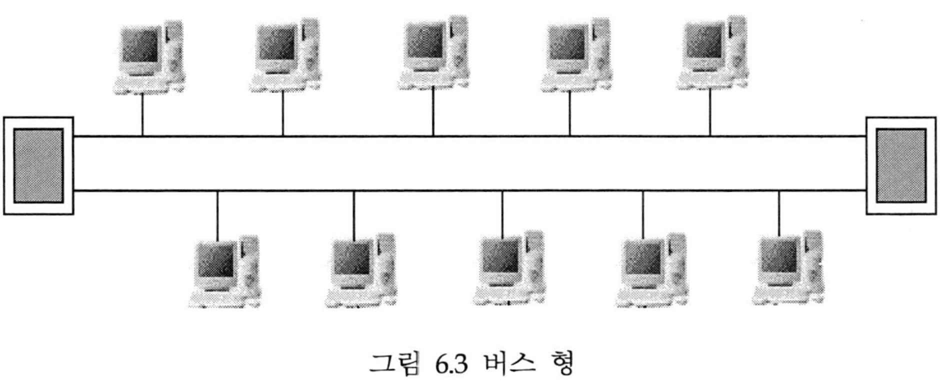

그림 6.3 버스 형

5) 트리 형 LAN

트리(tree) 형 LAN은 계층 형(hierarchical)이라고도 하며 루트를 중심으로 계층적 형태로 구성된다. 즉, 그림 6.4와 같이 루트인 A의 하위에 B~F의 2번째 계층이 연결되고 다시 그 하위로 3번째 계층과 4번째 계층이 연결된다. 이때 최하위 계층의 L은 그 상위계층 G와 다시 그 상위계층인 C와 밀접한 연관성을 갖고 연결된다. 스타 형보다는 통신회선을 절약할 수 있으며 일정지역에 설치되면 분산처리시스템이 된다. 그림 6.4에는 트리 형(계층 형)에 대해서 간략하게 표현하였다.

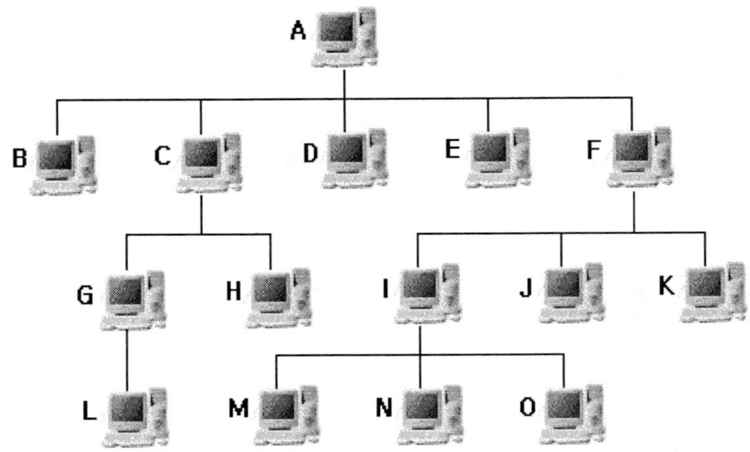

그림 6.4 트리 형(계층 형)

트리 형 LAN도 버스 형 LAN과 마찬가지로 모든 노드들이 버스에 T자형으로 연결되어 각 노드의 연결은 탭(tap)을 통하여 이루어진다. 트리 형 LAN은 멀티 포인트 링크 구성을 가지며 두 개 이상의 디바이스들이 공동 전송 매체에 부착되어 데이터를 송수신 한다. 많은 단말기들이 하나의 전송 매체로 연결되어 있기 때문에 한 번에 단지 하나의 단말기만이 데이터를 전송할 수 있다. 따라서 트리 형 LAN은 전송할 순서를 결정하기 위해서 매체 액세스 제어 프로토콜을 필요로 한다. 그리고 트리 형 LAN은 데이터의 반사를 막기 위해 종료기(terminator)를 사용하는데 트리형의 경우에는 헤드엔드(headend)의 반대쪽 끝에 부착한다. 헤드엔드는 패킷의 우회로를 제공해 주는 장치이다.

6) 망 형 LAN

망(mesh/interconnected) 형 LAN은 단말기 간에 통신회선으로 서로 연결되어 있는 형태로 완전 망형과 부분 망형이 있다. 완전 망형에서의 단말기 간 연결회선 개수는 단말기의 개수를 n이라고 할 때, 다음과 같으며, 따라서 연결을 위한 비용이 상대적으로 많이 소요된다.

$$링크의\ 개수 = \frac{n(n-1)}{2}$$

일반적으로 공중데이터 통신망에 이용되고 통신회선의 총 경로가 다른 망과 비교할 때 가장 길며, 통신회선의 장애 시 다른 경로를 통하여 데이터를 전송할 수 있는 장점을 갖는다. 완전 망형에서 E와 부분 망형에서 G와 같은 새로운 노드가 추가될 경우, 완전 망형은 원가와 시간이 부분 망형보다 더 많이 소요된다. 여기서 점선은 새롭게 추가된 회선을 나타낸다. 그림 6.5에는 망형의 완전 망형과 부분 망형에 대해서 표현하였다.

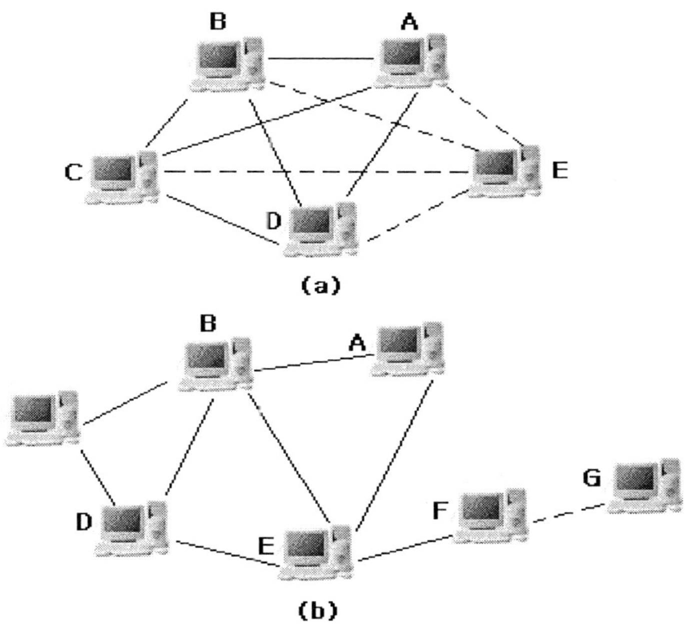

그림 6.5 망형 (a) 완전 망형 (b) 부분 망형

6.2.3 전송 방식에 따른 분류

LAN에서 전송 방식에 따라 크게 베이스밴드 전송과 브로드밴드 전송으로 분류된다.

1) 협 대역 전송 LAN

협 대역 전송(baseband transmission) LAN은 통신 로에 컴퓨터의 내부 코드에 상당하는 디지털 신호를 직접 전송하는 LAN이다. 아날로그 전송보다 훨씬 빠른 디지털 전송을 지원하기 위해 하나의 케이블에 하나의 채널만 사용하기 때문에 주파수분할다중통신 방식을 사용할 수 없고, 시분할다중통신 방식을 사용한다. 전송속도가 빠르나 신호감쇄 현상이 심하여 거리에 민감하고 음성이나 화상 등의 아날로그 신호전송에 어려움이 있다는 단점이 있다.

협 대역 전송이란 데이터를 부호화하고 변조는 하지 않고 디지털 신호로 전송하는 방식을 말한다. 협 대역 전송 방식은 변조를 하지 않기 때문에 송수신기의 신호 처리 기능이 단순하여 저렴한 통신이 가능하다. 그러나 디지털 신호는 아날로그 신호와 달리 결합부나 분부를 통과하기 힘들기 때문에 리피터를 사용하지 않는 경우에 전송 가능한 거리는 대략 1km 정도이다. 또한 이와 같은 디지털 신호의 특성으로 인하여 버스 형 구조에만 사용되고, 결합부나 분할 부를 가지는 트리 형 구조에는 사용되지 않는다. 이 협 대역 전송 방식은 일반적으로 양방향 통신 방식을 채택하고 있다. 이러한 협 대역 방식의 최대 전송 속도는 10Mbps까지 가능하다.

2) 광 대역 전송 LAN

광 대역 전송(broadband transmission) LAN은 케이블 TV의 기술에서 출발하였으며, 통신 로를 여러 개의 주파수 대역으로 나누어 쓰는 방법인 주파수분할다중통신 방식을 사용하여 통신하는 것으로 동시에 데이터, 음성 등을 보낼 수 있다. 동축 케이블이나 광케이블을 사용한다. 거리에는 크게 민감하지 않지만 속도가 느리다는 단점이 있다.

광 대역 전송이란 데이터를 부호화하고 변조하여 아날로그 신호로 전송하는 방식을 말한다. 따라서 수신 측에서는 수신된 아날로그 신호를 다시 복조하여 원래의 신호로 복원하는 과정이 필요하게 된다. 버스 형과 트리 형 구조에 모두 사용이 가능하며 아날로그의 신호의 증폭을 위해 증폭기(amplifier)를 사용한다. 이 광 대역 전송 방식은 일반적으로 단 방향 통신 방식을 채택하고 있다. 이러한 광 대역 방식의 최대 전송 속도는 150Mbps까지 가능하기 때문에 문자, 음성, 영상 등의 데이터를 여러 채널을 이용하여 동시에 보낼 수 있다.

이와 같은 협 대역과 광 대역 전송 LAN 방식의 특성을 비교하면 다음 표 6.4와 같다.

표 6.4 협 대역과 광 대역 전송 LAN 방식의 특성 비교

	협 대역 LAN	광 대역 LAN
신호 형태	디지털 신호 형태	아날로그 신호 형태
채널 형태	단일 채널	복수 채널
전송 방향	양방향	단 방향
사용 구조	버스 형 구조	버스/트리 구조
장 점	저비용, 설치와 유지가 쉽다	고 용량, 원거리 전송 가능

6.2.4 MAC 방식에 따른 분류

LAN은 MAC 방식에 따라 CSMA/CD(Carrier Sense Multiple Access/Collision Detection) LAN, 토큰 링(token ring) LAN, 토큰 패싱 버스(token passing bus) LAN, 토큰 패싱 링 LAN 등으로 분류된다.

1) CSMA/CD LAN

CSMA/CD(Carrier Sense Multiple Access/Collision Detection)은 이더넷에 사용되는 액세스 방식이다. 버스타입의 네트워크에서 많이 사용되며, 적은 부하, 적은 노드에서 최적의 성능을 발휘한다. 하지만, 부하가 일정 수준 이상으로 증가되면 급격히 성능이 떨어지는 단점이 있다. 낮은 가격으로 구현이 가능하므로 소, 중규모의 네트워크에서 사용되며, IEEE 802.3으로 표준화되어 있다.

2) 토큰 링 LAN

토큰 링(token ring) LAN은 스타 형 링 토폴로지 형태이며, 전송속도는 4Mbps~16Mbps이다. 동축케이블, 광케이블 등을 전송매체로 사용하며, 토큰 패싱(passing)을 미디어 접근 방식으로 하며 IEEE802.5 위원회에서 표준으로 규정했다. 토큰은 미리 결정된 비트들로서 노드가 케이블을 접근할 있도록 해준다. 항상 토큰을 획득한 단위에 의해 데이터의 전달이 가능하다. (예를 들어서 버스를 타기 위해서 반드시 토큰이 있어야 하듯이 데이터도 원하는 곳을 가기 위해서는 부여된 토큰이 있어야만 데이터의 전송이 가능하다.)

3) 토큰 패싱 버스 LAN

토큰 패싱 버스(token passing bus) LAN은 물리적으로는 버스 구조이며, 논리적으로는 토큰 링 형태의 특성을 가진다. 부하의 증가에 따른 영향이 적지만, 낮은 부하에도 기본적인 오버헤드(overhead)가 있다. IEEE 802.4로 표준화되어 있으며, 데이터포인트(Datapoint)사의 ARCNet이 대표적이다.

4) 토큰 패싱 링 LAN

토큰 패싱 링(token passing ring) LAN은 링 토폴로지의 형태이며, 토큰 패싱 버스 LAN과 마찬가지로 부하의 증가에 따른 영향이 적다. 또한 낮은 부하에도 기본적인 오버헤드(Overhead)가 있다. IBM 네트워크가 대표적이다.

6.3 광 LAN과 FDDI

6.3.1 광 LAN의 특징

광 LAN은 양쪽 끝인 단말기에 광 송신기와 광 수신기를 광케이블로 연결한 형태를 가지며, 일반적으로 광 신호는 분기 및 삽입이 곤란하므로 링 형식으로 접속하여 사용한다.

광 LAN의 장점은 다음과 같다. 첫 번째, 광 LAN은 외부환경으로부터 전자기적 영향을 거의 받지 않기 때문에 신뢰성 있는 통신이 가능하다. 두 번째, 광 LAN은 증폭기나 리피터를 사용하여 중계 증폭을 하지 않아도 다른 전송 매체에 비교하여 신호를 전송할 수 있는 거리가 길기 때문에 다른 전송 매체를 사용했을 경우보다 증폭기나 리피터의 설치수가 적게 든다. 세 번째, 광 LAN은 넓은 대역폭을 가지기 때문에 고속 전송이 가능하다. 네 번째, 광 LAN은 주변에 전자파를 방사하는 일이 없기 때문에 주변의 통신망에 악영향을 미치지 않는다.

광 LAN의 단점은 다음과 같다. 첫 번째, 일반적으로 LAN은 케이블의 많은 부분에서 신호를 분기하거나 삽입할 필요가 있으나 광 신호는 분기 및 삽입이 어렵다. 두 번째, 광신호의 분기 및 삽입의 기술이 실용화되어 있으나, 광신호가 상당히 감쇠하므로 분기수를 많이 취급하지 못한다. 세 번째, 광 신호를 전기신호로 변환하여 분기 및 삽입하는 경우는 막대한 비용이 소요된다. 그림 6.6은 광섬유 케이블의 접속법을 나타낸 것이다. (a), (b), (c)는 잘못된 접속법이고, (d)는 올바른 접속법이다.

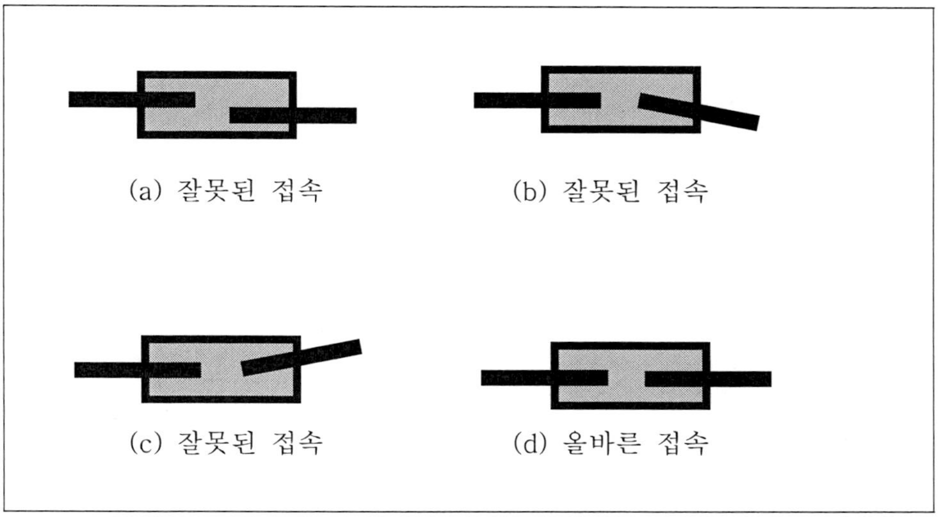

그림 6.6 광섬유 케이블의 접속법

6.3.2 FDDI

FDDI(Fiber Distributed Data Interface)는 미국의 ANSI(American National Standard Institute)에서 표준화된 LAN으로서, 광섬유를 물리적인 전송매체로 채택한 고속 링 LAN이다. FDDI는 토큰링의 접속 방식을 기반으로 하며 IEEE 802.5의 토큰링 매체 액세스 제어 프로토콜을 기본으로 사용한다. 또한, FDDI는 100Mbps의 전송 속도를 제공하며, 이중(dual) 케이블 구조를 갖는 링 구조로 되어 있다. 이중 케이블은 각기 다른 방향으로 데이터를 전송하게 되는데, 하나의 링이 손상을 입었을 경우 다른 링을 백업(back-up)용으로 사용할 수 있도록 되어 있다.

LAN 기술에서 얼마 전까지 우리에게 알려진 가장 빠른 통신 방법은 광섬유를 사용한 100Mbps 속도의 FDDI 방식이다. FDDI는 통상의 10Mbps 이더넷, 4 혹은 16 Mbps 토큰 링 LAN에 비해 처리 대역이 10배 정도 더 크고 또한 LAN 거리를 최대 200km 링으로 구축할 수 있어 광대한 지역의 LAN과 고속 기간망(backbone) LAN의 해결책으로 중요한 위치를 차지하고 있다.

최근에 광섬유를 이용한 FDDI에 대한 연구가 활발히 진행되고 있으며, FDDI는 다른 표준의 LAN들과 연결하는 기간망(backbone network)으로서 이용되는 경우가 많다. 기간망으로 사용된 FDDI는 전송 거리 200Km 이내에서 최대 500개의 지선을 연결할 수 있으며 각 지선 사이의 최대 거리는 간격은 2Km로 제한하고 있다. FDDI의 종류에는 FDDI-I와 FDDI-Ⅱ가 있는데, FDDI-I는 토큰링 방식에 의한 패킷 교환 모드만을 서비스하며, FDDI-II는 FDDI-I의 패킷 교환 서비스에 회선 교환 기능을 추가해 음성 등의 리얼타임(real time) 데이터 송수신의 서비스를 제공한다.

기간망 FDDI LAN은 링 구조를 가지고 있으며, 전송 매체로는 광섬유를 사용한 것이다. 그리고 지선 LAN은 토큰링, 토큰버스의 구조를 가지고 있으며 전송 매체로는 트위스티드 페어 케이블이나 동축케이블을 사용한다. 게이트웨이(gateway)는 네트워크들을 상호 접속하는 기능을 수행한다.

6.4 네트워크 기본구조

네트워크를 구성하는 방법에는 두 개의 기본적인 틀이 있으며 이는 클라이언트/서버(client-server) 네트워크와 점 대 점(point to point) 네트워크로 나뉜다.

6.4.1 클라이언트/서버

서버는 우리말로 번역하면 '봉사자' 정도가 된다. 이름에서 알 수 있듯이 서버는 네트워크 상에서 각종 프로그램 파일과 데이터를 가지고 있는 것으로, PC가 될 수도 있고 워크스테이션이나 미니, 중대형 급 컴퓨터가 될 수 있다. 네트워크의 핵심요소에 해당된다고 보아도 무방하다. 전통적인 LAN 개념은 클라이언트 서버 시스템을 의미한다고 보아도 무방하다.

호스트/터미널(host/terminal)이라는 개념도 유사한 개념이나 그 차이점은 다음과 같다. 실제로 클라이언트/서버 구조의 LAN은 호스트를 사용하는 더미 터미널(dummy terminal)의 구조와 같다. 호스트 또는 서버의 데이터, 프로그램, 프린터 등을 자유롭게 사용할 수 있는 점은 동일하나 데이터와 프로그램이 처리되는 위치는 서로 다르다. 즉, 호스트/터미널의 경우에 모든 데이터 처리가 호스트에서만 이루어지고 터미널은 단지 명령을 내리거나 그 결과를 받아보는 역할밖에는 수행하지 못하는데 반하여 클라이언트-서버의 LAN은 1~100 Mbps 빠른 속도를 이용하여 서버의 데이터와 프로그램들을 클라이언트들이 로드한 후에 자신의 CPU를 이용, 처리하게 된다.

6.4.2. 점 대 점 방식

간단하게 정의하자면 점 대 점 방식 네트워크는 클라이언트/서버와 다르게 전용서버가 존재하지 않으며 각 노드가 동등하게 파일 서버 역할을 수행하면서 각 네트워크 노드의 여러 가지 자원들을 공유한다. 클라이언트/서버 네트워크와는 달리 노드와 노드간의 메시지 전달은 서버를 거치지 않고 직접 터미널 간에 이루어진다.

6.5 이더넷

6.5.1 이더넷의 구조

이더넷(Ethernet)은 IEEE 802.3 표준을 따르며 CSMA/CD 통신 망 접근방법을 이용한다. 전송속도는 10Mbps이며 통신 량이 가끔씩 폭주하는 통신망의 경우에 매우 훌륭한 선택이라 할 수 있다. 그러나 큰 통신망 부하에 대해서도 일정한 성능이 유지되어야 하는 경우에는 CSMA/CD 방식의 단점 때문에 이더넷은 다른 LAN 구조만큼 효율적이지 않다.

이더넷의 장점은 TCP/IP(Transmission Control Protocol/Internet Protocol), IPX(Internetwokr Packet eXchange) 등의 다른 프로토콜을 이용할 수 있다는 점과 미니컴퓨터와 고성능 워크스테이션 접근을 쉽게 구성할 수 있다는 점을 들 수 있다.

6.5.2 이더넷 종류

10Base-5, 10Base-2, 10Base-T, 10Base-F의 용어 중 '10'은 10Mbps 속도를 의미하며, Base는 베이스밴드(Baseband)를 말하며, '5', '2', 'T', 'F'는 전송 물리 매체(케이블)를 말한다. '5', '2' 는 동축케이블 방식이며 각각 500M, 200M의 거리를 의미하며, 전자는 Thick Ethernet, 후자는 Thin Ethernet으로 부른다. 'T'는 Twisted Pair 케이블을 'F'는 광파이버를 전송미디어로 사용하는 것을 의미한다. 그 종류에 대해 정리하면 다음 표 6.5와 같다.

표 6.5 이더넷의 종류

종류	10BASE-2	10BASE-5	10BASE-T
케이블	가늘다(thin)	굵다(thick)	UTP
물리적 구조	버스 형	버스 형	스타 형
허브	불필요	불필요	필요
전송거리	168m	500m	100m
비고	10BASE2 와 10BASE5는 동축 케이블을 사용하므로 T-Connector, Terminator 등의 장비가 필요하다.		

6.6 무선 LAN

6.6.1. 등장 배경

최근 LAN의 이용이 널리 확대됨에 따라 점점 대형화되며, 노트북, PC와 같은 휴대형 데이터 단말기가 빠른 속도로 보급되면서 LAN 이용자들 사이에서는 새로운 요구가 일고 있다. 이러한 요구들은 앞으로 다루게 될 무선 LAN이 갖는 장점과 그 맥을 같이 한다고 볼 수 있다. 무선 LAN이란 전파, 빛, 소리 등을 전송매체로 하여 유선 LAN을 보완하고, 지금까지 사용되고 있는 분야(장소)에서 기능을 수행하는 LAN을 말한다. 우선 현재 우리가 근무하고 있는 사무실을 살펴보자. PC가 놓여 있는 작업대 주위에는 주변기기와 네트워킹을 위한 배선이 얽혀 있으며, 최근의 다운사이징(downsizing) 추세는 이를 더욱 심화시키고 있다. 조직이 바뀌거나 재배치가 요구될 때면 언제나 배선문제가 큰 문제로 등장하고, 정도의 차이는 있을 수 있으나 일반적으로 각 사무실마다 공간 문제로 케이블 부설이 제한을 받는다. 이러한 요구에 근본적으로 대처하기 위한 방안으로 LAN의 케이블을 무선으로 대체함으로써 단말기를 케이블로부터 해방시키기 위한 무선 LAN의 실용화가 추진되고 있다.

네트워크의 초창기에는 장치의 종류가 적었고 그 용도도 한정되었기 때문에 장치마다 각기 다른 여러 가지 통신 방식이 개발되어 사용되었다. 이후, 일일이 전용 통신 방식을 개발하는 것이 없어지고 자사의 제품과 같은 방법으로 접속하는 형태를 서로 정리하고 체계를 세우게 되었다. 이와 같은 노력에 의해 동일 제품이면 상호 접속이 가능하게 되었으나 네트워크 아키텍처는 제조사마다 독자적으로 채용하였기 때문에 여러 가지 제품을 자유롭게 접속하는 것이 매우 어려웠다. 한편 사용자는 제조사가 달라도 상호 접속하고자 하는 요구가 생기게 되었다. 따라서 특정 제품의 네트워크 아키텍처를 고집할 수 없게 되고 네트워크 아키텍처를 근본적으로 직시하고 표준적인 방법을 만들자는 기운이 높아졌다.

6.6.2 고려 사항

서로 통신을 하기 위해서는 신호 형식과 같이 전기적인 것에서부터 신호 의미나 취급되고 있는 논리적인 것까지 정확하게 전혀 모순이 없이 결정되어야만 한다. 일반적으로 무선 LAN을 설계할 때, 다음의 사항이 고려되어야 한다.

① 목적지 주소와 목적지 위치가 동일하지 않다.

② 무선 전송 채널의 고유 특성이 시스템 설계에 반영되어야 한다.
③ 무선 주파수 자원이 유한하다.
④ 단말기 모두 이동을 한다.
⑤ 프레임(MSDU : MAC Service Data Unit) 전송 서비스를 지원해야 한다.
⑥ 복수의 전송 채널을 수용해야 한다.
⑦ 서비스 제공 영역의 확장성과 네트워크 상호 접속이 가능해야 한다.
⑧ 다른 무선 LAN 또는 무선 시스템이 공존할 수 있어야 한다.
⑨ 허가 받지 않는 단말기로부터의 액세스를 금지해야 한다.
⑩ 사용하기가 쉬워야 한다.
⑪ 이동 단말기에서의 운용을 고려하여 배터리로 구동이 가능한 저 소비전력이어야 하며, 이를 위하여 취침 모드(sleep mode) 등이 지원되어야 한다.

6.6.3 IEEE 802 표준안

1) 등장 배경

무선 LAN 제품들은 비인가 대역을 사용하고 자신의 제품에 의존하는 형태로 구현됨으로서 다른 회사 제품과의 호환성에 문제점을 유발시킨다. 이 문제를 해결하기 위해서 IEEE에서는 90년 7월 892.11 위원회를 설치하고 무선 LAN 표준을 위한 검토를 시작하였다. 업체에서 사용 가능한 주파수 대역의 정의를 통해서 상호간의 인식이 가능한 주파수 대역의 정의를 통해서 상호간의 인식이 가능하도록 함으로서 다양한 환경에 적응하도록 하며, 각종 서비스 및 관련 기술을 표준화하여 이 기종 장비들이 상호 통신을 수행하는데 문제가 없도록 하는데 중점을 두고 있다.

2) 기본구성

IEEE 802.11에서 정의한 무선 LAN의 기본 구성은 여러 개의 BSA(Basic Service Area)와 분배 시스템, 애드 혹 망(ad hoc network)으로 이루어진다.

(1) BSA

BSA는 일반적인 LAN의 세그먼트, 이동 전화에서의 영역 또는 셀 개념과 동일하다. BSA 내에는 하나의 PCF(Point Coordination Function), DCF(Distributed Coordination Function) 기능만을 가질 수 있으며, 서비스 영역은 반경 20m~100m이다.

여기서 DCF 방식은 단말기에서 데이터를 전송하기 전 충돌을 회피하기 위해서 미리 감지 후 대기한다. 즉 단말기에서 전송을 제어하는 방식을 말한다. PCF 방식 은

AP에서 직접 단말기들에게 물어보고 단말기들을 대기시킨다. 즉 AP(Access Point)에서 단말기들의 전송을 제어하는 방식을 말한다.

(2) ESA

ESA(Extended Service Area)는 한 개 이상의 BSA를 분배 시스템으로 접속하여 서비스 영역을 확대하기 위하여 사용된다.

(3) DS

DS(Distribution System)은 여러 개의 BSA를 연결하여 정보를 주고받을 수 있는 기반 기능을 제공한다. 분배 시스템은 유선 또는 무선 시스템으로 구성 될 수 도 있으며, 일반적으로 IEEE 802 표준 LAN으로 구성된다.

(4) AP

AP(Access Point)는 BSA와 분배 시스템 간을 연결해주는 장치로서 일반적인 브리지 기능 외에 추가의 기능이 있다. 단말기가 한 BSA에서 다른 BSA로 이동할 때 분배 시스템과의 계속 접속을 유지하도록 서비스 제어, 전력관리, 동기화 기능을 제공한다.

(5) 애드 혹 망

애드 혹 망은 DS와 같은 기반 구조를 갖지 않고 점 대 점(point-to-point) 통신을 하는 독립된 망이다. 향후 완전한 이동망의 구현을 위한 과도기적인 망의 형태로 분류된다.

(6) 관문(Portal)

통상적인 802 브리지 기능과 기본서비스 기능 요소로 구성된다. 이동성 제공에 따른 주소, 위치의 매핑(mapping) 기능의 제공이 필요하다.

6.6.4 IEEE802.11 프로토콜 개요

현재 IEEE802.11에서 표준화된 프로토콜 구조로서, 물리 계층은 각각의 무선 통신 방식에 따라 별도의 세부 규격이 정하여 졌으며, MAC계층은 이러한 서로 다른 물리 계층에서 공통적으로 운용되는 하나의 규격으로 정하여 졌다. 98년부터는 하이퍼(Hiper) LAN과 같이 5.2GHz대역에서 10Mbps이상의 속도를 갖는 무선 LAN으로 논리 LLC(Logical Link Control) 계층 및 보안기능을 포함한 표준화작업이 시작되었다.

IEEE 802.11이 채택한 MAC은 DFWMAC(Distributed Foundation Wireless MAC)라 부른다. DFWMAC은 통신 범위 내에 있는 모든 단말기와 서로 직접 통신을 할 수 있는 애드 혹 구성과 액세스 포인트와 분배 시스템을 포함한 기반 구조의 무선 LAN 모두에 사용되는 것을 목적으로 하고 있다. DFWMAC은 비 동기 데이터 서비스와 동기 서비스를 모두 제공한다. 히든 터미널(hidden terminal) 문제를 해결하기 위하여 RTS/CTS(Request To Send/Clear To Send) 및 네트워크 AV(Allocation Vector)를 추가로 사용한다. 또한 이동 단말기의 전원 문제를 고려하여 전력 제어 기능을 갖추고 있다.

DFWMAC 조합 기능은 크게 DCF(Distributed Coordination Function) 기능과 PCF(Point Coordination Function) 기능으로 나뉜다. DCF 기능은 경쟁에 의해 무선 채널을 획득하도록 하는 기능으로 비 동기 데이터 통신용에 사용되며, PCF 기능은 시간제한을 받는 동기 데이터 전송용으로 폴링 기법을 사용한다. 즉, 제어 국이 있다.

6.6.5 접근 제어 방식

무선 채널인 경우에 수신 에너지는 송신 전력에 비하여 수 십 데시벨(dB)이 작기 때문에 충돌 검출이 어렵다. 따라서 CSMA/CA(Collision Avoidance)의 기본적인 동작은 CSMA와 동일하나 충돌이 일어나지 않도록 사전에 이를 피하는 방식으로 다음과 같은 3가지 형태로 분류할 수 있다.

첫째로 p-persistent CSMA 방식으로 트래픽의 상황에 따라 p를 변화시키는 방식이다. 둘째로 우선순위에 의하여 프레임 간격이나, 재 전송 간격에 차이를 두는 방식으로 DFWMAC이 이에 해당된다. 마지막으로 랜덤(random) 펄스 송출 방식으로 패킷을 송출하려고 하는 노드는 패킷 송신에 앞서 랜덤한 시간 간격을 갖는 펄스열을 송출하고, 이 기간에 또 다른 노드로부터의 펄스가 송출되는지의 여부를 조사하여 충돌이 발생하는지의 여부를 판정하는 것이다. 이러한 방법으로 패킷 송출 구간에서의 충돌을 회피하는 것이 랜덤 펄스 송출 방식이며, 이 방식은 큰 수신 레벨 변동이 존재하는 무선 LAN에도 적용 가능한 알고리즘이지만, 유선 LAN의 레벨 검출 방식에 비해 충돌 검출이 확률적이고 처리 율이 다소 낮아지며 알고리즘의 하드웨어화가 곤란하다는 등의 단점을 갖고 있다.

일반적으로 CSMA/CA방식에는 히든 터미널 문제가 발생하며 이는 처리량의 급속한 열화를 발생시킬 우려가 있어, 이에 대한 보완책이 필요하다. 히든 터미널이란 서로의 송신이 검출되지 않는 단말기를 말한다.

6.6.6 무선 LAN 기술

무선 LAN은 협 대역(narrow band) 마이크로웨이브, 적외선(infrared), 그리고 확산 스펙트럼(spread spectrum)대역을 사용하며, 적외선 LAN은 가시광선 바로 아래의 주파수 대역을 사용한다. 산업, 과학, 의료계의 용도를 위해 지정된 ISM(Industrial Scientific Medical) 대역은 902~928MHz, 2.4~2.484GHz, 5.725~5.805GHz를 포함한다. 신호를 확산하는 확산대역 방식을 사용할 경우 많은 주파수 대역을 사용하게 되어 그 효율은 떨어지지만 안정성과 신뢰성을 유지할 수 있기 때문에 현재 많은 상용화 제품이 확산 대역 전송 기술을 사용한다.

무선 LAN이 더 활성화되기 위해서는 이동성뿐만 아니라 유선 LAN의 속도에 버금가는 전송 율을 제공할 수 있어야 한다. 현재 대부분의 상용 무선 LAN제품은 유선 LAN에 비해 상당히 낮은 전송 율을 제공하고 있다. 전송율의 향상을 위해서는 라디오 변조 기법을 향상시키고 RF(Radio Frequence) 부품과 DSP(Digital Signal Processor)와 같은 기본적인 하드웨어 기술의 발달이 병행되어야 한다.

1) 적외선 방식

(1) 개요

적외선을 사용한 최초의 무선 LAN은 10여 년 전에 개발되었다. 그 이후로 많은 적외선 LAN이 출현했다. 이러한 시스템들은 무선망의 통신매체로 라디오 대신 적외선의 많은 장점을 이용하려고 했던 것이다. 예를 들면, 적외선은 대역폭이 풍부하고, FCC(Federal Communication Commission)의 면허가 필요 없으며 라디오 간섭을 받지 않고 적외선 소자들은 작고 가격이 저렴하고 전력을 거의 사용하지 않는다. 파장이 거의 비슷한 적외선과 가시광선은 특성이 거의 비슷하다. 즉, 어두운 물체에 의하여 흡수되고 밝은 물체에는 산란되며 거울이나 빛나는 금속에서는 반사된다.

적외선은 유리는 통과하지만 벽을 통과하지 못한다. 바로 이 점이 라디오에 대한 중요한 특징인데, 벽으로서 선을 구성하며 이웃하는 셀 사이에 간섭이 생기지 않게 된다. 특히 적외선 방사가 방안에만 한정시키므로 통신보안이 좋다. 적외선은 여러 가지 단점도 가지고 있다. 적외선 링크는 송신기와 수신기 사이의 사물 또는 사람에 의해 전송이 방해된다. 이것은 비방향성 시스템에 대하여는 빛이 벽 등의 반사에 의하여 수신기로 도달되므로 치명적이지는 않다. 적외선의 다른 단점은 안전에 대한 고려로 적외선 송신기의 파워에 제한을 주고 또한 벽을 통과하지 못하기 때문에 전달범위가 제한된다는 점이다. 따라서 적외선을 사용하는 고속 무선망에는 반경 약 5m의 작은 셀들이 생기게 된다. 셀 사이의 연결은 유선으로 하기 때문에 적외선 무선망에서 사용되는 선의 양은 유선망에서 사용되는 선의 양보다 약간 작게 된다. 그러나 무선 적외선망의 기간망(backbone)을 구성하는 셀 기지국의 유선망은 일단 설치되면, 단말기의 이동에 관계없이 변하지 않게 되므로, 기존의 유선망 보다 효율적이다. 이러한 방해물에 의한 전송방해와 작은 셀 크기에도 불구하고 적외선은 무선망의 매체로서 아직까지도 유망하다고 여겨진다. 사실 면허가 필요 없는 풍부한 대역폭 때문에 100Mbps 이상의 고속 망을 경제적으로 구현 할 수 있는 유일한 방법이기도 하다. 125Kbps의 속도로 동작하는 최초의 적외선 LAN은 천장물질의 우수한 확산성이 있는 반사 성을 이용했다.

각 셀은 각각의 기지국을 가지며, 기지국은 천정에 위치하며 광 소스로 LED 배열(array)을 사용한다. 각 기지국들은 유선으로 연결되고, 단말기로부터 기지국까지의 업 링크(up link) 신호는 기지국에서 수신되어 유선 기간망을 통하여 각 기지국으로 브로드캐스트(broadcast)되고, 각 기지국에서는 다시 각각의 셀에서 적외선으로 브로드캐스트 된다. 따라서 단말기 입장에 서 보면 모든 셀들은 하나의 공동채널로 보이게 된다. 업 링크 충돌을 피하기 위하여 CSMA/CD가 사용되었으며, 업 링크와 다운 링크(down link) 전송은 간섭을 피하기 위해 서로 다른 주파수를 사용했다. 이러한 확산성을 이용하는 장점은 송신기와 수신기 사이의 정교한 정렬을 하지 않아도 된다는 점인데 특히 이동단말기인 경우에 매우 중요한 점이다. 반면에 단점은 반사파에 의해 생기는 분산인데, 이점 때문에 전송속도가 제한되기도 한다. 다중 경로 파에 의한 분산은 방향성 있는 광학 빔을 사용하면 많이 감소하므로 높은 비트속도를 달성 할 수 있다. 그러나 시스템 성능이 방향에 매우 민감하므로 이동단말기 에는 적절하지 않다.

(2) 장애요인

고속의 적외선 통신을 이루는 데는 크게 세 가지의 장애사항이 있는데, 주위 환경의 빛, 포토다이오드의 높은 용량 및 다중경로에 의한 분산으로부터 생기는 잡음이다. 일반적으로 사무실의 램프로부터 방사되는 빛의 상당부분이 적외선이기 때문에 무선 광학링크의 주된 잡음의 소스가 된다. 가장 흔한 빛의 소스 가운데 백열전등이 적외선을 가장 많이 내며 그 다음에 햇빛, 형광등의 순이다. 대부분의 사무실에서 형광등을 사용하는 것은 그나마 대행한 일이다. 그러나 백열전등과 햇빛과는 다르게 형광등은 교류 전원의 주기에 맞추어 빛의 세기가 깜박거리는데 이 저주파수의 강도변화는 포토디텍터(photo detector) 전류의 스펙트럼에 그 전원 주파수의 정수배의 주파수에서 나타난다. 100KHz 이상까지 나타나는 이 전원주파수 간섭은 라인 코드를 사용하거나 수백KHz이상의 반송파에 데이터를 변조시킴으로써 해결할 수 있다. 100Mbps의 속도를 내려면 어떤 변조 방법을 사용하여도 반송파의 주파수가 매우 크므로 형광등에 의한 간섭은 기간망 시스템에 국한된다. 실내 환경에서 송신기로부터 수신기까지의 광 신호는 벽이나 그 밖의 반사체로부터의 반사에 의해 분산이 생긴다. 이 분산으로 인해 다중경로 페이딩이 생기게 된다. 이 다중 경로 페이딩은 피드백 등화기(equalizer)를 사용하거나 적절한 변조 방법을 선택하여 줄일 수 있다.

2) 협 대역 마이크로웨이브 LAN

(1) 무선채널 특성

협 대역 마이크로웨이브 LAN은 일반적으로 18GHz 라디오파를 사용하는데 빛과 같이 어떤 물체에 의해 막히기도 하고 산란되기도 하며 반사되기도 한다. 라디오 채널에서 제공되는 물리적 연결성이 간헐적이라는 점이 무선매체의 가장 먼저 나타나는 특징이다. 그 반면에 유선 매체는 연속적인 물리적 연결성을 유지해준다, 마이크로웨이브 주파수대에서는 사무실 또는 공장에서의 움직이는 사람이나 신호의 블록킹(blocking)도 간헐성의 주요 원천이 되다. VHF(Very High Frequency)나 UHF(Ultra High Frequency) 대역에서는 전기적 잡음도 역시 문제가 된다. 그러나 다행스럽게도 CSMA/CD망에서 충돌을 처리하는 것과 마찬가지로 이러한 문제점들을 다루기 위한 에러 검사 및 재 전송 프로토콜이 많이 이용되고 있다.

무선 채널과 유선 채널의 두 번째 큰 차이점은 매체를 통해 전달되는 정보신호의 특성이다. 대부분의 유선 LAN은 기간망을 이용하므로, 신호 파형을 스칼라 양으로 나타낼 수 있지만, 무선 통신에서는 반송파를 이용하는 변조신호를 사용하므로 신호파형을 벡터와 같이 크기와 위상의 두 양으로 이루어지는 복소수로 나타낸다. 데이터통신에 이용되는 라디오 신호는 RF(Radio Frequency) 반송 주파수의 신호와 데이터 주파수(데이터 비트속도)에 관련된 신호로 특정 지어진다. 보통 반송파의 파장과 데이터 신호의 파장은 수천 배의 차이가 나는데 이것은 밑에서 설명하는 다중경로에 의한 간섭에서 중요한 요소이다.

공중을 통과하는 라디오 신호의 가장 특징적이고 골치 아픈 특성은 신호가 송신 측에서 수신 측까지 여러 경로를 통하여 전달되는 점이다. 따라서 수신 측에서는 전송신호의 여러 복사 신호의 합을 수신하게 된다. 이 다중경로에는 두 가지 종류가 있다. 하나는 국부 산란(local scattering)으로서 수신기 주위의 가구나 칸막이 벽 등에서 산란되는 것인데, 이 국부 산란으로 생기는 것은 신호의 감쇄(fading)가 생기는데, 이 때 생기는 신호의 진폭의 변화는 레일리(Rayleigh) 분포를 따르게 된다. 진폭 널이 20dB 정도 생기는 것이 보통인데 무선 LAN에서는 매우 적은 전력으로 전송하기 때문에

20dB 정도의 감쇄 때문에 신호가 없어지기도 한다. 이것보다 더 파괴적인 다중경로의 형태는 벽에서 반사되어 오는 경우이다. 이때의 반사 벽의 거리가 데이터 신호의 파장과 비슷한 경우가 많으므로 직접 수신되는 신호 반사파 신호 사이의 도착 시간 차이가 크게 된다. 이 지연 확산된 다중경로에 의해 ISI(Inter Symbol Interference)가 생기게 된다. 이것은 반사파의 비트가 직접 수신되는 신호의 다음 비트와 겹치는 현상이다. 일단 ISI가 원래신호 레벨의 어느 정도 레벨이 되면 데이터 통신 시스템에서 에러율이 급격히 커지게 된다. 이러한 지연확산 다중경로는 감쇄도 야기 시키는 데 국부산란보다 더 복잡한 형태로 나타나게 된다.

(2) 다중경로의 극복방법

라디오 전파의 다양한 환경 하에서 다중경로 문제를 해결하기 위한 많은 기술들이 개발되었는데 일반적으로 적응등화(adaptive equalization), 스프레드 스펙트럼, 다중화(diversity)등의 세 가지 방법이 사용된다. 음성 급 전화선에 사용되는 고속 데이터 모뎀의 동작을 위해 개발된 적응등화 기술이 굽은 대기와 지상의 반사파에 의한 지연확산 다중경로에 의해 생기는 ISI를 없애기 위해 현대의 점 대 점 마이크로웨이브에 널리 사용되고 있다. 그러나 등화기 하드웨어는 10Mbps 데이터 신호를 등화하기 위해 필요한 하드웨어의 크기, 비용, 전력소모 등의 실질적인 어려움도 있다. 이러한 문제점 때문에 아직까지는 적응등화 기술이 무선 LAN에 사용되지는 않고 있다. 다중경로를 극복하는 다른 방법은 스프레드 스펙트럼 기술을 이용하는 것이다. 이 기술은 현재 무선 LAN에서 많이 사용되고 있다. 이 스프레드 스펙트럼은 국부 산란 및 지연 확산 다중경로에 효과적이나, 단점은 일반 LAN의 속도에서 필요한 대역폭이 크다는 점이다. 마지막으로 다중화 방법이 있다. 가장 간단한 형태로 안테나 다중화 방법은 송신기와 수신기 사이의 신호경로를 만들어서 가장 좋은 경로를 선택하는 것이다. 이러한 다중화 기술은 국부 산란 다중경로로 생기는 진폭 페이딩을 감쇄시키는 최적방법으로 오랫동안 이용되었다. 여러 면에서 실내통신 환경에서 다중경로를 다루는 데는 안테나 다이버시티가 이상적인 기술이다. 왜냐하면 우선, 스프레드 스펙트럼과 같은 대역폭에 대한 단점이 없으며 10Mbps 신호를 등화하기 위한 비싼 신호 프로세서가 필요 없기 때문이다.

3) 확산 대역 방식 LAN

확산 대역 기술은 1940년대부터 연구가 시작되었으며, 장거리 데이터 통신에 관련된 다중 경로 문제를 해결하기 위해 제안된 이래로 강력한 비화성과 간섭, 방해에 강하다는 특징 때문에 군용으로 널리 이용되고 있다. 1960년대 이후에는 비동기로 다중 접속이 가능하다는 점에서 위성간의 통신 방식에도 이용되고 있으며, 무선 LAN 및 이동통신 등에서도 사용되고 있다.

확산대역 방식은 자연적으로 생기는 잡음이나, 고의적인 전파 방해 같은 간섭에 강하다. 하지만 이 의미는 단지 탐지 당할 확률이 적다는 것이며, 안전한 데이터 전송 환경을 완벽히 보장하지는 못한다. 만일 확산 대역을 사용해도 신호가 탐지된다면, 암호와 기법을 사용하여 데이터를 안전하게 전송할 수 있다. 이와 같은 장점으로 인하여 1985년 FCC에서 ISM 대역으로 허가 받지 않고 사용할 수 있는 확산 대역 방식을 인가함으로써 무선 LAN시스템에 본격적으로 적용되게 되었다. 인가가 필요 없는 ISM 밴드 대역 내에서 2.4GHz 주파수대는 여러 제조업체들에게 유용하게 사용되고 있다. 이 주파수대는 무선 LAN 에 있어서 편리하고 빠른 속도를 보장할 수 있는 가히 혁신적인 기회를 제공하고 있다. 특히 우리나라에서는 902MHz대가 이동통신 영역으로 사용되고 있기 때문에 2.4GHz 대의 사용은 필연적이다.

확산 대역 방식은 전송하고자 하는 정보를 필요한 대역폭에 비해 훨씬 넓은 대역폭으로 신호를 송신하고, 수신 측에서는 원래의 정보 대역폭에 비해 훨씬 넓은 대역폭으로 신호를 송신하고, 수신 측에서는 원래의 정보 대역폭으로 수신된 신호를 복원하는 방식으로, 이 협 대역 신호와 광 대역 신호간의 변/복조가 이 방식의 핵심 기술이다.

(1) 특징

사용자를 적절히 할당하여 스펙트럼을 공유함으로 다중 접속이 가능하며 원래의 정보 대역폭에 비해 넓은 대역폭을 사용한다. 특히 전력 스펙트럼 밀도가 낮기 때문에 신호 은닉이 가능하여 보안성을 높여준다. 또한 다른 사용자의 고의적인 전파 간섭에 대해 강하며 다중 경로 효과로 인하여 지연된 신호에 대한 자체 방어가 가능하다는 특징을 갖는다.

(2) 기술

통신 시스템 설계자들은 시스템의 효율성을 논할 때, 주로 시스템이 신호의 에너지와 대역폭을 이용하는 것에 대해 고려한다. 물론 대부분의 통신 시스템에 있어서 그것은 중요한 이슈이다. 하지만 그 외에도 시스템이 외부적인 간섭 현상에 대항하고, 낮은 스펙트럼 에너지를 취급하며 외부 제어 없이도 다중 접속 능력을 제공하고, 외부에서 접근할 수 없는 비밀 채널도 제공해야 하는 상황이 있을 수가 있다. 여러 가지 무선 통신 기술 중에서 확산 대역 기술은 이러한 목적을 가장 잘 만족시키는 기술이다.

확산 대역 기술은 안정되고 보안성이 뛰어난 무선 통신 환경을 제공하는 통신용 제품들에 주로 적용되고 있다. 확산 대역은 과거에 군사용 디지털 통신용으로 사용되던 기술이었다. 현재는 확산 대역을 무선 LAN에 적용한 상업적 응용들도 다수 존재한다.

데이터 웨어 하우징(data ware housing)을 위한 통합 바코드 스캐너, 팜탑(palm top) 컴퓨터, 라디오 모뎀 장치와 디지털 셀룰러 전화 통신, 그리고 팩스교환, 컴퓨터 데이터, 전자우편, 멀티미디어 데이터 등을 위한 광 대역 네트워크를 구축한 소위 "정보화 사회"를 위한 핵심 기술이 바로 확산 대역 기술인 것이다. 여기서 데이터 웨어 하우징은 조직의 데이터베이스로부터 의사결정에 필요한 자료를 통합하여 구축하고 사용자가 요구하는 정보를 필요시점에 제공하기 위한 작업과정을 말한다.

확산 대역 기술은 협 대역 방식과는 정반대로 전송하고 싶은 정보를 필요한 최저한도의 대역폭으로 전송하는 것이 아니라 의도적으로 그것보다 더 확실하게 넓은 주파수 대역폭을 사용하여 정보를 전송한다. 송신 측에서는 PSK(Phase Shift Keying)와 FSK (Frequency Shift Keying)라고 하는 일반적인 변조 방식을 사용하여 일차 변조를 행한다. 또한 이 일차 변조파의 대역폭을 넓히기 위해서 이차 변조를 행한다. 이 과정을 확산 변조라고 한다. 수신 측에서는 확산 변조된 신호를 원래대로 받기 위해서 이차 복조 혹은 역 확산시킨다. 역 확산된 신호는 송신 측에서의 일차 확산된 신호와 거의 동일하기 때문에 마지막으로 일차 복조(통상적인 복조)를 행한다.

확산 대역은 광대역이며 잡음과 유사한 신호를 사용한다,. 이러한 특성 때문에 신호를 다른 사람이 감지하기가 상당히 어렵다. 또한 확산 대역 신호는 가로채거나 복조하기도 비교적 어렵다. 나아가서 협 대역 신호에 비해 좀처럼 방해받지 않는다. 이러한 낮은 차단 가능성(LPI : Low Probability of Intercept)과 잼(jam)방지 특성은 과거 오랫동안 군사용 목적으로 사용된 확산 대역 방식의 유용성을 말해주는 것이다. 확산대역의 통신 방식에는 DSSS(Direct Sequence Spread Spectrum) 과 FHSS(Frquency Hopping Spread Spectrum) 방식 두 가지가 주로 사용되고 있다.

① DSSS

DSSS(Direct Sequence Spread Spectrum) 방식은 전달될 각 비트에 대해 여분의 비트 패턴을 발생시킨다. 이 비트 패턴은 칩(chip)이나 칩핑 코드(chipping code)라고 불린다. 칩이 크면 클수록, 원래의 데이터가 복원될 가능성이 커진다.(물론, 더 넓은 대역폭이 요구된다) 칩 안에 있는 하나 혹은 그 이상의 비트가 전송될 동안 손상을 입을 수 있지만, 무선 장치에 적용된 통계적인 기술로 신호를 재전송할 필요 없이 복원이 가능하다. 관계없는 수신기에 대해서는 DSSS는 저에너지의 광 대역 노이즈로 인식되며, 대부분의 협 대역 수신기들은 DSSS 신호를 무시한다. 다시 말해, DSSS 방식은 스펙트럼을 확산시켜야 할 신호에 이 신호가 갖는 대역폭에 비해 충분히 넓은 스펙트럼을 가진 확산 부호를 이용하여 협 대역 신호에서 광 대역 신호로 변환하는 방식이다. DSSS 방식은 신호를 확산함으로서 그 에너지를 분산시킨다.

데이터 시퀀스로 변조된 반송파를 광 대역 확산신호(spreading signal)로 직접 변조하여 주파수 대역을 확산시키는 것을 DSSS 방식이라 한다. 이 +1과 -1로 구성된 확산 신호는 확산 시퀀스, 확산 코드, 또는 코드 시퀀스라고 부른다. 주파수 대역에 확산된 신호를 전송하며 전송 신호는 잡음, 간섭, 신호 방해 등에 의해 변형되어 수신기에 도달한다. 수신기에서는 송신기에서 사용한 것과 동일한 확산 신호를 이용하여 수신 신호의 확산된 대역을 대역 환원한다. 이 신호를 복조하면 원하는 데이터 시퀀스가 얻어진다. +1, 또는 -1을 곱하는 것은 위상을 반전시키는 것과 같으므로, 변조에 위상 변조 방식인 BPSK(Binary Phase Shift Keying), QPSK(Quadrature Phase Shift Keying), 또는 MSK(Minimum Shift Keying)등이 주로 사용된다.

② FHSS

FHSS(Frequency Hopping Spread Spectrum) 방식은 발신기와 수신기 모두가 알고 있는 패턴의 범위 내에서 주파수를 변화시키는 협대역의 반송파를 사용한다. 수신기와 발신기 양측이 적절하게 동기화되면, 하나의 논리적인 채널로 유지되는 효과를 얻을 수 있다. 관계없는 수신기에 대 해서는 FHSS는 지속성이 짧은 임펄스 노이즈로 인식된다. 다시 말해, FHSS 방식은 스펙트럼을 확산시켜야 할 신호의 반송파 주파수를 얻던 특정한 패턴에 따라 시간적으로 전환해 감으로서 시간평균으로 협 대역 신호를 광 대역 신호로 변환하는 방식이다.

데이터 시퀀스로 변조된 반송파의 주파수를 주파수 합성기에 의하여 불규칙적으로 바꿈으로서 주파수 대역을 확산시킨다. 송신기에서 하는 변조 작업을 주파수 도약(frequency hopping)이라 하고 이 장치를 주파수 도약기(frequency hopper)라고 한다. 수신기에서는 주파수 환원 기(dehopper)가 송신기와 정반대의 방법으로 반송파 주파수를 도약환원(dehopping)함으로써 주파수 대 역을 환원시킨다. 변조에는 주파수 변조 방식인 BFSK(Binary Frequency Shift Keying)또는 MFSK(M-ary FSK)등이 주로 사용된다.

6.7 인터네트워킹의 개요

6.7.1 인터네트워킹의 개념

일반적으로 네트워크는 그 규모에 따라 LAN(Local Area Network),

MAN(Metropolitan Area Network), WAN(Wide Area Network)으로 분류된다. 이와 같은 통신망들을 상호 연결해 주는 것을 인터네트워킹(internetworking)이라 한다. 예를 들어, 하나의 LAN에 가입된 사용자가 전자 우편, 파일 전송과 같은 서비스를 이용하여 또 다른 LAN에 속한 사용자들과 정보를 교환하기 위해서는, 이들이 각각 속해 있는 두 개의 LAN을 상호 연결해 주어야 한다. 이와 같이 개별적으로 구성되어 있는 두 개 이상의 네트워크를 상호 연결하는 것을 인터네트워킹이라 한다. 다음 그림 6.7은 인터네트워킹의 개념을 나타낸 것이다.

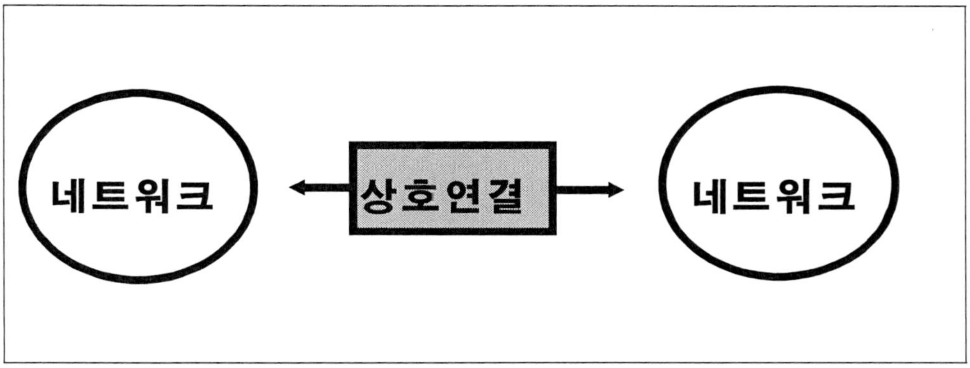

그림 6.7 인터네트워킹의 개념

여러 네트워크들이 상호 연결되면서 사용자들의 관점에서는 이것이 하나의 거대한 단일 네트워크처럼 보인다. 그러나 상호 연결된 각 네트워크들은 독립성을 가지며 여러 네트워크를 경유하는 통신을 지원하기 위해서는 비교적 복잡한 절차가 필요하다. 이 때, 네트워크들이 상호 연결된 상태를 인터넷(internet)이라 하고 인터넷을 구성하고 있는 각각의 네트워크를 서브 네트워크(sub network)라 한다.

이와 같이 인터네트워킹을 함으로서 단일 컴퓨터 네트워크의 구조적 한계를 극복할 수 있기 때문에 보다 큰 지리적인 범위를 커버할 수 있다. 또한 보다 많은 사용자들과 접속이 가능하여 얻을 수 있는 자원도 풍부해진다.

6.7.2 인터네트워킹의 요구사항

인터네트워킹을 지원하기 위해서 네트워크 자체에서 제공해야 할 기본적인 서비스는 여러 가지가 있다. 일반적으로 이러한 서비스에는 네트워크 사이의 링크를 제공해야 하고, 데이터의 전달과 경로 설정을 제공해야 하며, 네트워크의 운영을 위하여 과금 서비스를 제공해야 한다. 그리고 이상의 서비스를 제공하기 위해 네트워크의 구조에 변화를 주어서는 안 된다.

이와 같은 서비스를 제공하기 위해서는 각각의 서브네트워크가 갖는 다음과 같은 차이점을 조정해 주어야 한다.

① 주소지정 방법(addressing scheme)의 차이 : 각각의 서브네트워크는 독자적인 이름과 주소 및 디렉토리(directory) 유지 방법을 가지므로 이들을 전체적으로 통일시켜야 한다.

② 최대 패킷크기(maximum packet size)의 차이 : 각 네트워크에서 허용하는 최대 패킷 길이가 다르므로 각 네트워크에서 패킷 길이를 조정하여 처리할 수 있는 기법이 필요하다.

③ 네트워크 액세스 기법(network access mechanism)의 차이 : 각 네트워크마다 네트워크 액세스 기법이 다르기 때문에 이를 해결해 주어야 한다.

④ 종료시간(time out)의 차이 : 각 네트워크마다 데이터 송신 후 수신 확인(ACK 또는 NAK)이 도착하는 시간이 다르므로 이것을 통일시켜 불필요한 재 전송을 방지할 필요가 있다.

⑤ 오류 회복(error recovery)의 차이 : 각 네트워크마다 데이터 전송 시 발생할 수 있는 오류에 대한 회복 기법이 다르거나, 경우에 따라서는 오류 회복 기법을 제공하지 않을 수도 있다. 따라서 이러한 문제점을 해결하여 신뢰성 있는 데이터의 송수신이 보장되어야 한다.

⑥ 경로배정 기법(routing techniques)의 차이 : 네트워크 내부에서의 경로 배정 기법이 다른 네트워크들과 다를 수 있으므로 이러한 차이를 조정할 수 있어야 한다.

⑦ 사용자 액세스 제어(user access control) 기법의 차이 : 각 네트워크마다 상용자들의 사용 방법이 달라 독자적인 사용자 액세스 제어 기법을 가지고 있다. 따라서 이를 해결할 수 있는 별도의 액세스 제어 기법이 필요하다.

⑧ 연결(connection)과 비 연결 서비스의 차이 : 각 네트워크는 연결방식(가상회선) 또는 비 연결방식(데이터 그램)의 서비스를 제공한다. 사용자는 이러한 방식과는 무관하게 서비스를 받을 수 있어야 한다.

6.7.3 IWU(Inter Working Unit)

인터네트워킹에 사용되는 대표적인 장비에는 리피터(repeater), 허브(hub), 브리지(bridge), 라우터(router), 게이트웨이(gateway) 등이 있으며, 이들을 IWU(Inter Working Unit)라고 한다. 일반적으로 IWU는 서브네트워크 간의 링크를 제공해 주고,

서브네트워크 간에 데이터 교환을 위해 필요한 중계기능과 경로배정의 기능을 제공한다. 다음 표 6.6은 OSI(Open System Interconnection) 7계층과 IWU의 관계를 나타낸 것이다.

표 6.6 OSI 7계층과 IWU의 관계

허용 범위 \ IWU	프로토콜		
	물리 계층	데이터링크 계층	네트워크 계층 이상
리피터	○	○	○
허브	○	○	○
브리지	X	○	○
라우터	X	X	○
게이트웨이	X	X	X

위의 표 6.6에서 기호 ○는 해당하는 계층 프로토콜이 동일해야 사용 가능하다는 의미를 가지며, 기호 X는 해당하는 계층 프로토콜이 달라도 사용 가능하다는 의미를 갖는다. 따라서 리피터와 허브의 경우는 7 계층이 모두 동일한 네트워크만을 연결시켜줄 수 있으며, 브리지의 경우는 데이터링크 계층 이상의 프로토콜은 동일해야하고 물리 계층은 달라도 네트워크를 상호 연결할 수 있다는 의미이다.

리피터와 허브는 OSI 참조모델의 물리 계층에서 망을 물리적으로 연결하고 신호재생의 역할을 수행하는 것으로서 단순히 망을 확장한 개념에 가깝다. 따라서 망의 크기, 대역폭의 이용 및 연결될 시스템의 수에 있어 기존 망의 제한점을 극복할 수 없다. 브리지는 데이터링크 계층에서 망을 연결하며 리피터가 가지고 있는 단점들을 극복할 수 있다. 그러나 네트워크 계층의 관점에서 보면, 브리지로 연결된 망은 하나의 망처럼 인식되므로 이에 따른 불필요한 브로드캐스트 프레임의 전송 등 망의 비효율적 사용이 발생하며, 네트워크 주소의 논리적 할당이 어렵다. 라우터는 네트워크계층에서 망을 연결하므로 브리지의 단점들을 해결할 수 있으나, 많은 기능을 수행함에 따라 브리지에 비해 패킷의 처리 속도가 느린 단점이 있다. 게이트웨이는 OSI 표준 모델의 4~7계층에서 망을 연결한다.

이와 같이 프로토콜의 허용범위가 클수록 더 많은 기능을 수행하지만 지연시간이 커지고 가격이 높아지게 된다. 이들 IWU와 OSI 7계층과의 관계를 그림 6.8에 나타내었다.

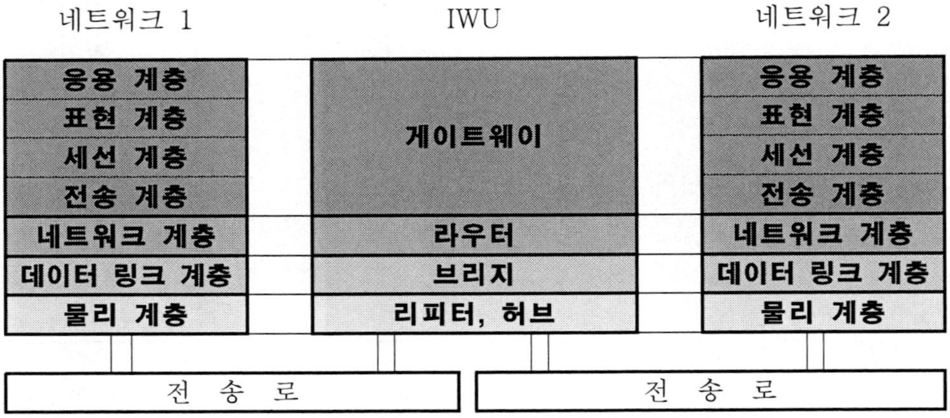

그림 6.8 OSI 7계층과 IWU의 관계

1) 리피터

리피터는 프로토콜(OSI 7 layer)의 가장 하위 계층에서의 연결을 담당하는데 주로 감쇄된 신호를 단순히 확대하거나 전송하는 것을 목적으로 한다. 리피터는 네트워크 선로를 통해 전달되는 신호를 증폭하는 장치로써 보통 담배 갑 정도 크기의 네모난 상자이며 두 개의 네트워크 케이블을 연결하여 하나의 케이블에서 받은 신호를 증폭시켜 다른 케이블로 보낸다. 서로 분리된 동일한 LAN에서 거리를 연장하거나, 접속되는 세그먼트(segment)의 수를 증가시키기 위한 장치이다. 네트워크의 선로가 짧으면 신호를 증폭할 필요 없이 그대로 전송하지만 케이블의 길이가 길어지면 중간에 약해진 신호를 증폭시킬 필요가 있다. 하나의 링크에 최대 4 개까지 설치가 가능하다.

리피터는 동일한 전송 매체로 구성된 LAN의 거리를 연장하거나 두 개 이상의 LAN을 연결하는데 사용되는 장치이다. 물리적으로 다른 전송 매체로 구성된 네트워크 사이의 연결은 할 수 없다. 다시 말해 트위스티드 페어 케이블로 구성된 네트워크와 동축 케이블로 구성된 네트워크는 상호 연결할 수 없고, 트위스티드 페어 케이블로 구성된 네트워크는 트위스티드 페어 케이블로 구성된 네트워크만을 연결할 수 있다. 따라서, 동일한 전송 매체 사이의 연결에만 사용이 가능하므로 엄격한 의미에서 리피터는 다중 네트워크 시스템은 아니라고 할 수 있다. 이와 같은 리피터는 서브네트워크 사이의 전송 신호를 증폭하고 중계하는 기능을 수행한다. 동일한 전송 매체로 구성된 두 개의 네트워크를 리피터를 이용해 상호 연결한다.

2) 허브

허브(hub)는 네트워크에서 여러 대의 컴퓨터를 하나의 케이블로 집중시키거나 하나의 LAN 케이블에 여러 대의 컴퓨터를 연결해 쓸 수 있도록 확장시키는 역할을 담당하는 하드웨어로써 다중포트 리피터(multi-port repeater)라고도 한다. 10BaseT(혹은 100BaseT)에서 사용되는 네트워크 케이블 집중장치로, 허브는 트위스트 페어, 동축케이블을 국부적으로는 버스 형태로, 전체적으로는 스타 형태로 연결시켜 클라이언트와 접속시키는 장치이다. 허브는 전송 중 깨진 수신 신호를 복원하여 다른 포트에 송신하고, 신호의 충돌 검사를 행하는 리피터의 기능을 수행한다.

중앙의 제어장치를 중심으로 점 대 점 연결을 위한 장비로 통신 매체로 허브를 선택하면 다음과 같은 장점이 있다. 첫째, 케이블 작업이 간단하다는 점이다. 하나의 허브에 수십 대까지의 연결이 가능하기 때문에 각각에 케이블을 별도로 연결하는 부담을 줄일 수 있다. 둘째, 신뢰성이 높아진다는 점이다. 케이블 자체의 전송용량이 기존의 전화선보다 크기 때문에 보다 안정적인 전송이 가능하며 허브 자체의 기능에 신뢰성 관련 기술을 포함시킬 경우 강력한 성능을 발휘할 수 있다. 마지막으로 통신과 관련된 문제 발생 시 해결이 간단하다는 점등이 있다. 즉, 허브는 단순히 케이블 연결장치일 수도 있고, 지능적인 허브는 오류로부터의 보호, 원격 관리와 재방송(rebroadcasting)과 같은 추가적인 임무를 수행할 수 있다.

(1) 일반 허브

일반 허브(Simple hub)는 단순한 스위칭 기능을 수행하며 한정된 대역폭의 자원을 공유한다.

(2) 스위칭 허브

스위칭 허브(switching hub)는 고속 스위칭 기능을 보유하고 있으며 대역폭의 자원을 전유한다.

(3) 인텔리전트 허브

인텔리전트 허브(intelligent hub)는 멀티미디어 정보 교환용으로 사용되며 경로선택 및 고속교환 성능과 결합하여 backbone을 형성한다. ATM 교환기의 역할을 담당할 수 있으며, 전송속도에 따라 10~100Mbps 속도를 자동 감지하며 광 대역 그래픽과 멀티미디어 응용에 적합한 기능을 제공한다. 표준 SNMP(Simple Network Management Protocol), RMON(Remote network MONitoring) 관리를 수행하며 전용 포트 방식에 의하여 최대 3대까지 스택 가능하여 최대로 지원하는 포트를 확장할 수 있다. 또한 원거리 접속을 위해 수 Km까지 연결을 확대할 수 있다. 여기서 SNMP와 RMON은 네트워크에 대한 모니터링 기능을 수행한다. 그림 6.9에는 고속 허브의 구성 도에 대해서 표현하였다.

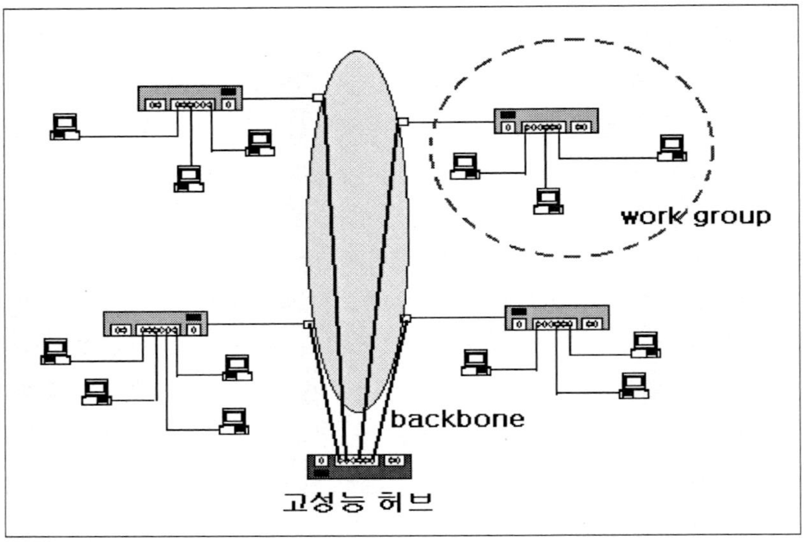

그림 6.9 고속 허브의 구성도

① 속도 선택 스위치

속도 선택(speed selection) 스위치는 각 포트에 접속된 단말기의 지원 속도에 따라 내장된 속도 선택 스위치 모듈이 자동으로 해당 포트의 속도를 설정해 주는 자동 센스(auto-sensing) 기능을 제공한다.

② 풍부한 인터페이스와 유연한 확장성

SCSI(Small Computer System Interface) 방식에 의한 최대 3대까지 스택이 가능하여 최대로 지원할 수 있는 포트 이상으로 확장할 수 있다. 또한 광 포트를 이용하여 수 Km까지의 원거리를 접속을 지원한다.

③ 자동 분할/재 연결

자동 분할/재 연결(auto partitioning/reconnection)은 비정상적인 포트로부터 네트워크를 보호하기 위해 이상이 있는 포트를 격리시키고 격리된 포트를 계속 감시하다가 해당 포트가 정상으로 다시 돌아오면 자동으로 재접속 시킨다.

④ 네트워크 관리 기능
허브의 동작상태를 나타내는 다양한 LED를 통하여 각 포트의 연결 상태, 데이터 전송 상태, 충돌상태 및 동작 상태를 사용자토 하여금 쉽고 빠르게 확인할 수 있게 해준다. 또한 네트워크 관리 항목은 표준 SNMP 및 MIB(Management Information Base)-1과 2를 기본으로 제공하며 RFC 1757 규정에 따른 RMON 제공으로 더욱 정교한 네트워크 관리를 보장한다.

3) 브리지
브리지는 OSI 모델의 데이터링크 계층에서 동작하므로 물리적으로 다른 전송 매체를 사용하여 구성된 네트워크들의 연결이 가능한 장치이다. 물리적으로 다른 전송 매체로 구성된 네트워크를 상호 연결할 수 있으므로 트위스티드 페어 케이블로 구성된 네트워크와 동축 케이블로 구성된 네트워크를 상호 연결할 수 있다.

브리지는 단순히 물리적으로 거리를 확장시켜 주는 리피터와는 달리 여러 가지 기능을 제공한다. 프레임의 주소를 확인할 수 있는 기능이 있기 때문에 전송되어온 프레임의 주소를 보고 그 프레임을 어느 통신망으로 보내야 할 것인지를 판단할 수 있다. 따라서 불필요한 트래픽이 유입되지 않게 된다. 이러한 필터링(filtering) 기능과 함께 트래픽의 양을 조절해 주는 흐름 제어(flow control) 및 오류 제어(error control) 기능도 제공한다.

이와 같은 브리지 설계 시 고려되어야 할 주요한 사항은 주소 지정과 경로 배정의 지적 능력이 있어야 하고, 최대 트래픽을 고려하여 충분한 크기의 버퍼를 확보해야 하며, 자신이 받은 프레임에 대한 내용과 형식에 대해서 수정 불가하도록 설계되어야 한다.

동종의 네트워크를 연결하는데 사용되는 고속의 스위치 장치 리피터와 유사하나 기능상 차이점으로는 필터링, 포워딩을 통하여 네트워크에 대한 트래픽을 감소시키는 효과를 가지고 있다. 최소한의 전송지연만을 허용하기 때문에 LAN 사이의 가장 간단한 접속 장치로 사용되고 있다. 따라서 LAN와 WAN 간의 상호접속이나 유사한 프로토콜을 사용하는 LAN 간의 접속이나 확장을 가능하게 한다. 최소한의 데이터 보안을 보증하지만 어드레스를 지정하지 못하기 때문에 메시지 전송에 대한 신뢰성을 보장하지 못하며 네트워크 장애 시, 현저한 성능 저하를 일으킨다. 즉, 브리지는 모든 노드로부터 발신된 패킷을 수신하고 그 패킷의 노드 어드레스를 자신의 어드레스 테이블과 비교해 확인한다. 패킷의 착신 어드레스가 그 네트워크 노드의 어드레스일 경우 즉, 동일 네트워크에서 통신하는 경우에는 다른 쪽의 네트워크로 패킷을 내보내지 않는다.

개념적으로는 동종의 프로토콜에서의 연결만을 담당하지만 장치의 특성에 따라 프로토콜에 무관해서 전송할 수 있는 제품도 생산되고 있다. 브리지는 해당 네트워크상의 모든 클라이언트를 1대의 서버에 모두 수록할 수 없는 대형 사이트에서 필요한 장비다. 혹은 네트워크를 구출할 때 도입사의 특수한 조건을 만족시키기 위해 여러 네트워크 토폴로지(이더넷, 토큰링, FDDI 등)를 적용한 사이트에서 필요한 장비다. 구체적인 예로는 대기업, 관공서, 학교, 연구기관 등에 이용되고 있다. 또한 리피터와 마찬가지로 신호 증폭 기능도 제공한다. 일반적으로 PC를 옮기거나 새로 추가하는 식으로 유연하게 대처할 수 있고, 무엇보다도 저렴한 가격이 매력적이다. 반면에 허브와 1:1로 접속되므로 대규모 LAN에서는 많은 케이블을 사용해야 하고 노이즈에 약한 것이 단점으로 지적된다.

브리지의 기능은 모든 패킷을 한 네트워크에서 다른 네트워크로 정해진 대로 보내주며 패킷이 전송되지 전에 패킷의 행선지를 다시 한번 점검하는 것이다. 브리지, 라우터와 기본 사양은 같지만 분리된 장소에 설치된 두 개 이상의 LAN을 연결하는데 사용된다는 것이 다르다.

(1) 종류

① 투과 형 브리지

일반적인 브리지의 개념에 따른 브리지로 동일한 프로토콜로 동작하는 LAN간의 상호접속에 사용되며 각 메시지를 인식하고 포워딩 테이블(forwarding table)을 작성, 관리하기 때문에 고속처리가 가능하다. 목적지의 연결을 위해 플러딩(flooding) 방식을 사용하여 정보를 교환한다.

② 변환 형 브리지

일반적인 브리지의 기능을 능력을 갖는 브리지로 이종의 프로토콜로 동작하는 LAN간의 상호접속에 사용되며 이더넷 및 토큰링에 접속하는 경우에 많이 이용된다. 특히, 가변사이즈 패킷의 트래픽을 처리할 수 있도록 구성한다.

③ 캡슐 형 브리지

고 대역폭의 FDDI 전송설비로 구성되어 있는 간선 네트워크간의 상호접속에 사용되며 통신상태에 따라 전송하거나 무시하는 등의 메시지에 대한 간선 고유의 정보로 처리한다. 그러나 다른 브리지보다 많은 처리를 실행하기 때문에 다소의 지연시간이 발생한다는 문제점이 있다.

(2) 동작원리와 리피터와의 차이점

브리지는 '접속한다'는 점에서는 리피터와 같지만 '무엇을'이라는 점을 놓고 보면 이 둘이 전혀 다른 장비라는 것을 알 수 있다. 두 장비의 기능을 비교하면 다음과 같다. 리피터는 브리지의 개별적인 네트워크 세그먼트를 서로 접속해 주는 장비로써 모든 세그먼트에 신호가 바르게 전송될 수 있도록 신호 증폭 기능을 함께 제공한다. 반면에 브리지는 개별적인 네트워크 세그먼트를 서로 접속해 주며 이것들의 세그먼트는 공통의 네트워크 계층 어드레스를 갖고 있다. 여기서 세그먼트라 함은 첫째로 이더넷의 케이블 한 개에 접속해 있는 단말기로 구성하는 범위로써 리피터나 브리지 및 라우터 등을 통해 연장한 부분은 포함되지 않는다. 일반적으로 종료기(terminator)와 종료기 사이의 네트워크 말하며 둘째로 이더넷을 이용할 때 사용자가 부서 등에 설치하는 물리적인 네트워크의 단위로써 LAN에서 여러 단말기로부터 데이터 충돌을 알리는 신호가 전달되는 범위이며 브리지나 라우터 등의 LAN 간 접속 장치로 구분 짓는 경우는 별도의 세그먼트로 분류된다. 마지막으로 세그먼트는 하나의 LAN이라고 설명할 수 있다.

브리지의 동작 원리를 이해하기 위해서 다음과 같은 두 가지의 경우를 생각해 보자. 단말기 1에서 5까지는 네트워크 A이고 단말기 6에서 10까지는 네트워크 B이다. 네트워크 A와 B는 브리지에 의해 연결되어져 있다.

첫 번째 경우는 단말기 1에서 단말기 10으로 프레임을 전송하는 경우이고, 두 번째 경우는 단말기 1에서 단말기 5로 프레임을 전송하는 경우이다. 먼저, 첫 번째 경우에 네트워크 A에 속한 단말기 1에서 프레임을 전송하면, 브리지는 전송된 프레임을 읽는다. 이어서 브리지는 프레임의 주소를 확인하고 네트워크 B를 목적지로 하는 프레임이라는 것을 확인하고 네트워크 B로 프레임을 중계한다. 브리지에 의해서 중계된 프레임은 단말기 10에 의해서 수신된다. 두 번째 경우는 단말기 1과 5는 모두 동일한 네트워크 A에 속해 있으므로 단말기 1에서 전송된 프레임은 단말기 5에 의해서 수신된다. 이어서 동일한 프레임이 브리지에 도착하게 되면 브리지는 프레임의 주소를 확인하여 네트워크 B로 중계할 필요가 없다는 것을 판단하고 통과시키지 않고 제거한다.

그러나 브리지 대신 리피터를 사용할 경우에, 리피터는 주소를 확인할 수 있는 기능이 없기 때문에, 두 번째의 경우에도 프레임은 네트워크 B로 전송될 것이다.

4) 라우터

LAN과 LAN을 연결하거나 LAN과 WAN을 연결하기 위한 장비이며 최적의 경로를 설정하는 라우팅 기능을 보유한 장비이다. 라우터는 브리지와 비슷한 기능을 제공하여 여러 개의 작은 네트워크를 서로 연결하여 이 모두가 실제 하나의 네트워크처럼 운영되게 하여준다. 프로토콜(OSI 7 Layer)의 3 계층에서의 연결을 담당하며 종단 대 종단 (end-to-end) 통신 기능을 수행한다. 기본적인 서비스를 제공할 수 있는 하드웨어 사양을 갖추면 소프트웨어적인 방법에 의해 구동된다. 즉, 네트워크에서의 서버의 개념과 마찬가지로 구동을 위한 기본적인 운영체제 하에서 제공하고자 하는 서비스에 따라 원하는 사양을 소프트웨어적으로 설치함으로써 서비스를 제공한다. 라우터는 OSI 모델의 네트워크 계층에서 동작하므로, 물리적으로 다른 전송 매체를 사용하여 구성된 네트워크 및 특성이 서로 다른 데이터 링크 계층을 사용하는 네트워크들의 연결이 가능한 장치이다. 라우터는 브리지의 기능을 수행함과 동시에 라우터 내에 있는 경로 테이블을 이용하여 최적의 경로로 패킷들을 전송할 수 있으며, 패킷들을 단편화하고 재합성할 수 있다. 라우터 내에 있는 경로 테이블은 네트워크의 최초 구성 시 환경에 맞게 설정되며, 네트워크의 변경시마다 최적화할 수 있도록 수정이 가능하다. 네트워크 간의 지능적 링크를 제공하며 해당 어드레스에만 데이터를 전송함으로써 전체적으로 시스템의 부담을 감소시킨다. 이종의 프로토콜 환경에 적응하도록 설계될 뿐만 아니라 보다 복잡하고 고도의 서비스 제공을 위해 설계된다. 네트워크 상에서 완전한 보안 기능을 보증하며 트래픽이 증가할 경우를 대비해 전송경로 및 대체경로를 지정한다. 다소의 중계지연 발생을 줄이기 위해 소규모 네트워크로 분할하여 관리되며 대화 형 멀티미디어에서의 장애 요인을 해결하기 위해 FDDI, ATM등의 기술이 사용된다.

이와 같은 기능을 수행하는 라우터는 네트워크의 물리적 형태(topology)에 제한을 받지 않으므로 네트워크 사이의 연결이 용이하며, 최적의 경로를 통해 패킷을 전송할 수 있으므로 트래픽의 효율적인 분산이 가능하다는 장점을 가진다. 반면에, 초기의 환경 설정이 어려우며 가격이 비싸다는 단점을 가지고 있다.

효율적인 인터네트워킹을 위해서 브리지와 라우터 중 어느 것을 사용할 것인가를 결정하는 데 소요되는 비용, 수행 능력의 범위, 트래픽 분석 등이 중요한 요소로 작용한다.

(1) 종류

① 정적Static 라우터

정적(static) 라우터는 네트워크 관리자가 패킷에 대한 정송 경로를 어떻게 선택할 것인가를 결정해 주는 라우터로 관리가 어렵다.

② 동적 라우터

동적(dynamic) 라우터는 정적 라우터에 비해 지능적이라고 할 수 있고 모든 인터페이스를 검사하고 있으며, 최적 경로를 찾을 수 있는 테이블을 만든다.

(2) 기능

라우터는 한 네트워크에서 다른 네트워크로 패킷을 보낼 때 데이터를 잘 쪼개어 알맞은 크기의 패킷을 라우터에 있는 라우팅 테이블(routing Table)에 의해 최적의 경로로 최종 목적지까지 도달하도록 하는 기능을 한다. 다시 말해 라우터는 네트워크의 트래픽을 살펴 가장 트래픽이 적은 경로를 찾아 목적지로 데이터를 전송하는 기능을 한다. 브리지와 마찬가지로 '라우터'도 네트워크를 접속하는 장비다. 라우터는 인터넷과 WAN을 구성할 때 기본적으로 들어가는 장비로, 매우 중요한 역할을 한다.

브리지와 달리 OSI 프로토콜의 '네트워크 계층'에서 작동하기 때문에 라우터 간 통신은 같은 프로토콜을 사용할 때만 가능하다. 거꾸로 말하면 라우터란 통신 프로토콜에서 취급하는 어드레스(TCP/IP라면 IP 어드레스)를 사용해 완전히 독립된 개별 네트워크끼리 WAN으로 접속된 부분에서 목적하는 노드와 데이터를 주고받기 위한 장비다. 따라서 네트워크의 통신 프로토콜이 TCP/IP나 IPX인 곳에서 라우터를 도입할 때 가장 우선적으로 살펴야 할 점은 지원 통신 프로토콜의 사양이다.

(3) 구현 방법

라우터는 독립 형 장비로서 뿐만 아니라, 소프트웨어로도 구현할 수 있다. 예를 들면 노벨 네트웨어 3.1x, 4.x의 '멀티프로토콜 라우터(MPR: Multi Protocol Router)', 마이크로소프트의 윈도우 NT 4.0, SCO(Santr Cruz Operation Inc.) 유닉스나 솔라리스 인텔 버전의 PC 유닉스 등으로 구현할 수 있다. 실제로 NOS(Network Operating System)의 라우터 기능을 이용하는 사이트도 많다. 네트웨어(Netware)나 NT를 사용하는 환경에서 노드가 늘어나면서 발생하는 속도 저하 현상을 해소하기 위한 방법으로 자체 라우터 기능을 활용하는 방법은 비용 면에서 매우 효과적이다. 브리지와 마찬가지로 ISDN이나 X.25 회선을 통해 원격지의 LAN을 서로 연결할 때 사용한다. 그러나 리모트(remote) 라우터는 매체의 끝이 이른바 인터넷을 포함한 WAN일 경우가 일반적이기 때문에 라우터로 접속하는 끝이 여러 개 설정된 경우도 많다. 하지만 하나의 패킷을 전송하는데 접속되는 LAN은 반드시 하나여야 한다는 규칙이 있다. LAN끼리 접속한 이후에 최종적으로 대규모 네트워크 환경을 구축하게 된다. 대규모 네트워크가 되면 이 때까지의 부분적인 LAN과는 상당히 양상이 달라진다. 각 부분 LAN을 직렬로 접속하는 것은 대규모 네트워크의 효율을 매우 나쁘게 한다. 그러나 최근에는 이러한 구성이 인터넷의 필수 불가결한 수단이 되고 있기 때문에 인터넷을 사용하는 경우 전용회선이나 ISDN을 경유해 외부의 네트워크에 접속하는 방법이 이용된다. 결국 브리지로는 커버할 수 없으며 복수의 경로부터 최적의 경로를 발견하고 데이터를 전송하기 위한 장비가 필요하게 된다. 이와 같은 역할을 하는 것이 라우터다. 라우터는 루트(Route) 즉, 경로를 선택해 데이터를 전송하기 위한 장비로써 데이터의 수신 처인 네트워크 상의 장비나 장치의 IP 어드레스를 판별하는 것에 의해, 최적의 경로를 결정해 주는 것이다. 최근에는 라우터의 느린 전송 속도를 보완하기 위하여 멀티 레이어(multi layer) 라우팅 스위치가 나와 라우터 기능을 보완해 주고 있다.

(4) 브리지와의 차이점

라우터는 네트워크 어드레스 체계를 이용해 원하는 목적지로 데이터를 송수신하는 기능을 수행한다. 즉, 고유한 주소 체계를 가진 네트워크 노드를 관리하는 것이 라우터의 기능이라 할 수 있다. 반면에 브리지는 사용자 LAN 카드의 고유 전호를 이용해 원하는 목적지까지 사용자의 데이터를 전송하는 장비다. 즉, 브리지는 사용자의 데이터를 송수신할 때 소스 데이터의 어드레스를 읽어서 브리지 테이블에 등록시켜 자기 LAN에 연결된 주소가 아니면 다른 네트워크 또는 다른 브리지로 데이터를 송신해 사용자의 시스템과 목적지 시스템을 연결해 준다. 라우터는 3계층에서 작동하는 장비며, 브리지는 2계층에서 작동하는 장비로써 브리지는 이더넷에서 필수적으로 발생하는 브로드캐스팅 트래픽을 차단하지 못하며 네트워크 규모가 커지면 브로드캐스팅 트래픽을 확실히 차단하는 라우터 장비가 필요해진다.

5) 게이트웨이(Gateway)

두 개의 컴퓨터 네트워크를 연결시켜 주는 시스템으로, LAN 과 LAN 사이의 데이터 중계를 담당하는 통신 서버를 일컫는다. 두개의 서로 다른 네트워크의 특성을 상호 변환시켜 호환성 있는 정보를 전송할 수 있게 해준다. 전송속도 차이의 변환, 프로토콜 변환, 주소변환 기능 등이 있다. 광범위한 통신 기능을 제공하는 반면에 비교적 느린 처리속도 때문에 대기시간을 중요시하는 멀티미디어 통신망에는 부적절하다. 일반적으로 펜티엄 II급 이상의 컴퓨터 사양을 바탕으로 소프트웨어적으로 설치된다.

게이트웨이는 OSI 모델의 전송 계층과 그 이상의 계층에서 동작하므로 전혀 다른 구조를 가지는 두 개의 네트워크를 상호 연결할 수 있는 장치이다. 따라서 게이트웨이는 지금까지 알아본 IWU 중에서 가장 유연성 있는 기능을 제공하는 장치라 할 수 있다. 게이트웨이의 대표적인 기능으로는 메시지 형식 변환, 주소 번역, 프로토콜 변환 기능 등이 있다. 메시지 형식 변환 기능이란 해당 네트워크의 환경에 맞도록 데이터 형식을 바꾸어 주고 최대 메시지의 크기를 조정해 주며 코드(ASCII, EBCDIC)를 상호 변환해 주는 것을 말한다. 주소 번역이란 송신 네트워크의 주소 구조를 수신 네트워크의 주소 구조에 맞도록 변환해 주는 것을 말한다. 프로토콜 변환 기능이란 송신 네트워크로부터 수신한 패킷을 수신 네트워크에 적합하도록 단편화 및 재합성하여 전송하는 것을 말한다.

게이트웨이는 가장 유연성 있는 기능을 제공한다는 장점을 가지고 있는 반면에 로직이 복잡하고 값이 비싸며 지연시간이 길다는 단점을 가지고 있다.

6.8 부가적인 장치

6.8.1 NOS

1) 개념

NOS(Network Operating System)는 복수 개의 어플리케이션으로부터 동시에 서비스를 요청 받아 네트워크 자원을 효율적으로 사용할 수 있도록 보안기능, 신뢰성, 관리 기능을 내포하고 있는 파일 서버에 장착되며, 네트워크를 구성하는데 있어서 가장 큰 비중을 차지한다.

2) 특징

하드웨어 장치에 비 의존적이며 하나 이상의 제조업체가 만든 H/W 환경에서 동작할 수 있는 능력을 제공한다.

① 브리지 기능

하나 이상의 동일하지 않는 H/W LAN을 같은 NOS에서 링크할 수 있는 능력을 제공한다.

② 다중 서버 지원 기능

하나 이상의 서버를 지원하고 어느 사용자가 어느 서버에 접속되어 있는가에 관계없이 사용자에게 분명한 환경을 제공한다.

③ 다중 사용자 지원 기능

다중 사용자 환경에서 응용 프로그램과 데이터 파일에 대해 적절한 보호 기능을 제공해 주는 능력을 제공한다.

④ 네트워크 관리

네트워크 유틸리티, 서브디렉토리의 관리, 통신 량 분석 등과 같은 관리 기능을 제공한다.

⑤ 보안 및 접근 제어
고도의 네트워크 보안 기능과 사용자의 파일 접근 권한을 관리하는 기능을 제공한다.

⑥ 사용자 인터페이스
사용자 인터페이스(UI : User Interface) 메뉴, 화면, 명령, 기타 네트워크 자원에 대한 사용자 의 제어 능력을 제공한다.

⑦ 점 대 점(peer-to-peer) 방식의 NOS
PC는 공유자원의 서버가 되면서 동시에 클라이언트도 된다. 이 방식을 운용하기 위해서는 최소한 30~70KB의 메모리가 필요하며, DOC Base LAN으로 구동되어야 한다. NetWare Lite, Windows 95 등이 있다.

⑧ 클라이언트-서버(Client-Server) 방식의 NOS
전용 서버와 클라이언트(단말기)로 구성되어 있으며 서버를 통하여 자원을 공유할 수 있다. 10개 이상의 다중 프로세스와 32비트 이상의 데이터 버스의 성능을 갖는 서버가 여러 명의 사용자를 지원할 수 있다. Windows NT, NetWare, LAN Manager, LAN Server 등이 있다.

6.8.2 NMS

NMS(Network Management System)는 네트워크 전체에 대한 관리기능을 제공하는 S/W 및 H/W로 구성되며, 네트워크 상태의 논리적인 맵(map)을 제공하며 라인, 노드의 장애 표시 기능 및 수행 관리 기능 등을 가지고 있다.

6.8.3 전자메일

LAN에 연결된 PC에서 우편업무 기능을 수행하는 것으로써 문서의 송수신, 메세지 전송, 게시판 기능을 갖춘 네트워크 상에서 구현되는 S/W이며 LAN 공급 업체가 독자적으로 개발하거나, S/W 개발 협력업체를 통하여 개발 공급하고 있으며 국내의 경우는 조직구조나 결재라인, 문서형식 등이 정형화되어 있지 않기 때문에 주문 생산에 의존하고 있는 형편이다.

LAN 구축 가운데 약 70% 이상이 E-Mail에 구축을 목적으로 설치된 업체도 있다. 현재는 인터넷의 발전으로 인터넷 E-Mail을 누구나 쉽게 사용할 수 있다.

6.8.4 RDBMS

RDBMS (Relation Database Management System)는 LAN을 기반으로 하는 관계형 데이터베이스 시스템으로 클라이언트-서버 방식으로 MS-SQL Server, Netware SQL, Gupta SQL, Ingres, Oracle, Informix, Sybase 등이 있다.

연 습 문 제

1. LAN의 개념에 대해 설명하시오.

2. LAN을 전송 매체에 따라 비교 설명하시오.

3. LAN을 물리적 구조에 따라 비교 설명하시오.

4. LAN을 전송 방식에 따라 비교 설명하시오.

5. LAN을 MAC 방식에 따라 비교 설명하시오.

6. 광 LAN에 대해서 설명하시오.

7. FDDI에 대해서 설명하시오.

8. 이더넷에 대해서 설명하시오.

9. 무선 LAN에 대해서 설명하시오.

10. 인터네트워킹의 개념에 대해서 설명하시오.

11. IWU에 대해서 설명하시오.

제 7 장

VAN

7.1 VAN의 개요
7.2 VAN의 계층구조
7.3 VAN의 분류
7.4 VAN의 실례
7.5 VAN의 국내외 현황

제 7 장 VAN

7.1 VAN의 개요

7.1.1 VAN의 의미

정보화 사회에서 무엇보다도 중요한 사항 중에 하나는 다양한 정보들을 신속하고 정확하게 제공할 수 있는 통신 네트워크 기술과 이러한 정보들을 사용자가 원하는 형태로 가공 처리하여 서비스를 제공할 수 있는 정보 처리 기술이라고 할 수 있다. 고도 정보 사회의 꽃이라고 불리는 VAN(Value Added Network)은 1970년대에 미국에서 시작한 분야로서, 공중 전기 통신 사업자로부터 통신 회선을 빌리고 여기에 컴퓨터를 접속하여 네트워크를 구성한 후, 이를 통해 제3자에게 데이터의 교환이나 데이터의 처리 등의 서비스를 다시 판매하는 네트워크를 말한다. 따라서 VAN이란 같은 정보일지라도 사용자가 원하는 형태로 정보를 가공 처리함으로서 기존의 데이터에 부가가치를 첨가한 정보를 제공하는 서비스이다.

VAN의 이용자는 전용선을 빌려서 독자적인 네트워크를 만들 필요 없이 VAN 사업자의 교환 망을 이용하여 정보를 교환할 수 있는데, VAN에는 프로토콜 변환 기능이 갖추어져 있으므로 다른 프로토콜을 사용하는 단말기 사이에서도 통신이 가능하다. 또한, 전자 우편과 같은 통신 처리 서비스도 받을 수 있으며, 대규모 데이터베이스의 이용과 고속 과학 기술 계산 등의 정보 처리 서비스도 받을 수 있다.

대규모의 VAN은 전체 네트워크의 구축과 소프트웨어 개발에 많은 비용이 소요되지만 VAN의 가입자는 독자적으로 네트워크를 가질 필요가 없기 때문에 통신비용을 크게 낮출 수 있게 된다. 다음 그림 7.1은 VAN의 일반적인 구성 도를 나타낸 것이다.

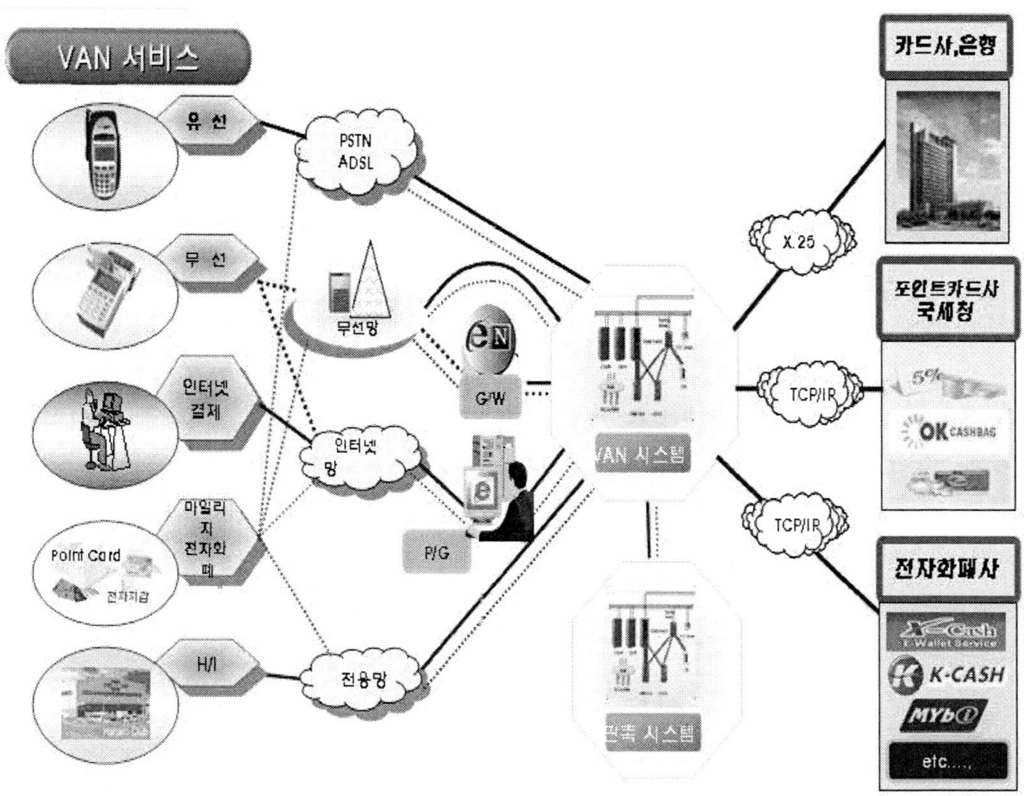

그림 7.1 VAN의 일반적인 구성도

7.2 VAN의 계층구조

일반적으로 VAN은 전송계층, 네트워크계층, 통신처리계층 그리고 정보처리계층으로 구성된다.

1) 전송계층

전송계층은 실제로 데이터가 전송되는 물리적 회선과 전송을 가능하게 하는 장치로 구성되는 계층을 말하며, 정보에는 아무런 가치가 부가되지는 않는다. 물리적 회선은 유선 통신 전송 매체인 트위스티드 페어 케이블, 동축 케이블, 광섬유 케이블과 무선 통신 전송 매체가 모두 사용될 수 있다. 그리고 전송을 가능하게 하는 대표적인 장치로는 회선 다중화 장치와 매체 다중화 장치가 있다. 회선 다중화 장치는 여러 가지 종류의 신호를 다중화 시켜 하나의 전송선로로 전송해 주는 기능을 수행하며, 매체 다중화 장치는 여러 매체 사이의 데이터를 전송해 주는 기능을 수행한다. 전송 계층에서는 아무런 가치가 부가되지는 않기 때문에 VAN의 기능에서 제외되기도 한다.

2) 네트워크계층

네트워크계층에서는 컴퓨터들 사이에 네트워크를 구축하여 정보의 내용 및 형식의 변경 없이 정보를 상대방에게 정확히 전달하는 서비스를 제공해 주는 계층을 말한다. 일반적으로 패킷교환과 회선교환에 의한 통신방식을 사용한다. 패킷 교환은 전송 메시지를 주어진 패킷 형식에 맞도록 구성하여 패킷 단위로 두 단말기 사이에 정보를 송수신하는 방법으로 주로 PSDN(Public Switched Data Network)에서 사용되는 방식이다. 공중 교환 데이터 망이란 정보 통신에만 전용으로 설치 운용되는 교환 설비에 정보 교환 회선을 접속하여 불특정 다수가 사용할 수 있도록 구성된 네트워크를 말한다. 회선 교환은 두 단말기 사이에 회선을 확보한 후에 이 회선을 통하여 정보를 송수신하는 방법으로 주로 PSTN(Public Switched Telephone Network)에서 사용되는 방식이다. 주로 전화나 팩시밀리의 다이얼에 의한 교환을 가능하게 하는 서비스이다.

3) 통신처리계층

통신처리계층은 정보의 의미는 변경하지 않고 표현 형식만을 변경하는 통신서비스를 제공해 주는 계층으로 데이터를 저장하였다가 후에 전달하는 축적 기능과 각종 변환 기능이 있다. 축적 기능의 대표적인 예로는 전자 사서함, 데이터 교환, 동시정보 통신 기능 등이 있으며, 변환 기능의 대표적인 예에는 프로토콜 변환, 포맷(format) 변환, 미디어 변환 기능 등이 있다.

① 전자 사서함 기능 : 장비의 고장이나 기타의 이유로 상대방이 정보를 수신할 수 없을 경우에 일시적으로 정보를 축적 및 보관하였다가 나중에 전송해 주는 기능을 말한다.

② 데이터 교환 기능 : 송신자와 수신자 간에 주고받는 정보를 축적한 후에 이들의 상황에 맞도록 데이터를 교환해 주는 기능을 말한다.

③ 동시정보 통신 기능 : 동일의 정보를 1회 송신으로 복수의 상대방에게 전송해 주는 기능을 말한다.

④ 프로토콜 변환 기능 : 독자적인 프로토콜을 사용하는 컴퓨터 사이에서 각 컴퓨터가 프로토콜을 의식하지 않고 통신이 가능하도록 프로토콜을 상호 변환해 주는 기능을

말한다.
⑤ 포맷 변환 기능 : 송신 정보를 수신자가 원하는 크기나 형식에 맞도록 변환하여 전송해 주는 기능을 말한다.
⑥ 미디어 변환 : 문자, 음성, 영상 및 각종 데이터를 상호 변환하여 전송해 주는 기능을 말한다.

4) 정보처리계층

정보처리계층은 보다 고도화된 정보처리를 수행하는 계층으로서 정보가 가지고 있는 의미 자체를 바꾸어 주는 기능을 수행한다. 기존의 데이터에 특별한 처리를 원하는 사용자의 정보 처리를 대신해 주거나, 정보를 수집 가공해 데이터베이스를 구축하여 구축된 정보를 제공해 주기도 한다. 따라서 이 계층의 서비스를 이용할 경우에는 기존의 데이터의 변경이 발생하게 됨을 알 수 있다. 일반적으로 정보처리 서비스까지 제공해 주는 VAN의 컴퓨터 센터에는 대형 범용 컴퓨터가 설치되어 있고 가입자에게 다양한 정보처리 서비스를 제공해 주기 위한 각종 소프트웨어가 마련되어 있다. 예를 들면, 회사에서 필요한 여러 가지 제품을 대신 설계해 주기도 하고 각종 시뮬레이션을 대행하기도 한다.

7.3 VAN의 분류

VAN을 분류하는 방법에는 여러 가지가 있다. 예를 들면, 이용자나 사업자적인 측면에서 분류할 수도 있고, 법적이나 제도적 측면에서 분류할 수도 있으며 그 밖의 여러 측면에서 분류할 수도 있다. 이와 같이 VAN은 너무나도 광범위하여 획일적으로 분류하는 것은 어려운 일이다. 따라서 여기서는 사업자 형태별 분류와 이용 매체별 분류를 예로 들고자 한다. 사업자 형태별로 VAN을 분류해 보면 공중 VAN, 특정 VAN, 그룹 VAN으로 나눌 수 있으며, 이용 매체별로 VAN을 분류해 보면 음성 VAN, 문자 데이터 VAN, 영상 VAN으로 나눌 수 있다. 각각의 경우를 다음 표에 정리해 놓았다.

표 7.1 VAN의 일반적인 분류

구분	종 류	기 능	실례
사업자형태별	공중 VAN	일반 공중 통신망을 이용하여 불특정 다수에게 일반적인 서비스 제공	naver daum
	특수 VAN	전용회선을 이용하여 특정 이용자에게 특정의 서비스를 제공	금융VAN 유통VAN
	그룹 VAN	전용회선을 이용하여 특정 그룹을 중심으로 특정의 서비스를 제공	정보처리VAN 정보서비스VAN
이용매체별	음성 VAN	음성 위주의 VAN 서비스 제공	전화사서함 각종음성서비스
	문자데이터 VAN	문서 위주의 VAN 서비스 제공	문서 전자우편 팩시밀리 우편
	영상 VAN	영상 위주의 VAN 서비스 제공	비디오텍스 CATV

7.4 VAN의 실례

7.4.1 우리나라 VAN의 실례

1) 유통 분야 서비스

유통 분야의 VAN은 현재 우리나라에 구축되어 있는 여러 가지 종류의 VAN 중에서 가장 광범위하게 구축되어 있는 통신망 중의 하나로서 기본적으로 기업이나 도·소매점 사이의 수주 및 발주 데이터를 교환하기 위한 통신망이다. 대기업은 물론이고 일반적인 중·소기업들도 이 유통 VAN에 가입하여 많은 정보를 얻고 있으며, 상호간에 중요한 정보도 교환하고 있다. 유통 VAN을 이용함으로서 상품의 효율적인 관리, 판로 정보의 수집, 재고 절감, 상품 회전율의 향상 등과 같은 이점을 얻을 수 있다.

2) 금융 분야 서비스

금융 분야의 VAN은 금융에 관련된 업무의 효율성이나 편리성을 제공하기위해 구축된 네트워크로서 우리나라의 은행 및 일련의 금융 개통에 관련된 영업을 하는 단체는 거의 모두 이 금융 VAN을 이용하고 있는 실정이다. 은행의 메인 컴퓨터와 일반 사용자의 전화기를 상호 접속시켜 사용자에게 각종 금융 정보를 음성으로 알려주는 자동 응답 서비스(ARS : Automatic Response Service), 사용자가 거래하는 은행의 컴퓨터와 그 밖의 다른 은행의 컴퓨터를 상호 접속하여 거래 은행이나 지역에 관계없이 송금처리를 가능하게 해주는 타행환 시스템, 은행과 고객, 은행과 기업 사이에서 업무의 효율성 및 편리성을 위해 단말기가 설치되어 있는 장소면 어디서든지 현금을 지급받을 수 있는 현금 지급기(CD : Cash Dispenser) 등의 서비스를 제공해 준다.

7.4.2 미국 VAN의 실례

미국의 대표적인 VAN의 예로 정보 네트워크(IN : Information Network)를 들 수 있는데, 이것은 IBM이 1982년부터 제공하기 시작한 VAN 서비스이다. 이 정보 네트워크에서는 미국의 주요 도시 30여개에 통신 노드를 설치하고 100여대의 호스트 컴퓨터와 약 10,000여명의 이용자에게 다음과 같은 세 가지 서비스를 제공하고 있다.

1) 원격 계산 서비스

정보 네트워크에 가입한 사용자의 단말기에서 정보 네트워크의 대형 호스트 컴퓨터를 이용해 멀리 떨어진 지역에서도 각종 계산을 할 수 있는 서비스를 제공해 준다.

2) 원격 정보 제공 서비스

각종 데이터베이스 제공업자의 정보를 정보 네트워크의 사용자에게 중계하여 멀리 떨어진 지역에서도 이용할 수 있도록 서비스를 제공한다.

3) 부가가치 통신 서비스

부가가치 통신 서비스로서 각종 통신 처리 서비스와 기본 통신 서비스를 제공하는데, 주로 단말기와 단말기 사이에서 각종 데이터 통신과 전자 우편 서비스를 한다.

7.5 VAN의 국내외 현황

VAN 사업은 국가 주도적인 통신 산업과 민간 주도적인 컴퓨터 산업의 유기적 결합에 의해 성장되어온 분야라고 할 수 있다. 따라서 국가마다 사회적인 측면, 경제적인 측면, 기술적인 측면 등을 고려하여 그 국가의 실정에 맞도록 운영해 오고 있으나 점차로 이용률이 증가하면서 민간 주도의 자율적인 방향으로 발전하고 있다.

이와 같은 성격을 가지고 있는 VAN 사업은 유통 분야, 금융 분야, 정보처리 분야 등과 같이 각 분야별로 눈부신 발전을 거듭하고 있지만, 게이트웨이를 경유하여 상호간에 접속되어 각각의 VAN을 하나의 네트워크로 관리할 수 있도록 통합적인 VAN이 등장할 것으로 예상된다. 여기서는 정보은행 서비스, 전자 사서함 서비스, 전화 정보 서비스를 위주로 국내외의 VAN의 현황을 알아보도록 한다.

7.5.1 정보은행 서비스

정보은행 서비스는 각종 주제에 맞는 데이터를 수집한 다음, 가공 처리하여 한 곳에 모아 놓은 데이터베이스를 대형 컴퓨터에 저장시켜 놓고 공중 통신 회선에 연결된 단말기를 통하여 사용자가 필요할 때 직접 필요한 정보를 검색할 수 있는 서비스를 말한다.

우리나라는 1983년에 데이터 통신(주)이 해외 정보 통신망을 개통하여 다이얼로그(Dialog) 데이터 은행의 상용 서비스를 개시하면서, 일반 사용자들이 공중 통신 회선(DNS : DACOM-Net Service)을 이용하여 온라인으로 정보은행 서비스를 이용할 수 있게 되었다. 1990년 12월부터 데이터 통신(주)은 국내 정보은행으로 천리안 I 및 천리안 II 서비스를 제공하고 있으며, 해외 정보은행으로는 미국의 다이얼로그, 프랑스의 GSI-ECO, 일본의 JOIS, 프랑스의 Questel을 제공하고 있다.

미국의 다이얼로그는 1969년에 다이얼로그사가 상용화한 세계 최대의 정보은행 서비스로 전 세계 100여개 국가가 온라인으로 서비스를 제공하고 있으며, 학술, 산업, 과학, 특허 등 전 분야를 망라하고 있다. 프랑스의 GSI-ECO는 1982년에 창립되어 주로 경제 계통의 수치를 제공해 주고 있고, 일본의 JOIS는 1978년에 창립되어 주로 일본의 과학기술 정보와 의학 분야의 정보를 제공해 주고 있으며, 프랑스의 Questel은 유럽 최대의 정보은행 서비스로서 각종의 분야의 정보를 종합적으로 다루고 있다.

7.5.2 전자 사서함 서비스

전자 사서함 서비스는 대형 컴퓨터 내에 가입자 개인별로 마련된 전용 사서함을 이용해 가입자 상호간의 메시지를 작성, 저장, 전송해 주는 서비스를 말한다. 전자 사서함은 기존의 텔렉스나 팩시밀리 등의 통신 수단보다 가격도 저렴하고 전송 속도도 빠르며 다양한 부가 기능을 제공해 주기 때문에 주목을 받고 있는 분야이다.

우리나라는 1984년에 데이터 통신(주)이 미국의 다이얼컴(Dialcom)과 노티스(Notice)를 연결하여 상용 서비스를 시작하였으며, 1987년에는 국내용 한글 전자 사서함의 상용 서비스를 시작하였다. 이어서 1989년에는 국제 표준의 다중 매체 간 메시지 통신을 사용하는 DACOM-mail 400의 상용 서비스를 제공하였으며, 같은 1989년 말에는 미국 MCII사의 World mail 서비스를 제공하였다.

7.5.3 전화 정보 서비스

전화 정보 서비스는 전화나 컴퓨터를 이용해 전화 정보 시스템에 상대방에게 전달하려는 메시지를 저장해 놓으면, 상대방은 필요한 때에 그 저장된 메시지를 음성으로 들을 수 있는 서비스를 말한다. 대표적인 전화 정보 서비스는 한국 통신에서 제공하고 있는 생활 정보 서비스, 전화 사서함 서비스, 광고 사서함 서비스가 있다.

생활 정보 서비스는 한국 통신이 1990년 2월에 서울과 부산 지역에 처음으로 서비스를 개시하였으며, 이어서 대구, 대전, 광주, 전주, 인천 등으로 서비스 지역을 확대하였다. 제공되는 정보는 농수산물 시세, 각종 문화 행사, 교통 정보 등으로 다양하다.

전화 사서함 서비스는 전화를 이용해 음성 정보 시스템에 상대방에게 전달하려는 메시지를 저장해 놓으면, 상대방은 필요한 때에 그 저장된 메시지를 전화기를 통해 음성으로 전달받을 수 있는 서비스를 말한다. 이 서비스는 한국 통신이 1986년부터 제공하기 시작하였다.

광고 사서함 서비스는 가입자가 자신이 속해 있는 회사의 홍보나 제품의 소개 등의 각종 광고를 광고 사서함 시스템에 저장시켜 놓으면, 일반인들은 전화를 통하여 광고를 듣고 예약하거나 주문할 수 있는 서비스를 말한다. 이 서비스는 전화 사서함 서비스의 부가 서비스로 제공하였으나, 1988년 별도의 시스템으로 전환해 서비스를 제공하고 있다.

연 습 문 제

1. VAN에 대해서 설명하시오.

2. VAN의 계층구조에 대해서 설명하시오.

3. VAN의 형태별 분류에 대해서 설명하시오.

4. 우리나라의 사용되는 VAN에 대해서 설명하시오.

5. 미국의 VAN에 대해서 설명하시오.

제 8 장

ISDN

8.1 ISDN의 개요
8.2 ISDN의 특성 및 장점
8.3 ISDN 서비스
8.4 ISDN의 채널과 전송 구조
8.5 ISDN의 사용자 인터페이스
8.6 ISDN 3계층 프로토콜

제 8 장 ISDN

8.1 ISDN의 개요

8.1.1 ISDN의 개념

ISDN(Integrated Service Digital Network) 기술은 1970년대 후반부터 과거 CCITT(International Telegraph and Telephone Consultative Committee)로 불리는 ITU-T(International Telecommunication Union-Telecommunication)가 주축이 되어 지속적으로 연구 개발 및 표준화를 추진해 왔으며 미국, 일본, 유럽 여러 나라에서는 1980년대 후반부터 ISDN 상용 서비스를 실시하고 있다. 우리나라에서도 1990년부터 시범 사업이 개시되어 현재에는 대부분의 대도시에서 상용 서비스를 제공하고 있다. ITU-T 표준 권고안에서 정의하고 있는 ISDN의 특성에 대해 살펴보면 다음과 같다.

① ISDN은 디지털 전송기능과 디지털 교환기능을 제공하는 종합 디지털 네트워크(Integrated Digital Network)을 기반으로 발전된 네트워크이다.

② ISDN은 표준화된 전송 장비와 인터페이스를 이용하여 음성 및 비 음성 서비스(문자, 영상, 고속/고용량 데이터 전송 등)를 지원한다.

③ ISDN은 회선 교환, 패킷 교환을 통한 교환 접속 서비스는 물론 전용회선 서비스와 같은 비 교환 접속 서비스도 지원한다.

④ ISDN은 64Kbps 단위로 회선 및 패킷 전송을 지원한다. 64Kbps를 기본 단위로 사용하므로 음성의 디지털 전송에 중점을 둔 것이며 각종 비 음성 서비스의 제공에는 어느 정도의 한계가 존재한다.

⑤ ISDN은 통화 연결, 망 관리, 망 유지보수 기능을 효율적으로 처리할 수 있는 지능화된 통신망을 제공한다.

⑥ ISDN은 OSI의 모델에 정의된 계층화된 프로토콜 구조를 사용하므로 새로운 ISDN 관련 표준을 OSI에 근거하여 개발할 수 있다.

미국, 일본, 싱가포르와 우리나라에 처음 도입되었던 ISDN(Integrated Service Digital Network)은 기존의 구리 전화 회선을 그대로 이용한다. PSTN(Public Switched Telephone Network)과 신호의 송·수신 방식에서 가장 큰 차이가 나는 데 PSTN이 구리 전화선에 아날로그 신호를 보내는 반면 N-ISDN은 0과1이라는 디지털 방식으로 음성신호를 변환해 전달한다. 데이터 통신에 특히 유리하며 영상과 문자 등 방대한 양의 데이터를 별도의 변조 과정 없이 전달할 수 있기에 전송속도가 최대 128Kbps임에도 변조과정이 있는 28.8K 아날로그 모뎀보다 최대 10배까지 빠른 체감 전송속도를 느낄 수 있다. 기존의 전화선 이용으로 저렴한 비용 역시 장점 중의 하나이다.

종합정보통신망, 곧 ISDN은 CCITT(International Telegraph and Telephone Consultative Committee)에서 정의한 디지털 전송 프로토콜로서 전 세계 거의 모든 통신 회사들이 표준규격으로 받아들이고 있다. 예전에는 전화와 같이 단순히 음성만을 전달하면 되었으나, 점차 음성뿐만 아니라 데이터, 문자, 영상과 이들의 복합적 형태인 멀티미디어 정보와 관련된 비 음성 통신에 대한 욕구가 늘어나게 되었다. 이러한 정보들은 PSTN(Public Switched Telephone Network), CSDN(Circuit Switched Data Network), PSDN(Publec Switched Data Network), telex 망, fax 전용망 등을 통해 얻을 수 있다. 그러나 서로 형태가 다른 서비스를 이용하고자 할 때마다 별도 회선을 설치해야 하고 한 회선으로 복합적인 서비스를 동시에 이용할 수가 없어 매우 불편하다. 예를 들어, 사용자가 컴퓨터로 상대방과 통신을 할 경우에 모뎀이라는 것에다 전화선을 연결하여 통신을 한다. 이 때 전화선이 하나이므로 컴퓨터로 통신하는 순간에는 전화를 이용할 수가 없다. 이와 같은 불편함을 없애기 위해서 등장한 것이 바로 ISDN이다. ISDN은 완벽한 디지털 접속을 제공하므로 전화 접속 아날로그 서비스와는 달리 송신자의 컴퓨터나 전화로부터 지역 전화국의 중앙처리센터까지 전송된 후 다시 장거리 회선을 통하여 상대편 지역의 중앙처리센터 그리고 다시 최종 수신자의 컴퓨터나 전화까지의 모든 경로를 디지털 형태의 데이터로 전송된다. 전화 접속 아날로그 서비스와는 달리 ISDN에는 똑같은 접속을 통해서 데이터와 음성을 동시에 전송할 수 있는 기능이 포함되어 있으며, 디지털 네트워크에서 통합된 음성과 데이터 서비스를 제공할 수 있을 뿐만 아니라, 전화 접속 아날로그 서비스보다 훨씬 더 넓은 대역폭을 제공한다. 이렇게 일반 전화접속 아날로그 서비스를 이용할 경우 음성과 비음성의 서비스를 동시에 받고자 하는 경우 각각의 회선을 전화국으로부터 임대하여 사용했어야 하지만, ISDN이라는 종합 정보 통신망을 이용할 경우 이들을 하나의 회선으로 이용할 수 있게 된다.

현재 운용되고 있는 기존의 통신망은 전화 서비스나 데이터 서비스만을 각각 개별적으로 제공하는 전용망이었다. 전화 서비스를 제공해 주는 대표적인 통신망은 PSTN(Public Switched Telephone Network)으로, 음성 급 데이터를 전송하기 위해 64Kbps 전송 속도를 기준으로 설계된 네트워크이다. 또한, 데이터 서비스를 제공해 주는 대표적인 통신망은 PSDN(Public Switched Data Network)으로, X.25 통신 프로토콜을 기반으로 설계된 네트워크이다. 이와 같이 전용 서비스만을 개별적으로 제공해 주는 통신망은 다양화되어가는 서비스 추세에 부응하기가 어렵고, 한 가입자가 여러 서비스를 제공받기 위해서는 서비스별로 별도로 가입해서 각각의 사용법에 맞게 사용해야 하는 번거로움이 뒤따른다. 또한, 서비스 분야에 따라 여러 종류의 통신망을 개별적으로 구축하고 운용 관리하는 것은 사업자 입장에서 볼 때도 대단히 비효율적이라 할 수 있다. 그림 8.1에는 일반적인 ISDN 구조에 대해 설명하였다.

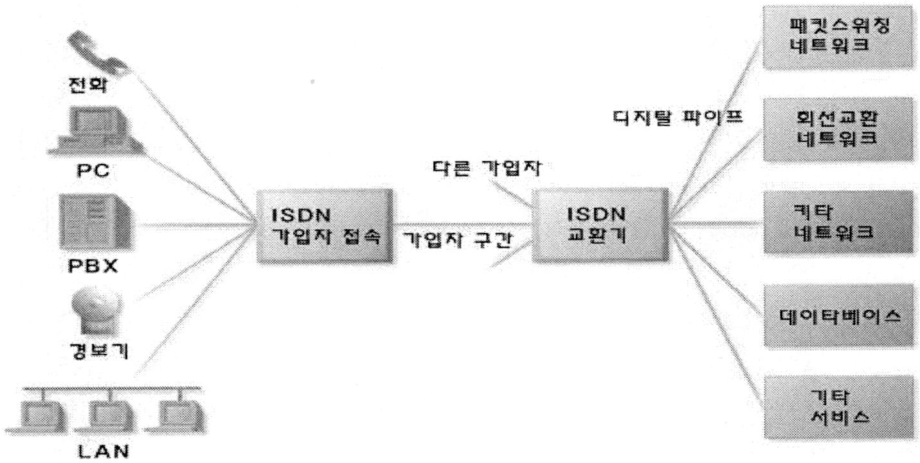

그림 8.1 일반적인 ISDN 구조

그림 8.1과 같이 개별적으로 운영되고 있는 각각의 통신망을 하나의 통신망으로 구축하여 멀티미디어 통합 서비스를 제공하는 것이 바람직한 방향이라 할 수 있다. 이러한 목적을 위해 음성 전화, 데이터 통신, 영상 통신 등의 다양한 서비스를 종합적으로 제공할 수 있도록 개발된 네트워크가 ISDN이다. ISDN은 전송, 교환, 사용자 단말기 등의 모든 통신 장비를 디지털 방식으로 전환함과 동시에 전송되는 모든 신호 역시 디지털로 전환하여 단일화 된 통신 방식을 사용함으로서 다양한 형태의 정보를 고속으로 전달하고 고품질의 정보 처리가 가능한 통합 네트워크이다. 따라서 종합정보통신망은 하나의 네트워크 상에서 문자, 음성, 화상 서비스를 동시에 제공해 주며, 디지털 데이터 교환방식인 회선 교환 방식과 패킷 교환 방식을 동시에 사용할 수도 있다. 또한, VAN에서 제공해 주는 각종 통신처리 서비스와 정보처리 서비스도 제공해 준다.

8.1.2 ISDN의 발전과정

기존에 개별적으로 운영되고 있는 각각의 통신망을 하나의 통신망으로 구축하여 멀티미디어 통합 서비스를 제공해 보자는 ISDN이 탄생할 수 있었던 계기는 디지털 전송기능과 디지털 교환기능을 통합하여 IDN(Integrated Digital Network)를 구성할 수 있다는 전혀 새로운 제안이 있었기 때문이다. 기존의 전화 네트워크의 신호 전달 과정은 다음과 같다. 먼저, 신호는 아날로그 교환기로 들어오기 전에 FDM(Frequency Division Multiplexer)에 의해 역다중화(demultiplex)된 후 복조(demodulation)되어 교환기로 들어온다. 이어서, 신호는 아날로그 교환기를 거친 다음 FDM에 의해 다시 다중화(multiplex)되고 변조(modulation)되어 전송된다. 이와 같은 반복적인 과정을 거쳐 신호는 최종 단말국으로 전송된다. 따라서 이와 같은 반복적인 과정으로 비용뿐만이 아니라, 잡음도 많아지는 단점이 발생한다.

ISDN의 신호 전달 과정은 다음과 같다. 먼저, 신호는 PCM(Pulse Code Modulation)을 통해 디지털화되고, TDM(Time Division Multiplex)되어 디지털 교환기로 들어온다. 이어서, 신호는 몇 개의 디지털 교환기를 거쳐 그대로 전송되고 최종 단말국에 전송되기 전에 첫 번째 과정의 역 과정을 거쳐 수신된다. 따라서 이와 같이 여러 단계의 변환을 거칠 필요가 없기 때문에 비용이 절감되고 잡음도 적어지게 된다.

ISDN은 이와 같은 기존의 종합 디지털 네트워크로 수행된 음성 서비스에다 문자나 영상과 같은 각종 비 음성 데이터 서비스도 함께 통합하여 하나의 네트워크로 서비스할 수 있도록 구성된 것이라 할 수 있다. 따라서 현재 꿈의 통신망이라 불리는 종합 정보 통신망은 종합 디지털 네트워크부터 시작된 것으로 볼 수 있다.

8.2 ISDN의 특성 및 장점

8.2.1 ISDN의 특성

ISDN을 사용함으로서 얻을 수 있는 장점은 1 회선 가입으로 2대의 통신장비를 동시에 사용할 수 있으며 일반 56Kbps 모뎀에 비해 두 배 이상의 고속 통신(128Kbps)이 가능하다는 점과 패킷 서비스가 가능한 디지털 통신망으로 구축되어 발신 번호 지정, 착신 전환, 통화 중 재 호출 등의 다양한 부가서비스가 가능하다는 것이다. 특히 사용자의 가입비가 저렴하며 사업자의 경우 부가세 환급으로 10% 요금절감의 효과도 얻을 수 있다. 단점으로는 서비스가 불가능한 지역이 있을 수 있다는 점과 기존 전화 회선을 전환하는 경우 전화번호가 바뀔 수 있으며 특정 장비의 경우 정전 시 전화통화가 불가능하다는 점을 들 수 있다.

1) 통합된 서비스

ISDN 서비스의 가장 큰 특징으로는 통합된 서비스의 제공을 들 수 있다. 기존 아날로그 방식의 서비스를 디지털로 변화시킴으로서 얻을 수 있는 첫 번째 특징으로, 기존의 음성, 팩스, 문자자료 심지어는 영상자료까지도 한 회선에 혼합하여 전송할 수 있음을 들 수 있다. 즉, 기존의 전화회선과 팩스회선 그리고 데이터 통신 회선을 하나로 묶을 수 있게 되었다.

2) 우수한 통화품질

디지털 형태로 정보를 교환하기 때문에 하나의 회선에 여러 자료를 혼합하여도 전송품질과 통화 품질이 감쇄되지 않는다. 즉, 일반 아날로그 서비스의 경우에는 각각의 정보량이 달라 감쇄나 위상 등이 고르지 못하여 획일적으로 전송하면 잡음이 생기고 통합하는 것이 불가능했지만 디지털 방식은 각각의 정보를 오직 0과 1로 조합하여 전송하기 때문에 이와 같은 특징을 얻을 수 있다.

3) 월등한 통신 속도

ISDN의 BRI(Basic Rate Interface) 서비스를 예로 보면, 64Kbps B채널 두 개를 갖고 있어 최대 128Kbps의 자료 전송속도를 기대할 수 있어 기존 모뎀의 속도보다 4배 이상 빠른 고속통신이 가능하여 인터넷을 사용할 때 통신비용을 절감할 수 있다. 또한, 이 두 개의 B채널은 전송 대역폭에 따라 동적으로 64Kbps와 128Kbps를 할당하는 기술이 적용되고 있어 보다 효율적인 전송을 유지할 수 있다.

4) 순간적인 통신접속

ISDN을 이용하여 통신망에 접속하는 경우, 기존 아날로그 서비스(대략 30여 초 소요됨)와는 달리 접속시간이 순간(사실 접속이 완료되기까지는 약 3~5초 정도 걸리지만, 이 소요시간의 거의 대부분은 사용자 계정확인 단계)이어서, 실제 자료전송이 필요한 시간에만 접속되는 동적인 네트워크 접속이 가능하여 접속시간에 신경 쓸 일이 없다.

8.2.2 ISDN의 장점

1) 사용자 측의 장점

ISDN을 사용함으로서 사용자가 얻을 수 있는 장점은 다음과 같이 대략 5가지 정도로 분류된다.

① ISDN의 표준화된 접속 장치가 설치되어 있다면 세계 어느 곳에서든지 쉽게 단말기를 설치하여 어떠한 용도의 통신에도 이용 가능하며 휴대가 간편하여 이동성이 있다.

② 하나의 가입자 회선으로 다양한 서비스를 제공받을 수 있으며 데이터의 통합으로 개별적인 통신에 비해 비용이 절약된다.
③ 오류나 잡음에 강한 디지털 방식을 사용함으로서 신뢰성 있는 고품질의 정보 전송이 가능하다
④ 기존 통신 회선의 전송 속도가 4.8Kbps에서 9.6Kbps까지인 반면에 ISDN의 전송 속도는 64Kbps, 384Kbps, 1.544Mbps로서 10배 이상이 빠르므로 고속전송이 가능하다.
⑤ ISDN의 장래의 발전성은 무한하다. 조작성의 향상으로 사용이 더욱 편리해지고, 보수성의 향상으로 고장의 진단 및 수리의 자동화가 가능하다. 또한, 인공지능(AI : Artificial Intelligence)을 이용한 지적인 통신 서비스가 가능하고, 전송 속도는 최고 600Mbps까지로서 고속의 통신 능력을 가질 수 있다.

2) 사업자 측의 장점

ISDN을 사용함으로서 통신 사업자가 얻을 수 있는 장점은 다음과 같이 대략 3가지 정도로 분류된다.
① 하나의 인터페이스로 여러 가지 다양한 용도로 사용이 가능하므로 이용자에 대한 서비스를 향상시킬 수 있다.
② 가입자 선로의 공통 이용 및 망 유지보수의 자동화로 인해 경제성이 향상되고과 효율성이 증대된다.
③ 표준 인터페이스와 OSI 모델의 계층적 프로토콜을 사용하므로 새로운 통신기능의 추가 및 변경이 용이하여 서비스와 비wm니스가 더욱 향상될 것이다.

8.3 ISDN 서비스

우리가 전화망에 전화를 연결하여 서비스를 제공받는 것은 매우 자연스러운 경우이지만 ISDN의 경우에는 조금 다르다. ISDN에는 다양한 매체가 연결되어 서비스를 제공받으므로 어떠한 서비스를 제공받아야 할지 정확히 정의해야 한다. ITU-T 표준인 I.200시리즈에는 3가지 유형의 ISDN 서비스가 정의되어 있다. 이러한 ISDN 서비스에는 그 속성에 따라 전송 서비스(bearer service), 텔레 서비스(tele-service), 부가 서비스(supplementary)로 나뉘어 진다.

8.3.1 전송 서비스

전송 서비스(bearer service)란 가입자의 단말기에서 전송된 정보를 변형하지 않고 그대로 전송하는 서비스로서 OSI 참조 모델 중에서 하위 3계층(물리 계층, 데이터 링크 계층, 네트워크 계층)까지만 지원하는 서비스이다. 정보 전송의 형태에 따라 회선 교환 방식 서비스(circuit-mode bearer service)와 패킷 교환 방식 서비스(packet- mode bearer service)로 분류된다. 아날로그 전화망을 통해 음성 신호를 전화들 간에 연결시켜 주는 것이 이에 해당된다.

8.3.2 텔레 서비스

텔레 서비스(tele-service)란 OSI 참조 모델의 하위 3계층(물리 계층, 데이터 링크 계층, 네트워크 계층) 뿐만이 아니라 상위 4계층(전송 계층, 세션 계층, 표현 계층, 응용 계층)까지도 모두 지원하는 서비스이다. 이와 같이 텔레 서비스는 하위 계층의 기능과 상위 계층의 기능이 합쳐져서 실현되므로 PC나 전화기와 같은 통상적인 매체는 하위 계층의 기능에 의하여 설정된 통로를 통해 각각의 단말기가 가지고 있는 상위 계층의 기능을 이용하여 통신을 수행하게 된다. 국제 표준으로 규정된 텔레 서비스의 예로는 전화, 메시지 통신, 팩시밀리, 텔리텍스(teletex), 비디오텍스(videotex), 파일 전송 등이 있다. 프로토콜 변환, 속도 변환 등 터미널 자체 기능까지 포함하는 복합적인 서비스로 패킷 네트워크를 통한 텔렉스 서비스를 제공하는 것이 이에 해당된다.

8.3.3 부가 서비스

앞에서 언급한 두 가지 서비스는 하나의 독립적인 기본 서비스들이고, 부가 서비스(supplementary service)는 이들 기본 서비스들에 그 특성의 일부를 변경하거나 추가하여 기본 서비스의 효율성을 높이기 위한 서비스를 말한다. 이와 같은 부가 서비스는 OSI 7계층을 모두 지원하지만 전송 서비스나 텔레 서비스와 개별적으로 분리되어 독단적으로 제공될 수 없는 형태의 서비스가 이에 해당된다. 부가 서비스의 대표적인 예로 번호 식별 기능과 통화 중 재 호출 기능을 들 수 있는데, 번호 식별 기능이란 텔레 서비스로 전화가 연결되면 수신자는 전송 서비스를 통하여 송신자의 번호를 확인할 수 있는 기능을 말하고, 통화 중 재 호출이란 두 사용자 간의 통화 중에 다른 전화가 걸려와 통화중인 수신자에게 신호를 보내는 기능을 말한다.

1) 발신번호표시

발신번호표시(Calling Line Identificaticn Presentation) 서비스는 발신 측의 전화번호가 착신 측 단말기에 표시되도록 한다. 장난, 협박전화포착, 범인 소재지 파악, 전화주문처 확인 등에 유용하게 응용된다.

2) 부 번호 지정

부 번호 지정(SUB-Addressing) 서비스는 동일번호로 여러 단말기를 사용하는 경우 각각에 별개의 부 번호를 지정하여준다. 예를 들면, 700-1000번에 4개의 단말기를 연결하여 사용하고자 할 때 각 단말기에 1, 2, 3, 4의 4개의 부 번호를 지정한 후 발신자가 700-3000#2를 누르면 부 번호가 2인 단말기만 호출된다.

3) 요금 통지

요금 통지(Advice OF Charge) 서비스는 통화 후 단말기에 사용요금을 표시해 준다.

4) 사용자간 정보전달

사용자간 정보전달(User to User Signalling) 서비스는 통화를 하면서 동시에 D채널을 통하여 간단한 통신문을 전송할 수 있다. 즉, 통화 중에 통장번호, 주민등록번호, 비밀번호 등을 상대방에게 전달할 수 있다.

5) 대표전화

대표전화(General Directory Call) 서비스는 특정 번호에 대한 착 신호들이 미리 설정된 그룹 내의 빈 번호로 분산된다. 예를 들면, 700-1000~5를 한 그룹으로 지정하고 1000을 대표로 했다면 1000번이 통화 중 일 때는 1001~1005번 중 빈 번호로 분산된다.

6) 착신전환

착신전환(call Forwarding) 서비스는 자기 전화번호를 다른 곳에 걸리도록 하는 서비스로 주부가 외출 시 자기 집 전화번호를 필요에 따라 다른 곳으로 걸 수 있도록 할 수 있다.

7) 신호 대기

신호 대기(Call Waiting) 서비스는 통화 중 제3자의 신호포착을 가능하게 하고, 3자와의 통화를 가능하게 해준다. 만약 A와 B가 서로 통화 중 일 때 C로부터 A에게 전화가 걸려오면 A는 B와의 통화를 잠시 보류 한 상태에서 C와의 통화가 가능하다.

8) 폐쇄 이용자 그룹

폐쇄 이용자 그룹(Closed User Group) 서비스는 미리 설정된 특정이용자군 내에서만 통신 군을 형성하여 군 밖의 가입자에 대해 접근을 금지시킨다. 주로 기밀 취급업무에 사용한다.

9) 통화 중 재 호출

통화 중 재 호출(Completion of Calls to Busy Subscribers) 서비스는 전화 걸 상대가 다른 제3자와 통화를 하고 있을 경우 통화상태를 감시하여 종료가 되면 상대에게 전화를 걸어준다.

10) 신용카드통화

신용카드통화(Credit card calling) 서비스는 통화요금을 신용 과금 번호에 과금하는 조건으로 전화를 연결시키며 가입자가 과금 번호와 비밀번호를 입력하고 통화하면 통화자격 및 사용 조건 확인 후 연결시킨다.

8.3.4 응용 서비스

1) 텔레마케팅 시스템

텔레마케팅(Tele-Marketing)시스템은 고객의 전화가 걸려오면 ISDN의 발신자 번호 표시기능을 이용하여 고객의 개인정보를 데이터베이스에서 찾아 컴퓨터화면에 자동적으로 나타내는 시스템이다. 허위 주문을 예방할 수 있으며 고객의 요구에 적절한 대응이 가능하기 때문에 각종 고객관리용 시스템에 유용하다.

2) 고품질 음성 전송(회의)시스템

고품질 음성 전송(회의)시스템은 음성 덱과 음성회의 장치를 사용하여 고품질인 음성통신을 실현한다. 라디오 중계 시스템으로 사용할 수 있으며 7KHz의 고품질 음성을 이용하여 음성회의에 사용한다.

3) 고속화일 전송 시스템

고속화일 전송 시스템은 디스크의 파일을 단시간에 정확히 전송하는 시스템으로 5.25인치 플로피 디스크(약1.2MB)1장 전송하는데 기존 망에서는 약40분 걸리는데 반하여 ISDN망을 이용하면 약3분 정도면 전송이 가능하다.

4) TV 화상회의 시스템

TV 화상회의 시스템은 상대편의 얼굴을 보면서 회의를 할 수 있다. 이 시스템이 구비된 곳이면 어느 곳이나 통신상대로 선택 가능하며, 5~6인 정도의 회의에 이용할 수 있고 압축방식을 응용하면 더 많은 사람간의 통신도 이룰 수 있다.

5) 원격감시 시스템

원격감시 시스템은 카메라에 비친 영상을 ISDN을 이용하여 원격지로 전송하는 시스템으로 서로 떨어진 여러 곳의 모습을 한 장소에서 집중 관리할 수 있다. 은행 CD 코너의 고객감시시스템, 도로상황의 정보수집 시스템에 이용된다.

6) LAN 및 DB 접속 서비스

LAN 및 DB(Data Base) 접속 서비스는 ISDN이 갖고 있는 고속, 고품질의 특성을 이용하여 기존에 구성된 LAN간에 접속하거나 호스트 또는 데이터베이스를 ISDN에 연결하여 ISDN 가입자에게 데이터 서비스를 제공할 수 있다. LAN-LAN간의 고속 전송 시스템, 호스트-호스트간의 고속 전송 시스템에 이용되며 기업체 또는 유사업체간의 데이터 망을 구성할 수 있다.

7) 원격 영상 의료정보 서비스

원격 영상 의료정보 서비스는 일반컴퓨터 및 사진전송 단말기를 이용하여 서로 떨어진 지점 간에 화상정보를 전송하는 서비스로 지역간 의료복지 평준화 및 균형발전을 도모할 수 있다.

8.4 ISDN의 채널과 전송 구조

8.4.1 ISDN 채널

데이터 통신에서 채널은 신호가 흐를 수 있는 배관이다. 채널은 사용자의 정보가 변화된 아날로그 또는 디지털 신호를 전송한다. 오늘날 전화의 로컬 루프(local loop)는 사용자와 통신망 간의 신호를 전송한다. 예를 들면, 수화기를 들면 전류가 흐르고 이 신호를 감지한 전화국에서 통화 가능 신호를 되돌려 보냄으로써 초기화가 설정된다. 수신 측에서 다이얼 톤을 보내면 전화국은 발신 측에 펄스 신호를 보내고 다시 수신 측에 발신음이나 통화 중 신호를 보낸다. 마지막으로 통화 종료 후 양측에 종료 신호를 보낸다. 또 한 가지는 음성, 비디오, 및 데이터를 전송한다. 결국 두개의 논리적 채널이 하나는 신호를 하나는 정보를 보내는 것이다. ISDN에서 루프는 디지털 신호만을 전송하고 신호와 데이터를 위해서 여러 개의 논리적 채널을 구성한다.

ISDN 가입자와 네트워크의 연결은 디지털 파이프(digital pipe)를 통해서 이루어지는데, 이 때 디지털 파이프의 용량은 서로 다른 용량을 가지는 다양한 서비스들을 수용할 수 있어야 한다. 이를 위해 ISDN은 가입자간 또는 가입자와 네트워크간의 연결 시 다음과 같은 대표적인 3가지의 고정된 용량을 가지는 채널(channel)을 제공한다.

1) B 채널

B채널은 64Kbps의 전송 용량을 가지는 디지털 채널로서 기본적인 사용자 채널이다. 따라서 전송용량이 64Kbps가 되게 부호화된 디지털 음성 및 디지털 데이터를 포함하는 혼합 전송에 사용될 수 있다. B채널은 회선교환 방식, 패킷교환 방식, 반영구적인 연결의 3종류의 커넥션의 구축 가능하다.

음성, 오디오, 비디오, 데이터를 포함한 서비스를 전송한다. D 채널은 사용자의 요구 교환신호의 특성을 기록한다. 예를 들면, ISDN 전화는 대화 서비스를 지원하기 위해서 64Kbps에서의 교환 접속을 요구할 수 있다. 이 전송 서비스는 B채널을 이용한다. B채널의 목적은 사용자의 음성, 오디오, 비디오 신호를 전송하는 것이다. 사용자의 서비스 요청은 B채널로 보내지는 않는다. B채널은 항상 64Kbps로 작동한다. 중요한 것은 B채널상의 신호 메시지를 교환하기 위해서 D채널을 사용하지는 않는다는 것이다.

2) D 채널

D채널은 16Kbps(D_{16}) 또는 64Kbps(D_{64})의 전송 용량을 가지는 디지털 채널로서 다음과 같은 두 가지 경우로 사용된다. 첫 번째는 B채널의 회선 연결을 위한 제어 신호(control signal)를 전송하기 위해 사용된다. 두 번째는 제어 신호의 전송에 사용되지 않을 때 패킷교환 방식에 의한 사용자 정보 전송을 위해 사용된다.

사용자와 통신망간에 신호를 전송한다. 모든 ISDN 기기는 물리적 접속기를 사용해서 통신망에 접속하고 서비스를 요구하기 위해서 메시지를 통신망에 보낸다. 서비스 요구 신호의 내용은 기기의 종류에 따라 다르다. 통신망과 사용자 장비는 D 채널을 통해 서비스 전송 메시지와 다른 신호 메시지를 교환한다. D 채널의 기본 기능은 사용자 대 망 신호 교환이지만, 이러한 신호는 모든 대역폭을 사용하지는 않는다. 여분의 D 채널의 대역폭은 사용자의 데이터 전송에 사용이 가능하다. 그러나 우선순위는 사용자 대 망신호가 먼저이다. D 채널의 속도는 16Kbps나 64Kbps이다.

3) H 채널

H채널은 384Kbps(H_0), 1,536Kbps(H_{11}), 1,920Kbps(H_{12})의 전송 용량을 가지는 고속 디지털 채널로서 대용량의 사용자 정보를 회선 교환 방식으로 전송하기 위해 사용된다. 대용량의 사용자 정보로는 고음질의 음성, 고속 팩스, 비디오, 대용량 데이터 등이 있을 수 있다.

B 채널과 같은 기능을 한다. 64Kbps보다 빠른 속도를 필요로 하는 통신 서비스는 H 채널에 의해서 제공되며, 이것은 여러 개의 B 채널을 묶은 것과 같은 크기의 대역을 제공한다. 64Kbps보다 상위의 전송 율을 요구하는 서비스는 고속팩시밀리, 고속 데이터, 고품질 오디오, 원격회의와 비디오 서비스이다. 가장 상위의 전송 율을 갖는 채널은 H0 채널인데, 이것은 384Kbps 전송 율을 갖는다. 이는 여섯 개의 B 채널을 묶은 것과 같다. H1 채널은 T1 혹은 E1 캐리어를 채택하는 단일 사용자에서 모든 가용한 H0 채널들로 구성된다. 북미방식인 H11 채널은 1.536Mbps에서 작동되고, 4개의 H0 채널과 같은 대역을 가진다. 유럽방식인 H12 채널은 1.920Mbps에서 작동되고, 5개의 H0 채널로 구성된다.

이 밖에도 A 채널과 C 채널이 있다. A 채널은 4KHz의 아날로그 전화 채널로서 일반적인 아날로그 음성 신호를 전송하기 위해 사용되며, C 채널은 8Kbps 또는 16Kbps의 디지털 채널로서 A 채널과 조합되어 혼합 액세스 채널로 사용된다.

8.4.2 ISDN 채널의 전송 구조

앞에서 설명한 3가지의 종류의 채널들은 가입자에게 제공될 때, 개별적으로 제공되는 것이 아니라 서로 혼합되어 제공된다. 이와 같이 혼합되어 가입자에게 제공되는 채널들을 전송 구조(transmission structure)라 한다. ISDN에서 주로 제공되는 전송 구조에는 BRI(Basic Rate Interface)와 PRI(Primary Rate Interface)가 있다.

1) BRI

BRI(Basic Rate Interface)는 두 개의 64Kbps B 채널과 하나의 16Kbps D 채널로 구성된다. 즉 2B+D 채널로 구성된다. 우선 두 개의 B 채널은 실제의 사용자 데이터를 전송하는 데 사용하는 반면, D 채널은 전화 회사에서 필요로 하는 신호 정보를 전송하는 데 사용한다. 따라서 D 채널은 ISDN 서비스에 대해서 전혀 독립적인 대역 외 신호 채널이라고 할 수 있다. 3개의 통신 channel들은 각기 분리되어 서로 다른 데이터를 동시에 전송할 수 있으며 하나의 라인으로 연결되어 최대 144Kbps접속을 제공한다.

ISDN은 독립적인 채널들의 모임으로 생각할 수 있다. 어떤 다른 응용 프로그램을 위해서 특정 채널을 사용하지 않고 대신 남겨둘 수 있는가 하면, 좀 더 나은 성능을 얻기 위해서 여러 채널을 한꺼번에 통합해서 사용할 수도 있다. 첫 번째 경우에는 두 개의 B 채널 중 하나는 음성 전용을 위해서 사용하고, 나머지 하나는 인터넷 접근과 같은 데이터 응용 프로그램용으로 사용한다. 두 번째는 두 개의 B 채널 모두를 데이터 전송을 위해서 사용하지만 네트워크 안에서 서로 다른 지점을 향하도록 사용하는 경우이며, 데이터 응용 프로그램이 좀 더 넓은 대역폭을 사용할 수 있도록 하기 위해서는 각 B 채널의 대역폭을 통합하여 같은 위치로 접속하도록 하는 경우이다. 물론 어떠한 경우라도 데이터 전송 중에 음성 신호의 요청으로 음성 전송을 할 수 있다. BRI 서비스는 개인용 정보통신 서비스로서 전화와 PC통신을 동시에 사용할 수 있어 빠른 업무 처리와 재택근무자 및 소규모 인터넷 접속 네트워크 구성에 유리하다.

2) PRI

PRI(Primary Rate Interface)는 64Kbps 대역폭의 B 채널 23개 또는 30개와 16Kbps D 채널 1개로 구성된다. 즉, 23B+D(북미방식) 또는 30B+D(유럽방식)채널로 구성된다. 최대 1.544Mbps의 T1급과 2.048Mbps의 E1급 접속을 제공한다. 동시에 23개 또는 30개의 기존 통신장비를 사용할 수 있어 사설 교환기, 키폰, 인터넷, LAN접속, 다자간 화상회의 등에 이용할 수 있다. 전송 구조가 23B+D인 형태는 주로 한국, 미국, 캐나다, 일본 등에서 사용되고, 30B+D인 형태는 주로 유럽에서 사용된다.

이 밖에도 혼합형 전송 구조가 있는데 이것은 1개의 A 채널과 1개의 C 채널로 구성되며, 일반적인 기존의 아날로그 전화의 사용이 가능하도록 하기 위한 것이다.

8.5 ISDN의 사용자 인터페이스

8.5.1 ISDN의 일반적인 구조

ISDN은 기존의 PSTN과 마찬가지로 여러 가지 종류의 가입자 단말 장치는 가입자의 이용 요구에 적합한 디지털 파이프를 통해 ISDN 교환기로 연결되고, ISDN 교환기는 이를 관련된 각종 통신망과 연결시킴으로서 궁극적으로 ISDN 서비스를 제공하게 된다. 여기서 디지털 파이프가 ISDN에서 대단히 중요한 기능을 수행해 주게 되는데, 가입자 단말 장치의 전화, 팩시밀리, 퍼스컴 등 어느 장치에서 유래되었던지 상관없이 데이터의 비트 흐름은 이 파이프를 통하여 양방향으로 일어날 수 있다. 또한, 파이프는 사용자의 구내에서 고정 량을 갖지만 파이프 상의 트래픽은 그 용량의 한계까지 복합적으로 변할 수 있고 사용자는 언제든지 파이프의 최대용량 내에서 사용할 수 있으며, 연결시간이 아닌 사용된 용량에 따라서 요금을 지불하게 된다.

8.5.2 ISDN의 UNI 구조

ISDN은 음성 및 비음성의 다양한 서비스를 하나의 통신망으로 제공하는 네트워크이므로 여러 가지 종류의 단말기들이 ISDN 교환기에 접속될 수 있어야 한다. 이를 위해서는 여러 가지 종류의 단말기들이 ISDN 교환기와 접속되는 과정에서 정확한 기능이 정의되어야 한다. 따라서 ITU-T나 ISO 등과 같은 표준화 기구에서는 UNI(User-Network Interface) 구조를 기능 그룹과 기준점으로 분리하여 정의하고 있다.

1) 기능 그룹

기능 그룹(functional group) 이란 개별적인 기능을 수행하는 장비들을 기능에 따라 통합하여 하나의 그룹으로 나타낸 것이다. TE 1, TE 2, TA, NT 1, NT 2가 기능 그룹에 해당한다. TE 1(Terminal Equipment 1)은 ISDN 디지털 전화기나 G4 팩시밀리와 같은 ISDN 표준 가입자 단말 장치를 나타내는 것이고 TE 2는 일반 전화기나 기존의 전기 통신 단말기와 같은 ISDN 비표준 가입자 단말 장치를 나타내는 것이다. 이러한 비 ISDN 장비인 TE 2는 단말기 어댑터인 TA(Terminal Adapter)를 통해서만 ISDN에 접속할 수 있다. TA는 기존의 공중 교환 전화망이나 공중 교환 데이터 망으로 접속되는 인터페이스를 ISDN 프로토콜로 변환해 주는 기능을 제공한다. NT 1(Network Termination 1)은 OSI 물리 계층을 지원하는 망 종단장치로서 교환 망과의 물리적 접속, 동기 유지, 전원 공급 등의 기능을 수행한다. NT 2는 OSI 데이터 링크 계층과 네트워크 계층을 지원하는 장비로서 교환(switchiing) 기능과 다중화 같은 집중화(concentration) 기능을 수행한다.

2) 기준점

기준점(reference point)이란 각 기능 그룹을 분리하거나 결합하기 위해 사용되는 기준이 되는 지점을 말한다. R(Rate), S(System), T(Terminal)가 기준점에 해당한다. 기준점 R은 ISDN 비표준 가입자 단말 장치와 TA를 분리시키는 지점이며, 기준점 S는 ISDN 표준 가입 단말기 장치 또는 TA와 NT2를 분리시키는 지점이다. 그리고 T는 NT 2와 NT 1 분리시키는 지점으로서 가입자 측 영역과 네트워크 측 영역의 경계 기준점이다.

8.6 ISDN 3계층 프로토콜

ISDN 프로토콜 구조는 기본적으로 OSI 모델에 근거를 두고 개발되었지만, 이들이 정확히 일치하지는 않는다. OSI 모델은 한 종류의 정보 처리에 중점을 두고 있는 반면에 ISDN은 혼합된 여러 가지의 정보들을 하나의 흐름으로 처리에 중점을 두고 있다. 다음 그림 8.2는 OSI와 ISDN 프로토콜 구조를 나타낸 것이다.

구조 / 계층	OSI 구조	ISDN 구조	
상위계층	상위 계층	사용자 정의	
3계층	네트워크 계층	I.451	
2계층	데이터 링크 계층	LAP-D	LAP-B(I.463, V.120)
1계층	물리 계층	I.430, I.431	
		D 채널	B 채널

그림 8.2 ISDN 프로토콜의 구조

그림 8.2에서 보는 바와 같이 ISDN 프로토콜 구조는 OSI 상위 계층(4계층에서 7계층)과는 관련이 없고, OSI 하위 계층(1계층에서 3계층)과 밀접한 관계를 갖는다. 따라서 ISDN에서는 가입자 사이의 정보 교환과 관련된 기본 및 부가 서비스는 OSI 프로토콜과는 관련을 가지지 않고 서비스 제공자가 개발하여 제공해 주게 된다. 그리고 ISDN 프로토콜은 그림에서와 같이 각 계층별로 D 채널과 B 채널을 구분하여 제공된다. B채널은 패킷 교환 방식이나 회선 교환 방식 또는 반영구적인 연결 방식으로 사용자 정보를 전송하기 위해 사용되며, D 채널은 제어 정보나 패킷 교환 방식의 사용자 정보를 전송하기 위해 사용한다.

8.6.1 ISDN 1 계층

ISDN 1 계층은 OSI 모델의 물리 계층에 해당하며, ITU-T의 I 시리즈 중에서 I.430과 I.431에 정의되어 있다. I.430은 기본 접속에 관한 권고안이고, I.431은 주 접속에 관한 권고안이다. ISDN 1 계층에서 B 채널과 D 채널은 동일한 물리적 인터페이스를 통해 다중화되어 물리 계층으로 전달되지만 ISDN 2 계층과 3 계층에서는 B 채널과 D 채널은 각각 다른 프로토콜에 의해서 처리된다.

8.6.2 ISDN 2 계층

ISDN 2 계층은 OSI 모델의 데이터 링크 계층에 해당하며, D 채널과 B 채널의 처리를 위해 각각 다른 프로토콜이 존재한다. D 채널의 처리는 LAP-D(Link Access Protocol-D channel) 프로토콜을 사용한다. 패킷 교환 방식을 위한 B 채널의 처리는 LAP-B (Link Access Protocol-B channel) 프로토콜을 사용하고, 회선 교환 방식 및 반영구적인 연결 방식을 위해 I.465과 V.120이 제안되어 있다. LAP-D와 LAP-B는 D 채널과 B 채널의 처리를 위해 OSI 2 계층에서 사용되는 HDLC(High-level Data Ling Control) 방식을 ISDN에 맞도록 수정한 프로토콜이다.

8.6.3 ISDN 3 계층

ISDN 3 계층은 OSI 모델의 네트워크 계층에 해당하며, 신호의 연결, 유지, 종료와 같은 제어 정보 전송을 위한 D 채널 처리는 ITU-T의 I 시리즈 중에서 I.451 표준에 따르며, 패킷 교환 방식에 의한 사용자 정보 전송을 위한 D 채널의 처리는 LAP-D에 따른다. 그리고 패킷 교환 방식에 의한 사용자 정보 전송을 위한 B 채널의 처리는 LAP-B에 따르지만, 회선 교환 방식 및 반영구적인 연결 방식에 대한 표준은 정의되어 있지 않다

연 습 문 제

1. ISDN의 개념에 대해서 설명하시오.

2. ISDN의 특성에 대해서 설명하시오.

3. ISDN의 서비스에 대해서 설명하시오,.

4. ISDN의 채널에 대해서 설명하시오.

5. ISDN의 전송 구조에 대해서 설명하시오.

6. ISDN의 UNI에 대해서 설명하시오.

7. ISDN의 프로토콜에 대해서 설명하시오.

제 9 장

B-ISDN

9.1 B-ISDN의 환경
9.2 B-ISDN의 개요
9.3 B-ISDN의 서비스
9.4 UNI 및 전송 구조
9.5 B-ISDN 프로토콜
9.6 ATM 교환 기술
9.7 초고속 정보통신망과 사회의 변화

제 9 장 B-ISDN

9.1 B-ISDN의 환경

최근에 한국을 포함한 세계의 선진 각국에서는 정보화 사회에서 사회 기반 시설인 B(Broadband)-ISDN 구축을 국가 전략 사업으로 추진해 왔다. 이러한 추세는 B-ISDN이 다양한 형태의 멀티미디어(multimedia) 정보 전송을 위한 정보 고속 도로(information super highway)가 되어 정보의 원활한 유통 체계를 제공함으로써 국가 생산력을 향상시키고 궁극적으로 국가 경쟁력을 강화시킨다는 인식에 기반을 두고 있다.

B-ISDN이란 광케이블을 이용한 광 대역 종합 정보 통신망과 고성능 및 다기능 컴퓨터의 결합을 통해 문자, 화상, 음성 등 모든 형태의 정보를 통합적으로 자유로이 주고받을 수 있는 전산망을 말한다. 넓은 의미의 B-ISDN은 광케이블뿐만이 아니라 위성, 무선 등을 통합적으로 이용하는 종합적 광대역 정보 통신망을 의미한다. 우리나라의 체신부에서는 년까지 한국통신의 기존 통신망을 활용하여 주요 도시를 광케이블로 연결하여 전국을 단일 권역 화 하여 첨단 서비스를 제공하기 위한 초고속 국가 정보 통신망 구축 계획을 3단계로 나누어 추진하고 있다. 다음 표 9.1은 추진 중인 초고속 국가 정보 통신망의 구축 계획 및 서비스 특징을 나타낸 것이다.

표 9.1 초고속 국가 정보 통신망의 구축 계획 및 서비스 특징

단 계	기 간	통신망 구축 계획	서비스 특징
1단계	1995~1997	주요 도시와 중소 도시 간 155Mbps ~622Mbps급 광전송로 구축	멀티미디어 처리 형 정보 통신 서비스
2단계	1998~2002	2.5Gbps~수십Gbps급으로 전송로 확장 구축	인공지능형 정보통신 서비스
3단계	2003~2010	수십Gbps~수Tbps급으로 전송로 확장 구축	실감 형 정보통신 서비스

1단계에서 제공받을 수 있는 서비스의 예로는 멀티미디어 전자신문, 멀티미디어 네트워크 게임, 화상 회의, 전자 도서관, 전자 박물관, 주문 형 비디오, 전자 결재, 원격 쇼핑 등이 있으며, 2단계에서 제공받을 수 있는 서비스의 예로는 전자 비서, 인공 지능 주치의, 주문 형 일기 예보, 자연 재해 자동 경보, 벽걸이형 초대형 HDTV(High

Definition TV), 손목 형 영상 전화, 무선 화상 회의, 자신 주연 영화 제작 등이 있다. 그리고 3단계에서 제공받을 수 있는 서비스의 예로는 홀로그램 환경 제공, 위험 상황 예고, 무 서류 행정 처리, 환경오염 자동 경보, 홀로그램 체육공원, 무인 운전 자동차, 촉각 및 후각 전송, 우주 통신 등이 있다.

9.2 B-ISDN의 개요

ISDN은 8장에서 알아본 바와 같이 문자, 음성, 영상 등 다양한 서비스를 통합하여 하나의 회선을 통하여 제공함으로써 경제적이고 효율적인 관리 및 운용을 할 수 있는 디지털 방식의 종합 통신망이다. 그러나 정보 통신 기술의 급격한 발전 추세와 더불어 요구되는 고속화, 광대역화, 멀티미디어화와 같은 기술 특성과 끊임없이 쏟아지는 서비스들을 수용하기에는 64Kbps급 위주의 ISDN으로는 한계에 부딪히게 되었다. 따라서 ITU-T는 1980년대 후반에 접어들면서 B-ISDN 표준화 작업을 진행시키게 되었고, 그 결과 1980년대 말 경에는 B-ISDN을 위한 기본 골격을 완성하게 되었다. B-ISDN의 등장과 더불어 기존의 ISDN은 N(Narrowband)-ISDN이라고 부르게 되었다.

개념적으로는 B-ISDN은 N-ISDN을 광 대역 서비스로 확장한 것이다. 다시 말해, 전화, 팩시밀리, 각종 데이터 등의 N-ISDN 서비스에 덧붙여 고속 데이터 전송, 영상 전화, 영상 회의, 정밀화면 전송, CATV 서비스 등의 광 대역 서비스를 통합적으로 제공할 수 있는 통신망이다. 그러나 실제 구현에 있어서는 서비스해야 할 데이터의 다양성 때문에 N-ISDN과 전혀 다른 방식을 사용하게 된다. 즉, 광 대역 서비스 데이터들의 다양한 특성과 분포를 공통적으로 수용할 수 있는 수단으로서 ATM(Asynchronous Transfer Mode)을 채용하였다. 이것은 패킷을 위주로 하여 광 대역 서비스를 통합하는 것으로 회선을 위주로 하여 협 대역 서비스를 통합했던 N-ISDN과는 근본적인 차이를 나타낸다. 또한 N-ISDN이 최대 1.5Mbps까지의 전송 용량을 기본으로 하고 있는 반면에 B-ISDN은 155Mbps, 622Mbps, 2.4Gbps급의 전송 속도 및 용량을 기본으로 하고 있다. 이러한 측면을 볼 때, B-ISDN는 기존의 통신망과 비교할 때 여러 가지 측면에서 혁신적인 통신망이라 할 수 있다.

9.3 B-ISDN의 서비스

B-ISDN은 기존의 서비스뿐만이 아니라 넓은 대역폭이 요구되는 영상 관련 서비스까지 서로 다른 종류의 각종 서비스들을 수용할 수 있다. 따라서 데이터의 크기가 고정적인 음성 서비스뿐만이 아니라 가변 길이를 가지는 각종 데이터, 영상 및 이들이 상호 복합된 형태의 서비스를 모두 제공한다. ITU-T에서는 B-ISDN 서비스를 서비스

제공 방법에 따라 양방향 서비스(interactive service)와 분배 형 서비스(distributive service)로 분류하고 있다. 양방향 서비스와 분배 형 서비스는 다음 그림 9.1과 같이 분류된다.

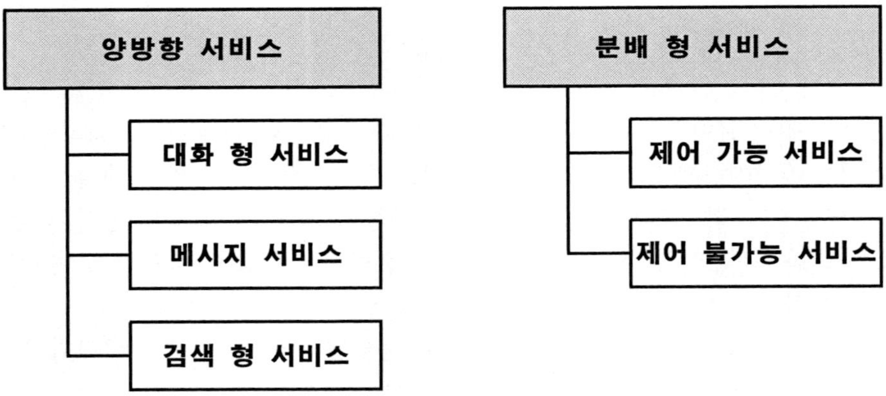

그림 9.1 B-ISDN 서비스의 분류

9.3.1 양방향 서비스

양방향 서비스(interactive service)에서 대화 형 서비스(conversational service)는 대화 상대방 사이에 양방향 대화를 실시간에 이루어질 수 있도록 해주는 서비스로서 B-ISDN에서 가장 중요하고 광범위한 서비스들을 포함하고 있다. 대화 식 서비스의 대표적인 예로는 원격 교육, 원격 구매 및 광고, 화상을 포함하는 고속 데이터의 전송, 원격 오락 등이 있다.

메시지 서비스(message service)는 가입자 사이에 필요한 정보를 저장 장치에 축적 및 저장시킨 다음, 이에 대한 서비스 요구가 있을 때 이를 전달해 주는 서비스로서 대화 식 서비스와는 달리 실시간 처리를 요구하지 않는다. 메시지 서비스의 대표적인 예로는 영상우편 서비스와 문서우편 서비스가 있다. 영상우편 서비스는 영상과 음성을 전달하는 전자 사서함 서비스이고, 문서우편 서비스는 문서 전달을 위한 전자 사서한 서비스이다. 검색 형 서비스(retrieval service)는 정보 저장 센터를 통해서 정보를 검색할 수 있도록 해주는 서비스로서 사용자의 요구에 따라 검색하여 검색된 정보를 사용자에게 전달해 준다. 검색 서비스의 대표적인 예로는 의료정보 검색, 다중매체 문서검색, 정밀영상 검색 서비스 등이 있다.

9.3.2 분배 형 서비스

분배 형 서비스(distributive service)는 사용자가 제어할 수 없는 서비스와 제어할 수 있는 서비스로 분류된다.

제어 가능 서비스(service with user presentation control)란 중앙의 서비스 제공자가 제공해 주는 정보를 가입자가 정보의 시작이나 순서를 변경할 수 있고, 문자, 소리, 그림의 변경 및 조작이 가능하다. 제어할 수 있는 서비스의 대표적인 예로는 원격 교육, 원격 광고, 원격 소프트웨어 등이 있다.

제어 불가능 서비스(service without user presentation control)란 중앙의 서비스 제공자로가 공인된 불특정 다수의 수신 가입자들에게 연속적으로 정보를 송신해 주는 서비스로서 가입자들은 서비스되는 정보에 대해 수신 시간의 변경, 수신 순서의 변경 등과 같은 제어를 할 수 없다. 제어할 수 없는 서비스의 대표적인 예로는 일반 TV 방송 서비스, 전자 신문 서비스, 전자 서적 서비스 등을 들 수 있다.

9.4 UNI 및 전송 구조

9.4.1 UNI 구조

B-ISDN의 UNI(User-Network Interface) 구조는 논리적으로 ISDN과 동일한 구조를 가진다. B-ISDN의 UNI 구조는 8장에서 언급한 ISDN의 UNI 구조에서 기능 그룹과 기준점에 단지 B(Broadband)라는 글자만 앞에 덧붙여서 표시해주면 된다.

B-TE 1, B-TE 2, B-TA, B-NT 1, B-NT 2가 기능 그룹에 해당하고, B-R, B-S, B-T가 기준점에 해당한다.

B-ISDN에서 가입자가 접속하는 교환국은 B-ISDN 서비스와 N-ISDN 서비스를 동시에 처리할 수 있다. 다시 말해, 트위스티드 페어 케이블을 사용하는 일반 전화선을 통한 N-ISDN의 기본 접속과 일차 접속을 처리할 수 있고, 동축 케이블이나 광섬유 케이블을 통해 영상을 전송하는 광 대역 서비스도 수용할 수 있다.

9.4.2 전송 구조

B-ISDN에서는 다양한 서비스를 효과적으로 가입자에게 제공하기 위해 다음과 같은 세 가지 전송 구조를 사용한다. 첫 번째 전송 구조는 155.52Mbps의 양방향 서비스를 제공하고, 두 번째 전송 구조는 622.08Mbps의 양방향 서비스를 제공하며, 세 번째 전

송 구조는 가입자에서 망으로는 155.52Mbps로 서비스를 제공하고, 망에서 가입자로는 622.08Mbps로 서비스를 제공한다. 첫 번째 전송 구조는 B-ISDN에서 가장 일반적으로 제공할 수 있는 형태로서 개인 가입자에게 서비스를 제공하기 위한 형태이고, 두 번째 전송 구조는 비디오 공급업자나 학교 등에서 개인 가입자보다는 다수의 가입자에게 동시에 서비스를 제공하기 위한 형태이다.

9.5 B-ISDN 프로토콜

B-ISDN 프로토콜은 물리 계층(physical layer), ATM 계층, AAL(ATM Adaptation Layer)과 같은 계층에 의한 수직 방향의 계층 구성과 수평 방향의 플레인(plane)으로 구성되어 있다. 여기서 수직이란 통신하는 데이터 처리절차의 시간적 전후 관계를 말하며, 수평이란 데이터 처리 절차와는 독립된 회선접속이나 관리 절차를 가리킨다. B-ISDN의 프로토콜 구조는 기본적으로 OSI 모델과 같은 계층 구조로 되어있지만 B-ISDN에 새로 도입된 여러 가지 기능적 요구 사항을 정립하기 위해 영역 분리 개념을 도입하였다. B-ISDN 프로토콜 구조는 관리 프레인(management plane), 제어 플레인(control plane), 사용자 프레인(user plane)으로 이루어진다.

관리 플레인(management plane)은 다시 계층 관리(layer management) 부분과 플레인 관리(plane management) 부분으로 구분된다. 계층 관리 부분에서는 각 계층에서 사용되는 자원과 파라미터들을 관리하고, 플레인 관리 부분에서는 각 플레인 간의 조정과 시스템의 전반적인 관리를 한다. 제어 플레인(control plane)은 사용자 정보를 전송하기 위한 회선의 설정, 유지, 종료를 제어하는 기능을 제공하고 사용자 플레인(user plane)은 사용자 정보 전송을 담당하고 흐름 제어, 오류 제어 기능을 제공한다.

또한, 제어 플레인과 사용자 플레인은 다시 물리 계층, ATM(Asynchronous Transfer Mode) 계층, AAL(ATM Adaptation Layer), 상위 계층으로 구분되며, 물리 계층과 ATM 계층은 제어 플레인과 사용자 플레인에 공통적으로 존재한다. 그림 9.2에 ATM 프로토콜 참조 모델에 대해 표현하였다.

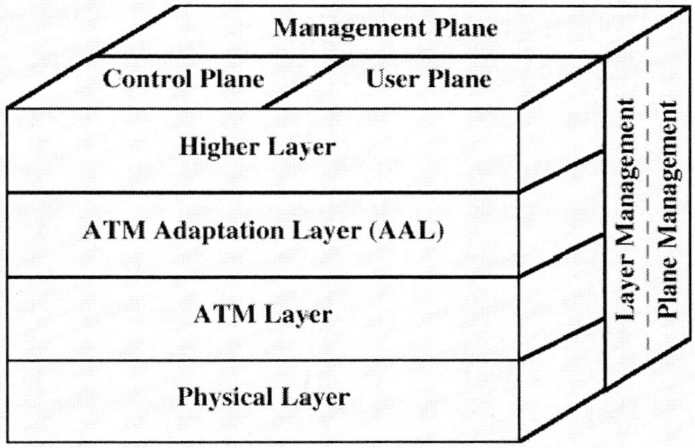

그림 9.2 ATM 프로토콜 참조 모델

9.5.1 플레인(plane) 구조

ATM 참조 모델은 OSI 참조 모델과는 다르게 세 개의 플레인 구조를 갖는다. 이 플레인은 ATM 구조의 네 계층 모두에 걸쳐 동작하며 세부적인 기능은 다음과 같다.

1) 사용자 플레인

사용자 플레인(User Plane)은 사용자가 통신망을 경유하여 사용자 정보를 송수신하는 프로토콜이며 ATM 방식에 의거한 특유의 구조로 이루어지다. 즉, 네트워크를 통한 말단 사용자 정보의 전송을 제공하며 이는 ATM 네트워크에서 셀 릴레이 서비스를 이루는 ATM 계층과 물리 계층에 관계가 있다.

2) 제어 플레인

제어 플레인(Control Plane)은 망과 단말기 간에 호나 연결의 설정, 유지, 해제에 관한 제어 정보를 처리한다. 즉, ATM 종단 장비간의 연결을 설정하기 위한 신호 정보의 교환을 제공하며 ATM 스위치 서비스에 필수적인 제어 기능을 제공한다.

3) 관리 플레인(Management Plane)

관리 플레인(Management Plane)은 망의 유지보수나 트래픽 상태의 관리 등 운용에 관한 프로토콜을 처리하기 때문에 계층 관리와 플레인 관리로 나눈다. 계층 관리는 각 계층의 동작을 감시하는 기능을 제공하며 플레인 관리는 시스템 전체의 관리 및 사용자 플레인과 제어 플레인 간의 정보제공 기능을 제공한다. 즉, 사용자 플레인과 제어 플레인 간의 정보 교환을 위한 능력과 동작 및 관리 기능을 제공한다.

9.5.2 계층 구조

1) 물리 계층

물리 계층은 PMDS(Physical Medium Dependent Sub-layer)와 TCS(Transmission Convergence Sub-layer)로 분류된다. PMDS는 물리 매체(트위스티드 페어 케이블, 동축 케이블, 광섬유 케이블 등)를 통한 비트 전송 기능, 비트 동기화 기능 등을 제공하고 TCS는 데이터를 전송 프레임 단위로 생성하고 복구하는 기능을 제공한다.

2) ATM 계층

ATM(Asynchronous Transfer Mode) 계층은 물리 계층과는 독립적으로 작용하며, 셀의 다중화와 역다중화 기능, VPI(Virtual Path Identifier)와 VCI(Virtual Channel Identifier) 확인 기능, GFC(Generic Flow Control) 기능을 제공한다.

3) AAL

AAL(ATM Adaptation Layer)은 상위 계층에서 요구하는 서비스를 지원하기 위한 계층으로 ATM 계층에서 전달되는 셀들을 상위 계층에서 이용 가능하도록 변환하는 기능을 수행한다. AAL의 기능은 CS(Convergence Sub-layer)와 SARS(Segmentation And Reassembly Sub-layer)로 구성된다. 또한 각 서비스에 의존하는 기능을 처리하고, 각 서비스에 대응하여 복수의 프로토콜이 규정되어 있고, 각종 서비스에 대응하는 상위계층의 기능 추가, 변경을 AAL에서 흡수하고 B-ISDN의 기본 기능인 셀의 전송 기능에 영향을 주지 않도록 한다. 한편 CS는 상위 계층 사용자 서비스 정보를 PDU(Protocol Data Unit)로 생성하거나 그 역기능을 제공하며, 또한 데이터 오류의 확인이나 정정 등 데이터의 정당성을 검증하고 그 결과를 상위 계층에 건네주는 역할을 수행하며 SARS(Segmentation And Reassembly Sub-layer)는 PDU를 절단하여 ATM 셀의 사용자 정보 필드를 형성하거나 그 역기능을 수행한다. AAL은 SSCS(Service Specific Convergence Sub-layer)와 CPCS(Common Part Convergence Sub-layer)로 나뉜다. 여기서 SSCS는 서비스 의존적이며 데이터 전송을 보장하고 CPCS는 서비스 독립적이며 ATM 네트워크를 통해 전송할 수 있는 데이터를 준비하는 역할을 한다.

9.5.3 ATM 데이터의 처리

사용자 정보(음성, 비디오, 데이터)를 ATM 포맷으로, 반대로 매핑(mapping)하는 과정은 2 계층인 데이터 링크 계층에서 일어난다. 사용자 데이터가 2 계층에서 ATM 셀로 매핑되면, 셀은 1계층인 물리 계층으로 보내어져 네트워크를 통해 물리적 미디어와 ATM 스위치를 경유하여 수신 측으로 전송된다.

9.6 ATM 교환 기술

9.6.1 ATM 개요

ATM 기술은 ITU-T 공용 네트워크를 통한 음성, 화상, 그리고 데이터의 고속 전송을 위한 B-ISDN의 개발 노력의 결과로서 시작되었으며, 현재 ATM 포럼 및 여러 표준화 그룹이 각종 스펙과 장비간의 호환성을 위해 노력하고 있다. 제록스사의 PARC(Palo Alto Research Center)에서 이더넷이 발명된 이래 약 25년 사이에 LAN은 급속한 발전을 이루었으며, 컴퓨터의 고성능화, 네트워크 OS(Operating System)의 발전, 인터페이스의 고속화, 멀티미디어의 등장 등으로 LAN에 대하여 다음과 같은 요구조건이 발생하였으며, 그 해결방안으로 LAN에 ATM이 도입되었다. 요구 조건을 살펴보면, 먼저 고속 성을 들 수 있다. CPU, 네트워크 OS, 내부버스, 주변기기 인터페이스의 고성능화에 적합한 고속 전송이 가능해야 한다. 다음으로 확장성을 들 수 있다. 실효 전송속도를 떨어뜨리지 않고 네트워크 노드의 증설이 가능해야 한다. 또한 유연성을 들 수 있다. 각 네트워크 노드에 대한 가변전송속도를 지원할 수 있어야 한다. 마지막으로 멀티미디어 정보의 전송과 관련된 전송정보의 실시간성 및 연속성이 보장되어야 한다.

ATM을 개괄적으로 살펴보면, 저속도 통신이나 정보량이 적은 통신에서부터 고속 광 대역 통신에 이르기까지 통신 중에도 대역을 자유롭게 변경할 수 있는 기술이라 할 수 있다. ATM에서는 송신 단말기에서 수신 측으로 보내는 정보를 48바이트로 나누고 이에 5바이트의 헤더를 덧붙여 53 바이트의 고정 길이를 가진 셀이라는 단위로 정보를 보낸다. 이는 마치 48바이트 길이의 정보 다발에 5바이트의 꼬리표가 붙는 것과 같다. ATM 네트워크 내로 보내진 셀은 헤더 내 정보에 따라 하드웨어에서 고속으로 교환되고 목적지인 수신 측의 단말기에 도착한 셀은 헤더 검사를 받고 원래의 정보로 복구된다. 정보의 전송에 있어, 송신 측 단말기에서 1.5Mbps의 정보량을 수신 측의 단말기로 보내고자 할 때는 같은 수신 측 헤더 정보를 가진 셀을 1초 동안 약

4,000셀을 송신하면 되고, 6Mbps의 정보량을 보낼 경우에는 1초간 16,000셀을 송신하면 된다. 이와 같이, 통신 중에도 단위 시간당 송신 셀 수를 변화시켜 송신 정보량을 자유롭게 바꿀 수 있다. 즉 ATM은 통신 채널에 필요한 대역을 마음대로 할당할 수 있다. 일반적으로 STM(Synchronous Transfer Mode) 방식보다 효율적이라고 알려져 있다.

ISDN에서는 STM(Synchronous Transfer Mode)에 따라 고정된 전송 속도를 가지는 방식을 사용하였으나, 수십 Kbps에서 수백 Mbps까지 다양한 전송 속도를 요구하는 B-ISDN에서는 적합하지 않은 방식이다. 이러한 B-ISDN의 요구 조건에 맞도록 개발된 방식이 ATM이다.

9.6.2 ATM 셀 구조

ATM 셀은 53바이트 고정 크기 패킷으로 5바이트 헤더와 48바이트 데이터로 구성되며, 헤더는 경로 배정, 셀의 종류, 셀 포기 순위 등에 관한 제어정보를 제공하며 ATM 표준화 그룹은 두 가지의 헤더 포맷인 UNI(User-to-Network Interface) 헤더 포맷과 NNI(Network-to-Network Interface) 헤더 포맷을 정의한다. 그림 9.3에는 ATM 셀의 구성에 대해 표현하였다.

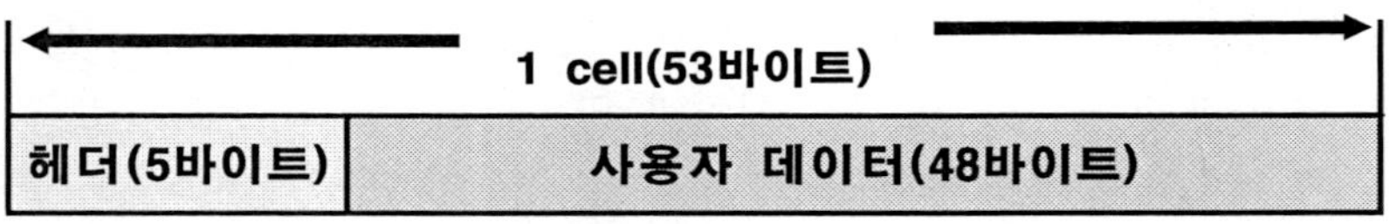

그림 9.3 ATM 셀의 구성

이와 같이 ATM 셀을 작은 크기로 구성함으로서 고속 교환이 가능하게 되며, 또한 ATM 셀은 고정된 크기를 가짐으로서 교환기의 기능을 단순화시킬 수 있게 된다. 이와 같은 구조를 가지는 ATM 셀의 전송 순서는 다음 그림에서 보는 바와 같이 행 단위로 1바이트부터 53바이트까지의 순서로 전송되며, 각 행은 오른쪽 1비트부터 왼쪽 8비트까지의 순서로 전송된다. 그림 9.4에는 ATM 셀의 전송 순서에 대해서 표현하였다.

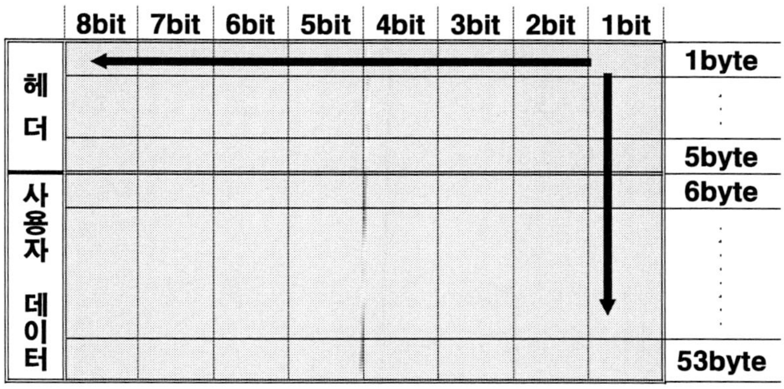

그림 9.4 ATM 셀의 전송 순서

헤더는 패킷이 정확하게 목적지에 전송되었는지를 확인하기 위한 기능을 갖는 몇 개의 필드(field)로 구성되는데, 헤더의 구조에는 사용자와 네트워크를 접속하기 위한 UNI(User-Network Interface) 구조와 네트워크와 노드를 접속하기 위한 NNI(Node-Network Interface) 구조가 있다. 이들의 세부적 구조는 그림 9.5와 그림 9.6에 표현하였다.

1) UNI 헤더 포맷

UNI(User-Network Interface)는 공용 혹은 사설 ATM 네트워크에 접근하기 위해 ATM 포럼에 의해 정의된 인터페이스이다. UNI는 사용자 장비를 ATM 스위치를 통해 ATM 네트워크에 직접 링크하는 접속으로서 정의된다.

ATM 셀의 헤더는 53바이트 중 5바이트로 구성되며, UNI 헤더는 ATM 단말기와 사설 ATM 네트워크 내 ATM 스위치간의 통신을 정의한다. 세부내용을 살펴보면 다음과 같다.

(1) GFC

GFC(Generic Flow Control : 4Bits)사용자로부터 망으로의 트래픽 양을 조절하기 위해 사용되고 UNI 구간에서 하나의 전송 매체를 다수의 B-ISDN 단말기가 공유할 경우에 각 단말기 간의 MAC(Medium Access Control) 기능을 구현하기 위해 사용된다.

(2) VPI/VCI

VPI/VCI(Virtual Path Identifier/Virtual Channel Identifier : 8/16Bits)는 경로 배정용으로 사용된다.

(3) PT

PT(Payload Type : 3Bits)는 사용자 셀 여부 또는 셀의 체증 경험 여부를 표시하기 위해 사용되고 ATM 셀의 사용자 데이터 영역에 포함되어 있는 데이터의 종류와 통신망에서 트래픽 과잉 밀집 발생 유무를 나타낸다.

(4) CLP

CLP(Congestion Loss Priority : 1Bit)는 셀의 포기 순위 표시하기 위해 사용되고, 교환기에서 해당 셀을 제거할 때 이를 고려하게 된다.

(5) HEC

HEC(Header Error Control : 8Bits)는 셀 헤더에 대한 CRC(Cyclic Redundancy Check)를 위해 사용된다.

<table>
<tr><th>8</th><th>7</th><th>6</th><th>5</th><th>4</th><th>3</th><th>2</th><th>1</th><th></th></tr>
<tr><td colspan="4">Generic Flow Control</td><td colspan="4">Virtual Path Identifier</td><td>1</td></tr>
<tr><td colspan="4">Virtual Path Identifier</td><td colspan="4">Virtual Channel Identifier</td><td>2</td></tr>
<tr><td colspan="8">Virtual Channel Identifier</td><td>3</td></tr>
<tr><td colspan="4">Virtual Channel Identifier</td><td colspan="2">Payload Type</td><td>Reserved</td><td>Cell Loss Priority</td><td>4</td></tr>
<tr><td colspan="8">Header Error Control</td><td>5</td></tr>
</table>

그림 9.5 UNI에서의 헤더 포맷

2) NNI 헤더 포맷

사용자와 ATM 스위치 간에 UNI를 경유하여 정보를 보내는 것은 두 ATM 스위치 간에 정보를 보내는 것보다 간단하다. 그러므로 조금 더 복잡한 NNI(Node-Network Interface)는 ATM 스위치와 스위치간의 접속을 위하여 정의되었다. 예를 들어, ATM 스위치는 그들 각각의 링크의 상태에 따라 서로 갱신해야 한다. 이런 스위치들은 또한 네트워크 접속 셋업(set up) 요구에 참여할 수 있어야 한다. NNI 인터페이스는 네트워크 내에서 ATM 스위칭 장비간과 전체적인 스위칭 시스템간의 접속으로서 정의된다.

즉, 이러한 인터페이스는 ATM 스위치간의 통신을 정의하며 헤더 포맷은 GFC필드가 없는 대신 VPI 필드가 첫 12비트를 점유한다. 따라서 ATM 스위치에 보다 큰 VPI 값을 설정할 수 있다. 이런 예외 사항을 제외하고는 UNI 헤더 포맷과 동일하다.

8	7	6	5	4	3	2	1	
Virtual Path Identifier								1
Virtual Path Identifier				Virtual Channel Identifier				2
Virtual Channel Identifier								3
Virtual Channel Identifier				Payload Type		Reserved	Cell Loss Priority	4
Header Error Control								5

그림 9.6 NNI에서의 헤더 포맷

9.6.3 기술적 특성 및 구성 기술

1) 기술적 특성

ATM에서는 고정된 셀 사이즈, 유연한 네트워크의 구축, 효율적인 정보의 전송, 향상된 오퍼레이션, 셀 라우팅, 회선 스위칭과 패킷 스위칭의 결합, 고속성의 실현, 비동기 방식, 스타 토폴로지, 대역 효율의 증가와 애플리케이션에 대한 투명성 등을 고려하여야 한다.

(1) 고정된 셀 사이즈

고정 길이의 셀을 사용하여, 정보가 발생했을 때만 전송한다.

(2) 유연한 네트워크의 구축

위에서 살펴본 바와 같이 대역용량을 자유롭게 바꿀 수 있기 때문에, ATM에서는 데이터, 음성, 영상이라는 서비스에 의존하지 않으며 통신 속도에도 의존하지 않는 네트워크가 실현된다.

(3) 효율적인 정보의 전송

위에서 기술한 가변대역이라는 특징뿐만 아니라 통계 다중화 효과를 통하여 효율적인 정보 전송이 가능하다.

(4) 향상된 오퍼레이션

ATM에서는 통신 채널 내에서 보수용 오퍼레이션 정보를 통지 할 수가 있다. 따라서 ATM에서는 단말기에서 단말기까지 종단 간 시험이 쉽게 실현된다. 또한 통신 채널에 비트 오류가 발생하는 경우에는 비트 오류의 특성을 시험하는 OAM(Operation

Administration Maintenance) 셀을 보내 서비스를 중단하지 않고도 비트 오류 발생 구간을 알아내고 검사할 수 있다.

(5) 셀 라우팅

셀은 ATM 스위치라는 장비를 통해 ATM 네트워크를 통과하는데, ATM 스위치는 셀의 헤더 내 정보를 분석하여, 그 셀이 해당 수신 측으로 가는데 필요한 바로 다음 스위치에 연결된 자신의 출력 포트로 셀을 하드웨어적으로 스위칭 한다.

(6) 회선 스위칭과 패킷 스위칭의 결합

ATM은 회선 스위칭 기술의 장점과 패킷 스위칭 기술의 장점이 결합된 셀 스위칭과 멀티플렉싱(Multiplexing) 기술이다.

(7) 고속성의 실현

망 내에서의 프로토콜은 간략화 하여 하드웨어적으로 처리되는 셀 헤더의 VCI, VPI를 이용한 다중화 및 라우팅 등의 셀 전송에 필요한 최소한의 기능만을 담당하고, 흐름제어와 에러제어는 단말기 간에 처리하도록 하여 회선교환과 같은 고속 성을 실현할 수 있다.

(8) 비 동기 방식

ATM은 비 동기 과정이므로 ATM 타임 슬롯은 각 셀의 헤더 안에 포함된 송신 측을 나타내는 정보에 따라 이용 가능하며 필요시 언제든 셀을 보낼 수 있다.

(9) 스타 토폴로지

ATM 스위치는 모든 장비들이 직접 연결되어, ATM 네트워크 내에서 마치 허브처럼 동작한다. 이는 고장 진단 및 처리의 편리, 네트워크 설정 변경과 추가의 편리 같은 전형적인 스타 토폴로지의 장점을 제공한다.

(10) 대역 효율의 증가

ATM은 실제 사용자 요구에 근거하여 요구에 따라 대역폭을 배정함으로써 네트워크의 집적화 된 전송 요구를 지원한다.

(11) 애플리케이션에 대한 투명성

고정 길이의 ATM 셀은 데이터 통신의 비교적 긴 패킷과 응용프로그램이 네트워크 특성에 맞추는 것이 아니라 네트워크가 사용자들의 요구에 따라 재단되게 한다.

2) 구성 기술

(1) 버퍼링

ATM 스위치는 버퍼의 위치에 따라 세 가지 종류로 분류할 수 있다.

① 입력 버퍼 형 스위치

입력 단자 당 별도의 버퍼를 사용하여 입력 버퍼를 판독하는 시점에서 동일한 출력 수신 원 및 링크 결합 등이 생기지 않도록 사전에 판독을 제어한다. 즉, 충돌이 생길 가능성이 예상되면 입력 버퍼에서 한 쪽을 기다리게 하거나 다른 셀로 차례를 바꾸어 판독한다. 단, 이 방식에 의하면 판독제어회로의 동작 주파수에 의해 전송능력이 제한된다.

② 출력 버퍼 형 스위치

출력 단자 당 별도의 버퍼를 사용하여 한번 다중화한 셀을 라우팅 비트 필터로 선택해서 출력 버퍼에 전송하는 방식이다. 제어가 단순하고 처리 율 높으나, 스위치의 규모에 비례하여 버스를 고속화해야 한다는 결점이 있다.

③ 공통 버퍼 형 스위치

모든 입력 및 출력 단자들에 의해 공유되는 버퍼를 사용하여 일단 셀을 공통화 된 버퍼에 기억시키고 판독순서를 제어함으로써 라우팅 한다. 이 방식에 의하면 대규모 버퍼를 공통적으로 가질 수 있어서 통신성능이 뛰어나나, 공통 메모리에의 액세스가 전송능력상의 결점으로 지적된다. 제어가 비교적 복잡하나 비용이 적게 든다.

(2) 트래픽 제어

실제 네트워크에서는 폭주나 고장 등에 의해서도 시스템 문제가 발생할 수 있다. 이에 트래픽 제어를 통해 효율적이고 품질 좋은 네트워크를 실현한다.

① CAC

CAC(Connection Admission Control)은 어느 지점에서 어느 지점까지 어떤 대역의 연결이 어떤 품질로 통신할 것인지에 대한 허가 여부를 결정하는 제어이다. 즉, 가입자가 트래픽 파라미터와 요구 품질을 신호 메시지에 실어 전달하면 요구하는 품질을 만족시킬 수 있는 망 자원이 존재하는지 또는 새로운 연결을 설정할 경우 이미 설정된 연결의 품질을 유지할 수 있는 지를 판단하여 요구된 연결설정 여부를 판단하는 기능이다.

② UPC

UPC(Usage Parameter Control)는 ATM 교환기에서는 실제 통신 중 이용자의 트래픽을 모니터링하고 있는데, 이를 사용자 변수 제어라 한다. UPC는 트래픽의 특성을 나타내는 트래픽 파라미터를 기반으로 하여 UNI/NNI를 통하여 입력된 트래픽이 연결설정 시 협상된 대역폭 등의 규정을 위반하는 셀들을 제거한다. 신고 량을 초과한 트래픽에 대한 UPC로는 다음과 같은 것이 있다. 먼저 오버 트래픽에 대해 바이올레이션(violation) 태그라는 과부하의 표시를 헤더에 붙이는 대응방식이다. 네트워크가 혼잡한 경우 이 표시가 붙은 셀은 어쩔 수 없이 선택적으로 폐기되거나 별도의 요금을 과하는 방법이다. 다음으로는 과부하 된 부분을 폐기하는 방식이 있다. 마지막으로 과부하 된 부분을 네트워크, 다시 말해 UPC 부분에서 지연을 주어 기준치로 평탄화 하는 방식이 있다.

③ 우선권 제어

우선권 제어(Priority Control)는 ATM 교환기에서는 어떤 양 이상의 트래픽이 동시에 발생하면 그것들이 모두 버퍼에 들어 갈 수 없어서 셀 폐기가 발생한다. 이때 폐기해도 좋을 셀을 구별해서 제어하는 방식이 우선권 제어이다. 우선권 제어 방식에는 두 가지가 있다. 첫째 하나의 버퍼에 한계치를 두고 그 한계치를 넘어 축적되는 것을 우선 셀로 삼아 셀을 제어하는 방법이고 둘째 우선 버퍼와 비우선 버퍼로 나누어 우선 셀에 손실이 생기지 않도록 제어하는 방법 등이 있다.

④ 흐름 제어

셀 헤더의 GFC 필드를 사용하여 UNI에서 트래픽을 제어한다.

⑤ 폭주 제어

새로운 연결의 접수를 중지하는 동시에 우선권 제어에 의해 될 수 있는 대로 중요한 셀에는 영향을 끼치지 않도록 한다. 또 라우팅 제어에 의해 될 수 있는 대로 폭주하고 있는 경로를 사용하지 않도록 다른 셀을 우회시키고 사용자에게는 폭주를 통지하여 될 수 있는 대로 사용을 피하도록 권한다. 또한 UPC 등에 의해 사용자 트래픽의 규제나 절단을 수행한다.

(3) ATM 망 관리 및 OAM 기능

ATM 망 관리는 5개 계층의 OAM(Operation Administration Maintenance) 셀 흐름을 이용하여 수행되며 각 계층의 OAM셀은 사전에 할당된 셀 헤더 형태를 갖는다.

① OAM 망 관리 기능

OAM 셀들을 단말기 대 단말기 혹은 세그먼트 단위로 전송함으로써 다음과 같은 ATM 망 관리 기능들을 수행한다. 연속적 또는 주기적으로 관리 개체의 정상 작동 여부와 관련된 성능을 감시하며 또한 망의 비정상적 동작을 검출한다. 시스템을 보호하기 위해 고장 개체를 격리, 제거 및 교치작업을 수행하며 성능 정보나 고장 정보를 관리 개체에 전달하여 정확한 고장 개체의 결함 위치를 결정한다.

② OAM 기능의 종류

결함 관리(Fault Management), 성능 관리(Performance Management) 및 활성/비활성(Activation/Deactivation)으로 분류된다.

③ ATM 망 결함 및 고장 관리

ATM 망에 발생한 링크의 결함 및 고장은 AIS(Alarm Indication Signal) 신호와 RDI(Remote Defect Indication)/FERF(Far End Received Failure) 신호를 이용하여 검출 가능하며, VPI/VCI 오류는 루프백(lɔopback) 기능을 사용하여 검출 가능하다. 연속성 검사를 하여 연결의 오동작 여부를 검사할 수 있다. 다시 말하면, AIS와 RDI/FERF 동작 및 기능을 통해 링크의 고장을 검출한다. 고장 검출 노드는 다운스트림(Downstream) 방향으로 AIS 신호를 전달하고 AIS 신호를 받은 연결 종단 점은 업스트림(Upstream) 방향으로 RDI/FERF 신호를 전달한다. 즉, 단 방향 및 양방향 링크 고장을 검출하고 보고한 후 연결점/종간 점의 AIS와 RDI/FERF 처리를 수행한다.

9.6.4 ATM 스위칭과 연결

ATM 기술은 ATM 네트워크를 통허 셀을 다이나믹하게 라우팅하고 전송하기 위해 독특한 셀 스위칭 기술을 사용한다.

ATM에서 논리적 연결을 VC(Virtual Chnnel)이라 부른다. ATM에서의 가상 채널은 X.25에서의 가상 회선(virtual circuit)이나 프레임 릴레이(frame relay)의 논리적 연결과 유사한 개념이다. 최종 사용자 사이에 가상 채널이 설정되면 셀들은 이 채널을 통해서 송 수신된다.

참고적으로 X.25는 트위스티드 페어 케이블과 같이 비교적 오류가 많은 전송 선로를 대상으로 개발된 표준으로서 각 중계 노드에서 오류 검출 및 복구를 위한 여러 가지 기능을 하기 때문에 데이터의 고속 전송에는 적합하지 않은 방식이다. 그러나 프레임 릴레이는 동축 케이블이나 광섬유 케이블과 같이 신뢰성 있는 전송로를 대상으로 개발된 표준으로 각 중계 노드에서 오류 검출 및 복구를 위한 절차를 거치지 않고 단순히 중계 기능만을 수행함으로서 데이터의 고속 전송이 가능하도록 만든 방식이다. 오류 검출 및 복구를 위한 절차는 최종 목적지 단말기에서만 실시하고, 오류가 검출되면 동일한 데이터를 재 전송 받게 된다. 이러한 프레임 릴레이 방식은 2Mbps까지의 전송 율을 지원할 수 있도록 설계되었다. 그리고 ATM방식에서는 셀 릴레이(cell relay) 방식을 사용하는데, 지금까지 설명한 방식 중에서 가장 뛰어난 방식이라 할 수 있다. 프레임 릴레이 방식은 프레임(frame)이라고 하는 가변 길이 패킷을 사용하는 반면에, 셀 릴레이 방식은 셀이라고 하는 고정 길이 패킷을 사용하기 때문에 프레임 릴레이보다 처리상의 오버헤드(overhead)가 감소하게 된다. 따라서 프레임 릴레이 방식의 전송 속도는 2Mbps인데 반해 셀 릴레이 방식의 전송 속도는 100Mbps~1000Mbps까지 가능하다. 이와 같은 이유로 고용량의 데이터 전송을 필요로 하는 네트워크에서는 기존에 많이 사용해 오던 X.25 패킷 교환 방식을 탈피하여 프레임 릴레이 방식이나 셀 릴레이 방식으로 빠르게 대체되어가고 있는 실정이다.

그리고 여러 개의 가상 채널이 결합된 것을 VP(Virtual Path)라 부른다. B-ISDN의 VC(Virtual Channel), VP, TP(Transmission Path)들은 서로 통합되어 구성되어진다.

VP 내에 있는 여러 개의 VC들은 두 종 점간 사용자 사이에서 설정되므로 시작과 끝 노드가 동일하게 된다. 따라서 하나의 가상 경로 상에 있는 모든 가상 채널의 셀들은 가상 경로 교환기를 통해 모두 함께 교환될 수 있다. 가상 채널을 일일이 확인하지 않고 일괄적으로 가상 경로를 따라 처리하므로 고속 전송 및 고속 교환이 가능한 것이다.

B-ISDN에서는 155.52Mbps 또는 622.08Mbps의 전송로를 사용하고, 하나의 TP 상에 최대 256개의 VP를 설정할 수 있으며, 각 가상 경로마다 최대 65,536 개의 가상 채널 VC를 설정할 수 있다. 따라서 하나의 TP 상에는 최대 65,536×256=16,777,216개의 VC가 구성될 수 있다. 이 말은 하나의 전송 경로를 16,777,216명이 사용할 수 있음을 의미한다.

각 VP 및 VC에는 VPI(Virtual Path Identifier)와 VCI(Virtual Channel Identifier)가 사용된다. 이 두 가지의 식별 자들은 모두 유일하게 부여되기 때문에 16,777,216개 중에서 어떤 가상 채널이라 할지라도 가상 경로 식별 자 및 가상 채널 식별자의 조합으로 유일하게 지정 가능하다.

1) 가상회선(VPI/VCI)

ATM 스위칭 기술은 ATM 셀 헤더 내 VPI/VCI 두 필드를 사용한다. 이 필드들은 ATM셀을 네트워크를 통해 수신 측으로 전송하기 위해 필수적인 연결 셋업과 라우팅 정보를 제공한다. 데이터 전송을 위해 ATM 스위칭 기술을 사용하지 않는 네트워크는 각 패킷이 그 수신 측의 완벽한 어드레스를 포함하길 요구하지만, ATM은 전체적인 데이터 전송 경로를 따라 빠른 셀 전송을 가능하게 하는 간단하고 효과적인 라우팅과 스위칭 기술을 사용한다.

2) ATM 셀 스위칭의 기본동작

ATM 스위칭 장비가 다른 스위칭 장비의 포트로부터 들어오는 ATM셀을 받는다. 이때 들어오는 셀은 그 헤더에 VPI, VCI 라우팅 필드의 조합을 사용하여 셀이 어디로 포워드되어야 하는지를 결정한다. 이를 위해 스위치는 들어오는 포트와 라우팅 필드와 나가는 포트와 라우팅 필드를 상호 연관시키는 내부 라우팅 테이블을 참조한다. 스위치는 테이블을 참조한 결과 셀 헤더의 라우팅 필드를 교체하고 셀을 지정된 포트를 통해 네트워크 내의 다음 스위치로 보낸다. 스위치는 테이블을 참조한 결과 셀 헤더의 라우팅 필드를 교체하고 셀을 지정된 포트를 통해 네트워크 내 다음 스위치로 보낸다. 다음 스위치는 그 셀을 받아 위의 과정을 반복한다. 이 과정은 셀이 수신측에 도달할 때까지 계속된다. ATM에서, 셀 전송 기능은 VCC(Virtual Channel Connection)와 VP(Virtual Paths)라 불리는 네트워크 구조를 사용하여 이루어진다.

3) VC/VCC(Virtual Channel/Virtual Channel Connections)

VC는 ATM 네트워크의 두 단말기 장비 간의 신뢰성 있는 통신을 확인하기 위해 만들어지는 논리적인 회로로 ATM 셀 헤더 내 VPI 필드와 VCI 필드의 조합으로써 정의된다. VCC는 ATM 셀의 전송을 위한 두 노드 간 하나의 데이터 흐름을 위한 End-to-End 접속이다. 일반적으로 ATM 셀 스위칭 환경에서 VCC는 VCL의 연결로 구성된다. 각각은 ATM 셀의 양방향 전송의 수단으로 제공된다. 각 ATM셀 헤더내의 VCI는 셀이 전송되어야 하는 VCL을 인식한다. 따라서 VCL의 연결은 네트워크 단말 간에 ATM셀이 이동하는 통신 경로를 이룬다. 두 네트워크 단말기 간의 모든 통신은 같은 VCC를 경유하여 일어난다. 그런 접속은 일련의 ATM셀이 단말기 간에 전송되도록 유지하고 QoS(Quality of Service)를 보장한다. ATM셀은 VP안에서 전송될 수도 있다.

4) VP/VPC(Virtual Paths and Virtual Path Connection)

VP는 같은 ATM 단말기로 향하는 VC의 묶음을 말하며, ATM 셀 헤더 내 VPI 필드로 인식된다.

그림 9.7에는 TP(Transmission Path), VP와 VC와의 관계에 대해 나타내었다.

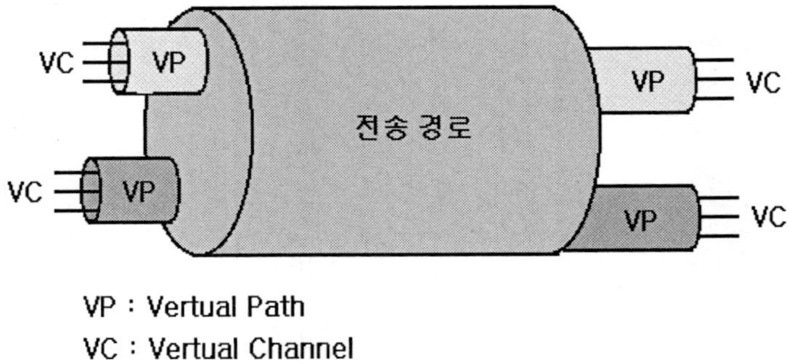

그림 9.7 VC/VP/TP 간의 관계

9.7 초고속 정보통신망과 사회의 변화

B-ISDN이 성공적으로 구축되면 우리나라는 물론 전 세계 국가들이 가지게 될 사회의 모습과 그로 인해 초래될 사회적 파급 효과는 예측하기 어려울 정도라 할 수 있다.

먼저 국제화 분야를 보면, 국가간의 가상 공동체(virtual community) 환경을 제공함으로서 국가간에 저렴하고 편리한 통신과 장소에 무관한 통신서비스가 가능하게 될 것이다.

산업 분야로는 지역적, 세계적으로 분산된 기업들을 통합할 수 있는 기업전산망이 가능하게 되어, 능률적인 경영이 가능하게 되고, 경영 혁신의 기회가 많아지게 되고 제반 비용을 획기적으로 절감시킬 수 있게 되고, 산업 전반의 경쟁력을 강화시켜줄 것이다. 또한, 통신망 분야로는 초고속 정보통신망의 구축으로 고속, 대용량, 고 신뢰성을 제공함으로서 통신망의 경제성을 높이고, 정보통신의 폭발적 증가를 유도하고 대비할 수 있게 된다. 현재 우리나라는 보편적인 통신 서비스는 가능하나 대부분의 선로가 노후하여 고속 데이터 통신을 위해 필요한 신뢰성, 대용량, 고속 등의 요구를 충족시켜 주지 못하고 있는 실정이다. 따라서 B-ISDN의 구축이 절실히 필요하다고 할 수 있다.

국민생활 분야로는 B-ISDN의 구축으로 지방과 중앙, 지역과 지역간의 거리를 없애

주고, 지역의 문화, 산업 발전에 새로운 기회를 제공함으로서 균형 있는 지역발전과 지역사회의 세계화에 통로를 제공할 것이다. 현재, 우리나라는 정치, 경제, 문화의 집중화 현상으로 인구의 수도권 집중이 가속화되고, 국토의 불균형 개발과 환경, 교육, 교통 등 사회 문제가 야기되고 있는 실정이므로 B-ISDN의 구축으로 이러한 문제를 충분히 해결할 수 있을 것이다.

연 습 문 제

1. B-ISDN의 개념에 대해서 설명하시오.

2. ISDN과 B-ISDN의 차이점을 비교 설명하시오.

3. B-ISDN의 서비스에 대해서 설명하시오.

4. B-ISDN의 전송 구조에 대해서 설명하시오.

5. B-ISDN의 UNI에 대해서 설명하시오.

6. B-ISDN의 프로토콜에 대해서 설명하시오.

7. ATM의 개념에 대해서 설명하시오.

8. ATM 셀의 구조에 대해서 설명하시오.

9. ATM에서 VC와 VP에 대해서 설명하시오.

10. ATM의 기술적 특성 및 구성 기술에 대해 설명하시오.

제 10 장

무선통신망

10.1. 무선통신망의 개요
10.2 무선통신망의 응용 및 시장전망
10.3 무선 통신 스펙트럼과 행정규제
10.4 무선 통신 기술
10.5 무선 통신 성능과 용량
10.6 무선통신망의 구성
10.7 무선통신망의 설치
10.8 무선 통신 시스템의 발전
10.9 WLL

제 10 장 무선통신망

10.1. 무선통신망의 개요

무선통신은 제한된 주파수를 여러 사용자가 공유하여 사용해야 하고, 무선 신호의 특성상 피할 수 없는 다른 전파와의 간섭 현상이 있으며, 고층 건물과 산악 지형 등의 주위 환경에 영향을 받는다는 단점을 가지고 있으나 유선통신에 비해 무선통신이 갖는 장점은 많아 다양한 곳에 응용되어지고 있다.

세계적으로 시내 전화에 대한 규제 완화로 광 대역 교환기술 및 무선 접속 기술에 대한 관심이 대단하다. 또 PC 및 TV 프로그램 시장의 번창은 광대역서비스를 가입자 댁내로까지 확장했다. 보통 사업자들은 서비스의 품질, 시장에서 성공할 가능성, 사업성 등을 충분히 검토한 후 사업을 추진한다. 따라서 광대역 통신망 사업과 같이 망 구축에 대규모 투자를 해야 하는 사업은 사업자의 입장에서 위험부담이 크다. 밀리미터파(주파수 30 - 3000GHz, 파장 1 - 10mm)는 가구당 매우 저렴한 가격으로 많은 가구에 대해 서비스를 제공할 수 있는 사업상의 장점이 있으므로 각국의 행정규제관청에서는 밀리미터파 스펙트럼의 많은 대역을 이 용도로 할당해 놓고 있다. 밀리미터파의 무선접속에 대한 연구는 브리티시 텔레콤(British Telecom) 사에 의해 처음으로 이루어졌다. 셀룰러 비전(Cellular Vision) 사는 음성, 비디오 방송, PPV(Paper per View), 댁내 데이터 통신 서비스 등을 포함한 광범위의 멀티미디어 서비스를 제공하기 위하여 단 방향 비디오 서비스를 처음으로 실시했는데 이것이 밀리미터파 무선통신기술의 개발이용을 촉진하는 계기가 되었다.

10.1.1 무선의 관리제도

무선은 눈에 보이지 않으므로 주파수나 출력, 점유대역폭, 전자파 장애 등 관리하지 않으면 타인에게 피해를 주는 부분을 규제 관리하기 위한 제도를 두고 있다. 그 제도에는 무선국 검사, 무선기기 형식 검정, 기술 기준 확인 증명, 전자파 장해 검정, 무선국 감시가 있다. 무선국 검사는 타인에게 영향을 주는 불필요한 전파발사 여부와 무선국 운용 규정 준수 여부 등을 점검하는 것으로서 준공 검사, 정기 검사, 임시 검사 등이 있다. 무선기기 형식 검정이란 항공, 해상기기 등 인명안전에 관련된 기기의 안전성을 인증하고, 무선기기의 성능과 형식을 승인하는 것으로서 형식 검정에 합격된 제품은 판매가 자유로워진다. 이 형식 검정은 전기제품에도 적용된다. 기술 기준 확인

증명이란 셀룰러 폰, TRS(Trunked Radio System) 단말기, 간이 무전기 등 일반인들이 사용하는 무선통신기기가 다른 주파수의 통신에 나쁜 영향을 주는 전파를 발사하지 않는지의 여부를 모든 제품에 대하여 점검하는 것이다. 증명을 필한 기기는 준공 검사 없이 신속히 허가가 난다. 전자파 장해 검정은 무선기기 이외의 기기로부터 발생하는 쓸데없는 전파가 다른 무선통신을 방해하지 않도록 규제치 내의 방사가 이루어지도록 규제하는 것이다. 다른 통신이나 전파사용에 지장을 주지 않는 낮은 출력의 주파수는 제한 없이 사용할 수 있다. 전파법에는 발사하는 전파가 매우 미약한 무선국은 정보통신부 장관의 허가나 신고 없이 사용할 수 있도록 규정되어 있다. 미약 무선국은 혼신으로부터의 보호가 없고 현행의 허용치로는 통신거리도 한정되어 있지만 최근 사회전반에 걸쳐 그 수요가 증대되고 있다.

미약 무선국의 기준은 1992년 6월부터 발사되는 전파의 전계강도의 측정거리가 100m에서 3m로 개정되었다. 전계강도는 3m의 위치에서 322MHz미만은 500mV/m이하, 322MHz이상 10GHz 미만은 35mV/m이하로 바뀌었다. 이런 미약 전파를 활용하여 많은 무선통신관련 응용기기를 허가절차나 규제 없이 사용할 수 있다. 하지만 전파도달거리가 짧으므로 지나친 기대는 하지 않는 것이 좋다.

미약 전파를 활용하여 사무실 또는 가정 내의 신호용 케이블들을 제거하는 응용기기가 많이 고안되고 있다. 요즘 식당에 가면 소리쳐 부르지 않아도 테이블 위에 있는 버튼을 누르면 무선으로 카운터와 연결되어 벨이 울리는 장치도 있고, 아예 초인종을 무선으로 만든 제품도 있다. 선을 제거하고 싶다는 인간의 욕망은 끝이 없어서 앞으로도 많은 제품이 나올 것으로 예상된다. 전파법 시행령 제56조 2항에서 규정하는 '무선국 허가 없이 개선 가능한 설비'로는 앞에 설명한 미약전파를 사용하는 기기, 무선 원격조정 모형비행기나 완구 등과 같이 500m에서 전계강도가 200mV 이하인 무선설비, 형식승인 합격한 무선전화기와 생활구전기 및 100mV 이하의 구내 무선호출기, 무선마이크, 무선 LAN, 수신전용 무선기기 등이 있다.

물속을 항해하는 잠수함과 관련된 기술은 비행기의 적용되는 기술과 큰 차이를 보이고 있는데, 이는 물속이라는 특수상황 때문이다. 비행기가 마이크로파를 이용한 레이더를 사용해 주변의 사물을 인식한다는 것은 누구나 알고 있다. 그렇다면 잠수함은 레이더와 같은 기능을 어떻게 수행하는 것인가? 물은 일반적으로 전파를 통과시키지 않기 때문에 물속을 운행하고 있을 때는 전파를 전혀 사용할 수가 없다. 그래서 잠수함의 레이더는 음파를 사용한다. 즉, 음파를 발사해 그 음파가 되돌아오는 방향과 시간을 측정하여 주변의 물체를 인식하는 것이다.

10.1.2 전파

전파는 인공적인 유도 없이 공간을 전파하는 3KHz에서 3,000GHZ 사이의 주파수를 가지는 전자파를 말한다. 여기서 인공적인 유도가 없다는 말의 의미는 전파가 유선이나 물질을 매개로 하지 않고 공간 속에서 그냥 전달된다는 뜻이다. 즉 전파는 공기를 매개로 전달되는 우리의 목소리나 음향과 같은 음파와는 구별이 된다. 즉, 공기가 없는 곳에서는 전달되지 않는 음파와는 달리 전파는 공기가 없는 우주공간 속에서도 전달된다.

전자파는 시간적으로 크기가 변하는 전류에 의해 발생된 파동형태의 에너지이다. 전자파가 공간을 진행할 때 1초 동안에 진동하는 횟수를 주파수라 한다. 주파수는 전자파의 존재를 실험적으로 증명한 독일의 헤르CM(H. R. Hertz)의 이름을 따서 단위를 정했다. 즉, 파동이 1초 동안에 1회 진동하는 경우 이를 1Hz라 하고 천 번 진동하면 1KHz, 백만 번 진동하면 이를 1MHz, 10억 번 진동하면 이를 1GHz라 한다. 전자파는 주파수가 높아짐에 따라 성질이 크게 변화한다. 20KHz 이하의 주파수를 가청 주파수라 부르고 3000GHz 이상의 전자파는 빛(광파)이라고 한다. 또 108GHz 이상의 전자파를 X선(X-ray), 1010GHz 이상의 전자파를 g선(감마), 1012GHz 이상의 전자파를 우주선이라 한다.

10.1.3 주파수의 특징 및 대역

전자파는 주파수가 높아짐에 따라 성질이 크게 변화한다고 한다. 빛은 전자파이며 3000GHz 이상의 주파수를 갖는다. X-ray나 우리가 눈으로 인식할 수 있는 가시광선의 모든 색은 각각 다른 주파수를 갖는다. 빨, 주, 노, 초, 파, 남, 보의 무지개 색깔에서 빨간색은 주파수가 낮고 보라색은 주파수가 높다. 빨간색보다 주파수가 낮아 눈에 보이지 않는 것이 적외선이라고 하고 보라색보다 주파수가 높아서 보이지 않는 것이 자외선이라고 한다. 또 주파수가 낮은 것은 멀리 잘 가고 장애물이 있으면 회절, 굴절 등이 잘 되는 성질이 있고, 주파수가 높은 것은 직진성이 좋고 반사가 잘 되는 성질을 지닌다.

전파가 가지고 있는 속성으로 주파수 외에 진폭, 파장이 있다. 주파수가 전파의 1초 동안의 진동 횟수라 한다면 여기서 진동은 S 커브 형태의 파도로 표현될 수 있다. 진폭이란 이 파도의 높이로 전파의 세기, 크기를 나타낸다. 파장이란 전파가 하나의 S 커브를 그리는 동안 나아간 거리, 길이를 말하며 파장과 주파수는 반비례한다. 즉 높은 주파수의 전파는 파장이 짧고 낮은 주파수의 전파는 파장이 길다.

전자파는 주파수가 높아짐에 따라 성질이 크게 변화하므로 유사한 성질을 갖는 주파수 범위를 묶어 주파수대로 정하여 각각 명칭을 붙이고 있다. 전파의 주파수대는 장파(3~300KHz), 중파(300~3,000KHz), 중단파(1.5~3MHz), 단파(3~30MHz), 초단파(30~300MHz), 극초단파(0.3~30GHz), 마이크로파(1~100GHz), 밀리미터파(30~3000GHz) 등으로 구분한다. 지상으로부터 약 100Km 위쪽에 있는 전리층과 약 200Km에 있는 전리층이 반사경의 역할을 하기 때문에 둥근 지구상에서 지구 반대편까지 무선통신이 가능하게 된다. HF(High Frequency), MF(Medium Frequency), LF(Low Frequency), VLF(Very Low Frequency) 등은 전리층에서 반사가 되므로 원거리 통신에 사용되며 VHF(Very High Frequency), UHF(Ultra High Frequency), SHF(Super High Frequency) 등은 전리층을 뚫고 지나갈 수 있으므로 위성통신 등에 사용된다.

주파수 대역은 전파를 이용하여 통신 및 방송 등의 서비스를 제공할 때 그 서비스에 할당된 주파수 범위를 말하기도 한다. 국내의 경우 디지털 이동전화의 주파수대는 800MHz대이며 PCS의 주파수대는 1.7~1.8GHz이다.

10.2 무선통신망의 응용 및 시장전망

10.2.1 무선통신의 장점

무선통신은 필요한 곳에 신속하게 설치될 수 있는 유용한 기술로서 최근에 협 대역 전화서비스로 널리 사용되고 있다. 또 무선은 통신매체 자체가 경제성이 있을 뿐만 아니라 대용량의 수요 및 망의 긴급복구용으로도 크게 호응을 얻고 있으며 멀티미디어 서비스를 제공할 수 있는 무선통신기술이 소개됨으로써 광 대역 서비스도 제공할 수 있다.

그림 10.1은 무선 통신의 장점 즉, 낮은 가입자 밀도에 있어서의 경제성과 사업초기의 일시 자본투자가 적은 것을 설명하고 있다. 지상무선통신시스템은 하늘에 떠 있는 위성과 지하에 매설된 케이블로부터 심한 경쟁을 받고 있지만 고객이 서비스를 신청할 때까지 일시 자본투자(방송시스템은 80%이상)가 지연되는 이점이 있어 새로운 사업자의 사업영역으로 급속히 확대되고 있다. 즉 유선케이블의 경우 사업초기의 소수 가입자에게 서비스를 제공하기 위해 많은 설치비가 필요하므로 무선에 비해 경제성면에서 불리하다. 보통 광 대역 통신서비스 시장에서 완전 자유 경쟁이 이루어질 경우, 가장 경제성 있는 지상 또는 위성 당으로 25% 이상의 시장점유율을 확보했을 때 성공한 것으로 간주하고 있다.(출처 : ISSLS '96)

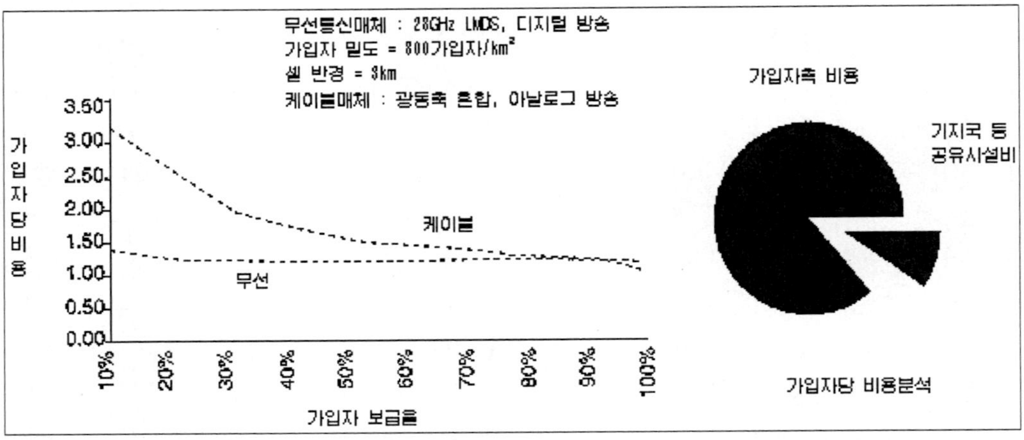

그림 10.1 케이블(동축/광)과 무선통신 간의 경제성 비교

10.2.2 무선 케이블 TV

무선 케이블 TV의 전송 수단으로 사용되는 LMDS(Local Multipoint Distribution Service) 시스템은 디지털 MMDS (Multichannel Multipoint Distribution Service)와 DBS(Direct Broadcast Satellite) 시스템과 매우 유사하다. LMDS 무선 케이블 송신기로 제공할 수 있는 서비스 구역은 서비스 반경 5~10Km로서 28GHz 근처의 전송 특성 때문에 MMDS 시스템(최대 서비스 반경 50Km) 보다 크게 작다. 방송 형태의 LMDS 시스템은 역방향 트래픽이 제한되지 않고 있으며 전화사업자가 기대하는 것보다 가용율이 낮으며 서비스 제공 구역은 전파의 최대도달 범위이내의 지역이 된다.

무선 케이블 TV를 제공하는 LMDS 사업자는 디지털과 아날로그 전송 중에서 선택할 수 있다. 아날로그 시스템은 현재 이용이 가능하고 가입자 측 초기 투자비가 적은 이점이 있으나 제공할 수 있는 전체 비디오 채널수가 제한이 되는 단점이 있다. 디지털 시스템은 아날로그 시스템에 비해 용량을 4배로 증가시킬 수 있으나 앞으로 많은 가입자의 확보가 필요하다. 많은 MMDS 사업자가 가격이 현저히 떨어질 때까지 효과적으로 사용될 수 있을 것으로 보인다.(출처 : ISSLS '96)

10.2.3 경제적인 접속

LMDS 기술은 지점과 지점 간에 통신할 수 있는 무선접속기술로서 업무용 고객에게 양방향의 T1 또는 E1서비스를 제공할 수 있다. 보통 주택가에서 일어날 수 있는 전파 환경 보다는 더 나은 환경에서 동작하고 많은 RF 채널을 할당할 필요 없이 단일 무선 채널로 많은 고객에게 다 지점 무선접속서비스를 제공할 수 있다. 이 기술은 ATM 망과 광케이블에 직접 접속할 수 없는 고객들에게 보다 광대역의 새로운 서비스를 제공할 수 있다. 또 이 기술은 표준 집중 선로 인터페이스를 이용하는 대형아파트에 대해 대량의 전화 중계 회선용으로도 사용될 수 있다. 이 같은 고밀도 서비스를 제공할 수 있도록 보다 발전된 성능을 갖고 있다. 대역폭은 디지털 비디오서비스를 제공하도록 조정될 수 있으며 제공할 수 있는 서비스는 아날로그 SMATV(Satellite Master Antenna TV)시스템과 유사하다.(출처 : ISSLS '96)

10.2.4 광 대역 풀 서비스

음성, 비디오, 데이터를 제공할 수 있는 광 대역 풀 서비스(broadband full service)는 광 대역 무선시스템의 미래상이라 할 수 있다. LMDS 시스템을 이용한 사업은 초기에는 주로 재택근무를 하는 사람들에게 비디오 및 고속데이터 통신서비스를 제공하게 될 것이다. 기술이 성숙하고 멀티미디어서비스 시장이 출현함에 따라 기술은 풀 서비스 모델로 발전할 수 있다. 미래에 완전한 풀 서비스를 제공하기 위해서는 현재 및 미래의 음성, 데이터, 비디오 멀티미디어서비스 등을 제공할 수 있는 적응기술의 개발이 필요하다.(출처 : ISSLS '96)

10.2.5 경쟁 시스템

광 대역 무선통신은 전통적인 유선 방식과 여러 가지 형태로 경쟁하고 있다. 직접위성방송, 무선케이블, 케이블 TV 사업자들은 이미 일정 수준의 광대역서비스(주로 TV와 PPV)를 제공하고 있고 가까운 장래에 보다 광범위의 양방향 서비스를 제공하게 될 것이다. 대용량, 넓은 지역 서비스, 지역방송 삽입, 높은 경제성을 갖는 광 대역 지상무선망은 여러 유형의 사업자에게 경쟁력 있는 유용한 기술로 자리 잡을 것이다.(출처 : ISSLS '96)

10.2.6 무선통신의 기술적인 장애

무선통신은 많은 장점을 갖고 있기는 하지만 밀리미터 주파수 근처나 밀리미터 주파수에서 동작할 때 특히 몇 가지 문제점이 있다. 즉, 신호는 차단되기 쉽고 강우에 대해 감쇄가 심하고 최상의 성능을 발휘하기 위해서는 고도의 기술을 요한다.

LMDS(Local Multipoint Distribution Service) 용으로 할당된 1기가(giga)Hz의 주파수 스펙트럼은 PCS(Personal Communications Services)용으로 할당된 주파수보다 훨씬 커서 제공할 수 있는 서비스에 거의 제한이 없다. 따라서 수백 메가헤르츠의 스펙트럼이 소요되는 광 대역 방송비디오도 쉽게 전송 할 수 있다. 시장여건에 따라 제공될 서비스는 기술, 전파전파의 특성, LMDS 시스템의 성능사이에서 절충이 이루어지게 될 것이다.(출처 : ISSLS '96)

10.3 무선 통신 스펙트럼과 행정규제

휴즈사의 스페이스웨이와 같은 광 대역 위성통신시스템의 출현으로 밀리미터파의 주파수밴드는 전기통신시스템에 사용되는 새로운 주파수대로 등장하였다. 이 새로운 주파수대는 FCC에서 오랫동안 진행 중인 규칙제정 과정에서 발생했던 것처럼 LMDS와 위성통신 상호간에 상당한 마찰이 있었다. FCC는 제3차 규칙제정을 발표했다. 이 규칙은 1GHz의 스펙트럼을 주파수의 이중운용이 가능하도록 비대칭적으로 나누고 있다. 동 규칙은 위성의 피더링크와 우선적으로 29.1~29.25GHz를 공유하도록 했기 때문에 ATPC(Adaptive Transmit Power Control)와 정확한 안테나의 조정 등으로 주파수의 이중운용에 따른 제한사항을 극복하여야 한다. 그러나 ATPC의 사용으로 인한 비용증가와 정확한 조정에 따른 설치 인건비의 증가로 인해 LMDS 시장이 활성화될 수 있을지는 아직 불확실하다. LMDS 리턴링크와 위성피더링크에 대한 스펙트럼을 분리하게 되면 미국에서 제안한 스펙트럼 공유계획에 따라 제조된 LMDS 시스템이라 할지라도 비용과 용량은 문제가 되지 않는다. 준 밀리미터파의 전파에 장애를 주는 주원인은 강우와 장애물로 인한 페이딩 감쇄라 할 수 있다. 그림 10.2에는 LMDS 전송구간에 발생하는 전파 전파현상에 대해 표현하였다.

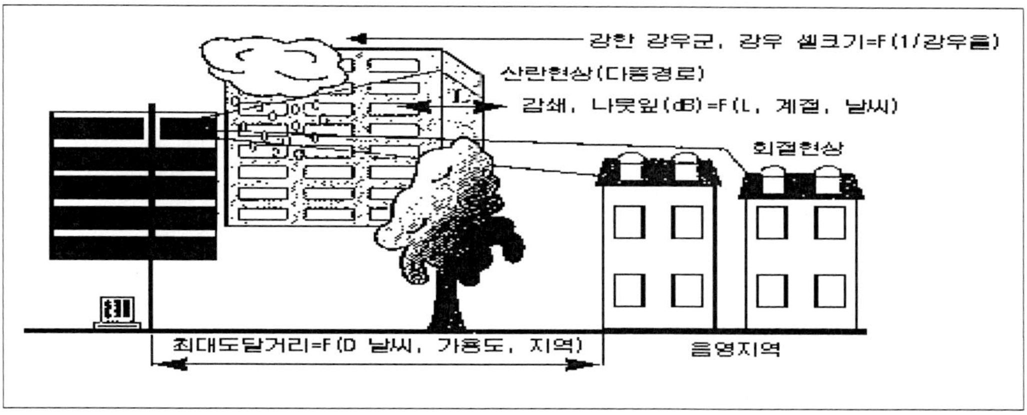

그림 10.2 LMDS 전송구간에 발생하는 전파 전파현상

밀리미터파 시스템에서는 가시구간의 전송손실이 거리의 자승에 비례한다. 미국 벨코어에서 연구한 최근 자료에 따르면, 사업자의 입장에서 만족할 만한 전송품질을 유지하기 위한 전송링크의 여유한도(타 기술과 결합한 경우도 있을 수 있음)는 자유공간 및 강우에 의한 손실보다 커야 한다고 한다. 안테나가 가시구간에 있지 않는 경우, 전송링크의 여유한도는 나뭇잎에 의한 감쇄를 충분히 고려해야 한다. 나뭇잎 감쇄를 극복했을 때에도 전송로의 가시구간이 차단될 가능성이 높다. 이 문제를 극복하기 위해 다중방송의 개념이 소개되었다. 다중방송이란 다중 커버리지를 갖기 위한 셀룰러 형 광 대역 무선접속 시스템이라 할 수 있다. 다중방송 구조로 설치할 때는 중복지역의 전파전파특성을 1차 커버리지 구역과 똑 같이 유지하는 것이 필요하다.(출처 : ISSLS '96)

10.4 무선 통신 기술

광 대역 밀리미터파대의 사용에 직간접으로 영향을 주는 몇 가지 기술사항이 있다. 밀리미터파시스템의 성능과 용량에 가장 영향을 주는 직접기술은 출력증폭기, 주파수, 저 잡음 증폭기, 주파수변환 믹서와 같은 RF 회로이다. 간접기술(무선시스템 성능에 간접적으로 영향을 주는 기술)에는 MPEG(Moving Picture Experts Group), 에러교정 코드, 다중접속 프로토콜, 비디오 압축기술 등이 있다. 시스템을 설계할 때 간접기술을 적당히 응용하면 RF 회로에서 요구하는 성능기준을 크게 완화할 수 있다. 이 기술은 높은 RF 주파수 기술을 군사적 응용에 국한하지 않고 넓게 응용할 수 있으므로 매우

중요하다. 우수한 성능을 확보하기 위해 발전된 에러교정코드와 이미지 또는 데이터 압축기술을 결합한 후 낮은 SNR(Signal Noise Ratio) 값으로 디지털 변조를 하게 되면 반도체 소자를 이용한 RF 시스템을 사용할 수 있다. 비디오 신호는 QPSK(Quadrature Phase Shift Keying) 변조로 4Mbps 데이터 채널(예, direct TV) 이상의 높은 품질로 전송될 수 있다.

큰 출력 레벨(28GHz에서 100와트 출력가능)을 달성하기 위해서는 TWTA (Travelling Wave Tube Amplifier)를 보통 사용하게 된다. TWTA의 신뢰도는 최근 상당히 향상 되었지만 많은 사람들은 반도체소자 기술보다 신뢰도가 훨씬 못하다고 생각하고 있다. 30GHz와 40GHz에서 사용되는 반도체소자 전력증폭기는 매뉴얼 상으로는 필요한 출력 성능(Pout = 1W)을 만족하는 것으로 알려져 있지만, 아직 극히 제한적인 제품만이 시장에 나와 있다. 출력증폭기술은 최근 몇 년 동안 꾸준히 발전해 오고 있고 성능상의 부족한 부분은 증폭기의 선형화와 같은 간접기술의 사용으로 어느 정보 보상될 수 있다. LMDS, 첨단위성통신시스템, 자동화 충돌방지 레이더시스템 등의 개발과 사용화는 밀리미터파기술에 대한 경제성을 더욱 가속화하게 될 것이다.(출처 : ISSLS '96)

10.5 무선 통신 성능과 용량

제공될 서비스, 시스템 성능, 시설비, 용량 등은 광 대역 무선접속망의 형태를 결정하게 된다. 그러므로 가입자에 대한 비용의 증가 없이 강우와 나뭇잎에 기인한 감쇄에 대하여 충분한 여유를 갖도록 하기 위해 최고급 RF 기술을 BTS (Base station Transceiver Subsystem)에 사용하며, 이를 통해 통신망의 성능을 최대로 향상 시킬 수 있다. 성능은 높은 이득의 가입자 측 안테나에 의해서도 향상이 되지만 DBS(Direct Broadcast Satellite) 수신기와 미적인 경쟁을 위해 안테나의 크기를 보통 45cm이하로 제한하고 있다. 전자적으로 방향조정이 가능하고 충분히 경제성 있는 가입자 측 안테나가 개발되었을 때 설치에 필요한 숙련공의 노력을 줄일 수 있다. 강우에 기인한 통신장애는 가입자의 불편을 줄이기 위해 하드웨어적인 고장과 마찬가지로 경쟁서비스보다 훨씬 작아야 된다. 가입자의 불편은 매출액의 손실뿐만 아니라 가입자 측 장치를 재배치하는데 있어서도 추가적인 경비의 부담이 있게 된다. 충분한 성능확보는 올림픽이나 월드컵 같은 스포츠 중계와 긴급전화 회선용으로 특히 필요하다. RF 하드웨어의 성능은 계속 향상되고 있지만 향상되는 정도는 수 dB 정도에 지나지 않는다. 따라서 충분한 성능을 확보하기 위해 가장 좋은 방법은 셀 크기를 줄이는 것인데 이는 가입자당 시설비를 증가시키게 된다.

그렇게 되면 성능향상의 이점이 비용의 증가로 인해 사라지게 된다는 점을 명심해야한다. 또 나뭇잎이 울창한 곳에서 폭우가 솟아지게 되면 무선통신은 불가능할 수도 있다.(출처 : ISSLS '96)

10.6 무선통신망의 구성

제공될 서비스가 불확실하고 무선통신은 경제성의 범위가 문제되기 때문에, 공통적인 기간망의 구조는 유선 또는 무선에 대한 접속이 가능해야 하고 제공되는 서비스는 독립적이어야 한다. 그림 10.3은 ATM에서 가정까지 망의 연결 구조를 설명한다. SONET(Synchronous Optical NETwork)/SDH(Synchronous Digital Hierachy) 링 외에 어떤 기술도 가입자망용으로 사용될 수 있다. 마찬가지로 가입자 측 장비 특히 셋톱박스(set top box)와 같은 장비는 표준화되어야 한다.

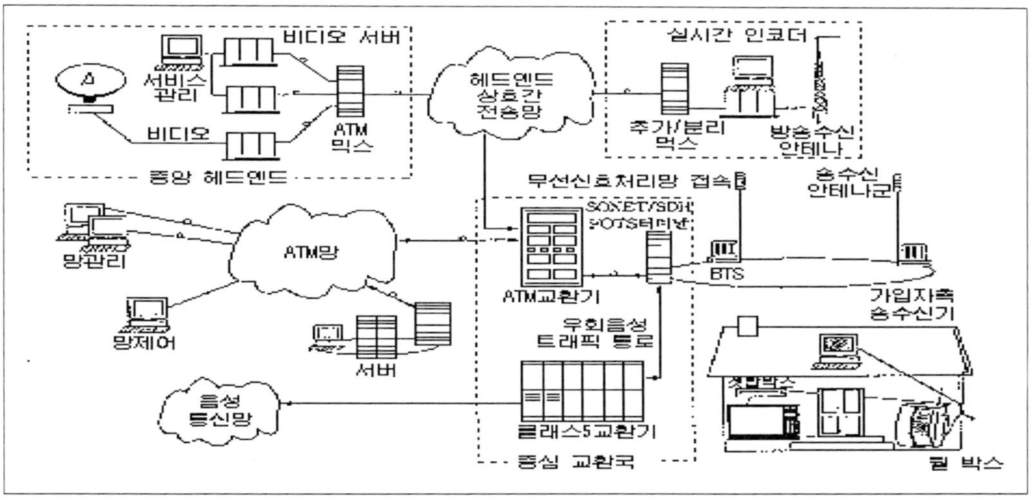

그림 10.3 광 대역 무선접속 망

이렇게 되면 설치비를 최소화할 수 있고 장비공급가 및 창고 저장 비를 줄일 수 있게 된다. 시스템의 보안은 사업자에게는 서비스 도용방지를 위해 필요하고 가입자에게는 신용카드번호와 같은 개인비밀정보의 누출방지를 위해필요하다. 이를 위해서는 광대역 풀 서비스 무선통신시스템의 오락 비디오 서비스와 양방향 서비스 사이에 분리 다중 보안 층이 설치되어져야 한다.(출처 : ISSLS '96)

10.7 무선통신망의 설치

LMDS의 설치를 위해서는 숙련된 기능공이 필요하다. LMDS 시스템의 각 BTS(Base Transceiver Station)는 각 가입자에 대하여 제한된 대역폭만을 갖고 있기 때문에 망이 양방향서비스를 제공할 때 특히 안테나의 조정이 필요하다. 사업자들은 설치된 여러 가입자 장비 중에서 특정 장비에 대해 우선순위가 높도록 하는 첨단의 설치기기를 장비 공급사에게 요구하게 된다. 그렇지 않으면 BTS 사이의 망구성은 우선순위 없이 적당한 선에서 타협이 이루어지게 된다. 그 결과 가입자 측 안테나를 타 BTS로의 방향 조정 등을 위해 설치요원을 보내야 하는데 이는 고객의 불만이 될 수도 있고 사업자는 엄청난 비용을 부담해야 한다. 조정장비는 겨울철에 필요한 안테나의 추가 조정을 피하기 위해서 나뭇잎에 따른 계절적인 편차도 충분히 고려되어야 한다.(출처 : ISSLS '96)

10.8 무선 통신 시스템의 발전

시스템 성능을 향상시키기 위해서 LMDS를 마이크로 셀룰러 시스템으로 발전시키는 것은 바람직한 선택이라 할 수 있다. 밀리미터파에 근접한 마이크로 셀룰러(셀 반경 1Km 이하)시스템은 몇 가지 장점이 있다. 즉, 강우와 나뭇잎에 기인한 전파 전파상의 문제를 다소 해결할 수 있을 뿐만 아니라 가입자에게는 보다 넓은 주파수 대역을 공급할 수 있으며 FTTC(Fiber To The Curb)와도 연동시킬 수 있다. 또 주파수의 할당도 보다 용이한 이점이 있다. 마이크로 셀 시스템을 이용하면 첨단의 안테나 조정장비의 필요성도 어느 정도 줄일 수 있다. 이 시스템은 고속이라는 기능면에서 FTTC 시스템과 동일하다. 즉 이 시스템은 방송형태의 비디오 신호전송과 비상전화 회선용으로 이용될 수 있는 우수한 특성을 갖고 있으며 양방향 통신뿐만 아니라 교환 형 디지털 비디오서비스도 차단 없이 제공할 수 있을 만큼 충분한 대역폭을 이용자에게 제공할 수 있다.

이 망의 구조는 간섭에 대한 문제를 쉽게 해결할 수 있어야한다. 이를위해 이 시스템은 모든 가입자가 충분히 만족할 수 있는 고품질의 신호를 수신하도록 BTS의 송신 전력제어가 이루어져야 한다. 그림 10.4는 마이크로 셀을 구성하는데 있어서 가입자당 기지국의 비용증가에 따른 결과를 설명하고 있다. 앞으로 BTS 가격은 기술의 발전과 효율적인 제조공정으로 계속 내려가게 될 것이다.

기지국 부지확보는 소형기지국 장비 등의 개발로 어느 정도 극복할 수 있으나 여전히 어려움으로 남게 될 것이다. 이 시스템이 충분히 경제성이 있게 되면, 많은 사업자들은 전화서비스를 포함한 여러 가지 다양한 서비스를 제공하게 될 것이다.

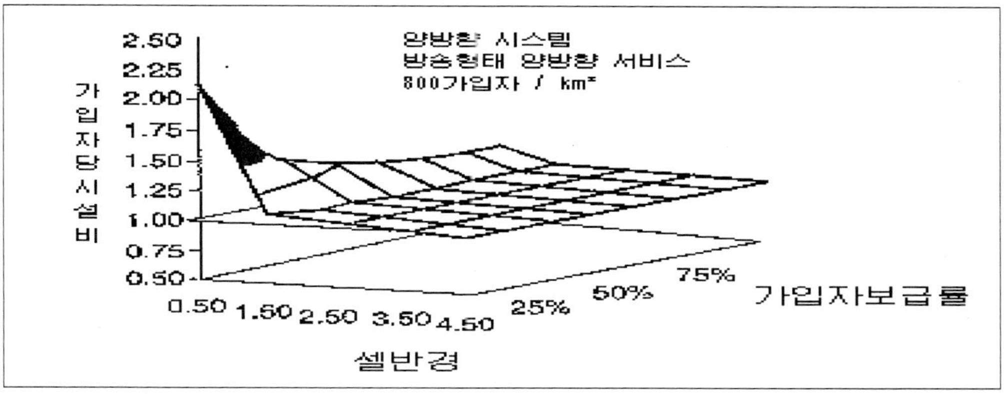

그림 10.4 다중 및 마이크로 셀 설치에 따른 비용증가

전화회사들은 기존 ADSL(Asymmetrical Digital Subscriber Line) 유선망과 LMDS 마이크로 셀을 결합한 형태로 망을 설계할 수 있다. 이 두 가지 형태의 망은 공통의 기간망과 통신망 하부구조를 이용하여 동일내용의 서비스를 제공할 수 있다. 유선망이 없는 사업자는 유사한 사업목적을 달성하기 위해서 LMDS를 다른 무선통신기술과 결합 이용할 수도 있다.(출처 : ISSLS '96)

10.9 WLL

10.9.1 WLL 개 요

WLL(Wireless Local Loop)이란 전화국에서 전화 가입자의 댁내까지를 연결하는 유선 선로 대신 무선시스템을 이용하여 전화선을 구성해 주는 것을 말한다. 이 기술은 농어촌 지역과 같이 인구밀도가 희박한 지역에 전화를 가설할 경우 가설비를 줄이기 위한 방편으로 지난 70년대 초 미국 벨연구소에서 처음 고안되었지만 무선 주파수의 확보가 쉽지 않았고 안테나와 무선 송수신 장치의 제조 및 설치비용이 과다하여 상용화 단계에까지 이르지 못하였다. 그러나 최근 전자통신 기술의 급격한 발달과 더불어 여러 제조업체에서 경제성 있는 제품을 시장에 속속 출시해 통신사업자들도 이 WLL의 상용화에 지대한 관심을 보이고 있다. 현재 전 세계의 전송망 사업자 사이에서 WLL 기술은 구리나 알루미늄 케이블보다 무선 시스템의 보다 낳은 장점으로 인하여

지방에서 가입자의 접속 비용을 줄일 수 있고, 서비스 요구에 따른 더욱 빠른 접속을 제공한다는 장점 때문에 인기 있는 전송 매체로 선택되고 있다. 몇 년 전만 해도 공중 무선 통신망 접속은 신형 통신 사업에 포함되어 있어, 사우디아라비아 사막, 오스트레일리아 오지나 텍사스 평원과 같이 인구밀도가 희박한 고립 지역에서 서비스 되었다. 오늘날 다른 방식의 시스템이 위협을 받고 있는 것과는 대조적으로 WLL은 확장된 대중 매체와 인구 밀도가 희박한 지역에서 활기를 띠고 있다.

예를 들면, 인도네시아, 영국, 남아프리카와 브라질 등의 시장에서 무선망이 저가 비용으로 가입자간의 접속을 제공할 것으로 예상되고 있다. 일시적으로 후진국에서 근간을 이루던 WLL 사업은 이제 선진 시장에서 진보적이고 영구적으로 수용할 수 있는 기술로써 받아들여지고 있으며 무선통신 매체의 특성 때문에 WLL을 설치하고 있다.

WLL의 장점은 다음과 같다. WLL은 점 대 점(fixed-to-fixed) 전파이다. WLL에서 점 대 점 전파의 경로 손실은 20dB/decade이나, 이동무선전화(fixed-to-mobile)의 경우에는 40dB/decade이고, 이는 상당히 높은 손실에 해당한다.

안테나는 건물의 높은 곳에 위치하므로 WLL은 다중경로 조건이 아니다. 페이딩이 없는 점 대 점 조건의 30KHz FM 채널에서 C/I(Carrier-to-Interference) 비율은 10dB이 필요하다. 반면에 이동 통신 조건하에서는 C/I가 18dB이 요구된다. 이는 WLL에서는 페이딩이 없는 조건하에서 수신된 신호는 더 많은 간섭까지도 허용할 수 있다는 것을 의미한다. WLL에서 주파수 재사용 거리는 WLL의 점 대 점 연결이 간섭거리를 줄이기 위해 양단에 방향성 안테나를 사용하고 있기 때문에 더욱 짧아질 수 있다. 주파수 재사용 거리의 감소는 용량의 증가를 의미한다. WLL에서는 점 대 점 연결로 인해 핸드오브가 발생하지 않는다. 각 건물과 셀까지의 무선 연결은 간섭을 줄이기 위해 설치될 수 있다. 이런 연결은 설치 이후에는 변하지 않으며 디자인 역시 매우 간단하다.

WLL의 단점은 다음과 같다. 첫 번째로 루프(loop)의 거리, 인구분포, 인프라 구조의 이용도 등의 변화 때문에 유선과 무선 시스템간의 비용문제를 직접 비교해 보기 어렵다. 두 번째로 현재의 고정 무선 시스템은 동선에 비해서 서비스 영역이 적다. 따라서 대부분이 음성, 팩시밀리, 저속데이터에 한정된다. 세 번째로 WLL 기술에 대한 국제 표준화가 마련되어있지 않다. 그래서 WLL과 무선망의 요구사항을 만족시켜줄 만한 해결책이 없다.

10.9.2 WLL의 구성

사실상 셀룰러 시스템은 WLL에 적합한 시스템이며, CDMA와 같은 디지털 방식은 아날로그 방식에 비해 15에서 20배 정도의 용량을 갖고 있다. 더욱이 CDMA를 WLL 시스템에 사용할 때가 이동통신 시스템에서 이용될 때보다 두 세배 정도의 용량을 갖는다. 이두 시스템은 같은 CDMA 셀룰러 통신 장비를 이용할 수 있다. 그림 10.5는 기본적인 WLL 시스템의 배치를 보여주고 있다.

무선 기지국은 무선 송수신기와 기지국의 두 부분으로 구성된다. 그리고 WLL에는 핸드오브나 전력 제어 기능이 없어 제어 기능이 간단해 진다. WLL은 경제적인 통신 방식을 찾는데 많은 기여를 해 오고 있다. 일반적으로 셀룰러와 PCS망은 고 대역을 제외하고는 동일하게 사용될 수 있으며 자유 공간 조건 때문에 신호 손실이 최소가 되도록 설계되어 있다.

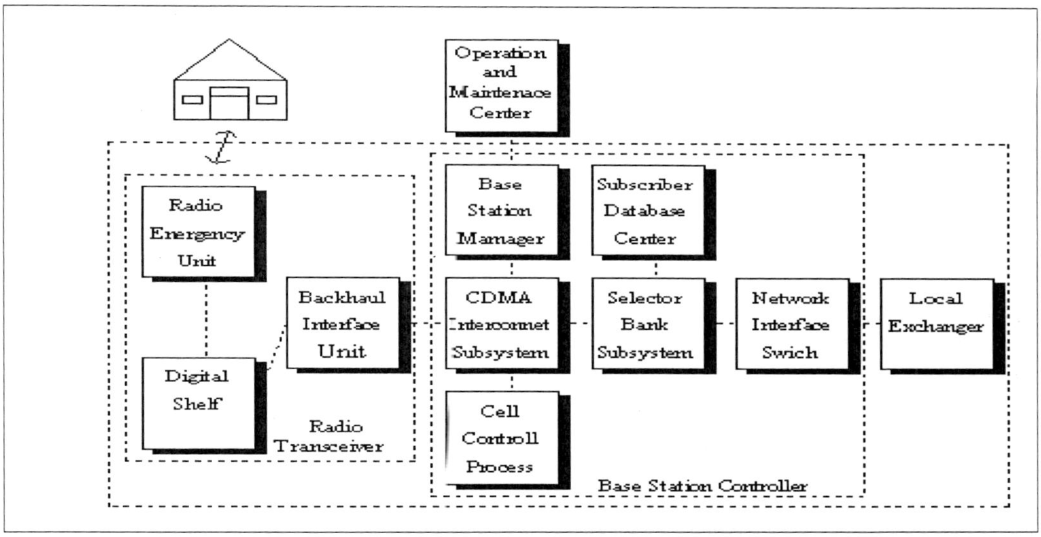

그림 10.5 WLL의 구성도

연 습 문 제

1. 무선통신의 개념에 대해서 설명하시오.

2. 주파수의 특징 및 대역에 대해서 설명하시오.

3. 무선통신망의 응용에 대해서 설명하시오.

4. 무선통신기술 에 대해서 설명하시오.

5. WLL의 개념에 대해서 설명하시오.

6. WLL의 장점에 대해서 설명하시오.

7. WLL의 단점에 대해서 설명하시오.

제 11 장

이동통신망

11.1 이동통신망의 개요

11.2 PCS

11.3 PCS의 특징

11.4 IMT-2000

11.5 주파수 면에서 본 이동통신

11.6 서비스 면에서 본 이동통신

11.7 셀룰러 이동 통신

11.8 차세대 이동 통신서비스의 전망

11.9 위성 이동통신

제 11 장 이동통신망

11.1 이동통신망의 개요

인간은 끊임없이 편리한 의사소통방법을 추구해왔으며 현대정보통신 사회에서 사람들은 고품질의 다양한 서비스를 요구함으로써 정보에 대한 욕구를 충족하고자한다. 이러한 욕구를 충족하기 위해서 많은 통신시스템 중 하나가 복잡하고 다양한 사회 속에서 이동 중에 정보의 교류를 가능하게 하는 이동 통신 분야라고 할 수 있다. 이동통신은 근래에 들어 제2의 이동통신 혁명이라 할 만큼 눈부신 발전을 하였다. 역사적으로 이동통신은 기술적인 발전과 더불어 꾸준히 발전하여 왔으며 1960년대와 70년대에 벨(Bell)연구소에서 셀룰러(cellular)개념을 소개한 이후로 고도의 신뢰성과 소형화 그리고 하드웨어의 발전과 더불어 현대 이동통신의 본격적인 개발이 이루어졌다. 셀룰러 이동통신은 전체 서비스 지역을 다수의 무선 기지국으로 분할하여 소규모의 서비스 지역인 셀들로 구성하고 이러한 무선 기지국들을 교환시스템으로 집중제어하여 가입자가 각 셀 간을 이동하면서도 통화를 계속 할 수 있도록 하는 방식이다.

보다 편리하고 다양함을 추구하는 인간의 욕구는 통신서비스에 있어서 장소와 시간에 구애됨이 없이 음성 및 데이터서비스(data service)가 가능한 통신을 요구하게 되었으며, 이에 따라 이동통신 서비스가 등장하였다. 제 1세대인 아날로그 셀룰러 시스템(analog cellular system)이 등장한 이후 폭발적인 이동통신에 대한 서비스 수요의 증가와 디지털(digital) 신호처리 발전에 힘입어 제 2세대인 디지털 이동 통신시스템이 도입되었다. 이어서, 디지털 셀룰러보다 가격이 저렴하면서 다양한 서비스 형태를 제공해주는 개인 휴대통신 서비스 시대를 맞이하게 되었다.

우리나라에서는 1994년 12월 PCS(Personal Communication Service)기술 개발정책 방향 확정 통보라는 정보통신부 문서에서 처음으로 PCS에 대한 서비스 정의와 특징에 대해 기술하고 있다. 여기에서는 PCS를 일반적으로 기존의 이동전화 서비스 단점을 극복하고 보행자 중심의 차세대 이동통신 서비스를 표현한다. 라고 정의하고 있다. 한편 미국연방통신위원회 FCC(Federal Communication Committee)에서는 PCS를 "개인과 상업용의 서비스를 제공하고 경쟁적인 여러 네트워크를 통합할 수 있는 이동 네트워크와 보조적인 고정 네트워크를 총괄할 수 있는 무선통신"으로 정의함은 물론, PSTN(Public Switched Telephone Network)의 제한성으로부터 개인을 개방시키고, 집이나 사무실로부터 떨어져 있어도 통화할 수 있도록 하는 광범위한 새로운 무선서비스까지 포함시켜서 정의하고 있다. 이처럼 PCS는 특정한 무선기술 혹은 시스템을 지칭하는 좁은 의미의 기술개념에서 발전하여 하나의 진보된 서비스개념으로 간주하게 되었다.

이동통신의 차별화된 개념은 사용자들의 이동성이라 할 수 있다. 이동성은 현대 사회를 영위함에 있어서 없어서는 안 될 필수 불가결한 요소로 작용한다. 따라서 장소에 따른 제약 없이 언제 어디서나 통신이 가능한 무선 통신 시스템은 다양하게 개발되고 보급되고 있으며, 이들은 향후 B-ISDN으로 접속되어 B-ISDN의 일환으로 운용될 전망이다. 이러한 무선 통신의 서비스 수준은 종래의 음성뿐만이 아니라 이동 중에도 팩스, 데이터, 영상 등의 통신이 가능하도록 그 범위를 넓혀가고 있다.

이동 통신(mobile communication) 분야는 무선 통신 중에서도 대표적인 분야라고 할 수 있는데, 일반적으로 이들은 발전 현황에 따라 다음과 같이 4가지의 세대로 구분한다. 셀룰러(cellular) 통신과 코드리스(cordless) 전화로 대표되는 아날로그 이동 통신을 제 1 세대로 구분하고, 디지털 셀룰러 통신과 디지털 전화 서비스로 대표되는 디지털 방식 이동 통신을 제 2 세대로 구분하며, 개인 휴대 서비스(PCS : Personal Communication System)를 제 2.5 세대로, 그리고 유무선 통합 서비스를 제공하는 미래 공중 육상 이동 통신 서비스(FPLMTS : Future Public Land Mobile Telecommunication System)를 제 3 세대로 구분한다.

표 11.1 무선 통신 서비스의 세대별 구분

<table>
<tr><th>세대 / 통신분야</th><th>제 1 세대</th><th>제 2 세대</th><th>제 2.5 세대</th><th>제 3 세대</th></tr>
<tr><td>지상 통신</td><td>PSTN/PSDN</td><td>ISDN</td><td>B-ISDN</td><td rowspan="5">FPLMTS</td></tr>
<tr><td>이동 통신</td><td>아날로그 셀룰러</td><td>디지털 셀룰러</td><td rowspan="3">DECT/PCS</td></tr>
<tr><td>무선 전화</td><td>CT-1</td><td>CT-2/PHS</td></tr>
<tr><td>무선 호출기</td><td>아날로그 호출기</td><td>광역 호출기</td></tr>
<tr><td>위성 통신</td><td></td><td>정지궤도 위성</td><td>비정지궤도 위성</td></tr>
</table>

11.2 PCS

PCS는 'Personal Communication Systems'의 약자로 개인휴대통신을 뜻한다. 다시 말하면, 일반 가입자들이 휴대단말기를 이용해 언제, 어디서나 누구와도 손쉽게 통화할 수 있는 고도의 개인휴대통신서비스를 지칭한다. 기본적인 개념은 셀룰러가 차량용이라면 PCS는 휴대용을 의미하며, 따라서 PCS는 원칙적으로 차를 타고 고속으로(시속 30㎞이상) 달릴 때는 전화를 할 수 없다. 왜냐하면 하나의 셀 크기가 기존 셀룰러는 2km에서 크게는 10Km정도인데 비해 PCS는 수백 미터 수준으로 고속으로 달리는 차

안에서 서비스를 하려면 너무나 많은 핸드오버가 수행되므로 시스템이 감당할 수 없기 때문이다. 또한 셀 크기가 작으므로 기존 휴대폰 사용자들이 가장 불편해 했던 가입 포화로 인한 호실패가 발생한다는 것인데 이러한 일이 일어나지 않는다.

PCS는 개인위주의 서비스와 저렴한 요금으로 "언제, 어디서나, 누구에게나, 어떠한 정보라도" 전달할 수 있는 이동 통신이라고 정의되고 있으나 기존의 셀룰러 이동전화와 차별되는 부분을 파악하기는 쉽지 않다.

어떤 대상에 대하여 알아보고자 할 때는 우선 그 대상의 역사적 배경과 발전방향을 살펴봄으로서 용어에 대한 정의를 하는 것이 일반적인 방법일 것이다. 우리나라에서 PCS라는 용어가 논의되기 시작한 것은 1990년 7월 미국의 FCC(Federal Communications Commission)가 PCS에 관한 규칙 제정 공고를 한 시점을 전후하여 비롯되었던 것으로 생각된다. 물론 그 전에도 유럽의 PCN(Personal Communication Network)이란 용어가 소개되기도 하였으며 PCS와 PCN이 비슷한 형태로써 알려졌다. 초기에 PCS는 Personal Communication Service 또는 Personal Communication System으로 알려졌으며 마이크로 셀과 지능네트워크에 의한 단말기 이동성과 개인이동 통신을 제공할 수 있는 개인통신의 실현 수단으로 알려져 왔다. 그 후 1993년 9월 미국 FCC에서 PCS를 '다양한 경쟁 네트워크와 접속할 수 있으며, 개인 및 업무에 서비스를 제공할 수 있는 이동 및 보조적인 고정통신을 포함하는 무선통신'으로 정의함에 따라 적어도 미국에서는 PCS가 상당히 포괄적인 내용의 서비스로 이해될 수 있었다. 유럽에서 PCS라는 용어 대신 제2세대 이동통신인 GSM 1800MHz 대역에서 서비스하는 PCS 1800 이라는 시스템을 공동으로 개발하여 PCN(Personal Communication Network)으로 부르고 있으며 PCN이 개인통신을 만족할 수 없음에 따라 개인통신이 가능한 UMTS(Universal Mobile Telecommunication System)을 개발 중에 있다.

한편 ITU(International Telecommunication Union)의 유선통신과 표준화를 담당하고 있는 ITU-T에서는 용어에 대한 권고안 초안에서 PCS를 '단말기 이동성', '개인이동성 및 서비스프로파일 관리(서비스 이동성이라고 함)의 일부 결합이 가능한 집합체'로 정의하고 있으며 미국에서 논의되는 PCS는 ITU 문서에서 이를 US(United State) - PCS로 구별하여 표시하고 있다. 따라서 미국에서는 주파수 경매에 의한 PCS 사업권을 획득한 사업자는 이 주파수 대역에서 CT-2(Cordless Telephone-2) 수준의 서비스도 사업경영에 맞으면 제공할 수 있게 되었다. 물론 비싼 입찰에 의해 확보한 사업권을 CT-2와 같은 서비스로 낭비할 사업자는 없지만 몇 가지 전파 사용요건만 맞으면 기술 수준이나 서비스 수준에 관계없이 다양한 서비스를 제공할 수 있게 되었다는 의미이다. 미국에서는 다음 4가지 원칙을 주파수 경매를 포함한 PCS 관련 법규를 제정하는 목표로서 선정하여 PCS 관련법규를 제정하는데 적용하였으며 이에 따라 이 법규들은 최소한의 규제로서 새로이 개발되는 시스템과 서비스를 제공할 수 있도록 하고 있다.

PCS에 관한 논의를 하면서 또 한 가지 중요한 점은 PCS는 마이크로 셀 기술을 이용하고, 소형 경량의 단말기를 사용함으로서 네트워크 기술과 운영에 깊이 의존하게 된다는 점이다. 이는 일본에서 PHS(Personal Handyphone System)사업자를 지정할 때 전국 네트워크를 갖고 있는 NTT(Nippon Telegram and Telephone)와 신규사업자가 공정한 경쟁을 할 수 없으므로 NTT의 경우에 자회사를 분리하여 PHS 사업을 하도록 함으로서 공정한 네트워크 접속 조건 아래서 사업을 하도록 한 것을 보아도 알 수 있다. 따라서 PCS라는 이름으로 제공할 수 있다고 하는 많은 서비스들은 네트워크 기능과 운영기술이 충분히 확보된 이후에 가능한 것이다.

지금까지 PCS와 관련된 배경을 중심으로 PCS란 무엇인가에 대하여 논하였다. 우선 PCS란 용어에 대한 정의는 ITU, 우리나라, 미국 등 저마다 다르게 정의하고 있으며, 둘째 미국에서 논의되는 PCS 조차도 단말기 이동성과 개인이동성이 보장되며 서비스 이동성이 제공되는 궁극적인 개인통신이 아니라 PCS라는 이름으로 다양한 주파수 대역에서 음성통신, 코드리스, 무선 랜, 양방향 페이징(paging) 등의 서비스가 각각 이루어질 것이다.

표 11.2 PCS의 국가별 비교

국가별	PCS의 정의
미국	개인 및 사업자에 휴대 무선 이동 통신 제공 타 통신망과 접속하는 유선 부가통신 서비스 개인과 단말기의 이동성을 감안한 총체적 이동 통신
유럽	1.8GHz 주파수 대역을 이용한 이동전화
일본	가정의 코드리스 전화를 발전시킨 디지털 개인통신 중급기술 PCS 방식의 간이 휴대전화
한국	주파수 대역을 달리하는 셀룰러 이동전화 기존 셀룰러 이동전화의 단점을 개선한 보급형 이동전화

현재 우리나라 PCS 시스템은 보행자는 물론 차량 이용자에게도 고품질의 휴대통신 수단을 제공하고 개인이나 집단 간 문자정보교환을 가능케 하며 기존의 유선망(전화망, 공중 패킷 망, 인터넷 망)과 시스템을 상호 결합해 무선 데이터통신 서비스제공 뿐만 아니라 향후 동화상 전송과 멀티미디어와 결합된 무선통신서비스 구현을 가능케 한다. 일반적으로 PCS를 '주파수 대역을 달리하는 PCS 방식의 고급셀룰러 이동전화'라고 할 수 있다. 이러한 PCS의 정의는 저속으로 이동하는 보행자는 물론이고 고속의

차량 이용자에게도 고품질의 이동전화서비스를 제공할 수 있어야 한다. 통신의 발전에 따른 세대구분으로 보면 유선전화가 1세대, 기존 이동전화가 2세대, PCS는 2.5세대쯤이라 할 수 있다.

무선통신 기술이 발전함에 따라 사람들은 개인통신의 꿈을 갖게 되었으며 이를 이루기 위해 미국, 유럽, 일본 등의 통신 선진국들은 저마다 환경과 능력아래에서 시나리오를 작성하고 있으며 FPLMTS(Future Public Land Mobile Telecommunication)가 그 대안으로 떠오르고 있다.

PCS 네트워크에서 MSC(Mobile Switching Center)는 무선 접속을 통한 가입자 액세스, 이동 호(arc) 처리, 이동가입자의 위치등록 및 위치추적과 같은 이동성관리, 핸드오버(hand over)처리와 이밖에 다양한 부가서비스의 기능을 제공해 주고 있다. 개인휴대통신 교환기는 가입자의 호 요구에 따른 교환기능을 수행하기 위해서, 본 가입자 HLR(Home Location Register)와 정보교환을 한다. HLR은 자신의 네트워크 내에 등록된 모든 이동 가입자에 대한 가입자 정보와 위치정보를 저장하고 관리하는 일종의 데이터베이스 관리시스템이다. 반면에 VLR(Visitor Location Register)는 개인휴대통신 교환기내에 위치하며, 자신이 관리하고 있는 지역 내에 위치하고 있는 가입자에 대한 정보를 저장하고 있으며, 새로운 가입자가 자신의 지역 내에 들어오면 가입자 데이터를 HLR과 같도록 해준다. 이동가입자가 위치관련 데이터베이스의 변경 없이 자유롭게 움직일 수 있는 영역을 위치영역(LA : Location Area)이라 하며, 위치영역은 여러 개의 셀(cell)로 구성되어 있다. 이동가입자가 자신의 현재 위치를 신고하거나 이동에 의해서 위치영역이 변하는 경우, 위치등록이라고 하는 자신의 위치정보를 갱신하게 된다.

위치정보의 관리는 데이터베이스를 이용하며, 이동가입자의 위치변경에 따른 위치등록과 호 설정을 위한 위치추적을 수행한다. 위치정보 및 가입자의 정보 관리를 위해서, 일반적으로는, HLR과 VLR을 이용하는 2 계층 구조의 중앙 집중 형 정보관리기법을 사용하고 있다. 이와 같은 중앙 집중 형은 이동가입자의 다양한 이동성과 호 설정 요구 시, 중앙에 위치한 HLR로 과다한 위치정보의 갱신/문의에 대한 신호 메시지 유입을 가져오며, HLR에서 모든 이동가입자에 대한 정보를 갖고 있기 때문에, 대용량 데이터베이스가 필요하게 되고 많은 양의 데이터베이스 검색을 수행해야 하는 문제점들이 발생하게 된다.

분산구조방식에서는, 교환기마다 VLR을, 그리고 전체 개인 휴대통신네트워크의 중앙에 HLR을 두는 대신, 두 데이터베이스를 결합시킨 위치등록기(LR : Location Register)라는 새로운 데이터베이스를 갖도록 하였으며, 이 LR은 위치정보와 가입자 정보도 함께 관리한다. 분산구조방식에서의 LR은 자신의 영역으로 이동해온(또는 계속 위치하고 있었던) 이동가입자의 위치정보와, 이 이동가입자에 대한 정보도 갖고 있다. HLR과 같이 중앙에서 전체적으로 위치정보 또는 가입자 서비스정보를 관리하는 기능이 없으므로, 각 개인 휴대통신 시스템에 있는 LR이 전체 개인 휴대통신네트워크의 이동가입자에 대한 네트워크 주소도 갖는다. 따라서 각각의 개인 휴대통신네트워크의 LR에서는 자신의 교환기를 홈 교환기로 하고 있지만, 현재 타 교환기로 이동한 이동 가입자의 최종위치정보와, 현재 자신의 교환기에 위치하고 있는 이동가입자의 위치정보와 가입자 정보, 그리고 전체 개인 휴대통신 교환기의 이동가입자에 대한 본 교환기 주소도 함께 갖고 있다. 이와 같은 특성 때문에, 분산구조에서는 항상 본 교환기에 대한 중계 의존도가 높으며 본 교환기로의 위치정보를 질의하는 신호 트래픽이 밀집되는 결과를 갖게 된다. 반면에, 처리과정이 단순하여 쉽게 구현할 수 있는 장점이 있다.

한편, 계층구조방식에서는, 최하위 계층에 각각의 개인 휴대통신 시스템의 데이터베이스인 LR들이 있으며, 바로 상위계층(DIRectory_node : DIR_node_LR)에서는 하위계층의 여러 LR들을 묶도록 하였다. 그리고 상위계층에서는, 자신의 영역에 현재 위치하고 있는 이동가입자에 대한 위치정보만을 관리한다. 상위계층에서는 또 다시 여러 개의 DIR_node_LR들을 묶어 차 상위 DIR_node_LR을 구성하며, 이 과정을 반복하여 나무형태를 갖도록 하였다. LR에서는 자신의 영역 내에 현재 위치하고 있는 이동가입자의 위치정보와 이 가입자에 대한 가입자 정보를 갖고 있다. 상위계층(DIR_node_LR)에서는 자신이 관할하고 있는 LR들의 영역 내에 현재 위치하고 있는 이동가입자의 위치정보만을 갖고 있다. 또한 최 상위 계층(ROOT_node_LR)에서는 전체 개인 휴대통신네트워크에 속한 모든 이동가입자의 최종 위치정보와 가입자 정보를 관리한다.
이와 같이, 최하위계층의 LR과 최 상위계층의 ROOT_node_LR에 가입자 위치정보와 서비스정보를 관리하도록 하고, 중간의 상위계층에서는 자신의 영역에 위치하는 이동가입자의 최종위치정보만을 관리하도록 하여, 최 상위계층으로 모든 신호 트래픽이 집중되는 것을 완화시키고, 이전 방문 교환기와 최종 방문 교환기간의 이동가입자 정보 전달단계도 가능한 한 줄인다.

셀룰러 시스템은 고속으로 이동하는 차량을 대상으로 개발된 시스템으로서, 고속 이동시에도 통화의 연속성을 보장하는 고급의 서비스이나, 이용가격이 비교적 고가이다. 반면에, 코드리스 폰(cordless phone)은 유선 서비스에 국한되어, 일정거리 이상으로 떨어지면 발/착신을 할 수 없게 된다. 이와 같이 이동통신은 고속이동시에도 통신이 되는 시스템과, 일정거리(100m 정도)내에서만 이동성이 보장되는 시스템으로 구분된다. 이러한 이동통신 서비스의 양극단의 중간에서, 기존의 코드리스 폰보다 휴대가 간편하고 사용범위가 넓으며, 저속이동시 연속적인 통신서비스를 제공하고, 셀룰러 차량전화보다 사용요금이 저렴하여, 누구나 이용할 수 있는 보편적인 서비스를 제공하고자

하는 목적으로 등장한 것이 PCS 이다.

PCS는 일종의 서비스의 개념이며, 특정 기술표준이나 통신시스템을 지칭하는 용어는 아니다. 즉, PCS는 개인의 휴대단말기로 이동 중 무선접속에 의한 통신(단말기의 이동성 보장)과 개인번호를 이용하여, 어느 단말기에서도 네트워크의 접속이 가능한 통신(개인의 이동성 보장)으로서, 일반 대중을 대상으로 저렴한 가격으로 통신의 이동성을 보장하는 서비스이다. PCS는 언제, 어디서나, 누구와도 통신이 가능한 편리한 서비스로서, 자유롭게 이동하면서(10km/h 이하) 사용하는 생활 속의 통신서비스이며, 휴대용, 개인화, 지능화를 지향하면서 저렴한 사용료에 의한 대중통신으로 특징 지워지는 서비스이다.

PCS서비스의 개념을 지향하는 시스템으로는 CT-2(Cordless Telephone 2nd generation), DECT(Digital European Cordless Phone) DCS-1800(Digital Celluar System at 1,800MHz), PHS(Personal Handy Phone System), WACS(Wireless Access Communications System), UPT(Universal Personal Telecommunication) 및 IMT-2000(International Mobile Telecommunications System-2000) 등을 들 수 있다.
현재 우리나라를 비롯한 미국, 일본, 유럽 등지에서는 PCS를 개발하여 상용 서비스 중에 있으며, 이러한 다양한 PCS 시스템을 통합하여 범세계적인 이동통신 시스템을 구축하려는 움직임도 아울러 나타나고 있다.

유럽지역의 UMTS(Universal Mobile Telecommunication)와 국제통신연합 ITU(International Telecommunication Union)를 중심으로 하여 추진되고 있는 차세대 공중 육상 이동통신 시스템인 IMT-2000이 바로 그것이다. UMTS는 유럽의 통신 표준화 기구인 ETSI(European Telecommunications Standards Institute)가 주관이 되어 연구되고 있는 시스템으로서, 그 첫 번째 목표는 저속, 중속 비트 전송율의 음성 및 데이터 서비스를 전 세계적으로 확장하는 것이며, 이를 위해서, 공중인터페이스 기술, 지능네트워크의 구현, 공중교환 전화네트워크(PSTN) / 종합정보 통신네트워크(ISDN : Integrated Service Digital Network)의 병합, ISDN과의 호환성 및 위성과의 접속 등에 관한 연구가 활발히 진행 중이다. ITU를 중심으로 하여 추진되고 있는 IMT-2000(International Mobile Telecommunication)은 1992년의 세계무선 주관 청 회의 WARC(World Administration Radio Conference)에서 PCS에 대한 범세계적인 주파수할당에 관한 협의를 마친바 있으며, 기존의 지상 고정 네트워크와 ISDN, 그리고 이동통신네트워크 및 위성통신네트워크를 총 네트워크라 하여 연결하는 종합통신 서비스로서, 양질의 음성서비스와 각종 정보 서비스, 그리고 영상 서비스 등을 제공하는 것을 목표로 하고 있다.

11.3 PCS의 특징

셀룰러에 비해 PCS는 13Kbps VOCODE 방식을 이용한 CDMA 기술을 채택하였으므로 음질의 차이가 극적으로 다르다. 셀룰러는 800MHz 대역의 아날로그와 디지털 혼용 시스템을 이용하는데 비해 PCS는 1.7GHz~1.8GHz의 광대역주파수와 100% 디지털 CDMA기술을 채택하여 음성통화는 물론 팩스, 사진전송 및 영상전송 등 다양한 멀티미디어 통신이 가능하다. 기존의 셀룰러에서는 제공하지 못했던 다양한 부가서비스를 제공한다. 가까운 슈퍼마켓이나, 편의점등에서 단말기를 구매하여 즉시 개통이 가능한 서비스와 지능망 서비스를 이용한 개인번호 서비스를 이용하여 착신위치와는 무관하게 통화가 가능한 서비스 등 선택이 다양하고 편리한 부가서비스를 이용할 수 있다.

PCS는 광 대역 주파수를 사용하고 셀의 크기가 작아 기지국에서의 전파출력이 적어 단말기 출력을 적게 할 수 있으므로 배터리의 크기를 작게 할 수 있고 단말기가 소형이 되므로 휴대가 간편하고 단말기 및 배터리 가격도 낮아지며 통화료 또한 기존의 셀룰러에 비해 월등히 저렴하므로 누구나 부담 없이 사용할 수 있는 이동전화 서비스이다.

PCS의 구현목표는 첫째로 착·발신 음성전화 및 데이터 서비스, 즉 고속의 데이터 및 동화상을 지원하는 것이고, 둘째로 가정, 사무실, 공공장소에서 하나의 단말기를 사용해서 유선통신과 대등한 품질을 유지하고자 하는 것이고, 셋째로 다양한 유·무선 서비스를 통합하여 저렴한 단말기와 항상 일정한 서비스를 유지하며, 마지막으로 단말기의 이동성 및 개인의 이동성을 보장하여 장소와 상관없이 서비스를 제공받고자 하는 것이다. 이러한 이동을 보장하기 위해 스마트카드(Smart Card)라는 것이 등장했는데, 이것은 가입자의 개인번호와 메도리 기능이 내장되어 있는 카드로 휴대 단말기의 포트에 끼우기만 하면 남의 단말기로도 자신에게 걸려오는 전화를 받을 수 있다. 이때 통화료는 스마트카드에 입력되어 있는 가입자의 개인번호로 자동 부과된다.

표 11.3 단말기와 PCS 비교

구분		셀룰러(디지털방식)	PCS
서비스 대상		고속 차량 이동 자	차량, 보행자
제공서비스	음성위주	음성, 데이터, 지능망	음성, 데이터
사용요금		고가	저가
음성품질		유선전화 수준	유선전화 수준
대 역 폭		1.23MHz	1.23MHz
접속방식		CDMA/FDD	CDMA/FDD
변조방식		QPSK	QPSK
음성부호화		QCELP(8K Vocoder)	QCELP(13K Vocoder)
핸드오브		소프트 핸드오브	소프트 핸드오브
단말기	단말기 출력/종류	200mW	6.3~130mW
	단말기 송신주파수	824~849MHz	1.7~51.78GHz
	단말기 수신주파수	869~894MHz	1.84~1.87GHz
	단말기 기능	기본통화 부가서비스	기본통화 부가서비스 VMS(Voice Mail Service) FMS(Fax Mail Service) SMS(Short Message Service) 데이터서비스
	단말기 무게	소형화 제한(200g 내외)	소형 화 용이(150g 이하)
	단말기 가격	고 가	저 가

11.3.1 PCS 기본개념

PCS의 일반적인 개념은 현재의 이동전화에 비해 모든 국민을 대상으로 값싸고 편리한 서비스를 제공함으로써 1인 1전화시대의 이동통신 서비스로 대중화 보편화하기 위한 것으로 인구 밀집 율이 높은 지역을 중심으로 서비스 커버리지가 적은 피코 셀(pico cell)이나 마이크로 셀(micro cell)을 이용하여 언제 어디서나 누구와도 통화할 수 있으며 저렴한 요금으로 이용 가능한 서비스를 목적으로 하고 있다. 현재의 셀룰러와 비교해보면 차량 및 휴대전화가 높은 출력에 의한 광역의 서비스 영역을 가지고 고속 핸드오브(hand over)가 가능하며 단말기 가격이 고가인 반면 PCS는 기지국 송신출력의 소형화로 소비전력을 적게 함으로써 단말기의 소형화가 가능하고 단말기 가격이 저렴해진다. 또한 기지국 서비스 커버리지가 작아 가입자가 정지하고 있는 장소나 보행 중 혹은 저속이동 중에서 사용하고 저속핸드오브가 가능하도록 시스템으로 경제화를 도모하고 요금의 저렴화를 꾀할 수 있다.

여기서 각국에서 제안하고 있는 PCS의 정의 즉 개념을 살펴보면 다음과 같다. 미국의 FCC는 PCS를 "개인 및 사업용 사업자에게 제공하고 또한 다양한 네트워크를 통합시키고 이동 체 및 그에 부속된 고정 계 통신 네트워크를 포함한 무선통신 서비스"라 하고 유럽은 PCN(Personal Communication Network)이라는 이름으로 "지금까지의 이동통신시스템과는 다르며 기업과 대중 소비자 시장의 욕구를 모두 충족시키는 최초의 이동통신 망"이라 정의하고 있으며 일본은 PHS(Personal Handy phone System)의 이름으로 "저렴한 요금으로 공통, 단일의 휴대전화기로 국내나 국제 어디에서라고 어떠한 형식의 정보에 대해서도 전송하고자 하는 이용자의 욕구를 만족시키고 대다수 국민이 편익을 골고루 받을 수 있는 서비스"라 정의하고 있다. 각국의 PCS 정의는 모두 저렴한 요금으로 이동통신의 보편화와 대중화를 목적으로 하고 있다. 그러나 우리나라는 '94년 6월 통신사업 구조 개편 방향에서 PCS 정의를 "저속 보행자 중심의 저렴한 이동통신"이라 정의했다가 '95년 7월 통신사업 경쟁력 강화를 위한 정책방향에서는 "주파수대역을 달리하는 셀룰러 이동전화"라 정의함으로써 PCS의 기본 목적에서 벗어나 있는 바 이는 1.7㎓대의 디지털 셀룰러라 부르는 게 더욱 합당하다고 생각한다. 이에, 한국이동통신에서는 정부의 정책방향에 부응하기 위해 1.7㎓대의 디지털 셀룰러 개발을 촉진하는 한편 세계적인 추세의 진정한 PCS를 달성하기 위하여 지금까지 진행해온 셀룰러와 차별화된 보편적인 서비스를 위한 시스템 개발에 더욱 역점을 두고 있다. 이러한 PCS 서비스 개념을 그림 11.1에 표시하였다.

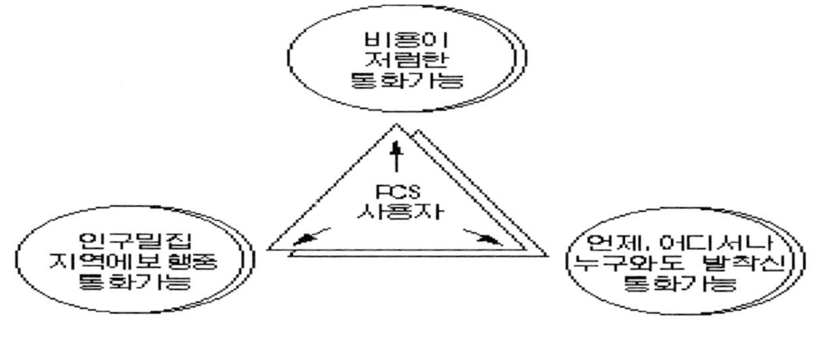

그림 11.1 PCS 서비스의 개념

그림 11.2는 PCS와 셀룰러 이동 통신의 서비스 영역과 트래픽 밀도 간의 관계를 비교하여 나타낸 것이다.

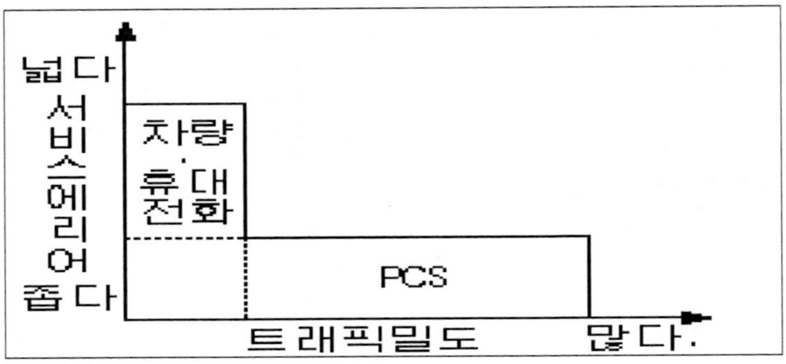

그림 11.2 셀룰러와 PCS의 비교

11.3.2 PCS의 구분

PCS는 고급기술이 적용되는 하이-티어(high-tier) 시스템과 중급기술이 적용되는 로우-티어(low-tier) PCS 시스템이 있다. 현재 우리나라에 진행 중인 PCS 서비스는 기술적 측면에서 하이-티어를 지향하고 있다.

표 11.4 PCS의 기술적 측면에서의 구분

구분	하이-티어	로우-티어
목표	기존의 셀룰러 이동 통신과 유사	대중화, 일본의 PHS가 대표적
서비스대상	고속차량, 보행자	저속 보행자(시속 30Km)
셀 크기	반경 1Km내외	반경 300m 내외
기지국	대형/고가	소형/저가
단말기	소형/저가	소형/저가
음성품질	유선전화 이하	유선전화 수준
이용요금	고가	저가

주요 PCS 방식은 PCS-1900, Up-band IS-95 CDMA, W-CDMA 방식이 있으며, 간략히 설명하면 다음과 같다. PCS-1900은 주요 핵심 칩 상용화로 저가 장비의 구현이 가능하나 국내 기술 축적의 미흡으로 외국 업체에 비해 경쟁력이 약한 경향이 있다. 다음으로 Up-band IS-95 CDMA는 현재 도입기라고 보면 주로 북미에 큰 시장을 형성하고 있다. 이것은 국내시장 보호가 가능하며, 주요 핵심 부품이 국산화 단계로 경쟁력을 확보하고 있다. 마지막으로 W-CDMA는 개발단계에 있으며 차세대 PCS용의 잠재력을 가지고 있다. 국내외 사용 시스템이 거의 없는 상태로 핵심부품의 국산개발이

가능할 것이다.

표 11.5 주요 PCS 방식의 비교

방식 / 항목	PCS-1900(GSM)	Up-banded IS-95 CDMA	Wideband CDMA
다원접속방식	TDMA / FDD	CDMA / FDD	CDMA / FDD
대 역 폭	200KHz	1.25MHz/2.5MHz	5MHz
보코더 및 전송속도	RTE-LTP 13 Kbps	QCELP8, 4, 2, 1Kbps (13Kbps 추가)	ADPCM 32Kbps, CELP
변조 방식	GMSK	QPSK	QPSK
페이딩 채널	FEC, FH	FEC, Rake 수신기	FEC, Rake 수신기
핸드오프	Hard Hand off	Soft Hand off	Soft Hand off
용량(AMPS대비)	2~3	10	10 이상
비 음성데이터 전송속도	9.6Kbps	14.4Kbps (확장모드 : 76.8Kbps)	64Kbps
보 안 성	보안성 있음	보안성 우수	보안성 우수
단말기 최대전력	250mW	200mW	50mW(초기) 100mW

11.3.3 PCS의 망 구성

한국이동통신(KMT : Korea Mobile Telecommunication)에서 계획하고 있는 PCS 사업은 서비스 초기에는 보행자를 위주르 하여 사용자가 밀집된 전국 도심지역을 중심으로 서비스를 하고 나중에는 차량용까지 서비스할 계획이다. 이와 같은 통신서비스를 제공하기 위해 사용자 측면의 요구사항과 사업자 측면의 요구사항의 두 가지를 고려하여 시스템 개발에 착수했다.

가입자와 운용자의 요구조건은 다음과 같은 내용을 고려하고 있다. 첫째 저가의 보편화된 이동통신 수단을 제공하고 둘재 개인번호 할당과 단일단말기에 의한 포괄적인 사용영역을 보장하며, 셋째 신뢰성 있는 호 처리 실현과 고품질의 통화품질 제공, 넷째 다양한 부가서비스를 제공하는 것을 고려하였고 사업자측면의 요구사항은 첫째 가입자에 대한 저렴한 시스템 설계와 망 구현을 이루고, 둘째 셀 계획(Cell Planning)을 단순화하고 향상된 수용능력을 가지며, 셋째 부가기능추가가 용이하여야 하고, 넷째 차세대 무선통신서비스 시스템으로 진화가 가능하여야 한다는 것이다. 이와 같은 요구조건을 만족하는 서비스 제공을 위하여 현재 개발이 완료단계인 DCN(Digital Cellular Network)을 상위 망구조로 활용한 KMT-PCS 망을 구축하여 신규투자의 최소화 및 조기 사업실현을 추진하고 무선접촉기술로서는 CDMA 방식을 근간으로 하여 디지털 셀룰러에서 축적된 CDMA 기술을 이용하는 시스템을 독자적으로 개발 중에 있다.

서비스 초기의 교환기는 이미 개발이 완료된 DCN(digital Cellular Network)을 활용하고 향후 많은 가입자를 수용하고 멀티미디어 서비스를 위해 ATM을 개발한 것이다. 교환기 시스템 특징으로는 1000만 이상의 대용량 가입자를 수용하고 멀티미디어 멀티캐스팅이 가능한 서비스를 구현하며, 다층 셀 구조를 지원할 수 있는 무선접속 방식을 적용한 기능이 통합된 공통 모듈화로, 시스템 크기의 소형화 및 저비용을 실현하고, 원활한 핸드오프 기능 및 단말기의 소모 전력을 줄일 수 있는 형태의 프로토콜을 제공할 것이다. 교환기간 망 구축은 대도시 중심의 PCS 게이트웨이 중심으로 지역별로 교환국을 수용하고 교환기간 전용회선 망은 임대하거나 자가 망을 구축 활용할 계획이다. 타망의 가입자와 원활한 통화를 위해 타망과의 접속은 이동전화망, 기본위성통신망, 이리듐 망, PSTN 그리고 다른 무선 사업자간 망을 접속하여 어느 망에 해당하는 가입자와도 통화 연결을 원활히 할 수 있도록 할 것이다.

11.4 IMT-2000

이동통신 서비스는 디지털 기술의 급속한 발전에 의해 현재 전 세계적으로 아날로그 방식에서 벗어나 유럽의 GSM(Global System for Mobile communication) 서비스를 비롯해서 우리나라의 CDMA 기술을 이용한 이동통신 서비스 등 기술이 급속히 발전되고 있다. 무선 망 분야는 IMT(International Mobile Telecommunication)-2000 또는 FPLMTS(Future Public Land Mobile Telecommunication System)으로 통합되었다.

현재 이동통신시스템의 가장 큰 문제점은 단말기의 이동성 문제이다. 즉 지역, 또는 국가간 서로 다른 무선접속 규격으로 인해 하나의 지역에서 사용되는 무선 단말기는 다른 무선접속규격을 사용하는 지역에서는 그 사용이 불가능하다. 또 다른 문제점은 데이터 전송 율이 8~13kbps에 불과하여 영상을 비롯한 고속 데이터의 전송이 불가피하다는 것이다. IMT-2000은 이런 문제점들을 해결하여 사막, 해상과 같은 오지에서도 휴대폰으로 다양한 멀티미디어 서비스를 제공받을 수 있을 뿐 아니라 전 세계의 통신망을 하나로 묶어주는 제 3세대 이동통신 시스템이다. 따라서 IMT-2000 서비스를 위해서는 기술적인 표준화가 필요하였다. 그에 따라 세계 각국은 IMT-2000의 무선기술에 대한 주도권을 확보하기 위해 치열한 경쟁이 벌여왔다. 주요 경쟁내용을 살펴보면 미국은 독자적인 세력을 형성하고 CDMA 기술을 매개로 한국과 일본이 지원하는 가운데 중국을 포섭하고 있고, 유럽에서는 IMT-2000이 UMTS(Universal Mobile Telecommunication System)으로 불리고 있고, CDMA에 맞서 IMT-2000의 이동통신

시스템 확보를 위해서 GSM을 바탕으로 UMTS의 표준화 작업이 ETSI(Euroupe Telecommunication Standard Institute)가 중심이 되어 진행하였고 한편 우리나라에서는 CDMA 기술을 확보하고 ETRI(Electronic and Telecommunication Research Institute)를 중심으로 백여 개의 업체가 모여 IMT-2000 서비스를 위한 표준 모델을 개발하였다.

IMT-2000의 기본적으로 요구되는 제반기술로는 무선전송시술과 ATM 교환기술, GMPCS(Grobile Mobile Perblic Communication System) 서비스의 시대를 맞이하면서 위성과의 연계에 따른 기술 등이 있다.

정보통신 산업에 있어서 유선 통신뿐만 아니라 무선 통신에 많은 발전을 볼 수 있다. 세대 별로 생각을 해보면, 제 1세대 아날로그 무선통신(AMPS)에서 출발하여 제 2세 대인 디지털 무선통신(DECT, GSM/DCS1800), 2.5세대라 할 수 있는 개인휴대통신(PCS)의 흐름을 타고 있다. 하지만, 다양한 상이한 기술적 표준에 의해서 많은 이동가입자들이 현재 서비스를 받고 있다. 오늘날 널리 퍼져있는 시스템으로 위에서 언급한 AMPS와 유사한 시스템 등이 전체의 반을 차지하고 있다. 새로운 시스템들이 유럽의 GSM, DCS1800/PCS1900과 더불어 빨리 성장하고 있는 추세이다.

CDMA 표준 (IS-95) 역시 많은 나라에서 지지를 받고 있으며 한국을 비롯한 아시아권 나라와 북미에서 상당한 고객층을 확보하고 있다. 유럽에서는 제 1세대 아날로그 셀룰러 서비스에 대해서는 6개의 서로 다른 표준을 가지고 있는 반면에 북미에서는 AMPS와 같은 단일 표준을 가지고 있다. 하지만, 제 2세대 디지털 이동 통신에 있어서는 반대로 유럽에서는 단지 GSM이라는 단일 표준을 가진 반면, 미국에서는 7개의 PCS 표준(PCS 2000, CDMA+, PACS, IS54+, DCS 1900, DECT, W-CDMA)을 통신시스템 제조업자인 TIA와 통신사업자인 T1에서 제정하고 있다. 또한 일본은 자신의 독특한 아날로그와 디지털 셀룰러 표준을 가지고 있다. 이러한 여러 국제간 단일의 표준이 제정되지 않은 상황을 극복하기 위해서 ITU(International Telecommunication Union)에서는 유선뿐만 아니라 무선가입자들 모두를 서비스해 줄 수 있는 세계 통신 인프라로의 무선접속을 가능하게 해 즈는 단일 표준을 개발하기 위한 움직임이 생겼다. 유럽에서는 UMTS라는 이름으로 제 3세대이동통신을 개발되었으며 미국을 포함한 다른 여러 나라에서는 미래공중육상이동통신시스템(FPLMTS/IMT-2000) 이라는 이름으로 불리고 있다.

1992년, ITU의 WARC(World Administrative Radio Conference)에서는 2GHz 대역에서의 230 MHz를 위성통신을 포함한 FPLMTS을 위해 할당했다. WARC-92에서는 위성통신을 위한 1980-2010 과 2170-2200 MHz를 포함한 1885-2025, 2110- 2200 MHz 대의 주파수를 FPLMTS를 위해 할당하였다. 이는 지상 망뿐만 아니라 위성망의 범위

도 포함할 것이라는 것을 의미한다. 따라서 GMPCS가 곧 FPLMTS를 위한 위성통신이라 볼 수 있다. 이러한 FPLMTS의 목적은 단말기뿐만 아니라 개인 사용자들이 국제간 로밍을 가능하게 하도록 하며 같이 언제 어디서나 (Anytime-Anywhere) 무선접속을 할 수 있도록 하자는 것이다. FPLMTS 연구는 1985년 IWP 8/13(Interim Working Party 8/13)의 설립을 시작으로 이루어졌고 TG(Task Group) 8/1에서 진행하였다.

11.4.1 개요

FPLMTS라는 이름은 1978년 ITU의 CCIR에서 향후의 공중육상이동통신을 단일 표준으로 만들기 위한 연구과제 ITU-R 39/8이 채택되면서부터 시작되었다. 이 연구과제의 제목이 Future Public Land Mobile Communication System(미래 공중 육상 이동통신 시스템)으로 그 머리글자를 따서 FPLMTS로 명명하고 적합한 발음은 아니지만 플림스로 부르게 되었다. 이후 FPLMTS는 발음상 문제와 관계자들의 이해를 돕기 위해, FPLMTS가 사용하려는 주파수 대역(2000MHz)와 그 도입시기가 2000년경이라는 점을 착안하여 IMT-2000(International Mobile Telecommunication)이라는 이름을 병행하여 사용되고 있다.

ITU에서는 이동통신 기술이 다양하게 발전함에 따라 결국 다양한 시스템 간 비호환성이 초래되어 사용자들의 불편과 서비스의 한계가 있을 것으로 전망하고 이러한 연구 과제를 채택하여 2000년경에는 서비스가 도입될 수 있도록 준비하고자 하였다. 이후 각국은 우선 독자적으로 시스템(아날로그 셀룰러, 디지털 셀룰러 등)을 개발하여 상용서비스에 들어갔으며, ITU에서는 1985년 이동통신 연구를 담당하는 제 8 연구반 산하에 임시 작업반을 편성하여 FPLMTS에 대한 연구를 하도록 하였다. 이후 ITU에서는 1991년 임시 작업반을 전담반으로 개편하여 FPLMTS에 필요한 권고안을 작성하도록 하였고, 여기서 년 2회의 회의를 통해 권고안을 작성하고 있다. 권고안은 기술적 기준이 되는 ITU공식 문서이며, 이에 따라 표준이 결정되고 각국의 의견이 조정된다. 권고안에서 공통적으로 나타나는 특징을 살펴보면 시스템 설계에 있어서 높은 공통성이 보장되어야 하고, IMT-2000 내의 서비스와 고정 망 서비스 간의 호환성이 보장되어야 한다는 것이다. 또한 고품질서비스를 제공하고, 하나의 단말기를 통한 세계적인 로밍(roaming)이 구현되어야 한다는 것이다.

IMT-2000이 추구하고 있는 목표를 이루기 위해서는 유선분야 권고안 및 표준을 담당하고 있는 ITU-T와의 협력이 필요해지게 되었고, 그에 따라 1994년 ITU-R과 ITU-T 사이의 협력을 위한 ICG on FPLMTS(Intersector Coodination Group on FPLMTS)를 구성하였다.

ITU 회의에서는 IMT-2000이 기존 시스템과 구분되기 위해서는 다음과 같은 특징과 기능을 지녀야 한다고 논의되었다.

① 고속 데이터 처리
② 높은 서비스 품질
③ 범세계적인 표준화
④ 단말기 이동성을 이용한 전 세계적인 로밍
⑤ 지능망을 기본으로 한 서비스 창출 및 ITU-T Q. 1200을 기반으로 하는 서비스 프로파일(Profile)관리 능력
⑥ 멀티미디어 지원
⑦ 다양하고 넓은 동작 환경
⑧ 넓은 시장 확보를 통한 낮은 가격 유도
⑨ 전 세계적으로 쉽게 얻을 수 있는 장비
⑩ 전 세계적으로 공통의 주파수 대역
⑪ 보안성 향상
⑫ 진화를 위한 유연성
⑬ ITU-TM.3000을 기본으로 하는 시스템 운영
⑭ 개발도상국 요구 수용
⑮ 보다 쉬운 운영
⑯ 주파수 효율과 가격경쟁력을 높여주기 위한 유연한 무선 운영

11.4.2 기술 분석

1) IMT-2000 무선전송기술

IMT-2000 무선접속 규격은 마이크로 셀룰러 서비스 영역에서 2Mbps까지의 멀티미디어 서비스를 지원할 수 있어야 하며, 향후 미래의 20Mbps까지의 고속 버스트 데이터의 처리 가능성도 지녀야 한다. IMT-2000은 1.885~2.025GHz와 2.110~2.200GHz의 총 230MHz의 주파수 대역을 전 세계적으로 사용할 예정이다. IMT-2000의 무선 접속 규격 설계상의 목표는 무선접속의 수를 최소로 유지하는 동시에, 한 개 이상의 무선접속이 필요한 경우에는 접속간의 공통성을 최대로 유지시켜 다중 모드 단말기 구현의 부담을 최소화시켜야 한다는 것이다.

IMT-2000에 제안되는 무선전송기술을 RTT(Radio Transmission Technology)라고 하

는데, 그 기능 블록은 그림 11.3과 같으며 분류되는 항목들의 개략적 특징을 살펴보면 다음과 같다.

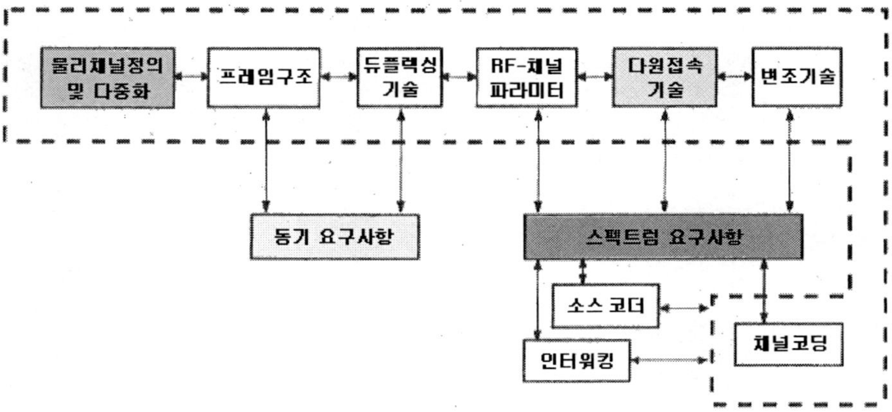

그림 11.3 RTT 기능 블록

(1) 다중접속기술

다중접속기술(FDMA, TDMA, CDMA)의 선정은 무선접속 설계에 가장 큰 영향을 미친다.

(2) 변조기술

변조기술의 선정은 주로 무선 환경과 스펙트럼 효율의 요구사항에 기인한다.

(3) 채널 부호화 및 인터리빙

채널 부호화의 선정은 전파 환경과 스펙트럼 효율, 그리고 다양한 서비스의 품질 요구사항에 의존하며, 보행자 환경에서 사용되는 마이크로 셀룰러 시스템에선 보다 덜 복잡한 채널 부호화가 허용되나, 위성을 포함하는 대형 셀의 경우는 대개 한층 더 강력한 채널 부호화가 요구된다. 이러한 채널 부호화 방식은 인터리빙(interleaving)과는 무관하게 각 방식마다 적절한 서비스 환경에 대해 최적화된 복수 개의 방식을 선택할 수 있도록 하는 것이 바람직 할 수도 있다.

(4) 듀플렉싱(duplexing) 기술

송수신 분리방식 (FDD, TDD)의 선정은 주로 RF 채널 밴드 폭과 프레임 길이의 선정에 영향을 미치나, 다중접속기술과는 무관할 수도 있다.

(5) 물리채널 구조 및 다중화 물리채널

주파수, 시간 및 코드 영역에서 정의되는 한 개 이상의 무선 주파수 채널들의 특정 부분을 언급한다.

(6) 프레임 구조

프레임 구조는 주로 다중접속 기술과 듀플렉싱 기술에 의존하며, 가능한 한 동일한 프레임 구조(프레임 길이와 물리 채널과 논리 채널을 식별하는데 사용되는 데이터 필드)를 유지함으로써 공통성을 최대화해야 한다.

(7) RF 채널 파라미터

밴드 폭, 주파수 할당 및 채널 간격과 같은 RF채널 파라미터를 포함한다.

11.4.3 망 구성

1) 망 구조

IMT-2000 망 구조 역시 기존의 PCS와 큰 차이가 없으나 내용상으로는 큰 차이점들이 있다. 가장 큰 차이점은 RAN(Radio Access Network)과 이동통신 CN(Core Network)을 분명하게 구분한다는 것이다. 이것은 UMTS의 RAN 개념을 받아들인 것으로서 무선규격의 변화를 수용하는 RAN 부분이 변경되더라도 전달 망을 포함하는 CN 부분은 최대한 다시 이용할 수 있도록 한 것이다. 따라서 그동안 CN의 이동교환기에 거의 대부분 집중되어 있던 중요기능들 중 핸드오버 제어 등과 같이 무선자원관리와 밀접한 관계가 있는 많은 기능들이 RAN으로 넘겨지고 CN은 본래의 교환 및 전달 기능을 충실히 수행할 수 있게 됨과 동시에 지능망 및 B-ISDN의 발전을 수용하여 진화시키기 용이하게 되었다.

한편 지능망 서비스를 처리하기 위한 SCP, SDP, SSP 등이 부가되어 추후 유·무선의 통합 및 서비스의 진화추세를 수용하기 용이하게 된다는 점도 큰 차이점의 하나이다. 기존의 이동통신서비스는 SMC, FMC, VMC 등과 같은 별도의 서비스 장치를 설치해야만 각종 부가서비스를 제공할 수 있었다. 그러나 지능망을 기반으로 IMT-2000 망을 구성하게 되면 자연스럽게 지능망의 구성요소들과 통합 및 연동이 가능하게 되어 기존에 개발되었거나 앞으로 개발될 유선 지능망의 서비스들을 쉽게 수용할 수 있게 된다. 이밖에도 위성 망과의 연동 및 고속 DATA서비스와 멀티미디어 서비스의 지원을 위한 별도의 기능 및 장치가 추가될 것이라는 점이 기존의 이동통신망과의 큰 차이점이라고 할 수 있을 것이다.

2) 요소 시스템

요소 시스템 또한 현재로서는 기본 모델만이 제시되고 있을 뿐이다. 또한 각각의 요소시스템들이 담당하는 기능은 기존 이동통신 시스템과 기본적으로는 크게 다르지 않다. BS는 송수신 및 유·무선 변환을 담당하고, RNC는 무선자원 관리, 기지국 운용관리 등 이동통신의 핵심 망과의 접속을 담당하며 MSC는 호 제어, 연결제어 등을 포함하여 교환 및 전달을 담당한다. 특히 MSC는 그 역할에 따라서 AMSC, DMSC, GMSC 등으로 구분할 수도 있는데 교환기간 핸드 오버 시 제어의 주체가 되느냐 아니냐에 따라서 AMSC, DMSC로 구분하며, 타 망으로의 라우팅(routing)이나 타 망으로부터의 라우팅을 수행하는 관문 역할을 담당할 경우 GMSC로 구분한다. 그러나 하나의 MSC가 AMSC와 GMSC의 역할을 모두 수행할 수도 있을 것이다. 이밖에 위치관리를 담당하는 LR을 VLR과 HLR로 나누는 구조가 그대로 적용될 것이며, 아직 확정된 내용은 아니지만 GLR이 추가되어, 사업자간 또는 국가 간 로밍을 위해서 로밍사용자의 위치관리를 수행할 것으로 보인다. 표 11.6에는 IMT-2000의 주요 요소 시스템에 대해서 설명하였다.

표 11.6 IMT-2000의 주요 요소 시스템

소속	요소 시스템		역할	특징
RAN(Radio Access Network)	BS(Base Station)		기지국, 유무선 관련	W-CDMA이용
	RNC(Radio Controller)		기지국 제어기 단말기의 망 접속 제어	Pico/Micro/Macro/Mega cell 핸드오버 담당 ATM 하부구조
이동통신	MSC	AMSC	교환 및 전달	No.7 상부구조
CN(Core Network)	Mobile Switching Center	Anchor MSC DMSC(Drift MSC) GMSC (Gateway MSC)	교환기관 핸드오버 제어 교환 및 전달 타 망으로(부터)의 호에 대한 교환 및 전달	ATM 하부구조 제어기능의 최소화 지능망 접속 (SSP 기능) 호와 연결의 분리 B-ISDN 기능 수용
	VLR(Vistor Location Register) HLR(Home Location Register) GLR(Gateway Location Register) AC(Authentication Center) IP(Inteligent Peripheral) SCP(Service Control Point) SDP(Service Data Point)		위치 영역 내 사용자의 사용자정보/위치정보 저장 자망에 소속된 사용자의 사용자정보/위치정보 저장 타망에 소속된 사용자의 사용자정보/위치정보 임시저장 인증제어 특수자원 제공 지능망 서비스 제어	No.7 상부구조 ATM 하부구조 GLR 미확정 지능망 프로토콜(INAP) 사용 (표준화 지연 시 초기에는 전용 이동통신 프로토콜 사용 예상) 멀티미디어 서비스 및 패킷 데이터 서비스 지원 지능망 연동

11.4.4 서비스

1) 서비스 단계

IMT-2000은 기존의 유·무선 서비스를 망 연동 및 시스템 통합에 의해 지속적이고 단계적인 호환성을 제공하는 방법으로 광대역화, 고품질화, 다양화된 신규 서비스를 확장하며 제공할 것이다. 아직까지 ITU에서 뚜렷하게 IMT-2000을 위한 서비스 권고안을 완성하지 못하고 있고 이것이 완성되더라도 모든 서비스들이 동시에 제공되기는 어려운 실정이다. 따라서 기술발전과 시장성숙 및 추세에 따라서 제공될 서비스를 단계별로 분류하고 이것을 기준으로 IMT-2000망을 진화시켜나가는 것이 필요하다.

국내 이동통신 환경을 기준으로 서비스 단계를 분류하면 IMT-2000 선행단계, IMT-2000 기본 서비스 단계, IMT-2000 고도 서비스 단계의 3단계로 분리 할 수 있다. IMT-2000 선행 단계는 IMT-2000 서비스 실시 이전에 고도화된 PCS 및 셀룰러 서비스가 제공되는 단계이고 IMT-2000 기본 서비스 단계, IMT-2000고도 서비스 단계에서 IMT-2000서비스가 단계적으로 제공될 것이다. IMT-2000 선행 단계에서 제공되는 서비스들로는 현재의 PCS서비스 이외에도 사용자 카드 등을 이용하여 PCS망 내에서의 부분적이 개인 이동성이 제공되는 CS-1급의 지능망과 연동한 지능망 중 일부의 이용이 가능할 수 있을 것이다. IMT-2000 기본 서비스 단계에서는 사용자 속도를 기준으로 보았을 때 144Kbps 무선 ISDN급 음성, 데이터 영상 서비스들과 4.8Kbps 이하의 음성, 저속 데이터, 팩스, 무선호출, 등의 위성 서비스가 제공된다. 또 지능망의 발전으로 CS-2급의 지능망 서비스를 이용할 수 있게 된다. IMT-2000고도 서비스 단계에서는 사용자 속도 2Mbps이하의 육상 서비스와 16Kbps 이하의 위성 서비스가 제공된다. 또한 높아진 데이터 전송속도로 멀티미디어 서비스가 가능해지며 위성을 통해서도 영상 및 고속 데이터 전송이 가능해진다.

2) 서비스의 특징 및 요구사항

(1) 개인이동성

개인이동성은 사용자가 특정 단말기에 구속되지 않고 어떠한 단말기에서도 등록 절차를 통해서나 스마트카드 등을 사용하여 자유롭게 서비스를 제공받는 것이다. 이를 위해 특별히 각 개인에게 PTN(Personal Telecommunications Number)가 할당되어 진다. 개인의 이동성과 자신이 서비스를 직접 운용/관리할 수 있는 SPM(Service Profile Management)에 의한 PCS 방향은 UPT(Universal Personal Telecommunications)에 의해 발전되고 있어 특히 이를 위한 스마트카드, 지능망에 대한 연구가 활발하게 이루어지고 있다.

(2) 단말기이동성

단말기 이동성은 디지털 셀룰러에서의 진화로서 사용 중인 단말기로 서비스를 제공받으면서 자유롭게 이동할 수 있는 것으로 언제든지 타 시스템과의 로밍이 가능하고 이동 중에도 서비스가 가능한 것을 말한다. 단말기의 이동성을 위해 ITU 산하의

FPLMTS에서는 전 세계 시스템의 연동을 위한 표준안을 준비 중이며, 이를 위한 주파수 대역도 할당하였다.

(3) 이동멀티미디어 데이터통신

IMT-2000, UMTS는 개인을 위한 이동전화, 무선호출, 이동데이터, 위성통신 등 다양한 시스템을 통합하고 세계 어디서나 통화가 가능하도록 국제 로밍을 제공하는 것을 목표로 한다. 또한 음성, 화상, 데이터 등의 멀티미디어 서비스를 2Mbps까지의 가변적인 전송 율로 지원하고, 다양한 광 대역 망과 연동되는 것이 요구되고 있다. 이러한 기능들을 제공하는 제 3 세대 이동 통신 시스템은 현재 일부 상용화된 TDMA, CDMA를 기반으로 한 제 2 세대 디지털 이동통신 시스템보다 진보된 형태, 즉 ATDMA, W-CDMA로 구현될 것으로 보인다. 무선망에서 멀티미디어 서비스는 IMT-2000, UMTS에서 2Mbps 정도의 데이터 전송 율을 목표하고 있지만 현재의 제 2 세대 시스템에서는 9.6Kbps 내외를 계획하고 있어 일반 전화망에서 기본적인 간단한 멀티미디어 환경으로 사용하고 있는 DSVD(Digital Simultaneous Voice and Data)용 모뎀의 전송 속도인 28.8Kbps보다 훨씬 낮다.

이동 멀티미디어 서비스는 유선과 근본적으로 같은 형태를 취하고 있으며 전송로만 무선으로 구축된다는 점이 다르다. 그러나 무선 전송로는 다중경로 페이딩, 간섭 등으로 인해 유선보다 훨씬 열악한 환경을 제공하는 것이 가장 큰 문제점이다. 또한 무선은 유선의 점 대 점 통신과 달리 항상 방송특성을 갖고 있기 때문에 개인 통신에서 보안성 문제가 일부 제기되기도 하지만 CATV나 정보 전달 등의 서비스에서 유리한 면도 있다

사용자 관점에서는 이동 멀티미디어 서비스는 이동이 가능하다는 점이 유선 서비스와 가장 큰 다른 점이며, 무선 환경에서는 전파의 강도나 도달시간 등을 이용해서 위치 정보도 얻을 수 있으므로 이를 이용하여 유선에서 불가능한 새로운 서비스도 가능할 것이다.

기타 요구사항으로는 다음과 같다.

① 음성, 데이터, 그래픽, 동영상등 다양한 서비스를 제공한다.
② 다층 셀 환경
③ 2 Mbps까지의 다양한 전송 율을 지원한다.
④ 다중 서비스 제공 환경을 수용한다.
⑤ 주파수 대역을 효율적으로 활용한다.

⑥ 유연한 구조로 미래 시스템으로 진화할 수 있어야한다.

다양한 서비스 환경과 고 전송율의 시스템을 구현하기 위해서는 아직까지도 해결해야할 많은 난제들이 산적해 있다. 필요 핵심 기술들로는 가변 비트율의 전송 및 무선 접속기술, 무선 패킷 데이터서비스, 저 지연 영상/음성 부호화 기술, 다중 시스템 접속, 그리고 계속해서 발전하는 고속 데이터 서비스와 무선 시스템개발을 위해서 개방적이고 유연한 망 구조를 설계해야 한다.

3) 서비스의 종류

일반적으로 IMT-2000은 음성, 오디오, 텍스트, 정지화상, 동영상 등의 정보를 무선으로 통신할 수 있도록 지원한다. 크게 세 가지 서비스로 분류할 수 있다.

(1) 인터액티브 서비스

인터액티브 서비스(interactive service)는 다음과 같다.

① 대화 서비스
대화 서비스(conversational services)는 양 방향, 실시간 서비스로서 일반적인 전화 서비스뿐만 아니라 사용자와 호스트 사이의 정보 처리 등의 서비스가 이에 해당된다.

② 메시지 서비스
메시지 서비스(messaging services)에는 각 사용자가 저장 센터를 이용한 메시지 정보 저장, 전송, 사서함 등의 서비스가 포함된다.

③ 정보서비스
정보서비스(retrieval and storage services)정보 센터를 이용한 정보 저장과 추출이 가능한 서비스를 말한다.

(2) 분배 형 서비스

분배 형 서비스(distribution service)는 중앙 기관으로부터 모든 수신기 또는 특정 수신기에 정보를 보낼 수 있는 것으로 현재의 동시 호출기능이 확대된 개념으로 생각할 수 있다.

(3) 이동서비스

이동성 서비스(mobile system)란 단말기 이동성을 포함해 사용자의 이동에 직접 관련된 서비스이다. 한 예로서 위치 추적 서비스를 들 수 있는데 이는 사용자의 위치를 사용자 또는 법적으로 허용된 기관이 알 수 있도록 하는 것으로 응급조난, 차량 통행량 관리 등의 목적에 사용될 수 있을 것이다. 단 이 서비스는 법률적인 문제가 수반되며 시스템 성능에 따라 제한 될 것이다.

11.4.5 FPLMTS의 특징과 목적

FPLMTS의 특징과 목적은 다음과 같이 나열할 수 있다.

① 다양한 시스템의 통합
② FPLMTS와 고정 망에서의 서비스 호환성
③ 고정 망에서 제공되는 서비스와 같은 수준의 Quality제공(최소 2Mbps까지의 서비스 제공
④ 소규모 포켓 터미널의 사
⑤ 이동 사용자가 고정 단말기뿐 아니라 이동 사용자간의 연결
⑥ 음성 서비스와 비 음성 서비스의 다양한 서비스 제공
⑦ 새로운 기술 도입과 다른 응용 확대를 용이하게 하기위한 개방형 구조
⑧ 복합셀 구조지원(메가, 마크로, 마이크로, 피코 셀 환경)
⑨ 다양한 구조에서 동작 가능한 다중모드(multi-mode) 단말기 지원
⑩ 국제간 이동뿐만 아니라 시스템간의 이동능력 지원
⑪ 터미널 이동성뿐만 아니라 개인 이동성 지원

11.5 주파수 면에서 본 이동통신

고정된 두 지점 사이에 통신 수단을 제공하는 고정통신 업무에서는 동축케이블, 광섬유, 마이크로파, 통신위성 등의 매체 수단이 있다. 그러나 이동통신 업무에 전파를 이용하는 것보다 유용한 수단은 없다. 전파의 이용은 이동통신에 국한되지 않고 고정통신, 방송, 위치 측정 등 광범위하게 걸쳐 있다. 또 전파는 동일 시간에 동일 장소에서 동일 주파수를 복수의 목적에 맞게 사용이 불가는 하고 각종업무 및 지역별로 할당된 주파수의 범위 내에서 질서 있게 이용하는 것이 전제 조건이다.

1) 국내외적 법규

주파수 이용의 국제적 원칙은 국제전기통신조약에서 결정되었다. 조약의 실시에는 필요한 구체적 세부사항 - 즉 주파수의 배분, 기술기준, 국제적 조정, 무선국의 감독 등의 사항은 동 조약 부속의 무선통신규약에 결정되어져 있다. 규칙의 개정 등은 무선통신에 책임을 지닌 정부기관이 참가하는 WARC(World Administrative Radio Conference)에서 주관하며 1979년 제네바 회의에서 전반적인 개정이 행하여졌다. 개정된 무선통신 규칙은 1982년 1월 1일부터 시행되고 2001년까지 20년간의 전파이용의 국제적 규율로 되고 있다. 1992년 2월부터 한 달 간에 걸쳐 스페인에서 열린 WARC 92 회의에서는 이동통신을 비롯한 무선사용의 주파수 대역을 크게 확장하고, 저 궤도 위성을 이용한 범세계적인 이동통신망의 구축을 위한 주파수할당에 합의해서 세계어디에서라도 이동통신이 가능한 서비스가 출현하게 되었다. 전파의 일반적 이용 관계를 규제하는 국내법으로는 국제 전기 통신 조약을 기초로 한 전파법이 있다. 이와 같은 국내외적 제한법규를 준수함으로 전파이용 질서를 유지할 수 있다.

2) 주파수 분배와 할당

구체적인 주파수의 분배는 무선통신규칙에 분배되어 있다. 이것에 의하면 9kHz - 400GHz 가지의 주파수대를 육상이동, 해상이동, 항공이동, 방송, 우주 등의 업무별로 세분함과 동시에 세계를 3개의 지역(제1지역 : 유럽, 소련, 아프리카. 제2지역 : 남북아프리카. 제3지역 : 제1지역, 제2지역 이외의 지역)으로 구분하고 각국은 특성은 고려해서 배분하고 있다. 각국 주 관청은 업무별의 주파수 요구를 기초로 허가 가능한 주파수 할당과 감독을 한다. 우리나라에서는 체신부가 이를 수행한다.

3) 우리나라의 이동통신 주파수대

우리나라의 이동통신 주파수대별 대표적인 용도는 표 11.7과 같다.

표 11.7 주파수대별 이동통신의 대표적 용도

주파수	파장	명칭	대표적인 용도
3~ 30kHz	10~ 100km	VLF 초장파	오메가(무선항해)
30~ 300kHz	1~ 10km	LF 장파	기상통보, 선박 및 항공기 항해용 전파(무선항해)
300k~ 3MHz	100~ 1000	MF 중파	중파방송, 선박조난통신(전신 · 전화)라디오, 선박 및 항공기 통신표준전파, 해상보안
3~ 30MHz	10~ 100m	HF 단파	단파방송, 국제통신, 공중통신, 경보, 해상보안, 선박 및 항공기 통신, 남극관측통신, 시민라디오, 아마추어 무선
30~ 300MHz	1~ 10m	VHF 초단파	TV방송, TV다중방송, FM방송, 국제해상무선전화, 각종 사업용의 육상 · 해상 다중 업무통신, 고립화 방지무선, 방재 행정무선 등의 재해대책통신항공기의 통신, 아마추어 무선
300MHz ~ 3GHz	10~ 100cm	UHF 극초단파	TV방송, TV다중방송, 각종 사업용의 육상이동 업무통신, 공중통신, 방재 해상무선, 택시무선, 열차 무선, 자동차 공중무선전화기, 기상용 로봇, 레이더, 간이무선, 전파천문
3~ 30 GHz	1~ 10cm	SHF	공중통신용, 마이크로웨이브 중계, 공중-행정통신, 마이크로웨이브 중계, 공통신용 가입자 무선, 항공 · 선박 · 기상용 레이더, SHF TV(수신 장해 대책용), 위성통신, 우주연구
30 ~ 300GHz	1~ 1mm	EHF	각종 레이더, 간이무선, 각종 위성통신, 전파천문, 우주연구

무선국 수는 꾸준히 증가하고 있다. 표에서 이동통신 요구 주파수 수요증가는 현저해서 1990년 말 무선국수는 22만 486국 중 약8만5천국이 이동통신 관련의 무선국이다. 이동통신의 수요증가에 대처하기 위해 사용 가능한 주파수대는 순차적으로 넓어지고 있다. V/UHF대에서 이동통신에 할당되고 있는 주요한 주파수대는 150MHz대와 800MHz대이다. 이동통신에 사용가능한 주파수는 고정통신 등 다른 업무와 공용하고 있는 것이 많다. 이동통신 수요가 점점 증대하고 있는 것은 명백하고 21세기를 대비하여 주파수대의 개발이 시급하다. 새르운 주파수대의 후보로서는 준 마이크로 대(1 GHz - 3GHz)가 유망 시 되고 있다.

11.6 서비스 면에서 본 이동통신

서비스 영역에서의 이동통신을 분류하면 육상, 해상, 항공의 3종류로 크게 나누어지고 다시 좀 더 세분화 할 수 있다. 즉 육상 이동통신에 관해서는 원양, 연 근해, 항공 이동통신으로 나눌 수 있고, 항만이동통신에 관해서는 국제, 국내항공로 이동통신 등으로 분류된다.

우리나라의 공중이동통신은 1960년대 수도권에서 차량전화가 정부기관을 대상으로 시작되었다. 그 후 무선호출, 항만 전화 순으로 발전해 오고 있다. 대상 이동 체에 맞도록 시스템 요건에 대해 시스템마다 다르기는 하나 어느 것이나 주파수의 유효이용을 향상시켜 고품질의 서비스를 광역에 걸쳐 제공하는 시스템이 구축되어져야 한다.

1) 자동차 전화

자동차 전화의 연구개발은 1947년 미국 Bell연구소에서 개시되었다. 자동교환접속 협대역화(50KHz → 25KHz), 광역화에 대한 기술을 개발하였다. 그 후 이동통신용 주파수대역으로 개발된 800MHz대를 이용하여 1지역에서 당시로는 약 10만 가입자에 대해 서비스를 가능한 한 소지역 구성하여 자동차 전화방식이 개발되었다. 방식 개요는 대도시로부터 중소도시로 서비스가 확대되어 전국 도청 소재지급 도시 및 주요도로를 따라 서비스 지역은 넓힘으로써 5만을 넘는 가입자를 수용하기에 이르렀다. 또 휴대형이 보급되어 동전 투입 공중전화기 등의 새로운 서비스도 추진되었다. 또한 대도시에서의 급속적인 가입자의 증가에 대처하기 위한 주파수의 이용효율을 높이기 위한 대용량 자동차 전화방식의 개발도 ETRI를 중심으로 진행되고 있다.

우리나라의 자동차 전화 방식은 88MHz대를 이용한 방식으로서 고도의 기술로 상용화된 이동통신 방식이다. 본 방식의 개발과정에서 실용화된 각종 신기술은 항공기전화나 무선전화 등의 공중 이동통신의 기반 기술로서 이용될 것이다. 또 다음에 서술하는 MCA 시스템 등의 이동통신개발에도 큰 영향을 주었다.

2) 내항 선박전화

항만전화는 노후시설을 현대화하여 서비스수준을 향상시키고 국제 관문 통신 업무를 수행하도록 한국통신과 기존의 민간업자가 공동 출자하여 1985년 말 설립되었다. 이 회사는 설립 후 기존의 6개사를 흡수 합병하여 1987년 4월부터 통합업무를 개시하였다. 이어 1988년 1월에는 공중통신 사업자로 지정받았으며 같은 해 9월에는 기존의 수동식 교환시설을 전자식 교환시설로 대체하고 노후시설의 대대적인 매개체 및 항만간의 통신망을 구성하였다. 이로서 항만 구역 내 통신은 물론 각 항만 간 그리고 서울지역의 모든 해운, 항만우관기관 및 업체간에 자유로운 통신이 가능해졌으며 일반

전화 가입자와 통화도 더욱 신속하게 이루어지게 되었다.

3) 항공전화

항공전화는 비행기내에 설치된 공중전화기와 지상의 기지국과의 사이를 무선회선으로 연결하고 교환국을 경유해서 고정 전화망에 접속하는 서비스이다. 방식구성상 자동차전화 시스템과 유사할 것으로 보인다. 상공을 서비스지역으로 하기 위해 무선기지국은 자동차 전화용과는 다르게 설치되어야 할 것이다.

4) 이공중동 전화

열차전화는 열차 내에서 설치된 전화기와 철도를 따라 설치된 기지국과의 사이를 무선회선으로 연결해, 교환국을 경유해서 고정 전화망에 접속하는 서비스 이다. 이 경우는 한강유람선과 고속버스에 우선적으로 적용될 것으로 보이는데 향후 철도에서도 운행하는 것을 예상할 수 있다. 시스템에서는 무선회선에 안테나방사방식을 이용하거나 통화품질향상 빛 전국 다이얼 자동접속 등 서비스 향상을 기한 신 방식, 즉 전선을 따라 둘러쳐진 누설동축케이블(LCK)에 의한 방식이 이용될 것으로 보인다. 열차 공중전화방식의 내용은 다음 표 11.8과 같다.

표 11.8 열차 공중전화 방식의 내용

항목		내용
무선주파수		400MHz 대
송수신간격		40MHz
인접채널간격		25KHz
무선채널 수		24ch
전송방식	기지국 -> 열차	FM 다중ch
	열차 -> 기지국	FM 단일ch
송신전력	기 지 국	2W
	이 동 국	4W
지역반경		20km(평균치)
반복지역 수		3

5) 무선호출

무선호출은 (무선후출 장식구성 참조) 에 제시한대로 휴대 가능한 소형 수신기의 소지자에 대해서 고정전화벨울림에 해당하는 호출음을 무선으로 알려서 가장 가까운 고정전화기에서 응답하도록 하는 서비스 이다. 이동통신으로서는 호출음에 의한 편 방향인 단순한 서비스 이지만 고정전화 서비스와 조합에 의해 위력을 발휘한다. 무선호출 방식 구성은 다음 표와 같다.

표 11.9 무선호출 방식 구성

항목	내용
무선주파수	250MHz
인접채널간격	12.5kHz
변조방식	200bps/sFSK
기지국송신전력	250W, 70W
가입자용량	30,000/ch

6) 무선전화

(1) MCA 시스템

MCA(Multi Channel Access) 시스템은 운수, 판매, 건설 등의 분야에서 업무용 통신을 위해 800MHZ대의 전파공동이용 시스템이며, 그 내용은 다음 표 11.10과 같다.

표 11.10 MCA 시스템 방식구성

항목		내용
무선주파수		900MHz대
송수신간격		55MHz
인접채널간격		25KHz
무선채널 수		19ch/sys(399ch/25sys)
변조방식	음성신호전송	아날로그 FM
	제어신호전송	1,200bit/s(Subcarrier)
송신전력	제 어 국	40W
	이동 국 및 지령 국	10W
지역반경		15-25km(표준)

시스템 중심인 MCA 제어 국(육상이동 중계국)과 시스템 가입 단위인 복수의 집단(이동 국부터 지령 국)으로 이루어져 있다. 이동국과 기령국은 시스템에 가입하고 있는 모든 집단에서 공동으로 이용하는 MCA 제어 국을 경유해 중계하는 형태의 무선회선으로 연결통화는 집단 내에서만 할 수 있는 형태로 이루어져 있다. 이 때문에 각각의 집단에는 제어국용으로부터 지령 국/이동 국용에 각 399파가 할당되어 있지만, 이전 주파수를 25 블록으로 나누어 제어용 1채널, 통화용 15채널 단위로서 1시스템 구성한다. 단시간 업무용 통신을 대상으로서 2주파수 프레스토크 방식에 의해 반 이중형식으로 1회의 통신시간이 1분으로 제한되어 통신을 가능하도록 하고 있다. 또 1대1 통신 외에 동일채널에 속하는 복수의 무선국과 통화를 할 수 있는 것과 음성데이터 전송 등 다목적인 이용이 가능한 것 등의 특징을 가지고 있다.

(2) 위성 이동통신

광대한 서비스 에어리어를 관리할 수 있는 위성통신은 고정 통신뿐만 아니라 이동통신의 분야에서도 유효한 통신수단이다. 특히 큰 바다를 향해하는 선박 혹은 대륙간을 비행하는 항공기 등에 대한 이동통신의 달성수단으로서는 커다란 힘을 발휘한다.

(3) TDMA

TDMA(Time Division Multiple Access)의 대표적인 규격으로는 유럽의 범 유럽 디지털 이동전화 GSM(Global System for Mobile Communication)과 일본의 PDC(Personal Digital Cellular) 가 있다. 92년부터 상용 서비스에 들어간 GSM은 현재 유럽을 비롯해 아시아, 아프리카 등의 70개국 이상에 보급, 사실상 세계 표준으로 자리 잡은 상태이다. GSM은 TDMA 방식으로 800MHz 대역의 주파수를 이용하고 ETSI 표준에 따른다. 일본 NTT 도쿄모에서 개발해 디지털 셀룰러 휴대폰의 세계 표준을 목표로 했던 TDMA 방식의 PDC(Personal Digital Cellular) 표준은 자국에만 보급된 국내규격으로 전락, 표준 경쟁에서 완전히 밀려났다. 북미 지역에서는 800MHz 대역의 주파수르 이용해 TDMA방식의 서비스를 제공하고 있으며 아날로그와 디지털 방식을 모두 수용하는 NADC(North American Dual-mode Cellular) 표준을 따른다.

(4) CDMA

CDMA(Code Division Multiple Access)는 지난 95년 홍콩을 필두로 상용서비스가 개시된 이후 한국, 미국 등으로 사용지역이 빠르게 확대되면서 새로운 표준으로 급부상하고 있다. 최근 들어 미국 내 다수의 무선 통신사업자들이 CDMA 기술을 지지하고 있다. CDMA는 800MHz대역의 주파수를 사용하고, 미국 퀄컴사가 개발한 북미 표준규격 IS-95에 따른다. 1997년부터 일본을 비롯해 중국, 싱가포르, 인도네시아, 필리핀, 러시아, 아르헨티나, 페루, 이스라엘 등에도 보급될 예정이다. 따라서 앞으로 디지털 셀룰러폰은 이미 세계 표준으로 자리를 굳힌 TDMA방식의 GSM과 새 표준으로 급부상하고 있는 CDMA 방식의 IS-95가 양분하는 체계가 될 것으로 전망된다.

11.7 셀룰러 이동 통신

셀룰러 이동 통신은 1958년 벨(Bell) 연구소에서 최초로 제안되어 꾸준히 연구되어 왔다. 1970년대에는 같은 벨연구소에서 AMPS(Advanced Mobile Phone Service)를 개발한 이후 세계 각국에서 이와 유사한 시스템들이 지속적으로 사용되어져 왔다.

셀룰러 이동통신은 전체 서비스 지역을 다수의 무선 기지국으로 분할하여 소규모의 서비스 지역인 셀들로 구성하고 이러한 무선 기지국들을 교환시스템으로 집중제어하여 가입자가 각 셀 간을 이동하면서도 통화를 계속 할 수 있도록 하는 방식이다. 단말기의 사용 주파수가 특정 채널로 고정되어 있는 것이 아니라 기지국에서 신호채널을 통하여 통화 채널을 지정해 주는데 따라 단말기는 그 주파수에 자동 동조된다. 따라서 인접한 셀은 다른 주파수를 사용해야 하지만 일정 간격 이상 떨어져 있는 셀 간에는 같은 주파수를 재사용할 수 있으며 셀과 셀 간을 이동 중인 가입자가 지속적인 통화를 할 수 있도록 하기 위하여 단말기가 이동하는데 따라 교환기지국은 신호채널이나 통화 채널을 제어하여 단말기를 적절한 주파수로 자동전환 시켜준다. 이러한 셀룰러 방식은 주파수를 재사용하여 인접된 무선기지국간 무선채널을 효율적으로 이동단말기에 할당할 수 있기 때문에 주파수 이용효율이 증대되어 가입자 수용용량을 증대시킬 수 있다.

11.7.1 비 셀룰러 이동통신과의 비교

셀의 구조는 여러 가지의 형태가 있을 수 있다. 전파는 원형으로 퍼져나가므로 전파의 특성상 원형의 셀이 가장 이상적이라고 할 수 있으나 겹쳐지는 부분이 있어 비효율적이다. 나머지 셀들은 겹쳐지는 부분은 없으나 전파가 도달하지 못하는 부분이 발생하게 된다. 따라서 완벽한 형태의 셀을 구성하기는 매우 곤란하지만, 그 중에서 가장 효율적인 형태가 6각형 셀이라고 판단하여 일반적으로 6각형 셀 방식을 이용한다.

셀룰러 이동통신은 기존의 이동통신과 주된 차이점은 전통적인 이동통신 시스템이 잡음에 제한되는 시스템이었다면, 셀룰러 이동통신 시스템은 간섭에 제한되는 시스템이란 점이다. 즉 전통적인 이동통신은 주파수 재사용이 불가능하고, 높은 지역에 위치한 고 전력의 전송기로 넓은 지역을 수용하는 시스템이다. 또 핸드오브의 개념이 없기 때문에 수용하는 사용자의 수는 적고 이동성이 좁은 특징을 가지고 있다. 다음 그림 11.4는 셀룰러 시스템의 구조를 나타낸 것이다.

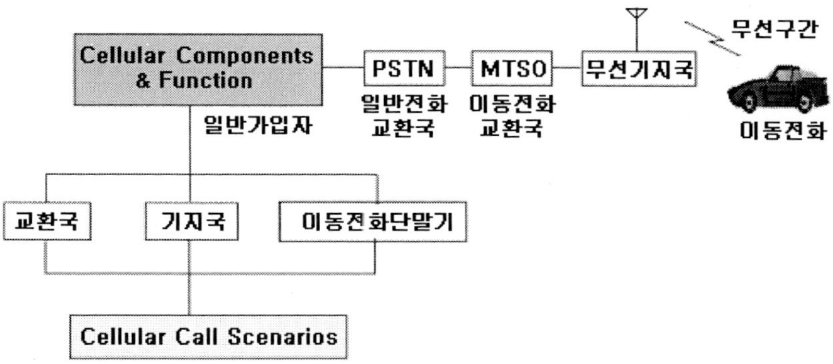

그림 11.4 셀룰러 시스템 구성

이에 반해 셀룰러 이동통신은 가장 큰 특징인 같은 주파수를 재사용할 수 있어서 많은 수의 가입자를 수용할 수 있다. 또 낮은 지역의 저 전력 전송 기를 사용하며 전체 서비스 영역을 작은 셀 단위로 나누어 서비스를 제공한다. 사용자는 셀들 간을 이동할 때 생기는 핸드오브(hand over)가 가능하므로 더욱 더 이동성을 가지고 편리하게 통신을 할 수 있다.

이러한 편리성과 유용성 때문에 가입자는 계속 늘어나고 있는 추세이다. 그러나 무선통신 산업이 직면하고 있는 가장 큰 문제는 가용할 수 있는 무선 주파수 스펙트럼이 제한되어 있다는 것이다. 그러므로 제한된 주파수를 가지고 최소한도의 대역폭을 가지고 이용 율을 극대화하면서 이용자에게 만족을 줄 수 있는 시스템을 만드는 것이 주파수 할당의 목적이다. 다음 그림 11.5는 비 셀룰러 시스템에 대해 간략하게 표현하였다.

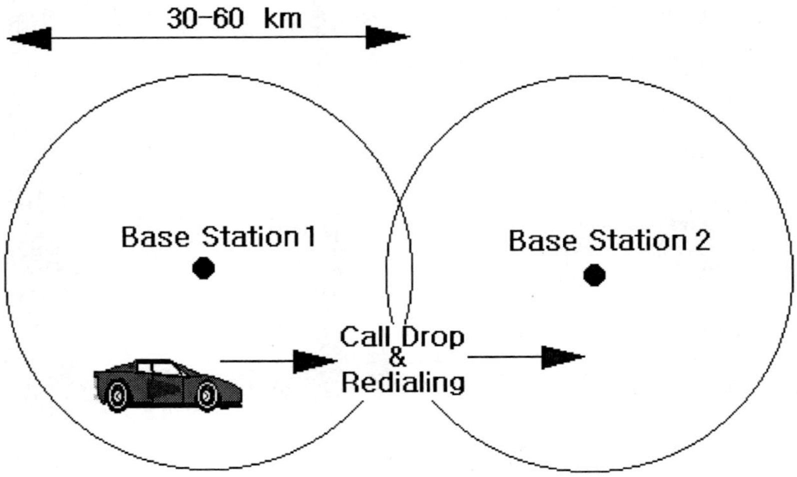

그림 11.5 비 셀룰러 시스템

11.7.2 광역 셀의 개념

하나의 셀로 전 지역을 커버하는 방식을 광역 셀 방식, 전 지역을 다수의 좁은 지역으로 분할하는 방식을 셀룰러 방식이라고 한다. 여기서 좁은 지역 하나를 셀이라 하고, 셀룰러 방식을 셀 방식이라고도 한다. 셀룰러라는 명칭은 여기서 비롯되었다.

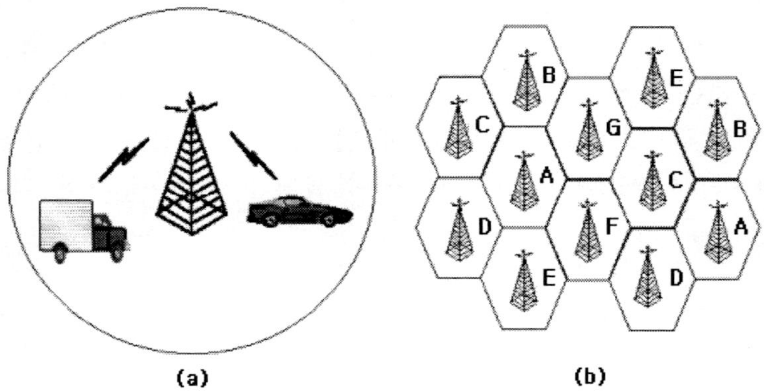

그림 11.6 셀 방식 (a) 광역 셀 방식 (b) 셀룰러 방식

광역 셀 방식은 서비스영역에 기지국이 하나만 있으면 되기 때문에 전체적인 구성이 간단하여 주파수 공용통신 시스템 등에 사용되고 있다.

셀룰러 방식은 각 영역의 중심에 기지국을 두고 이동체가 영역을 넘어가면 기지국도 동시에 바뀌므로 제어가 복잡하지만 대신 채널수가 많아지므로 휴대용 전화에 사용되고 있으며, 셀은 더 작은 셀로 세분할 수 있기 때문에 가입자 수요증가에도 유연하게 대응할 수 있다. 다시 말하면 이동 통신에서는 이용할 수 있는 주파수대역이 제한되어 있고, 하나의 서비스 영역 내에서 전파를 공용하므로 사용할 수 있는 채널도 한정되어 서비스 영역 내에서 이용자수가 늘어나면 통화중일 확률이 높아지게 된다. 따라서 안테나로부터 나오는 전파의 세기를 약하게 하여 지역반경을 작게 하는 즉, 하나의 넓은 서비스 영역을 다수의 좁은 지역으로 분할할 수 있고, 조금 떨어진 지역에서는 주파수를 반복해서 사용해도 주파수의 간섭이 없기 때문에 많은 채널수를 사용할 수 있게 된다.

표 11.11 셀 방식 비교

구 분	광역 셀 방식	셀룰러 방식
단말기 출력	고출력	저출력
가입자 수용 용량	적다	많다
시스템 설계	용이	복잡
주파수 재사용	불가능	가능

11.7.3 셀룰러 이동통신 시스템 망 구조

그림 11.7은 셀룰러 시스템의 망 구조를 나타낸 것이다. 셀룰러 시스템은 크게 이동국(Mobile)과 기지국(BS: Base station), 이동 교환국(MSC : Mobile Switching Center), 그리고 공중전화망(PSTN : Public Switched Telephone Network) 4가지로 구성된다.

셀룰러 이동전화 시스템은 차량, 또는 휴대용 이동전화 단말기, 무선기지국, 그리고 이동 전화 교환국(MTSO : Mobile Telephone Switching Office)으로 구성된다. 이동전화 단말기는 무선 송수신기, 안테나 및 제어장치로 구성되어 있으며 무선 기지국은 단말기와 이동전화 교환국을 연결하는 기능을 갖고 있는 기지국 무선 송수신기, 안테나, 제어장치, 데이터 터미널 및 전원장치 등으로 구성 되어있다.

전화번호의 다이얼링 전송과 제어 및 신호기능 등은 시스템 명령에 의해 선택된 송신레벨에 의해서 지정된 채널로 선택되고 통화 로를 형성하는 가입자 송수신 장치로서 모든 신호처리는 마이크로프로세서에 의해 수행된다. 신호레벨 감시 장치와 세업

(set up) 무선장치로 구성된 무선기지국은 제어 및 신호기능 등을 수행함은 물론, 이동단말기와 교환 기지국 간의 접속을 내장된 프로그램에 의해 실시간으로 처리한다.

이동전화 교환국은 셀룰러 시스템의 심장부로 각 기지국에서 착·발신되는 호를 처리하고 모든 기지국이 효율적으로 운용될 수 있도록 하는 중앙 통제 기능과 함께 공중 전화망의 교환기와도 연결할 수 있도록 하는 중앙 통제 기능과 함께 공중전화망의 교환기와도 연결할 수 있는 기능을 갖고 있다. 이러한 이동전화 교환국은 제어 부, 통화로 부 및 주변기기로 구성되어 있으며 통화가 완료된 호에 대한 과금 자료수집 기능도 갖고 있다.

셀룰러 교환기는 이동전화 가입자 신호 간 또는 일반 전화 가입자와 이동전화 가입자간의 통화 회선을 연결하며, 교환기와 기지국간은 데이터 링크를 이용하여 각종 신호 정보를 주고받는다. 단말기와 기지국간의 음성과 신호 정보는 무선 채널을 통해서 전송되며, 기지국과 이동 전화교환국간의 음성과 신호 정보 전송은 고정된 통화회선과 데이터 링크를 사용한다.

먼저 이동국은 이동 가입자와 기지국간을 연결하게 된다. 즉 일반적인 이동단말기를 말하는데 마이크로프로세서를 통해 음성통신 외에 제어함수, 신호함수 등을 만들어낸다. 기지국은 관리하는 셀 내에서 이동 국으로의 호나 이동으로부터의 호를 관리하는 역할을 한다. 기지국은 지상 망을 통하여 MSC와 연결된다. 그리고 핸드오브를 처리하기위한 신호의 강도를 감시하는 역할을 하여 이동국과 교환국을 연결시키는 역할을 한다.

MSC는 셀룰러 무선 통신용 전화 교환기라 할 수 있다. 각 기지국에서 발·착신되는 호를 처리하고, 모든 기지국이 효율적으로 운용될 수 있도록 하는 중앙통제 기능과 함께 공중 전화망의 교환기와 연결할 수 있는 기능을 갖고 있다. 교환국에서 하는 일은 페이징(Paging), 위치등록, 핸드오브를 관할 통제한다. 그리고 교환 작업, 오디오회로의 A/D 변환, 온 오프 훅(on-off hook) 상태의 검출 등 통상적인 디지털 스위칭 전환 작업을 수행한다.

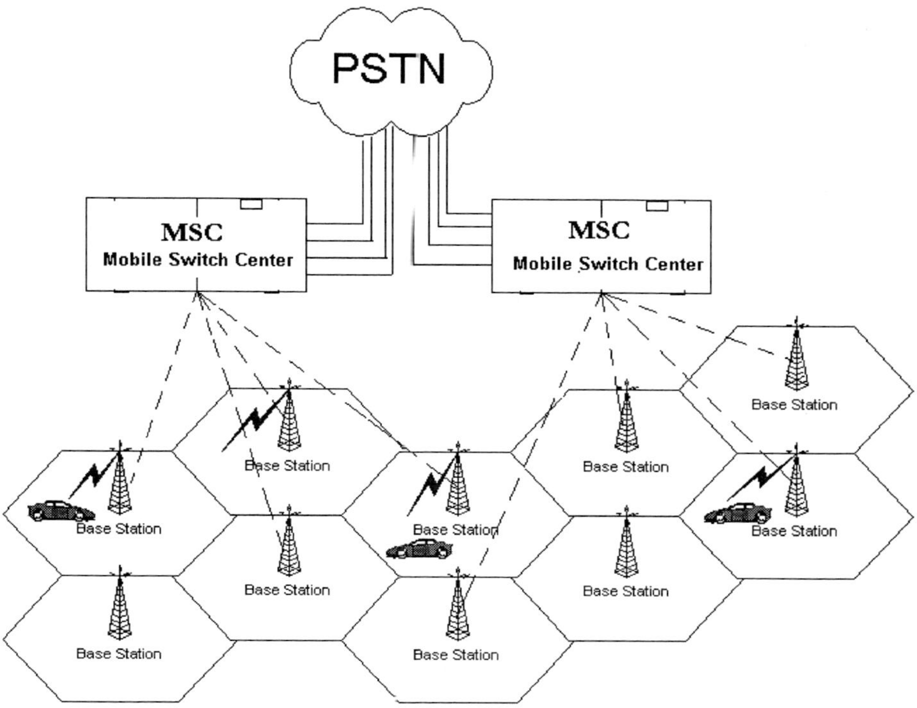

그림 11.7 셀룰러 네트워크

단말기, 기지국 그리고 교환국은 서로 통화회선과 데이터 링크로 연결되어있으므로 각 단말기가 통화할 때는 한 쌍의 송수신 무선채널을 사용하지만 이 무선채널은 어떤 특정 주파수로 고정되어있는 것이 아니라 통화 중에도 단말기의 이동에 따라 다른 무선 채널로 변경하게 되므로 그 지역에 할당된 채널이면 어느 채널로도 통화가 가능하다. 교환국은 이동전화 가입자 상호간이나 일반전화 가입자와 이동전화 가입자간의 통화가 이루어지도록 통화회선을 연결하며, 교환기와 기지국간은 데이터링크를 이용하여 각종 신호정보를 주고받는다. 전화망(PSTN)은 전체 시스템의 데이터베이스를 포함하고 있으며. 트래픽 분석, 망 관리, 유지, 설비 등을 관할한다.

위의 4가지 기본 요소를 결합하는 방식에 따라 셀룰러 시스템은 중앙 집중이나 분산 구조로 나눌 수 있다. 중앙 집중 방식이 교환국에서 많은 기지국을 관리하여, 근거리뿐만 아니라 원거리에 위치한 것도 포함한다. 대부분 소규모의 시스템들은 중앙 집중 방식을 사용한다.

11.7.4 주파수 재사용

셀룰러 시스템에서 가장 핵심적인 개념 중의 하나가 주파수 재사용(frequency reuse) 개념인데, 다음 그림 11.8은 주파수 재사용에 대한 개념을 나타낸 것이다.

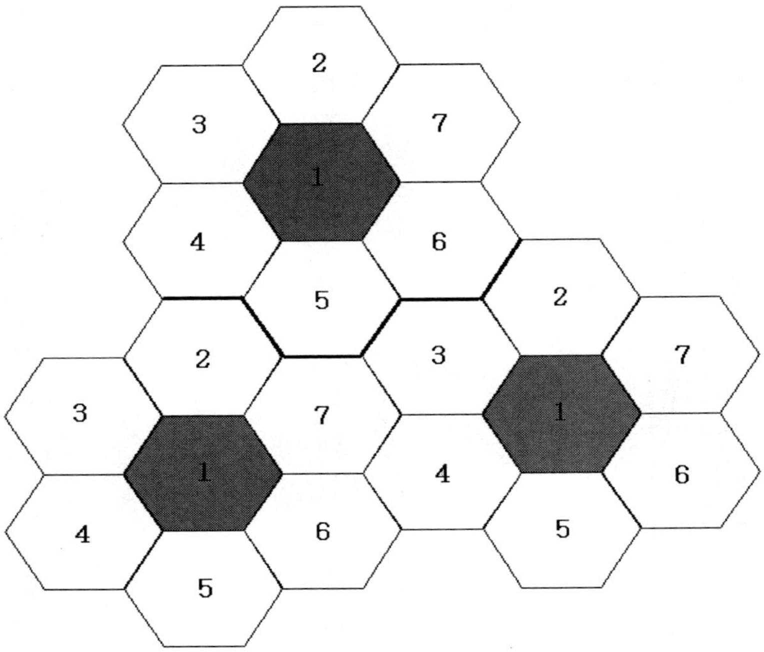

그림 11.8 주파수 재사용

주파수 재사용이란 셀 반경이 R인 기지국 A에서 주파수 f1을 사용하고 있다면 동시에 D만큼 떨어진 다른 기지국에서도 같은 주파수 f1을 재사용할 수 있다는 것이다. 주파수 재사용 시스템에서는 가입자들이 일정거리만큼 떨어진 지점에서는 같은 주파수로 동시에 통화할 수 있고, 주파수 스펙트럼 효율을 극대화 할 수 있기 때문에 가입자의 수용용량을 상당히 증대시켜 준다. 같은 주파수의 채널을 여러 기지국에서 동시에 사용하기 때문에 생기는 간섭을 동일 채널간섭(Co-channel Interference)이라 하며 주파수를 재사용하는 시스템에서는 가장 중요한 관건이다.

주파수 재사용할 수 있는 최소거리는 중심기지국 근처에 있는 동일채널 기지국의 수, 지형상의 특성 등 여러 가지 요인에 따라 달라진다. 일반적인 주파수 재사용 거리 D는 다음과 같은 식으로 결정된다.

$$D=\sqrt{3K}\,R$$

여기서 K는 주파수 재사용 계수이고, R은 셀의 반지름을 말한다. 모든 기지국의 송신출력이 같다면 K값이 커질수록 주파수 재사용거리 D도 증가한다. 그러므로 D가 증가하면 동일채널 간섭이 발생하는 확률은 줄어들기 때문에 K의 값이 큰 것이 바람직하지만 할당된 총 채널의 수가 한정되어 있기 때문에 K의 값이 크면 기지국 당 할당되는 채널의 수는 적어지게 된다. 그러그로 셀룰러 시스템의 설계자는 시스템이 필요로 하는 성능을 만족시킬 수 있는 범위 내에서 K값의 최소치를 구하는 것이다.

11.7.5 핸드오브

핸드오브(hand over)란 통화자가 전화를 걸면서 한 기지국에서 인접 기지국으로 이동할 때 이 두 기지국은 서로 다른 주파수를 사용하고 있지만 통화자가 거의 인식될 수 없는 상태에서 단말기의 주파수가 자동적으로 새로운 기지국의 주파수로 변경되어 통화가 끊어지지 않고 지속되도록 하는 방법이다. 즉 이동 국이 통화 중에 계속 이동할 경우 이동 단말기는 서비스 영역으로부터 수신되는 전계 강도가 점차적으로 약해질 것이며 일정수준 이하로 낮아지는 경우 기지국은 그 회선을 핸드오브 대상으로 판단하고 교환기에게 핸드오브를 요청한다. 그림 11.9는 핸드오브에 대해 간단히 표현하였다.

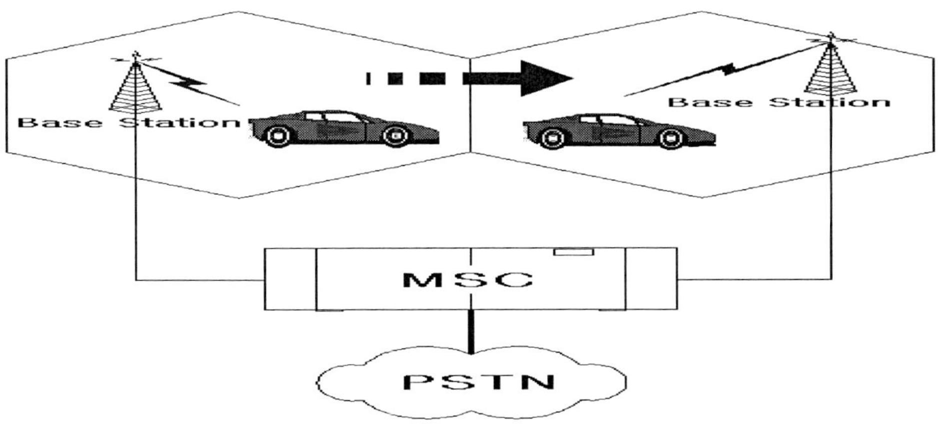

그림 11.9 핸드오브

핸드오브가 일어나는 절차는 다음과 같다.

① 서비스 중인 기지국과 그 주변의 기지국은 사용 중인 채널의 전송 품질을 감시한다. 이동 교환국은 데이터 링크를 통해 정보를 받으며, 이를 분석하여 호를 어떤 기지

국으로 넘겨야 할지를 결정한다.
② 이동교환국은 새로운 기지국에 특정채널로 통화가 핸드오브가 되었음을 알린다.
③ 이동교환국은 서비스중인 기지국에 통화가 새로운 기지국으로 핸드오브 되었음을 알린다. 이동국은 사용 중인 음성채널을 통해 새로운 채널에 대한 정보를 받는다.
④ 이동국은 새로운 채널로 튜닝한 후에 그 전의 채널을 반납한다.
⑤ 새로운 기지국은 새로운 채널을 통하여 그 호를 계속 활성화시킨다.

핸드오브 알고리즘은 시스템에 따라 다를 수 있으며, 가장 단순한 방법은 신호의 세기를 측정하는 방법이다.

다음 그림 11.10은 핸드오브가 일어나는 절차를 나타낸 것이다.

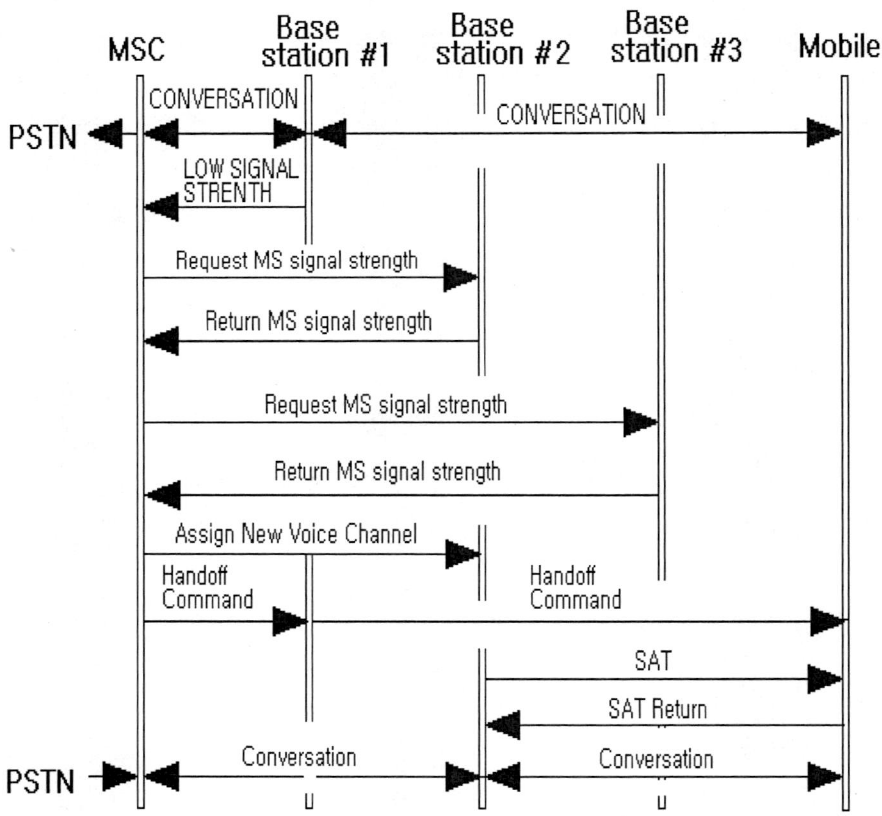

그림 11.10 핸드오브 절차

이러한 핸드오브의 목적은 이동 국 사용자가 현재의 셀에서 다른 셀로 이동을 하더라도 핸드오브 시 발생할 수 있는 문제점 즉 핸드오브 지연시간의 증가나 호 절단(Call Dropping)으로 인한 사용자의 불편을 최소화하는데 있다. 그리고 사용자로 하여금 핸드오브 절차를 알아차리지 못하도록 하는데 목적이 있다.

그러므로 이를 해결하기 위해서 핸드오브의 기술은 적은 지연시간과 주어진 서비스 품질(QOS : Quality of Service)을 유지하여야하며, 새로운 호 요청과 핸드오브 요청 간에 트래픽 설정을 효과적으로 관리할 수 있어야 한다. 또 버퍼링을 최소화하여 지연시간으로 인한 핸드오브 문제를 최소화하여야 한다.

11.7.6 로밍 서비스

이동 국이 계속 이동을 하다보면 가입등록지역 이외의 지역 즉 서비스 관리지역을 달리하는 시스템의 서비스 지역으로 들어가는 경우가 생기게 된다. 로밍(roaming)이란 것은 이와 같이 가입등록 지역 이외의 지역에 이동 국이 통화를 할 수 있도록 해주는 것을 말한다. 그림 11.11에는 로밍 서비스에 대해서 설명하였다.

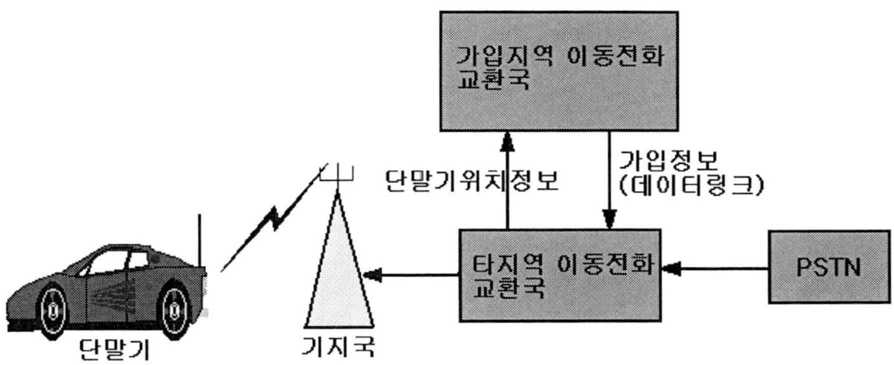

그림 11.11 로밍 서비스

2개의 사업자가 존재하는 지역에서 거주 지역을 떠나 통화를 시도할 경우, 가입자는 자기 등록지역 사업자로부터 정상적인 서비스를 받을 수 없다. 로밍 서비스가 가능하도록 하려면 우선적으로 관력 서업자간에 협정이 체결되어야 하고 상호 동일한 방식의 시스템이어야 한다. 방식이 상이한 시스템 간 로밍은 기술적 호환성이 없어서 불가능하다. 가입자가 타 사업자 서비스의 영역에서 단말기를 바꾸는 경우는 진정한 의미에서의 로밍이라고 할 수 없다.

이동전화교환기는 자체의 시스템 식별 번호를 갖고 있으며 단말기가 이동전화 교환 시스템에 가입할 때는 해당 시스템 식별 번호를 메모리 내에 기록하게 된다. 단말기가 시스템을 달리하는 지역으로 이동한 경우, 기지국의 순방향제어채널을 통하여 시스템 식별 번호를 수신하고 역방향 제어채널을 통하여 단말기에 기록된 시스템 식별번호를 전송하며 자율 등록(autonomous registration)절차에 따라 등록을 하게 된다. 시스템은 단말기로부터 접수된 시스템 식별 번호를 자체 시스템 식별번호와 비교한다. 시스템 식별번호가 일치하지 않는 경우에는 타 시스템 가입자로 관리한다. 타 시스템 가입자에 대한 서비스를 로밍 서비스라 한다. 따라서 로밍 서비스를 제공하기 위해서는 시스템 식별번호를 달리하는 시스템 간에 상호 로밍 데이터관리와 그에 따른 파라미터를 적절하게 설정하여야 한다.

이러한 로밍의 필요성은 시스템이 늘어나고 서비스 지역이 확대됨에 따라 더욱 부각되고 있다. 세계적으로 로밍의 가치가 가입자들의 요구에 따라 더욱 부각되고 있으며 사업자간의 쌍무협정도 수없이 이루어지고 있다. 이와 같이 로밍의 필요성은 일반적으로 널리 인식되고 있으며 사업자 측으로서는 가능한 한 광범위한 영역에서 저렴한 가격에 의한 로밍 서비스를 제공하고자 하는 것이다.

11.7.7 채널 할당

이동통신의 급격한 수요의 증가로 인해 그와 관련된 통신 기술들도 많이 발전하였다. 기존의 시스템에서 가장 크게 직면하고 있는 문제가 가용할 수 있는 무선채널의 수가 제한되어 있다는 것이다. 모든 나라에서 주파수 할당 정책은 최소한도의 대역폭을 가지고 이용 율을 극대화하면서 이용자에게 만족을 줄 수 있는 시스템을 찾아서 결정하는 것이다.

만일 이동전화 시스템을 할당 주파수 대역에서 지역적인 제한 없이 수많은 이용자들이 동시에 사용할 수 있다면 매우 이상적일 것이다. 그러나 이런 이상적인 상황이 실제로는 불가능하다. 그래서 많은 연구가 진행되었고, 그러한 목표에 도달하려면 할당된 주파수 대역에서 채널을 최대한으로 나누어서 사용하는 방법과 할당된 주파수 대역을 다른 지역 내에서 재사용하는 방법, 그리고 넓은 주파수 대역에 많은 서로 다른 코드를 만들어 사용하는 주파수 스펙트럼 확산방식 등을 생각할 수 있다. 그 가운데 방법 중의 하나가 제한된 주파수를 효율적으로 사용하여 시스템의 성능을 향상시키는 방법이다. 이러한 목적으로 채널 할당(channel assignment) 알고리즘에 대한 연구가 이루어져 왔으며 앞으로도 계속해서 연구해야할 분야이다.

이동통신 시스템에서 고려되는 호의 종류로는 새로운 호와 핸드오버 호가 있다. 즉 새로운 호는 이동가입자가 발신 또는 착신하는 경우와 같이 새로운 무선채널을 할당하는 경우를 의미한다. 또 임의의 셀에서 호가 설정된 후 이동가입자와 기지국 사이의 무선채널의 통화품질을 계속 유지시키기 위해 통화하기에는 신호 강도가 약해진 무선채널을 양호한 무선채널로 절체를 요구하는 것을 핸드오버이라 하는데 이러한 핸드오버를 요구하는 호를 핸드오버 호라고 한다.

임의의 셀에서 새로운 호가 발생했을 때, 셀에 할당된 무선채널중 하나가 이동가입자에게 할당되는데 셀에 할당된 모든 무선채널이 사용 중일 때 발생되는 새로운 호는 차단된다. 또한 호가 설정된 후 이동가입자가 인접 셀로 핸드오버 하는 경우 인접 셀에서 핸드오버 호에게 새로운 무선채널을 할당할 수 없다면 그 핸드오버 호는 차단된다. 핸드오버 호가 차단되면 통화 중에 호가 절단되는 것을 의미하므로 이동가입자가 느끼는 불편함은 새로운 호의 차단보다 훨씬 크게 느껴지므로 가능한 핸드오버 호의 차단을 낮추기 위해 많은 방식들이 제시되고 있다.
셀룰러 이동통신 시스템에서 서비스 영역은 셀이라는 작은 영역들로 분할되어 서비스 영역 내에서 주파수 채널을 반복하여 사용함으로써 한정된 주파수 채널을 효율적으로 이용하고 있다. 이러한 주파수를 더욱 효율적으로 이용하기 위하여 많은 채널할당방법이 제시되었는데 그중 대표적인 것이 고정채널할당과 동적채널할당 그리고 하이브리드 채널할당으로 나눌 수 있다.

11.7.8 위치 관리

1) 위치 관리 개요

개인의 이동성을 지원하기 위해서 개인이동통신시스템은 위치 갱신(location update), 페이징(paging) 등의 과정을 통해서 이동 국을 추적하고 있다가 호 설정이 요구될 때 네트워크가 이동 국을 찾을 수 있도록 한다.

이동통신시스템은 이동국의 위치를 추적하기 위해서 전체 시스템 영역을 여러 위치영역(location region)으로 분할하고 각 위치영역에 식별코드를 부여한다. 위치영역은 보통 여러 개의 셀로 구성되는데, 기지국은 방송채널을 통해 자신이 담당하고 있는 셀의 영역식별코드를 주기적으로 방송한다. 이동 중인 단말기는 기지국으로부터 방송채널을 감시하다가 새로운 위치영역으로 진입하였다고 판단되었을 때, 자신의 위치정보와 상태 정보를 네트워크에 알리기 위해 기지국을 통해 위치 등록(location registration) 절차를 수행한다. 네트워크는 위치등록 시에 VLR(Visitor Location

Register)과 HLR(Home Location Register) 등의 데이터베이스를 갱신하며 이동 국 착신호 설정 시에 목적지 이동 국(mobile terminal)의 실제 위치를 찾기 위해 이들 데이터베이스에 질의하여 해당 이동국의 현재 위치정보를 알아냄으로써 전체 시스템을 페이징 하는 대신 특정 지역만을 페이징 할 수 있다.

기존의 셀룰러 방식에서는 전체 시스템 영역을 여러 개의 셀로 이루어진 위치 영역으로 분할하는 위치 관리(location management)를 하고 있다. 그림 11.12에서 보듯이 전체 네트워크는 셀로 나누어지고, 각 셀에 있는 이동 국들은 기지국을 통하여 유선네트워크나 다른 이동국과 통신한다. 하나의 위치 영역은 여러 개의 셀들로 구성되고, 각 위치영역에는 LS(Location Server)가 있다. 위치 영역에 있는 모든 기지국은 이동국 교환국과 연결된다. 각 이동 국 교환국은 유선 네트워크인 백본(backbone) ATM(Asynchronous Transfer Mode) 네트워크와 연결되어 이동 국이 유선네트워크나 다른 이동 국 교환국의 사용자들과 통신할 수 있도록 한다. 각 이동국은 특정한 위치 영역에 영구적으로 홈(home)으로 등록되어 있다고 가정한다. 그 위치영역의 위치서버를 이동 국에 대한 HLS(Home Location Server)라 부른다. 각 HLS는 자신을 홈으로 등록한 이동 국에 대한 위치정보를 유지한다. 위치서버는 자신이 담당한 위치영역 내의 셀에 위치하고 있는 이동 국에 관한 위치정보도 유지한다.

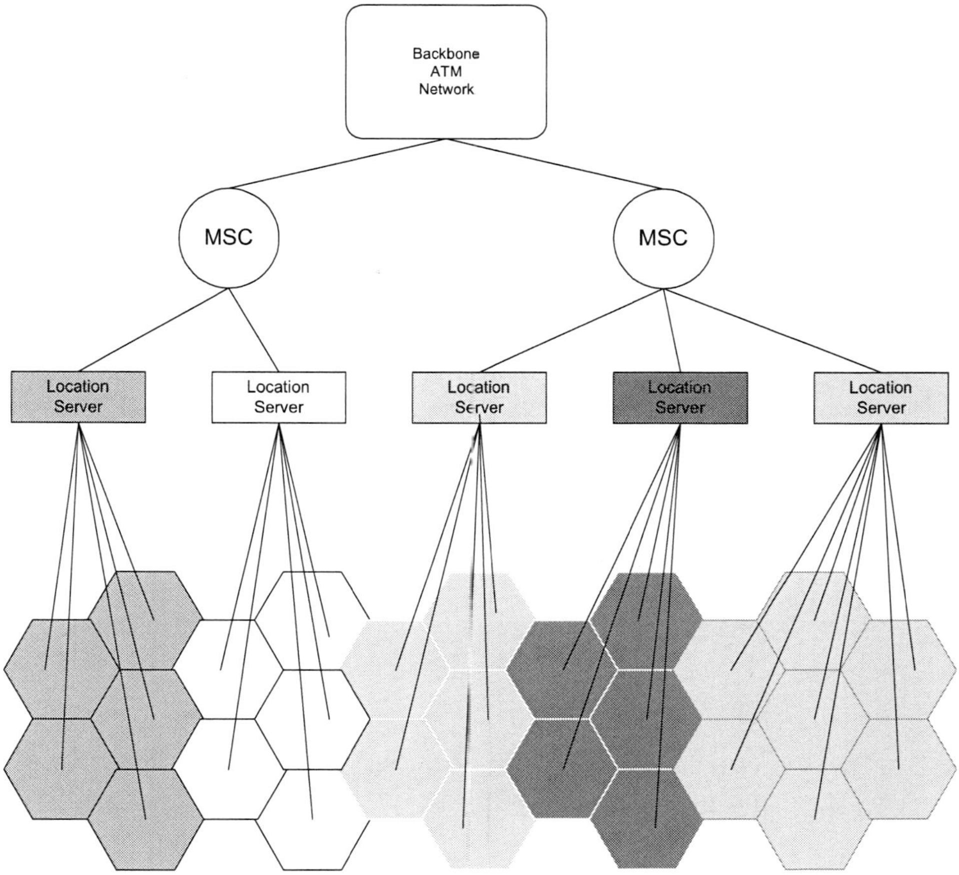

그림 11.12 네트워크 구조

2) 위치 관리의 구성

위치 관리(location management)는 위치 갱신과 가입자의 위치를 찾는 프로토콜(search protocol)로 구성되어 있다. 위치 관리에는 위치 갱신 비용과 위치를 찾기 위한 페이징 비용이 있는데, 이 둘은 상관관계를 가지고 있다. 그러므로 효과적인 위치 관리의 목적은 두 가지의 비용의 합을 최소화하는데 있다.

(1) 위치 갱신

위치 갱신이란 네트워크가 가입자(이동 국)의 위치를 유지하기 위해 이동국은 자신의 위치를 네트워크에 보고해야 한다. 이러한 절차를 위치 갱신이라 한다.

위치 갱신의 순서는 다음과 같다. 여기서, 위치 갱신은 이동 국이 새로운 위치영역에 들어갔을 때 만 발생한다. 여기서 과거의 위치 영역을 Old라하고, 새로운 위치 영역을 New라고 하자.

① 이동 국이 New에 들어갈 때, 새 기지국 New-BS(Base Station)에게 위치등록을 요구하는 메시지를 보낸다. 이 메시지에는 이동국의 주소가 포함된다. 그리고 New-BS는 New-LS(New의 Location Server)에게 이동국의 주소와 자신의 주소를 포함한 위치등록 요구 메시지를 전송한다.
② New-LS는 이동국의 새 위치를 알리기 위해 이동국의 HLS에게 메시지를 전송한다.
③ HLS는 이동국의 위치정보를 갱신, 이동 국에 대한 정보를 New-LS에게 보낸다.
④ New-LS는 사용자 프로필을 저장하고, 이동 국이 New-BS에 있다는 것을 기록한다. 그리고 new-bs에게 응답 메시지를 전송한다.
⑤ HLS는 Old-LS(Old 의 Location Server)가 저장하고 있는 이동국의 정보를 삭제하도록 요구한다.
⑥ Old-LS는 이동 국에 관한 정보를 삭제하고, HLS에게 확인 메시지를 전송한다.

(2) 페이징

페이징은 이동 국 src(source)가 다른 이동 국 dest(destination)와 통신하기 위해 찾는 과정이 필요하다. 이러한 과정을 페이징이라 한다. 페이징의 순서는 다음과 같다.

① 이동 국 src는 자신이 있는 셀의 기지국, src-BS에 dest가 있는 위치를 문의하고, src-BS는 자신이 있는 위치 영역의 LS에게 메시지를 보낸다.
② src-LS는 이동국 dest가 자신이 담당하는 위치 영역에 있는지 검사하고, 그곳에 있으면 위치정보를 돌려주고, 없으면 src-LS는 dest에 관한 위치를 문의한다.
③ dest-HLS는 dest가 마지막으로 갱신한 위치 영역의 위치서버에 대한 주소를 유지한다. dest-HLS는 dest-LS에게 dest가 어느 셀에 있는지 문의하게 된다.
④ dest-LS는 기지국 dest-BS의 주소를 응답으로 전송한다.
⑤ dest-HLS는 dest-LS로부터 응답을 받으면 src-LS에게 dest의 현재 위치를 돌려주게 되고, 다시 src-LS는 src-BS에게 전송한다.

11.8 차세대 이동 통신서비스의 전망

11.8.1 아날로그 이동통신

디지털로 진화하면서 이동통신의 기술은 급속도로 발전해 왔다. 디지털 셀룰러 전화와 PCS 서비스가 보편화되기도 전에 세계무선통신 업계에 3세대 무선 서비스 개발 움직임이 본격적으로 추진되고 있다. 업계 관계자들의 "서비스 개발은 이를수록 좋다"는 의견이 주류를 이루게 되자 미국과 유럽, 일본의 통신 장비 업계를 중심으로 새로운 무선 서비스가 개발되고 있다.

셀룰러 휴대폰이 아날로그(analog)를 기반으로 했을 때는 주파수 분할 다중 접속(FDMA)이라는 하나의 기술 방식을 사용했으며 이 방식을 이용한 이동 전화 망의 이름은 국가마다 달랐다. 미국의 벨연구소에서는 AMPS(Advanced Mobile Phone System)를, 영국, 이탈리아, 스페인 등은 영국표준인 TACS(Total Access Communication System)를 사용했고, 스페인, 덴마크, 스위스, 노르웨이, 핀란드 등의 북유럽 표준은 NMT(Nordic Mobile Telephone)였다. 프랑스는 프랑스 표준인 RC2000을 사용했고, 독일, 포르투갈에서는 독일 표준인 C-450이 사용돼 독자적인 아날로그 셀룰러 휴대폰 서비스가 이루어졌다.

아날로그에서 디지털로 셀룰러폰이 진화하면서부터, 성능과 부가 서비스가 획기적으로 발전하였고, 기술 표준은 한층 복잡해졌다. 셀룰러폰의 기반 기술이 CDMA와 TDMA으로 나눠졌으며 현재까지 TDMA 방식과 CDMA 방식간 주도권 다툼이 치열하게 벌어지고 있다. 그러다 디지털 셀룰러폰보다 한 차원 발전한, 높은 대역의 주파수를 사용하는 개인 휴대통신(PCS) 개념이 도입됐다.

11.8.2 PCS

PCS에서는 CDMA가 우세하다. PCS 서비스 업체의 발표에 따르면 CDMA는 아날로그 방식(AMPS)에 비해 주파수 이용 효율이 10~20 배에 달한다. 이미 미국의 PCS 사업자들이 IS-95(CDMA 표준)를 채택해 서비스에 착수했고, 한국 등 PCS를 추진 중인 나라들도 대부분이 이 방식을 도입하고 있어 사실상 세계 표준으로 자리 잡고 있다. 이에 반해 TDMA 방식을 근거로 시티폰이 가진 장점에 PCS의 장점을 결합해 개발된 일본판 PCS인 간이 휴대전화 PHS(Personal Handyphone Service)의 대항도 만만치 않다. PHS는 아시아 태평양 지역과 남미 지역을 중심으로 세력을 꾸준히 확대하며 TDMA으 명맥을 유지하고 있다.

그런가 하면 이에 대한 GSM의 반격도 만만치 않다. GSM 방식의 미국 내 일부 PCS 서비스 업체들은 시장 맞수인 CDMA 진영을 따돌리기 위해 'GSM 연합'을 구성, 향후 이 연합에 참여하는 서비스 업체들 간에 망 연동(로밍) 서비스를 실시해 북미 전 지역을 커버하는 PCS 서비스 망을 구축할 계획이다.

최근에 CDMA 진영이 상징적인 차원이긴 하지만 'CDMA ONE'을 결성한 것이 GSM 연합 결성의 기폭제로 작용했다. 미국의 인텔사가 무선 네트워크와 PC를 연결하기 위해 추진해 온 전략 속에 GSM 진영은 CDMA 보다 우위에 설 수 있다는 자신감에 고무돼 있다. 인텔사가 무선 데이터 통신 분야에서 GSM 연합의 손을 들어줌에 따라 향후 무선 데이터 통신 서비스 분야에서 PCS가 CDMA를 앞설 수 있는 계기가 마련됐다고 자체 평가를 내렸다.

한편, 차세대 이동 통신 서비스에서도 CDMA가 세계표준으로 급부상하고 있는 가운데 미국과 일본이 광대역 CDMA(W-CDMA)라는 같은 방식을 가지고 경합하고 있고, 동시에 '광대역 시분할 다중접속(W-TDMA)방식' 도 부상하고 있다. 차세대 이동통신 서비스는 국제통신연합(ITU)이 세계 공통의 이동 통신 구현을 목표로 주도하는 "IMT-2000"으로 음성을 물론 영상까지 주고받을 수 있는 제 3세대 휴대전화이다.

이것은 기존 셀룰러 전화나 PCS 서비스와 달리 완벽한 '이동성'과 고속, 대용량의 '광 대역'데이터 전송 기능을 갖고 있다. 즉, 이를 이용하면 이용 중에도 노트북 PC나 PDA 등을 통해 동영상을 단절 없이 받아 볼 수 있다.

11.8.3 이동성과 광 대역을 갖춘 제 3세대 휴대전화

W-CDMA는 셀룰러 부문에서 기술적 강점을 보인 CDMA를 배경으로 세를 얻어가고 있다. CDMA는 멀티미디어 데이터 전송에 적합하다는 점에서 W-CDMA와 밀접한 관계를 갖는다. W-CDMA는 동영상은 1Mbps로, E-메일은 9,600bps로 동시 전송할 수 있다. IS-95(CDMA 표준)가 음성 통신에 중점을 두는데 비해 W-CDMA는 음성은 물론 동영상까지 포함한다는 다양한 데이터를 전송할 수 있다. 한마디로 W-CDMA는 ISDN의 무선 버전이라는 평가를 받고 있으며, 최대 전송 속도는 2Mbps로 ISDN을 훨씬 능가한다. W-CDMA는 확산 대역폭이 5MHz로 기존 셀룰러 주파수인 30~200KHz나 IS-95의 1.25MHz에 비해 훨씬 넓다. 대역폭이 넓어져서 이용 효율이 높아지고, 또 주파수 이용 효율이 IS-95 (CDMA 표준)에 비해 두세 배 높아져 최대 전송 속도도 높아진다. 뿐만 아니라 전송 속도를 변경할 수 있어 유연성이 커진다. 업계 관계자들은 W-CDMA가 기술적 강점을 갖고 있어 새로운 무선 데이터 전송은 이 방식을 따라야 할 것이라고 주장한다.

일본 NTT 도코모는 97년 4월 W-CDMA 개발을 공식화했고, 이에 노키아, 에릭슨 등 유럽 유수의 통신기기 업체들이 최근 NTT 도코모에 대한 지지를 표명하여 일본에 무게를 실어 줬다. 이에 대해 퀄컴, 모토롤러, 루슨트 테그놀러지, 노던 텔레콤 등 북미 지역의 4개 통신기기 업체들은 97년 6월초 W-CDMA를 근거로 IMT-2000 규격을 통일하기로 합의했다. 그러나 같은 시기에 퀄컴, 모토롤러를 중심으로 하는 CDMA 보급 단체 CDG (CDMA Development Group)도 IMT-2000 규격으로 W-CDMA 개발을 추진한다고 표명, NTT 도코모의 독주에 제동을 걸었다. 따라서 IMT-2000 표준 규격 경쟁은 일본과 미국이 뿌리가 같은 기술을 가지고 다투는 양상을 보이게 됐으며, 그 결과는 어쨌든 W-CDMA로 결정될 것으로 보인다. CDMA에 비해 TDMA는 데이터 전송 속도를 빠르게 할수록 채널 폭이 증가 하지만 전체 채널의 수는 감소하는 단점이 있다. 그러나 TDMA 방식을 지지하는 미 AT&T의 경우 광 대역 단계에서는 커다란 차이점이 없는 데다 TDMA가 기존 통신 환경을 더욱 잘 활용할 수 있어 차세대 무선 기술 W-TDMA가 적합하다고 주장한다. TDMA는 기술이 복잡하고 CDMA에는 필요 없는 이퀄라이저 등 장비를 포함하고 있어 비용 면에서도 비싸지만 아직까지 지지업체가 CDMA보다 많다.

셀룰러 이동통신 등 이동 통신 분야 표준화 경쟁도 디지털 기술로 진화하면서 TDMA방식과 CDMA 방식 간 주도권 다툼이 두드러지게 나타났다. 상용화에서 앞선 TDMA가 우세한 가운데 CDMA가 빠른 속도로 격차를 줄이며 추격하는 양상이다. 이들 두 방식은 개인 휴대 통신 (PCS)에서도 치열한 세 불리기 경쟁을 벌이고 있다. 이 경쟁은 차세대 휴대 전화로까지 이어져 W-CDMA와 W-TDMA 방식을 놓고 적어도 금세기 말까지 계속될 것으로 보인다.

11.9 위성 이동통신

11.9.1 위성 이동통신의 개념

통신 수단으로서 위성 통신 방식이 최초로 도입된 1960년대 초 이래로 지금까지 30년이 넘는 기간 동안 위성통신 기술은 비약적인 발전을 거듭하여 왔으며 지상이동통신 시스템과 상호 보완적이면서 차세다 통신망의 필수적인 구성 요소인 이동위성통신 시스템이 90년대 전후에 많이 제안되었다. 이러한 이동위성통신시스템 위성이 간접적인 기지국 역할을 하므로 지상통신 시설이 없는 지역에서도 위성이 위치한 곳에서는 언제든지 위성과 직접 교신을 통해, 이동 체에 대한 통신 서비스 기능이 가능하게 되었다. 한편, 현재 상용화되고 있는 정지궤도 위성을 이용한 통신시스템은 지표면의 일정지역을 항상 서비스 할 수 있는 장점이 있으나, 고출력, 대형의 안테나가 요구되기 때문에 휴대용 단말기로는 통신이 불가능하다. 이에 따라 저 출력, 소형안테나로 통신이 가능한 저궤도 위성을 이용하여 소형 휴대형 단말기로 위성과의 직접 통신을 할 수 있는 시스템을 사용하며, 이 시스템들을 GMPCS(Global Mobile Personal Communications System)라 요약 말할 수 있다. 또한 미래의 지상이동 통신망의 보완적인 역할을 함으로써 언제 어디서나 통신이 가능한 개인 휴대통신 시대를 열 수 있다는데, 그 의의가 크다고 할 수 있다.

GMPCS는 무엇보다 기존의 국제 위성시스템과 많은 점을 달리한다. 기존 위성 시스템들은 인터샛, 인마샛 등 각국이 공동으로 참여하여 서비스도 국제부문에 한정하여 공공성을 유지해 왔으며, 독점적이긴 하지만 자체적인 엄격한 규제에 의해 시장 질서를 유지한데 반하여 GMPCS의 경우 사업주체는 기본적으로 민간 기업이며 따라서 이윤을 추구하고 상호경쟁하며 사업의 영역도 기존 망과 중복되고 국내/국제 서비스의 구분이 없는 등 많은 차이점을 보인다. 현재의 추세와 전망을 골고루 감안하면 적어도 3~4개의 대형 저궤도위성 시스템은 구현될 것으로 보인다. 물론 소형 저궤도위성 시스템도 상당수 구현되어 대형시스템과 서비스 보완관계를 유지해 나갈 것으로 전망된다. 따라서 서기 21세기 초반 경에 전 세계적인 저 궤도위성통신망을 통하여 지구상의 어느 곳에서도 이동전화 및 이동데이터의 통신이 가능할 것으로 보인다. 한편 LEO 시스템에 대한 다소 비관적인 견해가 우세했으나, 낙관적인 견해로 변하고 있다. 위성망이 가지는 장점인 짧은 신호지연, 세계 망 구축, 이동서비스, 무선 멀티미디어 서비스들은 장기적으로 LEO 사업의 수요를 밝게 해주는 강력한 요인이다.

위성 통신이란 지구 상공의 인공위성을 중계 국으로 하는 두 단말기 사이의 통신을 말한다. 일반적으로 무선 통신에서 장거리 통신을 위해서는 많은 중계소가 설치되어야 한다. 그러나 위성 통신은 지구의 정지 궤도(Geostationary Orbit) 위에 떠있는 통신위성이 그 중계소 역할을 수행함으로서 단 하나의 중계소만으로 대륙간의 통신이 가능하다. 정지 궤도란 지구로부터 35,800Km 떨어진 적도 상공에 위치하여 지구의 자전 주기와 인공위성의 공전 주기가 같아서 지구상의 한 지점에서 보면 마치 정지해 있는 것처럼 보이는 궤도를 말하는 것이다. 이론적으로 정지 궤도에 있는 위성은 지구 표면의 약 40%를 커버할 수 있어서 세 개의 정지 궤도 위성을 120도 간격으로 설치하면 극지방을 제외한 지구상의 어떤 지점간의 통신도 중계가 가능하다. 이와 같은 정지 궤도 위성의 예로는 다음 절에서 설명할 국제전기통신위성기구(INTELSAT : INternational TELecommunication SATellite organization)의 전기통신용 위성 시스템과 국제해양위성기구(INMARSAT : INternational MARine SATellite organization)의 이동통신 위성 시스템이 있다.

이와 같은 정지 궤도 위성은 전파 지연 시간이 길어서 음성 통화와 같은 실시간 통신에는 부적합한 취약성을 가지고 있다. 이와 같은 문제점을 해결하기 위해 제안된 방법이 비 정지궤도 위성 중의 하나인 저궤도 위성을 이용한 통신이다. 저궤도 위성은 위성과 지구 국 사이에 송신 전력을 절감할 수 있고, 전파 지연 시간이 짧으며, 발사 비용이 저렴하다는 장점을 가지고 있지단, 지속적인 서비스를 제공하기 위해서는 많은 위성이 필요하다는 단점을 가지고 있다. 이러한 저궤도 위성의 예로는 다음 절에서 설명할 IRIDIUM과 글로벌 스타(Global-star), 오디세이(Odyssey) 등이 있다.

위성의 가격이 높았던 초기에는 주로 국제 전화 또는 TV 중계용으로만 사용되었으나, 기술의 발전과 함께 비용도 낮아져 최근에는 여러 분야의 통신 서비스에 사용되고 있는 실정이다.

11.9.2 위성 통신의 역사

인공위성에 대한 관심은 1957년에 구소련이 스퍼트닉(Sputnik)을 우주 공간으로 올려 보내면서부터 급격히 증대하기 시작하였다. 그 사건은 미국과 캐나다 그리고 유럽의 여러 국가들을 자극시켜서 로켓트 기술뿐만이 아니라 위성 통신 분야에 대한 노력을 증대시키게 되었다. 이어서 미국은 1958년 1월에 익스플로러(Explorer) 1호를 발사함으로서 구소련의 뒤를 바짝 따라 붙게 되었다. 이들 스퍼트닉과 익스프로러는 통신용 장비는 아니었다. 미 육군은 1958년 12월에 최초의 통신 위성을 발사하였으며, 1965년에는 세계 최초의 상업용 위성인 얼리 버드(Early Bird)를 케이프 케네디(Cape Kennedy)에서 발사하였다.

현재 대표적인 국제 위성 통신으로는 1964년에 발족한 국제전기통신위성기구(INTELSAT : INternational TELecommunication SATellite organization)의 전기통신용 위성 시스템과 1979년 발족된 국제해양위성기구(INMARSAT : INternational MARine SATellite organization)의 이동통신 위성 시스템이 있다. INTELSAT의 1994년 현재 가맹국수는 130여 개 국에 이르고, 대략 1700여개 소의 구제 및 국내 지구국과 연결하여 전 세계 국제 전화의 65% 정도 및 TV 중계 서비스의 대부분을 점유하고 있다. INMARSAT은 항해 중인 선박과 육지 또는 선박과 선박 간의 해상 이동 통신 서비스의 제공을 목적으로 설립된 기구로서 1980년대 초에는 아날로그 방식인 INMARSAT-A 시스템을 이용하여 처음 서비스를 개시하였다. 이어서 서비스 품질을 개선하고 주파수를 효율적으로 이용하기 위해서 디지털 방식의 INMARSAT-B, INMARSAT-C, INMARSAT-M, INMARSAT-AERO 등의 시스템들을 개발하였다.

현재 주목을 받고 있는 차세대 개인위성 이동통신 시스템으로서는 IRIDIUM 시스템과 INMARSAT-P 시스템이 있다. IRIDIUM은 1990년에 미국의 모토로라사에서 제안한 시스템으로서, 66개의 저궤도(지상 780Km) 위성들을 이용한 전 세계적인 위성 이동 통신망을 구축하여 전 세계에 개인 휴대 통신 서비스를 제공하기 위한 것이다.

1998년까지 시스템을 실현하는 것을 목표로 적극적으로 활동하고 있는 중이다. 그리고 INMARSAT-P는 IRIDIUM 계획에 자극을 받아 INMARSAT에서 1991년 제안한 시스템으로서, 1990년대 말까지 음성, 팩스, 데이터 전송 등 휴대형 단말기와 관련된 서비스를 12개의 중궤도(지상 10,355Km) 위성을 이용하여 전 세계에 제공함을 목표로 1998년 현재 적극적으로 활동하고 있다.

우리나라는 1970년 6월에 금산에 제1호 위성통신 기지국을 설치한 바가 있으며, 1992년 8월에는 우리별 1호(KITSAT-1)를 최초로 지구 상공으로 발사하였다. 이어서, 1993년 9월에는 우리별 2호(KITSAT-2)를 남미 기아나의 쿠르 우주기지에서 발사하였다. 우리별 2호 위성은 지상 820km 상공을 101분마다 한바퀴씩 돌며 각종 지상 촬영을 하여 지상으로 송신한다. 무게는 대략 50kg이고 크기는 36×33×67(cm)이며 수명은 5년 정도이다. 1995년에는 방송용 위성인 무궁화호(KOREASAT)가 발사되었다. 이 무궁화호는 방송용 채널 3개와 통신용 채널 12개를 장착하고 있다.

11.9.3 시스템 개요

1) 망 구성 원리

최근 급속한 발전을 이룩한 디지털 신호처리 기술, 부품 및 소자기술 등을 이용하여 다기능 및 고 효율성을 가지는 통신시스템의 개발과 또한 위성에 신호처리 기능을 탑재하여 디지털 신호의 오류를 줄일 수 있고 하나의 교환국 역할을 담당할 수 있는 능동형 통신 중계기를 이용하려는 방식으로, 이동위성통신 시스템은 고정 지점과 이동체간 혹은 이동체간에 정지위성이나 비 정지위성을 이용하는 통신 시스템을 말한다. 최초의 이동위성 서비스는 1976년 Comsat이 제공한 해상이동위성 서비스를 들 수 있으며, 그 후 Comsat은 1979년에 국제위성통신기구인 인마셋으로 발전되었다. 인마셋과 같이 정지위성을 사용하는 경우에는 지상에서 위성까지 거리가 멀어서 단말기의 전파 출력을 높여야 되므로 결국 단말기가 커지게 되어 휴대하기에는 불편한 점이 있다. 이를 개선하고 위성궤도의 자원이 고갈되어 가고 있어 정지궤도가 아닌 보다 낮은 궤도를 이용하는 저궤도 위성 시스템 개발 요구되었다.

이동위성통신 서비스를 살펴보면, 해상이동위성 서비스, 육상이동위성 서비스, 그리고 공중이동위성 서비스로 분류된다. 기존의 정지위성을 이용한 서비스의 경우에는 개인이 단말기를 휴대할 수 없을 정도로 커 선박에 탑재되어 제공되는 해상이동위성 서비스와 항공기에 탑재되어 제공되는 공중이동위성 서비스, 그리고 지상의 차량 탑재형 육상이동위성 서비스가 주류를 이루었다. 그러나 휴대가 가능한 단말기를 이용할 수 있는 비정지위성이 제안됨에 따라 새로운 서비스들이 고안되고 있다.

먼저 정지위성에 의한 이동통신 시스템은 산간낙도와 같이 지상통신망이 취약한 지점을 중심으로 고정 및 이동 체에 제공할 것으로 특히 이동위성통신 시스템은 현재 전용선이 필요하거나 지상통신망이 취약한 고정통신 이용자들을 대상을 제공되고 VSAT 시스템에 비해 저비용으로 구현이 가능하다는 장점이 있다. 그러나 정지위성에 의한 이동통신 시스템은 지상과의 거리에 따른 신호 지연이 다른 통신수단에 비해 매우 크다는 것과 위성이 적도 상공에 위치하므로 극점에서 신호가 전송되지 않는 경우가 발생한다는 단점이 있다. 그리고 할당된 주파수가 한정되어 있고 서비스 확장이 어려운 실정이다.

비정지위성은 정지위성보다 낮은 궤도인 중궤도 및 저궤도에 발사된 위성을 말하며, 두 가지 방법에 의해 분류된다. 하나는 유럽의 전기통신 표준기구인 ETSI에서 정의한 방법으로 궤도의 고도에 따라 LEO(Low Earth Orbit), MEO(Medium Earth Orbit), 그리고 HEO(High Earth Orbit)로 분류하고 있다. 다른 방법은 미국 FCC에 의한 분류방법으로 LEO와 MEO를 사용 주파수대에 따라 Big LEO와 Little LEO로 분류하고 있다. 일반적으로 비 정지위성 계열은 위성 고도에 의한 분류보다 FCC에 의해 제안된 사용 주파수별 분류체계가 현재 가장 널리 통용되고 있다. Big LEO란 1GHz 이상 대역을 사용하는 위성통신 시스템을 의미하며, Little LEO는 그 이하의 주파수대를 사용하는 위성통신 시스템을 의미한다.

보통 저궤도 위성은 고도 1,000km 안팎에 존재하고 중궤도 위성은 고도 10,000km안팎에 존재하는데 고도 1,500~5,000km 사이와 13,000~20,000km 사이에는 반 알렌(Van Allen)대역이라고 하는 전자장치의 수명에 심각한 영향을 주는 방사선 층이 분포되어 있으므로 이층을 피해서 궤도를 선택하는 것이 일반적이다.

전체 시스템의 구성은 지상국(게이트웨이 및 이동 국)과 신호 중계를 위한 위성 군과 위성군의 정상적인 동작을 감시 제어하는 지상 관제국으로 크게 구분된다. 지상부분의 구성은 게이트웨이(Gateway)과 이동 국으로 나눌 수 있는데 관문국은 이동국과 지상통신망 가입자 및 이동국간의 통신 로를 위성에 중계하는 역할을 담당하고 가입자 데이터베이스 관리시스템을 가지며 이동국은 일반 이동가입자의 단말기에 해당하는데 이동국의 위치 따라 육상, 해상 및 항공 이동 국으로 분류된다. GMPCS 망이 필요로 하는 관문국의 수는 대체로 위성의 고도가 높아질수록 줄어드는데, 그 이유는 높은 고도일수록 개별위성의 지구 적용 범위가 넓어지기 때문이다.

사용자 링크(user link)는 이동국과 위성간의 통신신호 전송로로 주로 사용하는 링크로서 주파수 대역은 L-band 및 S-band인데 그 이유는 이들 주파수 대역에서는 전파의 지향성이 약하므로 낮은 지향성안테나를 사용해도 통신이 가능하고 또한 강우감쇄가 적어서 유리하기 때문이다.

위성 간 링크는 위성과 위성 상호간 정보전송이 우주공간에 직접 이루어지는 전송로로서 위성 통신망의 융통성을 크게 증대시키고 따라서 상대적으로 지상망의 규모를 축소시킬 수 있는 효과가 있다. 현재 제안된 시스템 중 위성 간 링크를 사용하는 대표적인 시스템은 이리듐이 있다. 한편 위성 간 통신링크의 구성을 위해서는 중계 장비가 탑재되어야 하므로 위성체가 대형화되어야 하며 발사비용의 증대 및 신뢰도의 저하 등의 문제점도 있다.

2) 시스템 제원과 특성

대형 저궤도 위성(big LEO)시스템은 비교적 최근에 제안되고 추진 중인 것들로서 위성 체의 크기나 전송전력 등이 음성통신(전화)이 가능한 수준으로서 휴대용 단말기에 의한 본격적인 일반 대중용 이동 통신을 목표로 하고 있다. 반면에 소형 저궤도위성(little LEO)시스템은 할당 주파수 대역이 148~150MHz(uplink)와 137~138MHz(downlink)이며 중량 및 크기가 소형으로서 주로 저속데이터(1Kbps 내외)의 중계를 목표로 한다.

먼저 미국의 모토로라사에 의해 제안된 이리듐(iridium)시스템은 지상 780km 높이의 극궤도에 66+(6)개의 위성으로 통신망을 구성할 예정이다. 극궤도 6면으로, 1면당 11개의 위성을 배치하였으며, 특히 극지방의 커버가 원활할 것으로 예상되고 있다. 위성중량 700Kg, 위성수명은 약 5년을 예상하고 있다. 온 보드(on-board) 교환 및 프로세싱 방식으로 위성 간 링크를 구성하고 있다. 서비스 지역은 전 세계이며, 서비스 종류는 음성전화, 무선호출, 팩스, 데이터, 위치확인 등이 예상되고 있다. 이리듐 시스템의 장점은 제안된 LEO시스템 중에서 가장 궤도가 낮고, 따라서 링크마진이 가장 크다고 본다.

글로벌 스타 사업은 미국의 Loral/Qualcomm사에 의해 제안된 것으로 지상 1,400Km 상공에 위성중량 480Kg의 소형인공위성 48+(8)개로 구성되며 위성의 궤도는 52경사궤도로서 8개의 궤도면을 가지며 극지방의 커버는 어려우나 그 대신 인구밀집 지역은 거의 커버된다. 이 시스템은 위성 간 링크를 구성하지 않으며 지역 간의 망구성은 기존의 국제전화망(PSTN)을 최대한 이용한 시스템 구성을 계획하고 있다. 즉 어느 지상위치에서 신호가 위성으로 송신되면 그 위성은 단순히 수신신호를 인접

Gateway 지상국으로 재 전송하게 되고 여기서부터 목표지점까지는 기존 지상 망을 이용하여 전송하는 것으로 계획되어있다. 글로벌 스타 시스템의 무선 인터페이스의 특징은 CDMA방식 다중접속으로서 현재 국내의 CDMA셀룰러시스템 및 미국의 IS-95 표준으로 결정되어 있는 방식과 거의 비슷하여 지상 이동 망과 단말기의 양립성이 용이하다.

(1) 텔레데식

지난 94년 3워 미국 마이크로소프트사의 빌게이츠와 멕코 셀룰러사의 그레이그 멕코 회장이 발표한 것으로 저궤도 상에서 8백40여 개의 위성에 의해 종합정보통신망을 구현할 예정이다. 텔레데식(teledesic) 망이 기존 LEO 망사업과 다른 점은 지상 가입자(이동 및 고정 국)에게 전화, 저속 데이터, 고속 데이터, 화상회의 등을 제공하는 초고속 종합정보망을 우주공간을 통해 실현하겠다는 것이다. 따라서 텔레데식 망의 성격은 음성(전화)통신보다는 고속 멀티미디어 정보 및 데이터 서비스에 의한 초고속 종합정보통신망의 구현에 더 중점이 주어지는 편이다. 기술적으로도 ATM 전송방식에 의한 B-ISDN 구현을 목표로 하여 가입자 지원전송속도도 최소 2Mbps까지의 초고속이 가능한 것으로 되어있다.

텔레데식 시스템은 우선 기술적으로 쉽지 않으며 사업비도 90억 달러를 훨씬 상회할 것으로 보기 때문에 사업의 추진에 다소 회의적인 시각도 있다. 그러나 텔레데식 시스템의 사용계획주파수는 Ka 밴드이며 개념적으로 현재 제안된 LEO시스템보다는 한 세대 앞선 멀티미디어 응용에 있기 때문에 향후 구현이 가능하다면 중요한 시스템으로 부각될 수 있을 것이다.

(2) 소형 저궤도 위성

주요 시스템 소형 저궤도 위성(little LEO) 시스템으로는 현재까지 미국을 중심으로 Leosat, Orbcomm, Starnet, Virsat 등이 제안되고 있으며 이들에 대한 시스템 제원은 아래의 표에 요약하였다. 이 중에서 Orbcomm은 최근 FCC에 의해 사업계획이 승인되어 1996년에는 미국 내의 일부 주에 서비스가 제공되고 있으며 매우 현실적이고 적극적인 사업 추진이 진행되고 있다. 이외에도 전 세계적으로 많은 시스템이 제안되고 있다. 소형 LEO시스템은 기본적으로 데이터전송에 중점을 두며 음성통신 서비스는 고려되고 있지 않다. 소형 LEO와 대형 LEO의 차이점은 대형 LEO가 최소한 음성회선의 제공을 목적으로 하는데 비해(데이터 전송률 4Kbps), Little LEO는 약 1Kbps 내외의 저속데이터 전송을 목표로 한다는 점이다. 또한 음성회선은 실시간 전송(지연시간이 수백msec 이내)을 요구하는 반면 저속 데이터의 경우는 패킷전송방식 등에 의한 비실시간 전송도 어느 정도까지 허용된다. 따라서 소형 LEO는 값싼 망 구축비용과 서비스 비용의 구현이 가능하다. 소형 LEO 중에서 Orbcomm은 가장 사업화가 앞서가고 있으며 우선은 서비스 제공지역이 미국 내에 국한되지만 곧 세계적으로 확대될 예정이다. 표 11.12에는 소형 저궤도 위성의 시스템 제원에 대해서 설명하였다.

표 11.12 소형 저궤도 위성의 시스템 제원

	위성의 수	경사각	접속방식	고도(Km)	중량(Kg)
Leosat	18	42	CDMA	1,000	50
Orbcomm	26	36	FDMA	970	40
Starnet	24	60	FDMA, SSMA	1,300	150
Vitasat	2	99	FDMA, TDMA	800	(미상)

(3) 대형 저궤도 위성

1GHz 이상의 주파수 대역을 사용하며 음성 및 데이터의 고속 전송이 가능한 차세대 개인휴대통신 시스템의 일환으로 주목받고 있다. 즉, 다수의 위성을 중·저궤도에 배치하는 대형 저궤도 위성(Big LEO)으로 범세계적인 위성이동통신망을 구축한 후, 휴대 단말기를 이용하여 시간 및 공간에 상관없이 음성 및 데이터 전송 등의 서비스를 제공하는 것을 목표로 하고 있다. 1990년 모토롤라사의 이리듐 계획에 의해 처음 등장한 이후, 미국을 중심으로 활발히 연구 중이다. 표 11.13에는 대형 저궤도 위성의 시스템 제원에 대해서 설명하였다.

표 11.13 대형 저궤도 위성의 시스템 제원

	위성의 수	경사각	접속방식	고도(Km)	중량(Kg)
Aries	40	90	CDMA	1,000	50
Ellipso	24	63.4	CDMA	970	40
Globalstar	48	52	CDMA	1,300	150
Odyssey	12	55	CDMA	800	(미상)

11.9.4 다중 접속방식

단순히 신호만 중계하는 기능에서 초고속 통신망의 등장으로 위성 망 자체가 지상망과 완전히 통합을 이루는 형태로 진행되며, 현재 이리듐 시스템에서는 온 보드(on-board) 교환 및 프로세싱 방식으로, 앞에서 언급한 위성 간 링크를 구성하며 GSM을 이용한 TDMA 방식을 채택하고 있으며, 글로벌스타 시스템은 지상 이동통신 CDMA방식의 IS-95 표준을 이동위성 환경에 맞게 변형하여 사용한다. 글로벌스타의 역 방향링크는 각 이동 체마다, 파일럿(pilot) 신호를 보내는 것이 실제적이지 못하므로, 비 동기 복조 방식을 사용하고 이에 따른 성능저하를 막기 위해 64-직교변조방식(64-ary Orthogonal Modulation)과 에러 정정을 위한 길쌈 부호를 사용한다. 또한 글로벌 스타 위성은 단순중계 형태이며 순 방향 링크와 역 방향 링크로 나뉜다. 비 동기 방식을 채택하는 역 방향 링크에서 실제 저궤도 이동채널을 고려하여 성능평가를 수행한 결과 저궤도 위성의 이동에 의한 앙각의 변화가 채널의 상태를 급격히 변화시키므로 앙각에 따른 성능이 심한 차이를 보인다. 그러나 글로벌 스타 시스템은 두개의 위성에 의한 경로 다중화를 제공하며 이를 통하여 저궤도 위성의 이동으로 인한 채널 상태의 변화에 잘 대처할 수 있다.

11.9.5 주파수 대역

이동위성업무(MSS : Mobile Satellite Service)는 이동국의 지리적인 위치에 따라 육상 이동위성통신업무(LMSS : Aeronautical MSS), 해상이동위성업무(MMSS : Maritime MSS) 및 항공이동위성업무(AMSS : Aeronautical MSS) 등으로 구분하고 있다.

현재 이용 가능한 이동위성업무는 모두 정지위성궤도에 위치한 위성에 의해 제공되고 있는 실정이나, 1990년대 말 또는 2000년대 초반부터 운용될 전 세계적인 이동 위성통신 시스템은 모두 비 정지궤도를 이용할 계획으로 있는 점이 특이 할 사항이다. 이러한 이용궤도 변화추세에 따라 1992년 및 1995년에 개최된 세계무선 통신회의에서 비 정지궤도에서 사용할 수 있는 이동위성업무용 주파수 대역과 이동위성업무를 위한 피이더 링크용 주파수 대역을 일부 분배하였다. 표 11.14는 음성서비스가 가능한 이동위성업무용 가용 주파수대역을 나타낸다.

표 11.14 이동위성업무용 가용주파수 대역 (1GHz대 이상)

주파수대역(MHz)	분배내역	사용 순위	사용지역	비고
1525∼1530	우주 대 지구	1차 업무	2, 3지역	
1610∼1625.5	지구 대 우주	1차 업무	세계 공통	Iridium, Globalstar, Odyssey
1613.8∼1626.5	우주 대 지구	2차 업무	세계 공통	Iridium
1626.5∼1631.5	지구 대 우주	1차 업무	2, 3지역	
1980∼2010	지구 대 우주	1차 업무	세계 공통	ICO P-21
2170∼2200	우주 대 지구	1차 업무	세계 공통	ICO P-21
2483.5∼2500	우주 대 지구	1차 업무	세계 공통	Grobalstar, Odyssey
2500∼2520	우주 대 지구	1차 업무	세계 공통	
2670∼2690	지구 대 우주	1차 업무	세계 공통	

한편 미국에서는 1994년 10월 비 정지궤도를 이용하는 이동위성업무용(상향회선)주파수대역을 다중접속방식별로 구분하여 분배하였다. 즉 글로벌스타 및 오딧세이 시스템과 같이 CDMA방식을 사용할 시스템은 1610∼1621.35MHz(11.35MHz)의 주파수 대역을 사용하도록 하고, 이리듐과 같이 TDMA, FDMA방식을 사용할 시스템은 1621.35∼1626.5MHz(5.15MHz)의 주파수 대역을 사용하도록 하였다. 그리고 하향 회선용 주파수 대역인 2483.5∼2500MHz은 글로벌스타 및 오딧세이 시스템이 이용할 수 있도록 하였다. 이리듐 시스템의 경우는 상기 상향회선 주파수대역을 시간분할이중방식(TDD : Time Division Duplex)을 이용하여 하향 회선용으로도 사용한다.

비 정지궤도를 이용하는 위성망의 경우 자동적으로 전 세계적인 커버리지를 갖게 되므로 미국을 제외한 다른 국가에서는 각 시스템별로 주파수 대역을 어떻게 분배하는 것이 보다 효율적인지를 허가 신청 시, 미국에서 사업자별로 분배한 주파수 대역과 동일하게 신청하기로 상호 동의한 것으로 알려져 있다. 한편 ICO P-21(Intermidiate Circular Orbit Project-21)의 경우는 위의 표에서와 같이 사용자 링크용 가용 주파수 분배 규정에 따라, 2000년 1월 이후부터 시스템 운용이 가능하게 된다. 표 11.15는 비 정지궤도를 이용하는 이동위성 업무를 위한 피더링크용 가용 주파수 대역을 나타낸다.

표 11.15 비 정지궤도를 이용하는 피더링크용 가용 주파수대역

주파수 대역(MHz)	분배내역	비고
5091~5250	지구 대 우주	Globalstar, ICO P-21
5150~5216	우주 대 지구	
6700~7075	우주 대 지구	Globastar, ICO P-21
7025~7075	지구 대 우주	
15400~15700	우주 대 지구	
15450~15650	지구 대 우주	
19300~19600	우주 대 지구	Iridium, Odyssey
29100~29400	지구 대 우주	Iridium, Odyssey

11.9.6 핵심 구성 기술

1) 위성 탑재 신호처리 기술

현재 기존의 수동형 중계기에서 완전히 다른 역할을 담당하는 위성 탑재 장치에 대한 연구가 활발히 진행되고 있으며 단순히 신호만 중계하는 기능에서 초고속 통신망의 등장으로 위성 망 자체가 지상 망과 완전히 통합을 이루는 형태로 진행되고 있다. 다시 말해 위성 탑재 신호 처리 기술을 통해 하나의 교환국을 담당하게 된다.

위성탑재 신호처리 기능으로는 신호 복조 및 재 변조, 오류정정, 중계기 채널 및 빔스위칭, 클럭 생성 및 복구, 채널의 동기화 및 등화, 간섭신호의 검출 및 제거, 신호의 부류 및 재분배 등을 포함하고 있다. 이러한 기능의 실현은 전송용량의 증대나 지구국의 소형화, 통신망간 연결의 융통성 증대 등 많은 이점을 얻을 수 있다. 이와 관련된 차세대 통신망인 초고속위성통신망에 상향 링크 접속방식에 있어 가장 일반적인 방식은 TDMA 방식을 들 수 있다. 또한 MF-TDMA와 FDMA방식은 저가격화 및 저 전력의 이점이 있어 지구 국 단말기의 소형화라는 측면에서 매우 유리하다. 전송 속도 측면에서는 TDMA와 같은 고속 전송은 힘들지만 중 저속(10Mbps 이하)에서는 매우 적절한 방안이 될 수 있다. 각 링크에서 차세대 위성 망 구조를 상향 링크 다원접속 기법+탑재장치 관련 기술+하향링크 다원접속기법을 유형별로 분류하여 보면 다음과 같다.

(1) TDMA + 빔 스위칭 + TDMA

이 방식에 의한 기법은 단순한 빔 연결을 수행하는 것으로 기술적인 어려움은 적을

것으로 예상되며, 서비스 측면에서는 고정적이고 통화량이 많은 주요 도시 간 대용량 Trunk 라인에 적합한 유형이다. 빔의 스위칭 방법에 따라 단순한 MSM(Microwave Switch Matrix)과 OBP 기술을 요구하는 BSM(Baseband Switch Matrix)으로 크게 분류할 수 있다. 전자는 빔의 수가 증가하면 RF 스위치가 기하급수적으로 증가하여 시스템이 매우 복잡하게 된다. 이 방법은 현재 Intelsat 6호에 66Matrix를 탑재하고 있다. 후자는 기저대역에서 신호를 처리한다는 점 이외에는 전자의 방식과 동일하며, 일부 위성에서 검증되었으나 아직 대용량 전송처리 기술은 검증되지 않았다.

(2) TDMA + 스캐닝 빔 + TDMA

스캐닝 빔(scanning beam)은 고정 빔보다 매우 넓은 지역을 커버하고 고 이득 Spot 빔을 만들 수 있다. 기본적으로 VSAT 혹은 개인 위성가입자에 적합한 구조로 위성망과 지상망의 연동이라는 측면에서 지상망의 실비가 어려운 지역을 커버할 수 있다. 핵심기술로는 고속 제어를 요구하는 Phase array 안테나 기술이다. Scanning beam을 이용하고, OBP 기술을 결합하면 중 저속 전송에 적합한 구조를 만들 수 있다.

(3) TDMA + OBP + TDMA

기저대역 스위치에 따라 OBP 기술은 회선 스위치와 고속 패킷 스위치로 분류된다. 회선 스위치를 이용하는 경우 통화량의 변화가 작고 대용량의 전송에 있어 유리한 방안이다. 기저대역 스위치로 패킷 스위치를 이용하는 경우 회선 스위치와는 달리 NCC 또는 OBNC의 제어 정보를 요구하지 않고 패킷 헤더의 라우팅 정보를 이용하여 수신국을 찾아가는 셀프(Self)-라우팅 방식을 이용한다. 즉, 연결 설정을 위한 제어 정보는 요구하지 않지만 패킷 헤더의 부가에 따른 오버헤드가 발생한다. 고속 패킷 스위칭의 주요 문제점으로는 하향 링크 빔의 용량을 초과하는 트래픽의 폭주(Congestion)이 발생할 수도 있다. 트래픽 폭주를 방지하기 위하여 On-board 버퍼를 두지만, 버퍼의 용량을 초과하는 경우도 발생되어 패킷의 유실을 방지하기 위한 흐름 제어가 요구된다. 실제로는 고속 패킷 스위치를 위한 다양한 흐름 제어 방법론이 이용되고 있다. 그리고 패킷 헤더에 발생되는 에러 방지가 요구된다. 패킷 헤더의 에러는 패킷 전체의 유실을 야기하기 때문에 우수한 성능이 요구되는 FEC(Forward Error Correction)가 이용된다. ATM 전송에 있어서는 CRC를 이용하여 셀 헤드 에러 정정 및 검출을 시행한다. 한편 패킷 스위치 유형에서 상 하향 링크의 접속방식은 고정 빔 또는 Scanning 빔이 가능하고 기저대역 스위치로 고속 ATM 스위치를 탑재하는 방안도 있다. ATM 스위치는 고속 패킷 스위치와 개념적으로 동일하므로 지상 망과의 연동을 통한 혼합 망 구성에 있어서는 매우 효율적인 방안으로 볼 수 있다.

2) 통신링크 기술

이 기술은 위성과 위성간의 상호 정보 전송이 지구 국을 거치지 않고 우주공간에서 직접 이루어지는 전송로로, 위성통신망의 융통성을 크게 증대시킨다. 예를 들어, 현재 독립적으로 운용되고 있는 서로 다른 위성망의 지구 국들 간 통신이 별도의 지상중계 혹은 이중 위성중계에 의해서만 가능한 것을 위성 간 통신 로를 이용해 직접 회선 연결이 되도록 한다. 따라서 전 세계의 위성 망을 종합 일체화할 수 있어 궁극적으로는 모든 지구 국 및 단말기들이 소속된 위성 망에 관계없이 자유로운 통신이 가능한 것이다. 이러한 위성 간 통신 링크에는 22GHz대, 32GHz대, 60GHz대 등의 밀리미터파 대역과 0.5~0.6m파장을 갖는 광파 대역을 사용하게 되며, 위성 체 간의 상대 위치 오차가 0.1도 이내로 유지되도록 추적 제어하는 기술이 필요하다.

3) 위성안테나 구성기술

위성안테나는 1개의 주 반사판으로 송수신하는 형태와 송신용 안테나와 수신용 안테나로 분리하는 형태로 나누어 볼 수 있는데 서비스 빔 커버리지, 전체시스템구성, 요구 서비스 등 시스템 조건에 따라 여러 형태의 위성안테나 구성 기술들을 채용하게 된다.

(1) 성형 빔 안테나 기술

요구되는 서비스지역에 적합하게 특정한 형태의 위성 안테나 빔 커버리지를 구성하는 안테나 기술로서 신호 전력을 효율적으로 사용할 수 있으며 서비스 지역 내와 지역 외간의 신호 간섭 및 피 간섭을 줄일 수 있다. 이러한 성형 빔 안테나의 구현방법으로는 주 반사판 또는 부 반사판의 형상 및 곡면을 변형시키는 방법, 개구면 크기와 여기 전력을 다르게 한 여러 개의 피드 혼을 적절히 배치하는 방법이 있다.

(2) 다중 빔 안테나 기술

다중 빔(multi beam) 안테나는 하나의 큰 반사판을 사용하여 주어진 서비스 빔 커버리지(coverage)에 매우 좁은 빔 폭(약 0.1도~0.5도)을 갖는 여러 개의 고 이득 빔들을 형성시키는 안테나이다. 다중 빔 안테나를 사용하게 되면 위성안테나의 높은 송수신 빔 이득으로 지구국의 안테나 크기를 소형화시킬 수는 있는 장점을 가질 뿐 아니라 이격된 빔에 대해서는 동일 주파수 사용이 가능하므로 주파수 재사용 율을 높이게 되며, 보다 많은 채널이 위성전송이 가능해지는 장점을 갖는다. 한편 다중 빔 위성통신 방식에서는 Spot 빔 수가 증가하는 것에 대해서 빔 간의 전송 량의 차 및 전송의 시간적 변동 등의 문제점 등을 갖는다. 또한 고 이득 빔의 사용으로 지구 국 단말기가 안테나 크기를 크게 줄일 수 있다. 이러한 다중 빔 안테나의 빔 형성회로는 수많은 반도체형 고출력 증폭기, 저 잡음 증폭기, 이득 제어기와 같이 초 고주파대 부품이 소요되므로 전체 무게와 제작비용이 기존 단순 기능의 위성 안테나와 비교하여 크게 증가된다. 현재는 초 고주파대 능동회로의 고집적화 기술 발전으로 크기와 무게가 대폭 감소되어 실용화 단계에 이르러 있다.

(3) 다중대역(multi-band) 안테나 기술

다중대역 안테나는 여러 주파수 대역의 신호를 1개의 안테나로 송수신하는 안테나를 의미한다. 대역별고 독립된 안테나를 사용하는 경우 보다 전체적인 무게, 부피를 줄일 수 있는 장점을 갖으나 부가적인 신호 손실이 발생되며 대역별 빔 커버리지들의 중심점 및 크기 선택에 제한을 받는 단점도 있다.

(4) 위상 배열(Phase Array) 안테나 기술

위상 배열 안테나는 여러 개의 안테나 소자 각각에 대한 신호크기와 위상을 변화시켜 원하는 형태의 빔을 구성할 수 있으며 빔 방향을 전자적으로 제어할 수 있다.

4) Ka 밴드 기술

이미 널리 사용되는 주파수대는 C 대역(6/4GHz)와 Ku 대역(14/12GHz)이지만, 최근에는 Ka 대역(30/20GHz)이 초고속통신망에 사용되기 시작했다.

지구 국 안테나의 기술 동향을 살펴보면, 지구 국 설치 장소의 효율적 이용을 위하여 한 안테나에서 여러 위성과 동시에 접속할 수 있는 안테나의 멀티 빔이 연구 중에 있으며, 현재까지의 기술은 4 각도 차이로 있는 두 위성을 동시에 접속할 수 있는 듀얼 빔 안테나가 실용화되고 있다. 그리고 이동 단말국인 경우 안테나의 지향성과 이득으로 인해 위성을 통한 통신은 불가능하였으나, 이를 극복하기 위하여 단말기가 움직일 때도 항상 위성을 바라보는 적응성 안테나가 연구되고 있다. 고출력 증폭기는 진행파관(TWT : Travelling Wave Tube) 또는 클라이스트론(Klystron)의 사용 시대를 거쳐, Ka대역에서 10W정도의 출력을 낼 수 있는 Solid State Power Amp.가 초소형 단말국에 사용되기 위해 MMIC로 고출력 증폭기를 개발 중에 있다. 저 잡음 증폭기도 잡음지수 3dB이하의 특성을 가지는 HEMT 증폭기가 개발되고 있으며, 수신 부를 모듈화하기 위해 MMIC화 되고 있다.

최근에는 초고속 위성통신으로 ATM 전송에 연구 개발을 집중하고 있다. 이러한 연구 개발은 미국의 NASA를 주축으로 하고 있는 ACTS(Advanced Communication Technology Satellite) 프로젝트와 일본의 CRL과 NTT,유럽의 ESA와 RACE 및 ACTS(Advanced Communication Technologies and Service) 프로그램 등 몇몇 선진국에서 연구 개발을 주도하고 있다. 주로 미국 ACTS 프로젝트는 Ka대역의 OBP 위성을 이용하여 저속에서 기가 급까지의 통신 및 다양한 서비스 제공 시험 등을 수행하고 있으며, 일본의 경우는 초고속정보통신을 대비한 기가 급 위성통신 기술개발과 함께 B-ISDN 관련 위성 ATM 전송 실험을 수행하고 있다. 유럽은 TEN-IBC(Trans-European Networks-Integrated Broadband Communications)구축을 목표로 기가 급보다는 수십 Mbps의 위성을 중심으로 다양한 위성 ATM전송 실험 및 ATM망을 이용한 서비스 제공 실험 등을 수행하고 있다. 유럽의 경우 미국이나 일본과는 다르게 EU 내의 여러 국가 또는 기관들이 공동으로 참여하여 프로젝트를 수행하고 있다.

11.9.7 시스템의 링크해석

저궤도 위성은 사용자의 속도에 비해 상대적으로 매우 빠른 속도(약 7~8km/s)로 움직이기 때문에 다중경로에 의한 페이딩과 쉐도잉에 의한 신호감쇠가 정지위성 시스템보다 심각한 뿐만 아니라 위성이 이동함에 따라 서비스되는 앙각이 달라져서 자유공간 손실과 간섭 량이 변화하므로 시간의 흐름에 따라 통신링크의 환경이 크게 달라진다.

1) 비 정지 위성 채널의 페이딩 해석

비 정지위성 채널의 페이딩의 해석을 위해 수신신호의 확률밀도 함수와 누적 분포 함수를 구함으로서 위성 채널의 특성을 파악하고 링크해석에 필요한 페이딩 여유 도를 분석한다.

누적 분포 함수는 확률밀도함수와 더불어 위성 채널 모델의 1차적인 특성을 나타내는 함수로서 기준 수신신호레벨보다 작은 신호가 수신될 확률을 모두 더한 함수로서 수신신호의 전반적인 분포를 가늠케 한다. 한편, 3 종류의 다른 환경에 대한 누적분포 함수 특성을 앙각의 시각에서 고찰할 수 있은데 환경유형은 주변건물이나 지형에 따라 전원지역(rural), 도심지역(urban), 교외지역(suburban)으로 분류할 수 있다. 일반적으로 전원지역은 수목에 의한 쉐도잉 영향이 심각하고 도심지역은 고층건물에 의한

다중경로 페이딩에 의한 감쇠가 상당하며 교외지역은 두 가지 특성이 공존하는 성격을 띠고 있다. 이와 같은 cdf 특성이 저궤도 위성시스템의 특성을 충분히 반영하기 위해서는 채널모델의 파라메타 K, ms, s가 각 환경에 대하여 앙각의 함수로 정의될 필요가 있다.

채널의 신뢰도란 신체 수신신호 가운데 신호포착이 가능한 신호의 비율로서 정의되는 반면 신호포착에 실패한 신호의 비율이 누적분포함수와 상통하는 의미이다. 그리고 원하는 채널 신뢰도를 보장하기 위해서는 페이딩 영향을 보상할 수 있는 특정 여유도가 요구되며 이를 페이딩 여유 도라 정의한다. 일반적으로 페이딩 영향이 없는 이상적인 채널환경에서는 직접경로신호(LOS)가 수신 단에 도달하고 이때 채널에서 요구되는 페이딩 여유 도는 0인 반면에 페이딩 영향이 심각해질수록 수신신호는 심각한 신호감쇠를 겪게 되어 요구되는 페이딩 여유도도 높아지다. 결론적으로 요구되는 채널 신뢰도가 높을수록 큰 페이딩 여유도가 필요하고 교외지역, 전원지역, 도심지역의 순으로 페이딩 여유도가 높아진다.

2) 비 정지 위성 시스템의 간접 분석

최근 저궤도 위성의 개발이 가속화되고 제공되는 통신 서비스가 다양해짐에 따라 기전의 정지궤도 위성시스템에 의한 간섭과 타 저궤도 및 자체 저궤도 내 위성시스템에 의한 간섭뿐만 아니라 지상 PCS에 의한 간섭의 영향이 크게 증가되었다.

저궤도 이동위성 시스템은 전 세계를 서비스하므로 서비스 지역의 환경도 대양, 공중, 도심지, 교외, 시골 등으로 매우 다양하며 환경에 따라 채널을 달리 모델링 해야 한다. 대양의 경우 장애물이 없으므로 직접파 성분과 수면에 의한 반사파만이 존재한다. 여기서는 수면에 의한 반사파가 수신 신호에 나쁜 영향을 미치면 수평선 아래로부터 들어오는 반사파는 수신 안테나의 안테나 패턴을 조절하여 제거할 수 있다. 선박과 저궤도 이동위성의 속도에 의한 반송파의 도플러 천이를 고려하여야 한다. 공중의 경우도 직접파만이 존재하는 환경이나 비행체의 빠른 이동으로 인한 도플러 천이 보상이 문제가 된다. 지상 환경의 경우는 지상 이동통신 채널과 비슷하게 다 경로 페이딩과 장애물에 의한 신호감쇄가 발생하여 다른 환경에 비해 가장 열악한 채널 상태를 보인다.

지상 환경에서 저궤도 이동위성통신 채널이 지상이동통신 채널과 다른 점은 기지국에 대응되는 위성의 높은 위치와 빠른 이동성에 기인한다. 위성이 매우 높은 위치에 있으므로 지상의 장애물에 의한 반사와 차단이 더 적다. 그러나 저궤도에 위치하므로 매우 빠른 속도로 이동하여 이동 체에서 위성을 올려다보는 앙각이 시간에 따라 변하여 지평선 위로 떠올라 머리 위를 지나 다시 지평선 밑으로 가라앉는다. 앙각이 높은 경우는 채널의 상태가 좋아 직접파 성분이 존재하는 시간이 많으나 앙각이 작은 경우는 신호의 차단이 심하여 직접파 성분이 존재하는 시간이 적다.

3) 비 정지 위성 시스템의 링크해석

링크예산(Link Budget)이란 근본적으로 통신 링크 상에서 발생되는 전력의 증감을 계산함으로서 원하는 수준의 링크 신뢰성을 보장할 수 있는 링크 여유도(Link Margin)를 가늠하고자 수행하는 전력예산으로 볼 수 있으며 기존의 정지궤도 위성통신의 경우 다각적인 분석이 이미 수행되어 왔으며 최근 들어 비 정지 궤도 위성통신에 대한 링크예산 작업이 활발히 진행도고 있다.

비 정지궤도 위성시스템은 지구상공 780~2,000Km 지점의 여러 궤도상에서 일정한 주기로 선회하는 수십 개의 소형 위성 군과 전 세계에 그물망처럼 퍼져있는 수십 개의 지구 국으로 구성되어 있으며 특유의 낮은 저궤도와 빠른 공전속도 때문에 정지궤도 링크예산과는 다른 시각의 접근방법이 요구된다. 비 정지궤도 위성 시스템의 가장 큰 특징은 시간의 흐름에 따라 링크환경이 큰 폭으로 변하는데 있다. 따라서 저궤도 위성통신의 경우, 시간고정 링크예산은 큰 의미를 갖지 못한다. 일반적으로 높은 앙각과 최소의 전파거리로 서비스되는 신호는 자유공간 손실에 의한 감쇠가 작은 반면 앙각이 나빠지면 심각한 자유공간 손실과 페이딩 영향으로 인한 신호열화로 인해 링크 여유도가 극도로 악화된다.

결론적으로 신호가 높은 앙각과 최소의 전파경로로 전송되거나 상 하향 전체링크를 통한 C/I가 최대가 되는 시점에서 최선의 링크 여유도가 보장됨을 알 수 있다. 즉, 앙각이 낮아질수록 신뢰도가 높아질수록 요구되는 페이딩 여유 도는 높아지고 적게는 2dB에서 많게는 28dB까지 분포하며 전반적으로 교외지역, 전원지역, 도심지역으로 갈수록 페이딩 영향이 심각해진다. 또한 극 저궤도 위성시스템의 링크예산은 환경과 신뢰도에 따라 최소 26dB에서부터 최대 12dB 까지 분포하며 높은 양각과 최단거리로 전파되거나 전체링크의 C/I가 가장 커지는 시점에서 최고의 링크 여유도가 보장된다. 따라서 저궤도 위성 사업이 기존의 위성시스템과 공존키 위해서는 타 위성시스템 및 자체 시스템에 의한 상호간섭 분석이 링크 요소 설계 시, 선행되어야 할 것이다.

11.9.8 향후 전망

이동위성통신 시스템은 기존의 정지궤도를 이용한 차량 탑재 형이나 선박 탑재 형에서 벗어나 비 정지위성을 이용하여 개인 휴대용까지 발전하고 있다. 아직까지 개인 휴대용을 지원하는 시스템의 상용 서비스가 이루어지지 않고 있지만, 98년부터 국제이동위성통신망 구축을 목적으로 한 이리듐이나 글로벌스타 등이 서비스를 제공할 것으로 기대된다. 더불어 초기의 이동위성통신 시스템은 Loral, 모토롤라 등 미국 기업이 중심이 되어 추진되었으나 최근에는 유럽을 비롯하여 아시아 국가와 남미 국가들도 활발한 움직임을 보이고 있다.

데이터 통신 서비스를 목적으로 한 Little LEO 시스템은 이미 Orbcomm, 러시아의 Gonets, 그리고 Vitasat이 시험 서비스에 돌입하였으며, 정지위성을 이용하여 데이터 통신 서비스를 제공하는 AMSC도 95년부터 상용 서비스를 실시하고 있다. 휴대전화 시스템을 목적으로 한 Big LEO는 97년 CCI사의 ECCO를 시작으로 98년에 글로벌 이동위성통신 시스템을 목적으로 한 이리듐, 글로벌스타, 그리고 지역 이동위성통신 시스템인 Marafon 등이 서비스를 시작함으로써 본격적인 글로벌 이동위성통신시대가 열릴 것으로 기대된다. 또한 초고속 데이터 전송을 비롯하여 고정위성 서비스까지 포함하는 Ka대역의 LEO인 텔레데식이나 GEO인 Spaceway 등은 2001년경에 운영에 돌입할 것으로 보인다. Spaceway 시스템은 미국의 Hughes사에서 제안한 Ka대역 FSS(Fixed Satellite Service) 위성 시스템으로 음성, 중 고속 데이터 전송, 영상, 화상전화 등 다양한 서비스를 제공하기 위한 정지궤도 위성 시스템이다. 이 시스템을 개발하기 위하여 먼저 시험 단계로서 미국 내에서 두 개의 위성을 이용하여 지역적인 접근을 시도하였고, 최종 단계에서는 전 세계적으로 망을 구축하기 위해 4개의 지역(북미 지역, 아시아태평양 지역, 중남미 지역, 유럽아프리카 지역)으로 나누어 상호 연결한다는 목표를 두고 있다. Spaceway는 기본적으로 PSTN과 연동하여 사용하므로 각국의 자국 내 서비스, 위성 시스템 지역 내 서비스 및 광범위한 국제 서비스를 제공할 수 있다. 이 시스템의 실현은 크게 두 단계로 분류된다. 제 1단계는 98년에 시행하여 태평양 지역 통신을 위한 대양 횡단용 위성이 한 개 배치되고, 중남미, 아시아태평양, 북미, 유럽아프리카 영역에 각각 두 개의 위성을 배치하여 총 9개의 위성으로 구성될 계획이다. 제 2단계는 2003년까지 각 지역별로 각각 두 개의 위성이 부가되어 총 17개의 위성이 구축되고 전 세계적으로 상호 연결망이 제공될 계획으로 되어 있다.

11.10 다양한 이동통신시스템

11.10.1 무선호출

1) 개요

무선호출 시스템은 미국에서 1951년도에 개발한 이후 일본에서는 1968년도에, 우리나라에서는 1982년 12월에 일본의 NEC(National Electrical Code : 미국의 국가 전기코드) 신호음방식으로 상용화되었다. 주요 방식으로는 POCSAG, Golay, NEC, NTT방식 등이 있으나 1990년 영국에서 제정한 POCSAG 방식이 CCIR의 표준으로 채택되어 있다.

무선호출기지국에서 발사되는 고출력전파는 특히 전파밀집지역에서 상호변조 및 혼변조 요인이 되며 시스템의 특성상 발생되는 불요파는 TV 시청 장애, 기설 무선국에 대한 혼신방해의 원인이 되기도 한다. 무선호출 시스템은 협 대역으로 여러 사람이 사용할 수 있으므로 상당히 효율적이라 할 수 있다. 여기에서 협대역이란 무선호출에서는 25KHz 간격으로 채널을 형성하여 POCSAG인 경우 한 채널당 약 6만에서 7만 명의 가입자를 수용할 수 있으며, 고속무선호출인 FLEX인 경우 35만 명을 하나의 채널로 서비스할 수 있으며 700만 명을 가입시키려면 약 4.5MHz 대역만 사용하면 된다.

무선호출 서비스는 일종의 방송으로 특정지역에 동일한 신호를 보낸다. 가입자는 이렇게 방송된 무선호출 신호로부터 특정한 주소만을 선택하여 수신하게 된다. 무선호출은 신호발생 장치인 무선호출 전용교환기에 의해 신호를 발생시켜 각 기지국으로 전송한다. 모든 기지국은 무선호출 전용 교환기에서 수신된 신호를 받아 전파로 발사하는 역할을 한다. PSTN이나 이동전화로 호출하면 교환기를 거쳐서 페이징 터미널로 보내진다. 페이징 터미널에서는 전송로 또는 위성을 이용하여 기지국으로 신호를 전송한다. 무선호출 기지국에 사용하는 안테나는 슬리브 콜리니어(sleeve collinear) 안테나와 콜리니어(collinear) 안테나의 두 종류가 일반적으로 사용되며 기지국에 사용되는 안테나를 살펴보면 4 채널당 안테나 1개를 설치하는 기지국과 8채널당 1개의 안테나를 설치하는 기지국이 있다. 각 채널을 결합시키는 Cavity Transmitter Combiner는 결합과정에서 채널의 특성이 균일하지 않을 경우 내부에서 불요파가 생성되어 타 통신에 혼신 요인이 되기도 한다.

2) 시스템 구성도

(1) 페이징 호출시스템 구성도

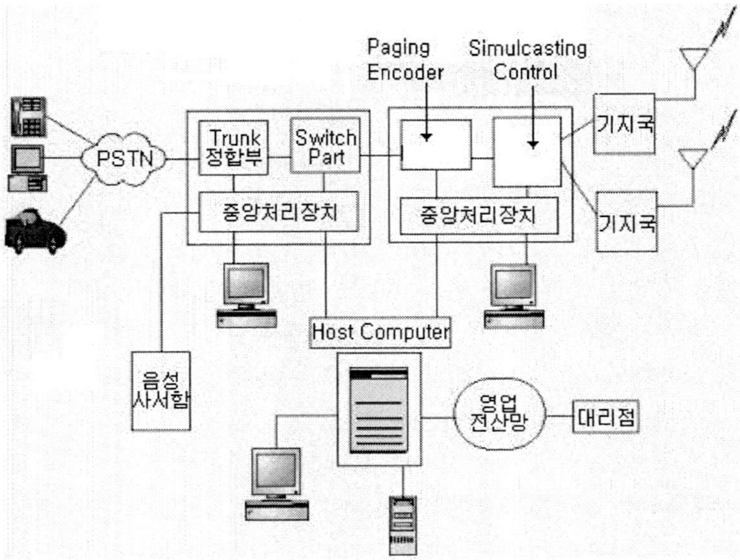

그림 11.13 페이징 호출시스템 구성도

(2) 무선호출 기지국 시스템 구성도

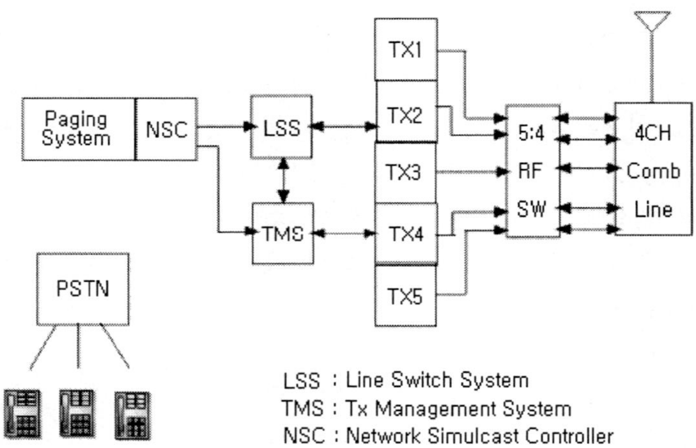

그림 11.14 무선호출 기지국 시스템 구성도

3) 고속 및 양방향 호출

(1) 고속 무선호출

고속 무선호출은 가입자의 급속한 증가에 따라 주파수 이용 효율을 높이고 문자서비스, 부가서비스 등의 새로운 서비스를 기존 채널을 이용하여 경제적으로 제공하기 위해 요구된다.

기존의 POCSAG 1200방식에 비해 4배 이상의 가입자 수용능력을 가지고 있어 채널 이용의 극대화를 기할 수 있으며 서비스 제공회사의 운용 및 유지보수 등 제비용을 경감할 수 있다.

동기 식 구조를 사용하여 펀치 비트으 감소가 가능하며, 페이저의 전지를 절약함으로서 초소형의 건전지를 사용할 수 있고, 잡음환경에서 다량의 데이터에 연속적으로 발생하는 오류 보정 능력이 향상되었다. 또한 4-레벨 FSK(Frequency Shift Keying) 변조에 의해 신호의 속도를 6,400bps까지 전송이 가능하다.

표 11.16 FLEX와 ERMES 방식 비교

방식 / 항목	FLEX	ERMES
제안기관	MOTOROLA	ETSI
제안년도	1993	1992
License	closed architecture	open architecture
규정범위	air protocol	air protocol 및 각 처리부의 interface
bit rate 및 RF ch. coding	1,600bps (2-level FSK) 3,200bps (2, 4-level FSK) 6,400bps (4-level FSK)	6,250bps (4-level FSK)
기존 코드의 수용방법	기존 RF 채널에 혼합사용(MIN.air time = 3.1%) 별도의 RF 채널로 구성	별도의 RF 채널로 구성
RF 주파수	규정되어 있지 않음 900MHz대에서 초기개발	169.4~169.8 MHz (25KHz대역의 16ch)

(2) 양방향 무선호출 방식

양방향 무선호출은 고속 송신채널에 의한 정보전송과 단말기로부터 이에 대한 응답을 지원할 경우 다양한 새로운 서비스들의 실용화가 무선호출 기술을 이용하여 가능하기 때문에 필요하다.

서비스 영역으로는 메시지 서비스, 음성 및 다른 이동통신 등에 이용할 수 있으며, 향후 디지털 음성 페이징과 응답 형 페이징에 사용되는 양방향 무선호출 방식은 채널당 최대 50KHz의 대역이 할당된다. 페이징 방식과의 가장 큰 차이로는 단말기로 전달되는 송신채널의 전송속도가 매우 높고 저속의 응답채널이 있어 양방향 통신이라 한다. 향후 예상되는 서비스를 살펴보면, 전자우편, 팩스용, 긴 문자정보, 파일전송, 디지털 음성 페이징, 그리고 뉴스 서비스 등을 들 수 있다.

표 11.17 구성요소별 필요한 기능 및 기술

구성 요소	새로 요구되는 기능 및 기술
네트워크	수신 기지국으로부터 받은 신호의 선별적 경로 지원 전자우편의 경우는 메시지를 보낸 단말기로 전달 위치정보는 위치정보 데이터베이스로 전달
터미널	고속 링크 지원 응답의 선별적 경로 선택 지원
RF 분배 망	고속 데이터 전송(100Kbps)을 위한 선형변조 송신기
프로토콜	페이저의 소형화를 위해 복조가 간단해야 함. 소형/저 전력 형 응답용 RF 소자의 사용 지원

11.10.2 TRS

여러 개의 주파수를 다수의 가입자가 공동으로 이용하는 방식은 주파수를 공간적으로 나누어서 사용하는 셀룰러 방식과 주파수를 시간적으로 나누어 동일 지역 내의 다수의 그룹이 다수의 주파수를 시간별로 공유하는 트렁크 방식이 있다. 즉, 일대 다수의 통신이 가능한 업무용 이동 통신으로 1972년 미국 시카고에서 최초의 상업용 서비스가 시작된 이래 비교적 소규모의 공공시스템과 사설시스템으로 운용되고 있다. 공공시스템은 경찰, 소방, 의료, 철도 등 공공기관에서 연계하여 운용하고 있으며, 사설시스템은 민간 사업자가 주파수를 할당받아 비용절감을 요구하는 이용자에게 서비스를 제공하는 형태로 주로 운수, 유통, 건설, 서비스업 등에 이용되고 있다. 다음 표 11.는 TRS(Trunked Radio System), 이동전화, 무전기의 특징을 간략히 비교한 것이다.

표 11.18 TRS, 이동통신, 무전기의 특성 비교

구분	TRS	이동전화	무전기
서비스 반경	50Km	3~10Km	5~10Km
통화방식	full duplex, half duplex	full duplex	half duplex
통화품질	양호	보통	불량
서비스종류	그룹통화, 개별통화 데이터통신, 자동차 위치 추적	개별통화	개별통화
통화방법	PTT(Press-To-Talk) 다이얼 방식	다이얼 방식	PTT 방식
보안성	우수	우수	불량

1) 구조

중계국과 다수의 가입자 군으로 구성되며, 각 가입자군은 다시 기지국과 다수의 이동 국으로 구성된다.

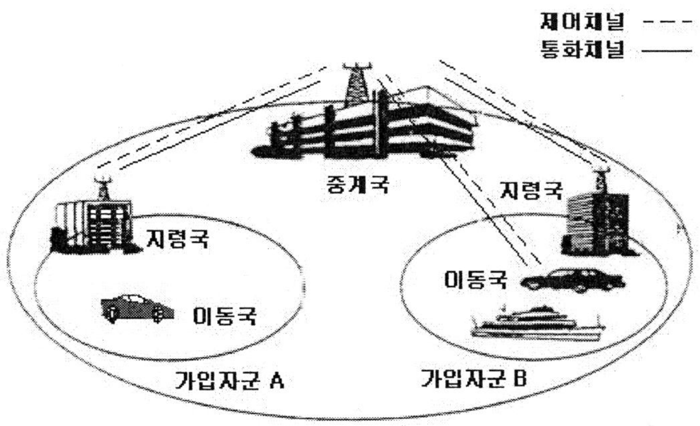

그림 11.15 TRS의 구성도

(1) 중계국

기지국과 이동 국 및 이동 국 상호간의 통신을 중계하기 위하여 공동으로 이용하는 무선국으로 각 가입자군 내의 지령 군과 이동국간 또는 이동 국 상호간의 통신을 중계한다. 제어채널을 통해 호 접속, 사용되지 않는 채널의 검출 및 채널 할당 등의 회선 제어를 담당한다.

(2) 지령 국

이용자의 사무실 등에 설치하는 무선국으로 가입자 군과 지령국은 일대일로 대응한다. 이용자는 복수의 지령 국을 개설할 수 있으며, 지령 국 상호간의 통신은 불가능하다. 그러나 이동국은 복수의 가입자 군에 소속되어 어떠한 지령국과도 통신이 가능하다. 일반적으로 중계국은 제 3 자가 설치하여 운용하고 지령 국 및 이동국은 이용자가 각각 구입하여 이용한다.

단일 영역 그룹호출은 PSTN 가입자와의 통화도 가능하게 하며 광역 그룹호출을 통해 여러 통화 영역이 함께 연결된 통화서비스도 가능하다. 보통 반경이 20~50Km의 통화 영역 군이 다수 개 모여 단일 통화 영역뿐만 아니라 타 통화 영역에서도 통화가 이루어진다. 대부분의 국가가 800MHz대의 주파수를 사용하고 있지만, 유럽에서는 100MHz 대역과 400MHz 대역을 사용하고 있다. 주파수 대역폭은 대부분의 시스템에서 25KHz 규격을 사용하였지만, 최근 급증하는 수요를 충당하기 위해 협대역화 된 12.5KHz를 사용하기도 한다. 채널 당 사용시간을 극대화하기 위해 통화시간을 1~3분 정도로 제한하고 있으며 통화 방식은 PTT를 이용한 단 방향 통신이나 복신방식이 사용된다.

2) 특징

TRS는 다음과 같은 특징을 가지고 있다.

① 가입자는 중계국의 어느 채널이라도 사용이 가능하다.

② 통화 중에는 채널을 독점할 수 있으므로 타사용자로부터 혼신이나 간섭이 없어서 통화 품질이 우수하다

③ 통화시간 제한으로 채널 당 사용자수를 극대화 할 수 있으며, 통화 폭주 시에도 대기시간이 길지 않다.

④ 중계국을 공동으로 이용하기 때문에 비용부담이 적다.

⑤ 통화 범위가 높다.

⑥ 휴대폰 요금의 20~30 % 수준으로 통화 요금이 아주 저렴하다.

⑦ ID 부여 방식으로 혼선이 전혀 없다.

⑧ 다양한 통신 기능이 가능하다.

(a) 개별통화 : 1:1 호출

(b) 그룹통화 : 그룹을 여러 개로 나누어 통화

(c) 일제통화 : 동시에 전체 단말기를 호출

연 습 문 제

1. 이동통신의 개념에 대해서 설명하시오.

2. PCS의 개념에 대해서 설명하시오.

3. IMT-2000의 개념에 대해서 설명하시오.

4. 셀룰러이동통신의 개념에 대해서 설명하시오.

5. 셀룰러이동통신과 비 셀룰러이동통신을 비교 설명하시오.

6. 셀룰러 시스템에서 주파수 재사용의 개념에 대해서 설명하시오.

7. 셀룰러 시스템에서 핸드오프의 개념에 대해서 설명하시오.

8. 셀룰러 시스템에서 로밍의 개념에 대해서 설명하시오.

9. 채널 할당의 개념에 대해서 설명하시오.

10. 위치 관리의 개념에 대해서 설명하시오.

11. 위성 이동통신에 대해서 설명하시오.

12. 무선호출에 대해서 설명하시오.

13. TRS에 대해서 설명하시오.

제 12 장

이동 애드 혹 네트워크

12.1 배경
12.2 GloMo 프로젝트
12.3 이동 애드 혹 네트워크
12.4 이동 인터넷 구축
12.5 설계의 극대화
12.6 라우팅 프로토콜
12.7 DSR
12.8 AODV

제 12 장 이동 애드 혹 네트워크

12.1 배경

1970년대 무선 통신이 처음 등장한 후, 무선 통신은 컴퓨터 관련 산업에서 점점 더 많이 사용되어 왔다. 특히 지난 10여 년 간, 무선 통신에 이동성이 추가되면서, 이러한 추세는 더욱 심화되었다.

현재 두 가지 형태의 무선 이동 통신이 사용되고 있다. 하나는 기반 네트워크로서, 고정되고 유선으로 연결된 게이트웨이 내에서 사용되는 형태이다. 이러한 네트워크를 위한 브리지들을 기지국이라 한다. 이러한 네트워크 내의 이동 노드들은 통신 반경 내의 가장 가까운 기지국에 연결되어 통신하게 된다. 이동 노드들이 이전의 기지국의 영역을 벗어나 다른 기지국의 영역으로 들어가게 되면, 이전의 기지국으로부터 새 기지국으로의 핸드오버(hand over)가 일어나게 된다. 그리고 이 과정에서 이동 노드는 네트워크의 접속을 유지한 채 계속 통신을 할 수 있다. 현재의 무선 이동 통신 네트워크는 고정된 기지국과 사용자 종단 시스템만이 이동하는 것을 고려한 기반 네트워크이다. 따라서 기지국 사이에서의 종단 시스템이 이동할 때 서비스를 지속시켜 줄 수 있는 핸드 오버와 위치 관리(location management) 등에 대한 것이 대표적인 고려 사항이다.

일반적인 기반 네트워크와는 다르게 이동 애드 혹 네트워크(Mobile Ad-hoc Network)라는 것이 있다. 'Ad-hoc'은 우리말로 '임시응변의' 또는 '특별히 실행되는'이라는 뜻으로서 기반 네트워크 또는 고정된 기지국이 갖추어지지 않은 전쟁터나 재난 구조지역 또는 산간 지역 등에서 종단 시스템 사이의 직접적인 통신을 위해서 개발되어진 네트워크이다.

이동 애드 혹 네트워크 기술은 1973년 미 국방성의 PRNet(Packet Radio Network)에서 그 개념이 나왔다. 당시 미 국방성은 전쟁과 같은 극한환경에서 사용이 가능한 통신네트워크 기술을 개발하고자 이 프로젝트를 실행했다. 그 후 미국을 중심으로 꾸준한 연구를 바탕으로 급속한 성장을 이루었다. 그 예로 삼성경제연구소는 지난해 10년 내에 상용화되어 일상생활과 산업판도를 바꿀 10대 미래 기술 중 하나로 이 기술을 선정했고, 유럽에서는 6개 회사와 3개 대학이 참여하는 플리넷(FleeNet)이라는 프로젝트를 통해서 이동하는 자동차 간에 이동 애드 혹 네트워크를 형성해 자동차 간에 의사소통을 이룰 수 있게 해줌으로써 운전자의 안전과 편의를 위한 다양한 서비스를 제공하려 하고 있다는 것이다.

기반 네트워크를 설치하기 어려운 전쟁터, 기반 네트워크가 손실된 태풍, 지진, 화재 등의 재난 지역, 소수의 사용자를 위해 설비를 투자하기 어려운 산간 지역과 같은 오지, 계획되지 않은 임시회의, 기반 네트워크가 설치되어 있으나 한 지역 내에서의 소수의 사용자들에 의한 적은 양의 주기적인 통신 시 기반 네트워크를 사용하는 경우의 비용 문제로 상대적으로 비용이 적은 네트워크를 사용하기를 원하는 경우 등에서 종단 시스템들이 고정된 중계국이 없이도 서로 통신할 수 있는 또 다른 특성의 네트워크의 구성이 필요하다. 이러한 요구에 의해 구상된 네트워크가 바로 이동 애드 혹 네트워크이다.

이동 애드 혹 네트워크의 통신 환경은 각 노드들의 이동이 시간적으로 변하고 있으며 이로 인해서 네트워크 토폴로지가 동적으로 변하게 된다. 경로를 구성하는 노드들의 이동이 빈번한 환경에서 통신을 지속하기 위해서는 송신 노드와 수신 노드 사이에 재 라우팅과 같은 추가적인 과정이 필요하게 된다.

이동 애드 혹 네트워크 기술은 개념적으로 이동 노드만으로 구성된 독자적인 시스템을 가능하게 하는 방식으로 1970년대 초반부터 시작한 MPR(Mobile Packet Radio)이라는 무선 기반 네트워크의 등장이후, 적외선이나 마이크로웨이브를 적용한 다양한 시스템에 적용되고 있다. 이는 기반 네트워크가 구성되어 있지 않은 군사용 네트워크, 회의장, 긴급지역 등의 계층대응(peer to peer) 운용에 빠르고 효율적인 형태를 구성할 수 있다. 또한 네트워크는 백본(backbone) 호스트나 다른 이동 호스트로 연결하기 위한 고정된 제어장치를 갖고 있지 않기 때문에 각 이동 호스트는 패킷을 전달할 수 있는 라우터로 동작해야 한다. 그러나 이동성에 따른 추가적인 호스트의 관리는 제한된 통신 자원을 낭비하여 데이터 처리 율을 저하시키는 문제점을 야기한다. 따라서 각 호스트의 이동성으로 인한 경로의 계산과 수정이 효율적으로 진행될 수 있는 잘 정의된 라우팅 기법이 요구된다.

최근에 GloMo(Global Mobile Information System) 프로그램, IP 지원을 위한 IETF의 이동 애드 혹 네트워크(Mobile Ad hoc Network) 그리고 구내 무선 통신네트워크 구성 기술인 블루투스(Bluetooth), HomeRF 등의 사설무선네트워크가 연구되고 있다.

무선 통신은 제한된 통신 자원과 단말기 기능에 있어서의 제약으로 인해 유선 환경에서 제공받는 멀티미디어 통신 서비스를 수용하는 데 병목현상을 일으킨다. 이러한 병목의 해소 방안으로 무선 접속 기능을 향상하기 위한 근거리 사설 무선네트워크가 최근 주목을 받고 있다. 이는 공용 주파수 대역에서 보편화된 저가의 장비로 유·무선 통신 인프라 접속과 기기 상호간의 통신 연결을 주목적으로 하는 이동 애드 혹 네트워크를 기반으로 한다.

이동 애드 혹 네트워크는 중앙 집중화 된 관리나 표준화된 지원 서비스의 도움 없이 임시 네트워크를 구성하는 무선 이동 호스트들의 집합이다. 이러한 네트워크는 백본 호스트나 다른 이동 호스트로의 연결을 제공하기 위한 고정된 제어 장치를 갖지 않으며, 각 이동 호스트가 라우터로 동작하여 이동 호스트로부터의 패킷을 다른 이동 호스트로 전달한다. 이러한 호스트의 이동에 의해 해당 경로가 무효화될 수 있기 때문에 통신 연결은 상당히 취약하다. 그러나 호스트는 이동에 따른 경로의 계산과 수정에 많은 시간을 소비해서는 안 된다. 왜냐하면 실제 데이터 처리 율을 저하시켜 네트워크 자체가 비효율적이고 비현실적인 시스템이 될 수 있기 때문이다. 따라서 이동 애드 혹 네트워크의 효율적인 통신을 제공하기 위해서는 잘 정의된 라우팅 기법이 요구된다. 그림 12.1에는 일반적인 이동 애드 혹 네트워크에 대해서 설명하였다.

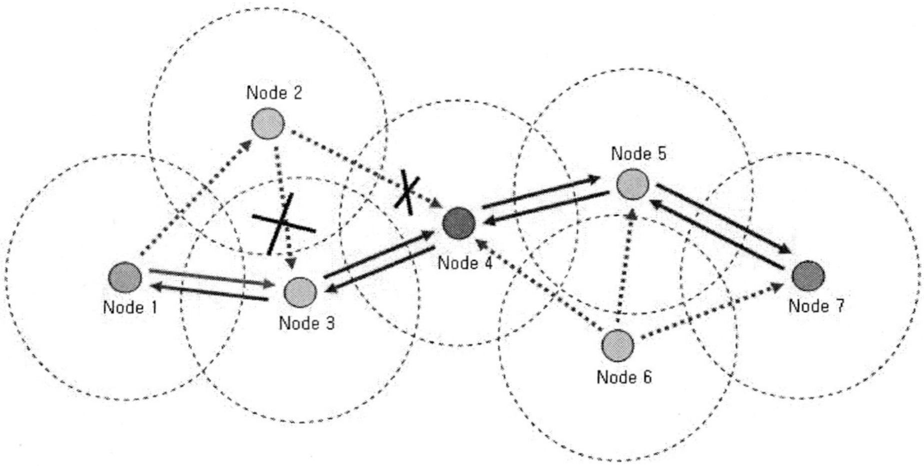

그림 12.1 이동 애드 혹 네트워크

이동 애드 혹 네트워크는 그 특성상 임시 구성용 네트워크로 재해, 재난 지역이나 전장 등의 기반 시설이 갖추어져 있지 않은 환경에 적합한 것으로 인식되어 왔다. 따라서 주로 군사용이나 백업(backup)용 네트워크로서의 역할에 중점을 두어 연구가 진행되어 왔다. 대표적인 ad hoc네트워크 모델은 미국의 DARPA에서 추진해온 GloMo(Global Mobile Information System)프로그램과 최근에 이동, 무선 독립 IP부분에서의 인터넷 라우팅을 지원하기 위한 표준을 연구하는 IETF의 이동 애드 혹 네트워크 WG(Working Group)가 있다.

최근에 이러한 네트워크가 주목받는 이유는 역시 인터넷의 급속한 성장을 배경으로 하고 있다. 통신네트워크가 일반 대중에게 보급되어 과거의 원거리 네트워크에서 근거리 지역 네트워크에 이어 최근에는 가정 내 개인용 컴퓨터 간 또는 오피스텔 등의

SOHO에서도 통신네트워크 구성에 대한 요구가 증가하고 있다. 또한 IP에 이동성을 부여하기 위한 시도와 함께 이를 지원하기 위한 지역 근거리 네트워크로서 이동 애드 혹 네트워크가 주목받기 시작했다.

현재 우리는 생활 곳곳에서 이동통신 사업자들이 제공하는 무선 인터넷 서비스를 너무나도 많이 받고 있지만, 그 대부분의 서비스라는 것이 고정된 기지국(infrastructure)을 통한 종단 시스템(endpoint system)만의 이동성을 고려한 서비스이며, 또한 그 서비스를 제공하기 위한 연구와 콘텐츠 개발에 투자가 집중되어 있다고 해도 과언이 아니다. 하지만 이와는 다르게 이동 애드 혹 네트워크(Mobile Ad-Hoc Network)라는 것은 기반 네트워크 또는 고정된 기지국이 갖추어지지 않은 전쟁터나 재난 구조지역 또는 산간 지역 등에서 종단 시스템 사이의 직접적인 통신을 위해서 개발되어진 네트워크다. 이동 애드 혹 네트워크는 자치 분산 시스템(autonomous distributed system) 으로서 모든 이동 노드(mobile node)는 무선으로 연결되어 있으며, 각각의 모든 노드들은 송신 노드와 수신 노드로서 동작하는 호스트(host)로서의 기능뿐 아니라, 송신 노드와 수신 노드 사이를 연결하는 중간 노드로서 경로의 설정과, 경로의 유지를 세팅(setting)할 수 있는 라우터(router)로서도 동작할 수 있다. 그러나 여기에도 한계점이 있다. 이동노드들은 자유로운 이동성이 보장되므로 네트워크를 구성하는 구성원들의 참여와 탈퇴가 자유롭기 때문에 네트워크 토플로지(topology)의 변화가 심하고, 이로 인해 경로에러(route error)가 발생하게 되면 통신을 지속적으로 지원하기 위한 라우팅이 시도되므로 자원의 낭비가 심할 수 있다. 또한, 이동노드 자체가 라우터의 기능을 수행하고, 빠른 시간 안에 경로의 설정과 경로의 유지를 위한 각 노드의 정보 또는 여러 경로에 대한 정보를 저장, 관리를 해야 하므로 한정된 자원을 효율적으로 관리를 해야 할 필요가 있다. 그렇기 때문에 이동 애드 혹 네트워크 안에서의 사용자들이 사용할 수 있는 정보와 데이터의 양과 질, 콘텐츠 등은 유선네트워크에 비해서 분명히 한정되어 있다. 하지만 이는 하드웨어의 단가가 낮아지고, 하드웨어의 기능들이 발전됨에 따라 극복할 수 있는 문제이기는 하지만, 하드웨어의 개발에 드는 투자비용과 시간은 절대적인 요소이다. 이런 요소를 제외하고 이동 애드 혹 네트워크에서의 사용자들이 언제, 어디서든, 빠르고 정확한 정보, 다양한 콘텐츠를 제공받을 수 있는 방법 중에 하나는 이동 애드 혹 네트워크와 기존의 유선 네트워크, 인터넷 네트워크를 연결하는 것이다. 또한 현재의 통신업체들이 제공하고 있는 서비스들도 단순히 무선 네트워크 서비스, 유선 네트워크 서비스 따로따로 제공하고 있는 것이 아니라 유무선 네트워크가 통합된 형태의 서비스라는 점을 감안할 때, 이동 애드 혹 네트워크와 유선네트워크의 연결은 또한 시대적 흐름이라 할 수 있다.

현재 우리는 생활 곳곳에서 통신 사업자들이 제공하는 무선 인터넷 서비스를 받고 있다. 하지만 휴대폰, PDA(Personal Digital Assistants), 노트북 무선 랜 서비스들을 받기 위해서는 우선 사용자가 인터넷 서비스에 가입이 되어 있어야 하고, 설령 가입이 되어 있다고 해도 사용자의 이동지역이 무선 통신 서비스 지역에서 벗어난다면 아무런 소용이 없다. 즉, 사용자들이 다른 사용자들과 통신을 하거나 서비스를 받기 위해서는 기반 네트워크인 기지국을 통해 서로 연결을 한 후에 가능하다는 것이다.

12.2 GloMo 프로젝트

DARPA는 1994년부터 신속 배치가 가능하고 견고한 정보 시스템에 대한 요구를 지원하기 위한 기술을 개발하기 위한 GloMo(Global Mobil Information System) 프로젝트를 착수하기 시작했다. GloMo 프로젝트의 목적은 이동 환경을 최우선적으로 고려하여 친화적인 사용자 연결성과 무선 이동 사용자를 위한 서비스로의 접속 기능을 제공하는 것이다. 방위 무선 환경은 고정된 기반 구조의 부족, 기상과 지형, 그리고 전파 장애 등에 기인한 연결성과 품질의 저하를 초래할 수 있다. 네트워크 구성에 있어서 GloMo는 다중 홉의 독자적 구성이 가능한 수직적 핸드오브를 수행하며 지리 기반의 라우팅(routing)과 보안에 강한 통신네트워크 구성을 추구한다.

군사적 이동통신 시스템은 일반 민간 시스템과는 다른 네트워크 요구사항을 갖는다. 즉, 고정된 통신 기반구조로 개인의 기본적 상황과 위치를 확보하고 서비스를 제공하는 상용 통신네트워크는 단일 홉의 정적인 네트워크 위상을 갖고 지역과 주파수대에 따른 최대 사용자 수 지원을 목표로 한다. 반면에 군사용 통신네트워크는 신속히 전개되는 기반구조로 제한되고 선택적인 접근이 허용된다. 또한 다중 홉과 산발적 이동을 지원하기 위한 동적 대역 할당 및 악조건에서의 최대 정보 전송 율을 목표로 한다. 개인성보다는 보안이 더 중요하며 생존을 위한 고도의 동적이고 진보된 서비스를 요구한다. 이러한 특성은 통신기능의 발달로 인해 사용자가 점진적으로 요구하고 있는 이동 컴퓨터 및 이동 데이터 서비스와 접목될 수 있는 부분이 된다.

12.3 이동 애드 혹 네트워크

인터넷 기반의 이동 애드 혹 네트워크 기술은 독자적인 구성이 가능한 이동 네트워크 기반구조를 지원하는 신기술이다. IETF 이동 애드 혹 네트워크 WG는 인터넷 프로토콜 내에서 독자적으로 구성 가능한 이동 네트워크를 지원하는 라우팅과 인터페이스에 대한 표준화를 진행하고 있다. 이를 통해서 이동 애드 혹 네트워크 관련 기술에 대한 개방되고 유연하며 확장 가능한 구조를 도출하려는 목적이다.

이동 애드 혹 네트워크는 논리적으로 IP 주소 지정이 가능한 다수의 호스트들과 무선 통신 장비 및 라우터들로 구성된다. 이동 애드 혹 네트워크는 고정된 다중 홉 네트워크와 차별되는 여러 특성을 갖는다.

첫째, 노드들이 임의로 이동할 수 있기 때문에 동적 위상을 갖는다. 이때 전력과 같은 송·수신 파라미터도 위상에 영향을 준다.

둘째, 고정네트워크에 비해 훨씬 낮은 대역용량을 갖는다. 특히 상대적으로 낮은 용량을 갖는 링크에 의해 가변 용량을 갖으며 이로 인해 비대칭 링크도 가능하다.

셋째, 이동 애드 혹 네트워크에서 일부 또는 모든 노드는 소 용량 배터리에 의존한다. 따라서 노드의 전력 소모는 가장 중요한 설계 기준이다.

넷째, 이동 무선네트워크는 일반적으토 고정 네트워크보다 정보와 물리적 보안 위협에 더 많이 노출되어 있다.

12.4 이동 인터넷 구축

개념적으로 이동 인터넷은 이동 호스트와 이동 라우터 계층의 두 계층으로 나뉘어진다. 이동 호스트 계층은 일시적으로 고정 네트워크의 라우터에 접속하는 호스트들로 이루어진다. 이러한 호스트들은 논리적으로 고정된 라우터로부터 하나의 홉에 있고, 그들의 연결은 유선 또는 무선이 될 수 있다. 이동 라우터 계층은 이동 라우터와 각각이 일시적 또는 영구적으로 연계되는 이동 호스트로 구성된다. 이동 라우터 계층은 고정 네트워크에 대응되는 이동 인프라 구조를 형성할 수 있기 때문에 고정 네트워크로부터 라우팅에 관련된 지원을 요구하지 않는다. 즉, 이동 라우터 계층은 논리적으로 고정 네트워크에 병행하는 통합된 네트워크로 볼 수 있으며, 이동 라우터들의 독자적 시스템으로 분리될 수도 있다.

이동 라우터 계층에서의 이동 라우터는 고정 네트워크와 연결이 없거나 하나 이상의 전달 거리로 연결을 갖는다. 연결이 안 된 경우, 호스트가 거주하는 이동 애드 혹 네트워크는 고정 네트워크와 독립된 독자적 시스템을 형성한다. 반면에 연결이 있을 때에는 적어도 하나의 이동 라우터가 고정 라우터와 이동 호스트 사이에 존재한다. 다시 말해서 이동 호스트는 이동 라우터에 바로 연결되고 이동 라우터는 고정 라우터에 바로 연결되거나 또 다른 이동 라우터를 통해 간접적으로 연결될 수 있다. 이때, 고정 라우터는 고정 네트워크로의 게이트웨이를 형성하며, 이동 IP를 통한 고정 네트워크와의 상호 운용을 가능하게 한다. 그림 12.2에는 이동 인터넷에서의 이동 호스트와 이동 라우터에 대해서 설명하였다.

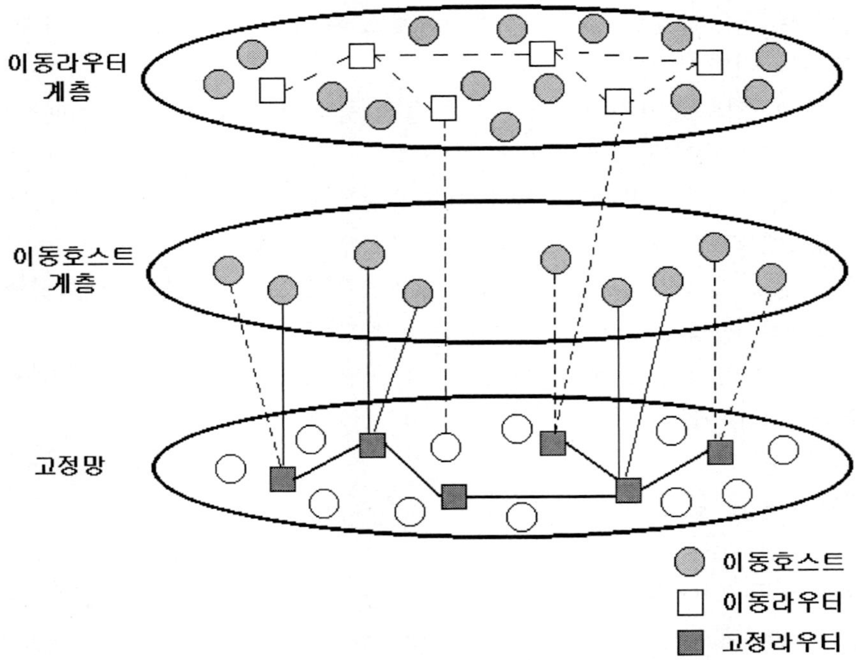

그림 12.2 이동 인터넷에서의 이동 호스트와 이동 라우터

12.5 설계의 극대화

인터넷과 이동 애드 혹 네트워크는 다중 홉 토폴로지의 통신네트워크이며, 모두 자원에 따르는 제약을 받지만 각각의 환경에서 제한은 서로 다르다. 인터넷에서의 자원 제약은 라우터에서의 자원과 처리의 필요성을 가능한 한 최소화하면서 부가적 대역 소비를 옹호하는 프로토콜 설계로 수직적인 계층 간 통신의 양을 최소화하면서 인근 라우터와의 프로토콜 계층 간의 수평적 통신에 의존한다. 이동 애드 혹 네트워크에서의 자원 제약은 고정 네트워크와는 다르기 때문에 다른 설계 원칙이 요구된다. 이는 수평적 통신 요구의 일부를 줄이고 프로토콜 내에서 수직적 통신 요구의 일부를 증가시킨다. 이러한 방식으로 설계된 프로토콜 스택은 보다 논리적으로 결합된다. 증가된 양방향 수직적 통신은 상위 계층 프로토콜이 하위 계층 프로토콜과 보다 밀접하게 연결되게 함으로써 부가적인 수직적 통신을 요구할 수 있는 비효율성을 일부 제거한다.

마찬가지로 네트워크 계층 프로토콜은 확장된 풍부한 인터페이스를 통해 링크 계층과 보다 밀접하게 연결되어 성능 향상을 위해 가능한 한 프로토콜이 링크 계층 특성을 이용할 수 있게 한다. IP와 IEEE 802.11사이의 인터페이스 규격의 개발은 미래의 IP 기반 라우팅 알고리즘이 802.11의 서비스를 보다 잘 이용할 수 있게 할 것이다. IEEE 802.11과 같이 공통으로 사용 가능한 링크 계층과의 이러한 IP 표준화된 서비스 인터페이스는 다른 설계자가 그들의 기능을 잘 활용할 수 있게 한다. 물론 보다 밀접한 수직적 통합을 강조하는 전체적인 설계방법이 전통적인 계층화된 설계에 역행하지만 구현되는 정도는 경제성과 단순성, 기존 인터넷 프로토콜과의 상호 운용가능성에 의해서 주로 결정된다.

12.6 라우팅 프로토콜

라우팅(routing)을 가장 간단히 표현하면 가는 경로를 결정하는 것이다. 즉 다시 말하면 경로설정이다. 경로설정이란 출발지가 정해지고 목적지가 정해지면 출발지를 출발하여 어떤 경로를 통하여 목적지에 도착할 지를 결정하는 것이다.

우리가 여행을 하는 경우를 생각해보자. 여행의 목적은 여러 가지가 있을 수 있다. 출발해서 무조건 목적지에 빨리 도착해서 목적지에서 무언가를 하고자 하는 경우 또는 목적지로 가는 도중에 천천히 여러 곳을 둘러보면서 목적지로 가는 경우 등이 있다. 한편 경로를 정하는 방법을 살펴보면 미리부터 출발지에서 목적지로 가는 길을 정해 놓고 출발하는 경우와 출발지에서 목적지까지의 길을 모두 정해놓고 출발하는 것이 아니라 경우에 따라 중간 어디쯤에서 다시 길을 정해 목적지로 출발하는 경우 등이 있다. 아마도 중간에 목적지로 가는 길을 다시 정하는 경우는 도로의 교통상황에 의해 변경될 수도 있고 또는 근처 유명한 맛 집을 찾기 위해서나 아니면 유명 관광지에 잠시 들리기 위해서일 수 도 있다. 일상생활에서의 경로설정은 시간에 따라 여러 가지 요인에 의해서 변경되어질 수 있다.

정보통신 분야 특히 컴퓨터 네트워크에서 다루는 라우팅 프로토콜은 일상생활에서의 경로설정과 비교하면 더 다양하고 더 복잡한 형태를 가지고 있다. 컴퓨터 네트워크에서의 라우팅 프로토콜의 목적에 대하여 먼저 살펴보자.

컴퓨터 네트워크에서의 라우팅 프로토콜의 목적은 정보를 송신 원에서 수신 원으로 신속하고 정확하게 전달하기 위한 것이다. 따라서 경로설정은 송신 원에서 수신 원까지의 최소시간 경로를 원칙으로 하며 또한 정해진 경로에 의한 정보 전송 시 정보의 정확한 전송을 위한 추가적인 과정들이 추가된다. 추가되는 대표적인 형태가 데이터 흐름제어(flow control)와 에러제어(error control) 등이 있다.

경로설정의 가장 일반적인 성능 기준은 최단 경로(shortest path)를 선택하는 것이다. 최단 경로란 송신 원에서 수신 원까지 최소의 중간 노드들을 통하여 전송하는 것을 말한다. 경로설정은 네트워크의 패킷 처리 방식이 데이터 그램인지 또는 가상회선인지에 따라 다르게 된다. 패킷 처리 방식이 데이터 그램인 경우에 경로설정은 패킷마다 개별적으로 이루어지며 패킷 처리 방식이 가상회선인 경우 회선이 설립될 때 경로설정이 이루진다.

한편, 라우팅 프로토콜은 어느 노드가 경로설정을 하느냐에 따라 분산 라우팅(distributed routing)과 중앙 라우팅(centralized routing)으로 나눌 수 있다. 분산 라우팅은 각 노드가 경로설정을 하고 중앙 라우팅은 노드들의 대표 노드에 해당하는 중앙노드에서 경로설정을 한다. 또한, 라우팅 프로토콜은 적응 라우팅(adaptive routing)과 비 적응 라우팅(non-adaptive routing) 방법으로 분류할 수도 있다. 적응 라우팅 프로토콜은 정해진 시간마다 통신 네트워크의 변화에 대응하여 경로설정을 변경하는 방식이다. 비적응 경로 배정 방법은 통신 네트워크의 변화에 관계없이 처음 네트워크가 활성화될 때 결정하여 고정하는 방식이다.

이동 애드 혹 네트워크의 통신 환경은 각 노드들의 이동이 네트워크 도처에 편재하고 있으며 이로 인해서 네트워크 토폴로지(topology)가 변하게 되고 결과적으로 네트워크상의 각 흐름(flow)들의 경로(route)에 에러가 발생하게 되면 통신을 지속적으로 지원하기 위해 라우팅이 다시 시도되어진다.

현재 이동 애드 혹 네트워크상의 라우팅 프로토콜은 IETF(Internet Engineering Task Force)의 이동 애드 혹 네트워크 연구 단체(WG : Working Group) 등을 통해 꾸준한 연구가 진행되고 있다.

개발 초기 단계에는 유선 네트워크에서 사용하던 라우팅 프로토콜인 LS(Link State)나 DV(Distance Vector) 방식을 그대로 이용하였다. 그러나 고정된 경로를 기반으로 한 이 방식은 노드의 이동성 등을 고려할 때 경로 상에서 루프(loop)를 만드는 문제를 야기하였다. 따라서 이동성 등의 무선 환경 특성에 의해 발생할 수 있는 루프를 제거하기 위해 DSDV(Destination Sequence Distance Vector)가 개발되었다. 그러나 DSDV는 테이블 정보를 유지하기 위한 주기적인 정보 갱신 메시지가 증가하고, 네트워크 크기가 확대됨에 따라 테이블 관리를 위한 메모리 요구가 커져 네트워크 전체 효율을 저하시키는 문제를 발생시켰다.

DSDV와 같은 테이블 구동(table driven)방식의 문제를 해결하기 위해 오직 통신 요구가 있을 경우에만 경로 발견 과정을 수행하는 DSR(Dynamic Source Routing)과 AODV(Ad hoc On demand Distance Vector) 같은 새로운 알고리즘들이 등장하였다.

12.6.1 라우팅 프로토콜 개요

1) 기반 네트워크에서의 라우팅 기법

(1) LS

LS(Link State) 방식에서 각 노드는 링크의 상태를 유지하기 위해 주기적인 메시지를 네트워크 내의 모든 노드에게 전송한다. 이 메시지를 수신한 노드는 자신의 라우팅 정보를 갱신함으로써 최단 경로를 설정한다. 최단 경로 계산은 중앙 집중 구현 방법을 사용한다. 각 노드는 전체 토폴로지를 알고 있으므로 최단 경로 트리 계산이 가능하고 모든 노드에 대한 최단 경로 테이블을 캐쉬에 저장한다. 그러나 일시적인 연결 루프를 생성할 수 있으며, 특히 주기적인 메시지로 인하여 자원이 한정된 무선 환경에는 적합하지 않다.

(2) DV

DV(Distance Vector) 방식에서는 전체 네트워크를 대상으로 한 주기적인 방송 메시지의 부하를 감소시키기 위해 오직 이웃 노드끼리만 라우팅 정보를 교환한다. 이 정보를 이용해 최단거리(shortest distance)를 설정하며, LS와 비교할 때, 적은 메모리 용량과 더 효율적 경로계산을 수행할 수 있는 장점을 갖는다. 그러나 LS와 마찬가지로 잘못된 정보에 기인하여 루프가 발생할 수 있으며, 이로 인한 이동성을 고려할 때, 이동 애드 혹 네트워크에는 적합하지 않다.

12.6.2 이동 애드 혹 네트워크에서의 요구 조건

이동 애드 혹 네트워크에서 완전한 IP 라우터의 기능을 제공하며, 신속하고 부하가 적은 독자적 관리가 가능한 통신네트워크를 지원하기 위해 다음과 같은 요구 조건이 수반된다.

① 동적으로 변화하는 대역폭과 연결성을 지원하는 분산 서비스
② 호스트 간에 루프가 없는 멀티캐스트 프로토콜
③ 경로설정 요청에 의해서만 동작
④ 외부환경에 의한 단 방향 링크 지원
⑤ 저 전력 소모의 상용기술 채택
⑥ 신속한 재 경로 설정을 위한 다중경로(Multiple Path)
⑦ 실시간 처리와 연결성을 보장하는 QoS 지원

⑧ 신뢰할 수 있는 보안기능
⑨ 이종 단말기 간의 호환성

12.6.3 이동 애드 혹 네트워크에서의 라우팅 프로토콜

현재 이동 애드 혹 네트워크에 드래프트된 라우팅 프로토콜은 일반적으로 테이블 구동(table driven) 방식과 요구 기반 구동(demand driven) 방식으로 나눌 수 있다. 테이블 구동 방식은 DSDV와 여기서 파생된 CGSR(Clusterhead Gateway Switch Routing)과 WRP(Wireless Routing Protocol) 등으로 구분할 수 있으며, 요구기반 구동 방식은 DSR(Dynamic Source Routing), AODV(Ad hoc On Demand Distance Vector), TORA(Temporally-Ordered Routing Protocol) 및 ABR(Associativity-Based Routing) 등이 있다.

그림 12.3은 라우팅 프로토콜에 대한 계보를 분류한 것으로 실선은 직접 포함된 범주이고, 점선은 논리적으로 포함된 범주이다.

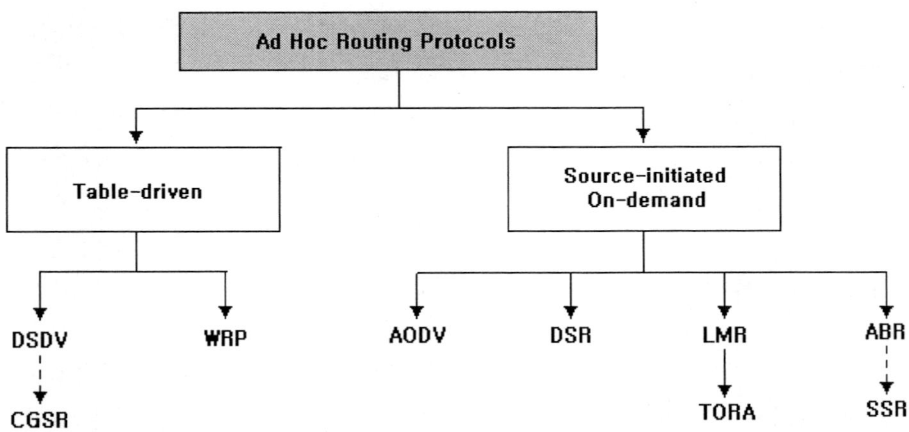

그림 12.3 이동 애드 혹 라우팅 프로토콜의 분류

1) 테이블 구동 라우팅 프로토콜

테이블 구동 라우팅 프로토콜은 각 노드로부터 네트워크 내의 다른 모든 노드로 일관되게 갱신되는 라우팅 정보를 유지한다. 이러한 프로토콜은 라우팅 정보를 저장하기 위하여 하나 또는 그 이상의 테이블을 필요로 하며, 네트워크 정보를 전송하여 모든 노드들이 일관된 네트워크 토폴로지에 대한 정보를 갖도록 테이블을 갱신한다. 이 프로토콜은 라우팅에 관련된 어떠한 테이블을 유지하는가에 따라 다시 분류될 수 있다.

(1) DSDV

DSDV(Destination Sequence Distance Vector) 프로토콜은 벨만-포드(Bellman-Ford) 알고리즘에 기초한 테이블 구동 알고리즘이다. 네트워크 내의 모든 이동 노드들은 연결 가능한 다른 모든 노드들에 대한 경로 정보를 가지고 있다. 각 항목에는 목적지 노드에 의해 표시된 시퀀스 수(sequence number)가 있다. 시퀀스 수는 이동 노드들이 라우팅 루프를 방지하기 위하여 사용된다. 라우팅 테이블에서 갱신된 내용은 일관성을 위하여 정기적으로 네트워크를 통하여 전송된다.

새로운 라우팅 패킷은 목적지 노드 주소, 목적지 노드까지의 홉 수, 목적지 노드로부터의 정보에 대한 시퀀스 수, 브로드캐스트(broadcast)에 대한 시퀀스 수를 가지고 있다.

(2) CGSR

CGSR(Clusterhead Gateway Switch Routing) 프로토콜은 주소 할당 방식과 네트워크 구성에서 앞의 DSDV 방식과는 다르다. CGSR은 발견적인(heuristic) 라우팅 방법을 사용하는 군집된 다중 홉 프로토콜이다. 이동 애드 혹 노드 그룹에 클러스터 헤더(cluster header) 제어를 둠으로써 코드 분리, 채널 접근, 라우팅, 대역폭 할당을 위한 구조가 가능해 진다. 클러스터 헤더를 사용하는 단점은 클러스터 헤더가 자주 바뀌면 이에 대한 부하로 성능이 저하될 수 있다는 것이다.

CGSR은 DSDV를 기본 골격으로 하겨 DSDV와 같이 많은 과부하가 있다. 그러나 소스 노드와 목적지 노드 사이가 아닌, 계층적인 클러스터 헤더와 게이트웨이 사이에서 라우팅을 사용한다. 패킷은 먼저 클러스터 헤더로부터 게이트웨이로 전송되고, 다시 클러스터 헤더로, 이러한 방식을 반복하여 목적지 노드로 전송된다.

(3) WRP

WRP(Wireless Routing Protocol) 프로토콜은 네트워크 내의 모든 라우팅 정보를 유지하려는 테이블 기반 프로토콜이다. 각 노드들은 거리 테이블(distance table), 라우팅 테이블, 링크 비용 테이블(link-cost table), 메시지 재 전송 리스트(MRL : Message Retransmission List)를 유지한다. 메시지 재 전송 리스트는 갱신 메시지의 시퀀스 수, 재 전송 카운터, 인지 요구 플래그 벡터(acknowledgement-required flag vector), 전송된 갱신 리스트를 가지고 있다.

이동 단말기들은 갱신 메시지를 이용하여 서로에게 링크의 변화를 알려준다. 갱신 메시지는 이웃 노드 사이에만 전송되며, 목적지 노드와 목적지 노드까지의 거리 및 확인 응답까지 포함한다.

2) 요구 기반 구동 라우팅 프로토콜

요구 기반 구동 라우팅 프로토콜은 테이블 구동 라우팅 프로토콜과는 다른 접근 방식을 사용한다. 이러한 방식의 경우, 소스 노드의 필요에 따라 경로가 설정된다. 목적지 노드로의 경로가 필요하면, 네트워크 내의 경로 발견 과정을 수행한다. 이 과정은 경로가 발견되거나, 모든 가능한 경로 가능성에 대한 검사가 끝난 후에 완료된다. 이 경로는 목적지 노드로 접근 불가능하게 되거나, 경로가 더 이상 필요 없을 때까지 유지된다.

(1) TORA

TORA(Temporally-Ordered Routing Protocol)는 루프에 자유로운 분산 라우팅 알고리즘에 적합하고 특히 매우 동적인 이동 통신 환경에 적합하며 소스 노드와 목적지 노드 사이에 소스 노드에 의하여 생성되는 다중 경로를 제공한다. TORA의 핵심은 토폴로지 변화가 일어나는 작은 노드의 집합 안에서만 제어 메시지가 사용되는 것이다. 이를 위하여 노드들은 이웃 노드들에 대한 라우팅 정보를 유지한다. 이 프로토콜은 경로의 생성, 유지, 삭제의 기능을 가진다.

(2) ABR

ABR(Associativity-Based Routing)은 루프, 데드락(deadlock)과 패킷의 중복을 제거하고 이동 애드 혹 네트워크에 대한 새로운 라우팅 계산법을 제공한다.
이 계산법은 관련 안전성 정도(degree of association stability)로 알려져 있다. ABR에서 각 이동 노드의 경로는 이 계산법으로 선택된다. 각 노드는 정기적으로 자신의 존재를 알리는 신호를 만든다. 이 신호를 이웃 노드에서 받으면 관련된 테이블이 갱신된다. ABR의 기본적인 목적은 이동 애드 혹 네트워크에서 오래 지속되는 경로를 사용하는 것이다. 이는 경로 발견, 경로 재설정, 경로 삭제의 과정으로 이루어진다.

12.7 DSR

이동 애드 혹 네트워크를 위해 고안된 프로토콜로 임의의 목적지노드에 대해 노드를 가로지르는 소스 라우팅을 제공한다. 즉, DSR(Dynamic Source Routing)은 소스노드에서 생성한 패킷의 헤더(header)에 목적지노드까지의 경로를 순차적으로 기록하여 완전한 노드경로를 생성하는 방식이다.

DSR은 기존의 유선네트워크에서 이용되는 프로토콜과 비교에서 몇 가지 장점을 갖는다. 첫째로 경로 설정과 유지를 위해 주기적인 광고 신호를 사용하는 대신, 오직 소스노드에서 요구 시에만 경로를 찾기 때문에 링크상태정보의 갱신을 감소시켜 한정된 대역폭에 대한 부하를 줄여준다. 또한 광고신호를 최소화함으로써 노드의 이동이 적을 경우에는 전력 소모를 최소화할 수 있다. 둘째로 이동 애드 혹 네트워크는 전·자기장이나 각종 장애물 등과 같은 무선링크의 환경적인 요인과 노드 송·수신단의 비대칭성 및 이동성 등에 기인하여 항상 유선에서와 같은 양방향 경로를 형성하지 않는다. 따라서 이러한 단 방향 경로를 수용하기 위해 MAC(Medium Access Control) 레벨의 프로토콜을 사용한다. 마지막으로 기존의 고정적 개념에서 출발한 인터넷 프로토콜은 네트워크의 동적인 변화에 대해 신속하게 적응하지 못한다. 반면에 DSR은 여분의 경로를 저장해 둘 수 있기 때문에 이러한 네트워크의 변화에 신속하게 대응할 수 있다. 그러나 이러한 다중경로는 경로 설정 시에 플러딩(flooding)을 유발하여 네트워크 효율을 감소시킬 수도 있다.

DSR 프로토콜을 네트워크에 적용하기 위해 몇 가지 가정을 두고 있다. 첫째, 이동 애드 혹 네트워크에 포함된 모든 노드는 라우팅 기능을 수행할 수 있다. 둘째, 모든 노드는 라우팅 캐쉬(cache)를 갖는다. 셋째, 노드 간에 양방향 경로뿐만 아니라 단 방향 경로를 지원할 수 있다. 넷째, 네트워크의 양 끝의 두 노드 간에 패킷이 전달되기 위해 필요한 최소 홉(hop)수를 반경(diameter)이라고 하는데 Ad Hoc 네트워크의 반경은 최소 한 홉보다는 크지만 비교적 작은 범위를 가지게 된다. 다섯째, 노드의 이동이 빈번하고 빠르게 진행되면 현재 어떠한 프로토콜로도 연결을 지속적으로 보장할 수 없다. 따라서 노드의 이동속도는 네트워크 변화를 반영할 수 있는 적당한 속도를 가져야 한다. 여섯째, 노드의 무선 네트워크 인터페이스는 패킷의 목적지 주소를 필터링(filtering)하지 않는 감청모드(promiscuous mode)를 지원한다.

12.7.1 경로 발견

DSR에서의 경로발견(route discovery)은 두 노드 간에 통신의 필요성이 있을 경우에만 동적으로 이루어지게 된다. 또한 이러한 통신 요청이 있을지라도 오직 소스노드의 라우팅 캐쉬에 목적지노드까지의 경로가 기록되어 있지 않을 경우에만 경로발견을 위한 새로운 경로설정과정이 진행된다. 이때, 경로요구패킷(route request packet : RREQ)을 방송하면서 경로발견이 시작된다. RREQ는 국부적으로 관리되는 유일한 요구 식별 자(request id)와 소스주소 쌍을 포함한다. 각 노드는 최신의 RREQ를 확인하여 경로의 중복이나 루프를 제거하기 위해 이 목록을 관리한다. 또한 소스노드에서 목적지노드까지의 경로를 기록하는 경로레코드(route record)를 가지고 있으며, 각 노드는 RREQ로부터 경로를 받아 자신의 라우팅 캐쉬에 해당 목적지노드까지의 경로를 저장한다.

RREQ를 방송한 노드의 전송영역 내에서 RREQ를 수신한 노드들은 다음과 같은 단계를 수행한다.

① 수신된 RREQ의 식별자가 노드의 <소스주소, 요구 식별 자> 목록에 포함되어 있는지를 확인하고, 목록에서 발견될 경우는 수신된 RREQ는 이미 수신한 것으로 간주하여 중복된 RREQ로 판단해 폐기한다.

② 수신노드의 <소스주소, 요구 식별 자> 목록에 없는 경우, 노드는 RREQ 상의 route record내에 자신의 주소가 있는지를 확인한다. 만약, 여기에서 자신의 주소가 발견된 경우는 루프로 간주해 폐기한다.

③ RREQ 상의 route record에서 자신의 주소가 발견되지 않은 경우, 현재의 노드가 RREQ의 목적지노드인지를 확인하고, 자신이 목적지노드일 경우는 RREQ 상의 route record에 기록된 경로를 경로응답패킷(route reply packet : RREP)에 복사한 후, 소스노드로 전송한다.

④ 만약 자신이 RREQ의 목적지노드가 아닐 경우, 자신의 주소를 RREQ의 route record에 추가시키고 RREQ를 다시 방송한다.

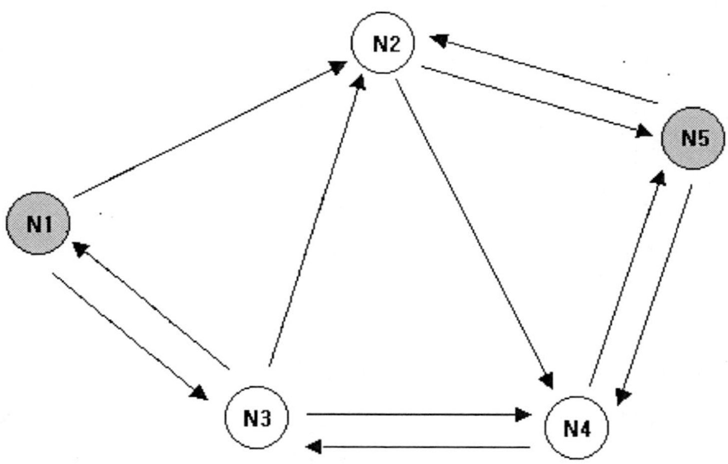

그림 12.4 DSR 라우팅

그림 12.4는 소스노드 N1에서 N5로 전송되는 과정을 설명한 것으로 그 진행 과정은 다음과 같다. N1은 <소스주소, 요구 식별 자>를 N2와 N3로 방송한다. N2는 자신의 목록에서 RREQ의 식별 자를 발견할 수 없기 때문에 RREQ 내의 record에 자신의 주소를 기록한다. N3도 N2와 동일한 과정을 수행한다. N2는 자신이 목적지노드가 아니기 때문에 RREQ를 N4와 N5로 다시 방송한다. N3도 자신이 목적지노드가 아니기 때문에 N1, N2, N4로 RREQ를 다시 방송한다. 이때, N1은 수신된 RREQ 내에 자신의 주소를 발견하기 때문에 루프를 방지하기 위해 RREQ를 폐기하며, N2도 자신의 목록에 이미 같은 식별 자를 발견하므로 중복된 RREQ로 판단하여 이 RREQ를 폐기한다. N4의 경우, 이미 N2에서 보낸 RREQ를 수신했다고 가정하면, 중복된 RREQ로 간주하여 폐기한다. N2로부터 RREQ를 수신한 N5는 자신의 목록에서 현재 RREQ의 식별 자를 발견할 수 없으며, 자신이 목적지노드이므로 자신의 주소를 기록한 후, RREP를 소스노드로 보낸다. N2를 거쳐 N4에서 N5로 전송된 RREQ는 이미 N2에서 보낸 RREQ와 식별 자가 중복되므로 폐기한다.

DSR은 요구 식별 자를 사용해서 중복되는 RREQ를 제거하고, 경로 레코더(route record)를 사용하여 루프를 방지한다. 또한 RREQ에 대한 RREP를 전달하기 위해서 목적지노드는 RREQ의 소스노드까지의 경로를 가지고 있어야한다. 즉, 목적지노드의 라우팅 캐쉬에 소스노드까지의 경로를 가지고 있다면 그 경로를 사용한다. 그렇지 않을 경우, 만약 노드 간이 양방향 경로를 지원한다고 가정하면 RREQ에 포함된 경로의 역경로를 사용한다. 그러나 단 방향 경로일 경우도 고려해야 한다면 목적지노드에서 소스노드까지의 새로운 경로를 위한 RREQ를 생성하고 거기에 RREP를 피기백(piggyback)시켜 전송한다.

12.7.2 최적화(Optimization)

경로발견을 위한 패킷 방송의 증가는 전체 네트워크의 대역자원을 감소시켜 네트워크의 효율을 급속히 저하시킬 수 있다. 또한 이동성 등의 무선 환경에 의한 경로 변화에 신속히 대처할 수 있는 방안이 요구된다. 이에 따라 경로설정시의 부하를 최소화하며, 경로의 평균효율을 증대시키기 위한 몇 가지 방식이 제안되고 있다. 첫째, 라우팅 캐쉬를 최대한 이용하는 방식이 있다. 즉, RREQ를 받은 노드가 목적지노드는 아니지만, 수신된 노드의 라우팅 캐쉬에 목적지노드까지의 경로가 있을 경우, 목적지노드를 대신해서 RREQ에 대한 RREP를 소스노드에게 전송하는 방식이다. 그림 12.5는 그 진행 과정을 나타낸 것이다.

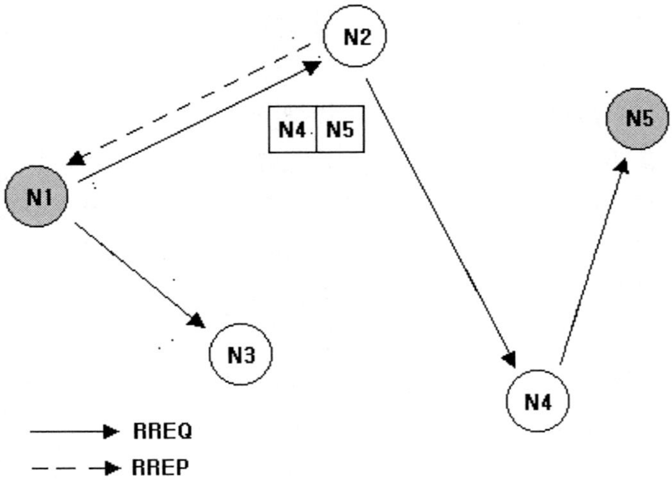

그림 12.5 중간노드의 캐쉬에서 목적지 노드 발견

그러나 그림 12.6과 같이 거의 동시에 서로 다른 RREP를 수신할 수도 있기 때문에 RREP 패킷 충돌의 문제가 발생한다.

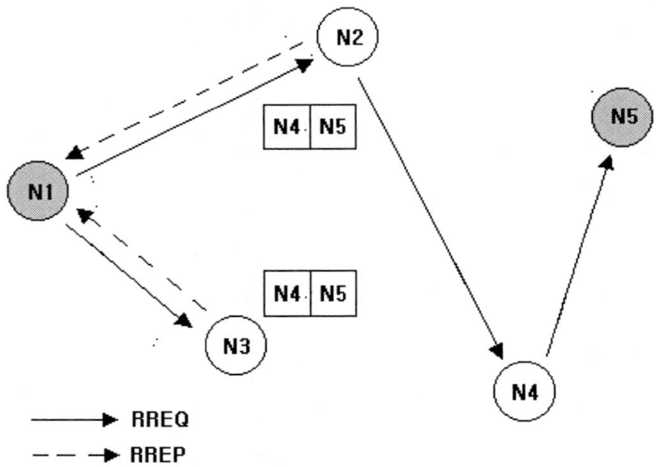

그림 12.6 라우팅 캐쉬를 이용한 최적화의 문제점

이 현상을 방지하기 위해 각 노드는 목적지노드까지의 홉 수(h)를 이용하여 다음의 계산을 수행한 후, RREQ에 대한 RREP를 하기 전에 지연시간(d)를 선택한다.

$$d = H \times (h - 1 + r)$$

여기서, H는 비교적 작은 값을 갖는 홉의 상수지연시간이고, r은 0부터 1사이의 임의의 수이다. 결정된 지연시간동안 각 노드는 감청모드를 사용하는데 이때, 같은 목적지노드에 대한 다른 노드로부터의 RREP를 감청하게 되면, RREP를 보내려고 대기하고 있던 노드는 RREP의 전송을 취소한다. 현재 라우팅 캐쉬를 이용하는 다른 방법으로 링-제로 검색(ring-zero search)라는 것이 있다. 이것은 초기 RREQ 방송 시에 제한 홉 수가 1인 RREQ를 방송하는 것이다. 이것은 이웃노드에서 목적지노드까지의 경로를 발견하게 되면 즉시, RREP를 회신하여 RREQ가 전체 네트워크로 방송되어 발생되는 부하를 감소시킬 수 있다. 만약, 제한 홉 수가 1인 RREQ에 대해서 어떤 RREP도 수신되지 않는다면 최대 제한 홉 수로 설정한 RREQ를 다시 방송한다.

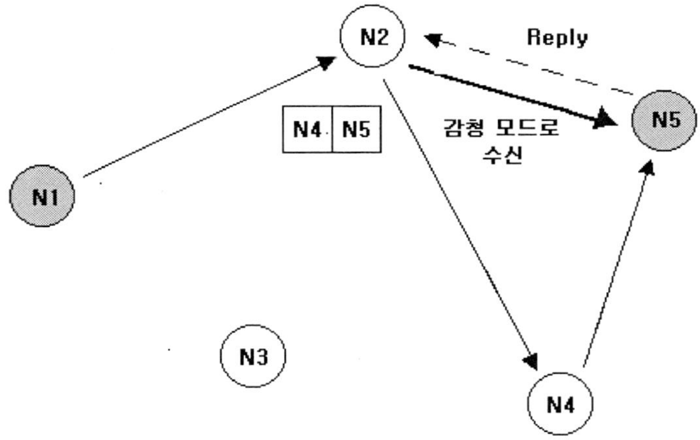

그림 12.7 최단경로를 이용한 최적화

다른 최적화 방법으로는 더 짧은 경르가 발견되면 그것을 새로운 경로로 반영하는 것이다. 그림 12.7과 같이 N5가 감청모드를 사용해서, N2로부터 직접 패킷을 전송 받을 수 있음을 알게 된 경우, N5는 N2에게 변경된, 짧은 경로를 알려주고, N2는 목적지노드까지의 경로를 수정할 수 있다.

다음으로 경로설정을 위한 최적화는 RREQ 방송 시에 데이터 패킷을 덧붙여 시키는 방법이 있다. 그러나 RREQ에 데이터 패킷을 실어 보내는 방법은 경로상의 중간노드가 자신의 라우팅 캐쉬로부터 RREP를 소스노드로 전송할 경우, 덧붙여 진 데이터 패킷이 손실되는 문제가 발생한다.

마지막 최적화 방법은 RREQ에 대한 RREP가 정해진 시간 내에 수신되지 않을 경우, exponential backoff 알고리즘을 사용하여 RREQ의 재 전송을 감소시키는 것이다. 즉, 이것은 이동 등의 무선 환경의 변화로 인해 네트워크 내의 연결이 끊어져 노드간이 완전히 분할되었을 때, RREQ의 재 전송을 방지하여 네트워크 효율을 증대시킨다.

12.7.3 경로 유지(Route Maintenance)

DSR은 주기적인 라우팅 정보를 교환하지 않고 경로발견 과정을 통해 얻은 경로를 사용한다. 이때, 중간노드들은 경로유지 과정을 수행하여 경로의 동작 상태와 에러를 탐지하고 그 사실을 소스노드에게 알린다. 먼저 경로의 에러를 탐지하는 방법을 살펴보면 다음과 같은 방법이 있다.

첫째, IEEE 802.11에서처럼 연결 계층(link layer)에서 응답신호를 사용하는 경우, 응답신호가 경로의 완전함을 나타낸다. 즉, 패킷을 전송한 노드에 다음 노드로부터의 응답신호가 도착하면 패킷을 전송한 노드는 자신과 다음 노드 사이의 경로에는 문제가 없음을 인식한다.

둘째, 경로에러를 탐지하기 위하여 감청모드를 사용하는 것이다. 감청모드를 사용하면 자신의 범위 내에 존재하는 모든 신호를 수신할 수 있다. 따라서 패킷을 전송한 노드에서 다음 노드가 자신이 전송한 패킷을 그 다음 노드로 전송하는 것을 감청모드를 통해 수신하면 자신과 다음 노드 사이의 경로에 문제가 없는 것으로 인식한다. 그림 12.8과 같이 N1이 N2를 통해 N3으로 패킷을 송신하고 있을 때, N1의 전송 범위를 벗어난 N3으로 N2가 전송되고 있는 것을 감청한 N1은 N2 사이의 경로에 문제가 없음을 인식한다.

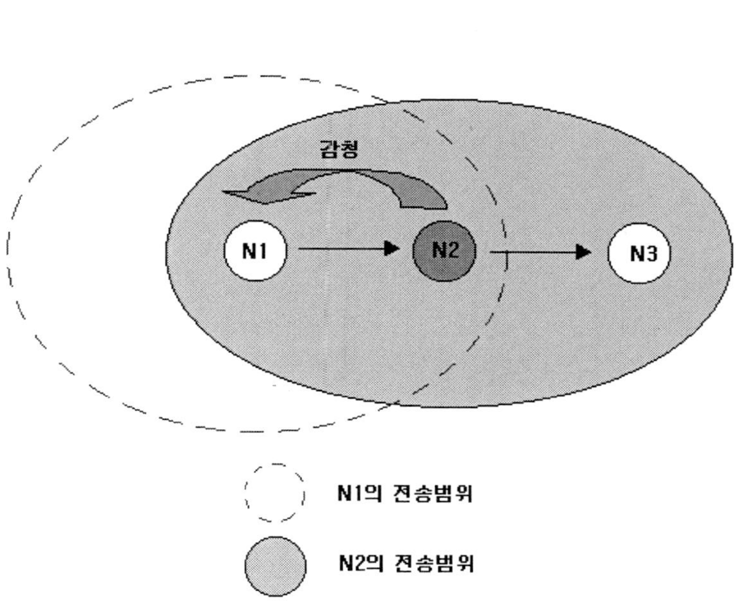

그림 12.8 감청 모드를 이용한 경로 에러탐지

셋째, 명백한 응답신호를 요구하는 방법이 있다. 패킷을 다음 노드로 전송하기 전에 송신노드의 R 필드(acknowledgement request)를 세팅하여 전송한다. 패킷을 수신한 노드는 반드시 이전 노드로 응답신호를 보내주어야 한다. 만일 송신노드에서 응답신호를 수신하지 못한다면 송신노드는 자신과 다음 노드 사이의 경로에 에러가 발생한 것으로 인식한다.

위에 언급된 방법들은 모두 양방향 경로에서 경로 에러발견을 위해 사용 가능한 방법들이고, 단 방향 경로의 경우에는 위와 같은 방법으로는 경로에러를 발견할 수 없다. 이를 위해 종단 간 응답신호(end-to-end acknowledgement)를 사용한다. 소스노드는 목적지노드로 패킷을 전송하고, 이 패킷을 수신한 목적지노드는 소스노드로 수신한 패킷에 대한 응답신호를 송신한다. 만약, 소스노드가 응답신호를 수신하지 못한다면 경로에러가 발생한 것으로 인식한다. 그러나 단지 소스노드에서 목적지노드로 향하는 경로나 그 반대의 경로중 하나 또는 모두에 문제가 있다는 것만을 판단할 수 있다.

종단 간 응답신호 외의 경로에러가 발생했을 때, 경로에러를 발견한 노드는 소스노드로 경로 에러패킷을 되돌려 주어 정확한 에러 발생 위치를 알려준다. 경로 에러패킷에는 경로에러가 발생한 홉의 양쪽 노드의 주소를 포함한다. 이때, 경로에러를 발견한 노드는 경로 에러패킷을 전송하는 동시에 패킷을 전송할 새로운 경로를 찾기 위해 새로운 RREQ 패킷을 생성하여 경로발견 과정으로 들어간다. 경로 에러패킷을 수신한 노드들은 자신의 라우팅 캐쉬를 검사하고 에러가 발생한 부분을 포함하는 모든 경로

들을 제거한다.

종단 간 응답신호를 사용하는 경우는 경로에러발생의 정확한 위치를 알 수 없기 때문에 소스노드에서 새로운 경로를 발견하기 위해 새로운 RREQ를 생성하고 다시 방송한다.

12.7.4 경로 상태(Path-state) 및 흐름 상태(Flow-state) 제어

현재 IETF에 드래프트된 DSR에서는 각 패킷마다 모든 경로에 포함된 노드 정보가 전송되어 네트워크 부하를 증가시키는 것을 방지하며, QoS(Quality of Service)를 제공하기 위해서 경로상태와 흐름 상태를 제안한다.

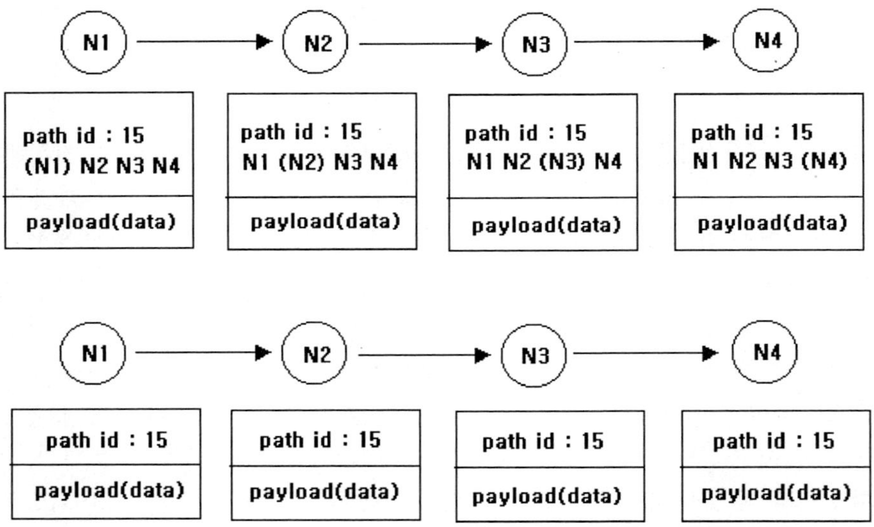

그림 12.9 경로 식별 자

경로상태는 중간노드의 모든 경로를 전송하여 발생하는 부하를 줄이기 위해서 결정된 경로마다 경로 식별 자를 부여한다. 그림 12.9와 같이 패킷을 전달하는 노드는 최초 경로 식별 자와 소스경로, 그리고 데이터 패킷을 목적지노드까지 전달하고 다음 패킷부터는 데이터와 경로식별자만을 전송함으로써 전달되는 패킷의 부하를 줄인다.

연결 상태(link-state)는 소스노드에서부터 목적지노드까지의 홉들의 집합과 관련이 있으며, 경로를 따라 패킷을 전달하기 위해 필요한 정보 즉, 경로 상에서 사용되지 않고 남아있는 대역폭과 패킷전달시의 최소지연시간 등의 정보를 제공한다. 흐름 상태는 같은 경로를 사용하지만, 다른 특성을 갖는 패킷 계층을 나타낸다. 연결 상태와 흐름 상태는 ATM 네트워크에서의 가상경로와 가상회선의 개념과 유사하다. 경로들은 소스 노드의 주소와 하위 5비트가 0으로 구성된 16비트의 연결식별자로 구분된다. 현재의 DSR에서는 QoS와 매 데이터 패킷의 전송 시에 포함되는 소스경로의 부하를 줄이기 위하여 연결 상태와 흐름 상태와 같은 새로운 개념을 포함시키고 있지만, 3 계층 프로토콜인 DSR이 실제 무선 환경에서 혼재되어 있는 양방향 경로와 단 방향 경로에 의해 발생되는 문제를 2 계층 프로토콜에 의존해서 처리하고 있으므로 신속하고 효율적인 경로설정과 유지를 위한 관리가 부족한 실정이다.

12.8 AODV

DSDV 라우팅 프로토콜은 벨먼-포드 알고리즘에 기반 한 테이블 구동 방식으로 네트워크 내의 모든 이동노드는 다른 모든 노드에 대한 경로정보를 갖는다. 각 항목은 목적지노드에 의해 표시된 시퀀스 수(secuence number)를 이용하여 라우팅 루프를 방지한다. 또한 테이블의 내용을 계속해서 갱신하기 위해 정기적인 신호를 방송한다. 이러한 주기적인 갱신 메시지의 방송은 전체 네트워크의 부하를 증가시키지만 비교적 소규모의 이동 애드 혹 네트워크에서는 효율적으로 동작한다. 그러나 네트워크의 규모가 확대되면 제어 메시지에 의한 부하가 증가되기 때문에 네트워크 부하를 감소시킬 수 있는 새로운 알고리즘이 요구된다.

AODV는 DSDV의 이러한 단점을 향상시키기 위해 고안된 것으로 루프를 제거하기 위해 DSDV에서 사용한 시퀀스 수를 사용하며, 주기적인 방송에 의한 부하를 줄이기 위해 오직 요구가 있을 경우만 경로 설정을 수행한다. 또한 국부적인 헬로(hello) 메시지를 이용하여 이웃노드의 정보를 유지하기 때문에 국부적인 연결 관리와 전체 네트워크 토폴로지 관리 간의 구별이 요구되며, 또한 이웃하는 두 노드간의 연결은 양방향이라고 가정한다. 국부적 방송에 의한 헬로 메시지는 노드의 국부적 이동에 대해 최적의 응답시간과 새로운 노드 설정 시, 빠른 응답시간을 제공하여 각 노드의 이웃 노드 테이블 설정과 갱신을 수행한다. 그러나 링크손실에 따른 국부적 정보갱신은 경로 재설정의 부하를 증가시킬 수도 있다.

12.8.1 경로 발견

경로발견은 소스노드가 다른 노드와 통신하고자 할 때, 노드의 라우팅 테이블에 목적지주소가 없을 경우에 초기화된다. 이때, 경로발견은 각 노드의 시퀀스 수(sequence number)와 브로드캐스트 식별 자(broadcast ID)라는 독립된 두 개의 카운터를 포함한 RREQ를 이웃 노드에게 방송하여 초기화된다. RREQ 포함되는 필드는 그림 12.10과 같다.

source address	source sequence number	broadcast ID	dsetination address	destination sequence number	hop count

그림 12.10 RREQ 필드 구성

broadcast ID는 새로운 RREQ가 생성될 때마다 증가한다. 각 이웃노드는 자신이 목적지노드이거나 중간 경로로 목적지노드를 알고 있을 경우, RREP(Route Reply)를 소스노드로 보낸다. 만약 목적지노드에 대한 어떠한 정보도 갖고 있지 않다면 홉 수를 하나 증가시키고 다시 RREQ를 이웃노드로 방송한다. 그러나 이러한 방송에 의해서 각 노드는 동일한 RREQ를 수신할 수 있다. 따라서 RREQ 내에 설정된 broadcast ID와 소스 주소(source address)를 이용해 임의의 노드에 늦게 도착한 중복된 패킷을 제거한다. 또한 역방향 및 순방향 경로 설정을 위해 타임아웃(time out) 기법을 사용한다. 경로 설정은 역방향 경로설정과 순방향 경로설정 과정을 통해 수행된다.

1) 역방향 경로 설정

RREQ가 소스노드에서 목적지노드까지 찾는 동안에 자동적으로 모든 노드는 소스노드로 역방향 경로를 설정한다. 모든 노드는 이 정보를 이용해 수신할 수 있는 이웃노드를 기록하는데, 보다 최신의 정보를 유지하기 위해 두 개의 시퀀스 수(목적지, 소스)를 사용한다. 또한 역방향 경로설정은 적어도 네트워크를 가로지를 수 있을 정도로 충분한 시간동안 진행되어야 한다. 그림 12.11에는 역방향 경로 설정에 대해서 설명하였다.

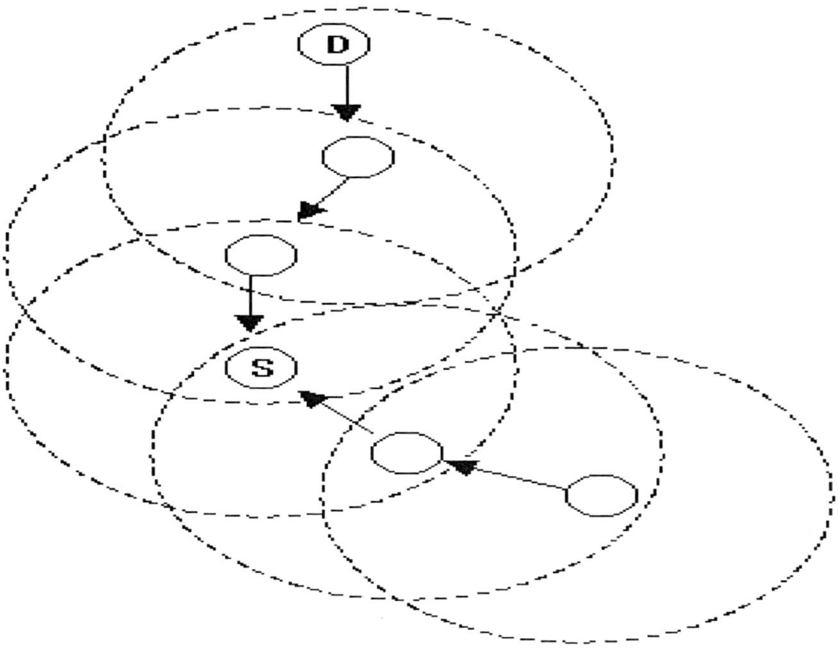

그림 12.11 역방향 경로 설정

2) 순방향 경로 설정

RREQ를 수신한 노드는 먼저 양방향 링크의 여부를 판단한 후, 중간노드인 경우는 자신이 갖고 있는 정보와 RREQ 목적지에 대한 시퀀스 수의 크기를 비교하여 경로설정 여부를 결정한다. 즉, 현재 수신한 RREQ의 시퀀스 수가 더 작은 경우는 이미 수신한 것으로 판단되어 버려지며, 크거나 같을 경우는 정보를 기록하고 다시 방송한다. 이때, 중간노드에서 목적지노드까지의 경로를 발견한 경우, RREP를 생성해 소스노드로 유니 캐스트 한다. RREP는 소스주소, 목적지주소, 목적지 시퀀스 수, 홉 수, 생존시간(lifetime)의 정보를 포함한다. 최종적으로 목적지노드에 도착한 경우, RREP를 생성하여 소스노드로 전송한다.

순방향 경로는 그림 12.12와 같이 RREQ에 의해 성립된 경로를 따라 RREP가 전송되면서 설정된다. 이때, 각 노드의 정보는 갱신되며, 타임아웃(timeout) 방식을 이용하여 목적지노드를 찾지 못한 경로를 제거한다. RREP는 RREQ와 마찬가지로 최신의 정보를 유지하기 위하여 목적지 시퀀스 수를 비교하며, 추가적으로 홉 수를 이용해 최단 경로를 설정한다.

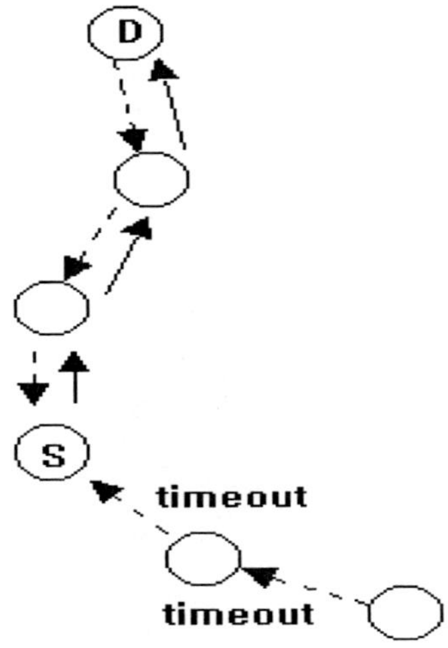

그림 12.12 순방향 경로 설정

최초의 RREP를 수신한 소스노드는 데이터 전송을 개시한다. 만약, 더 좋은 경로를 발견하면 라우팅 정보를 갱신할 수 있다. 이 방식은 최신의 라우팅 정보를 빠르게 갱신할 수 있을 뿐만 아니라, RREP의 수를 감소시켜 네트워크 전체의 부하를 감소시킨다.

12.8.2 라우팅 테이블 관리

소스와 목적지 시퀀스 수와 함께 추가적인 정보를 라우팅 테이블 내에 관리한다. 관리를 위한 방식은 소위 소프트상태(soft-state)로 불리는 역방향 경로설정을 위한 경로 요청 만료타이머로 목적지노드까지의 경로를 확보하지 못한 노드의 정보를 삭제하는데 사용된다. 이때, 만료시간은 이동 애드 혹 네트워크의 크기에 의존한다. 또한 캐쉬 타임아웃 기법을 이용하여 유효하지 않은 경로를 제거한다. 목적지노드까지의 경로연결이 파손된 것을 감지하기 위하여 각 노드는 가장 최신의 활성 타임아웃 주기 내에 목적지노드를 향해 적어도 하나의 패킷을 발생하거나 중계하고 있다면 활성 이웃노드로 간주해 그 주소를 유지한다. 소스노드부터 목적지노드까지의 이러한 경로를 활성경로라고 한다. 각 노드의 라우팅 테이블은 목적지, 다음 홉(next hop), 홉 수, 목적지에 대한 시퀀스 수(sequence number), 활성 이웃노드, 만료시간에 대한 정보를 포함한다.

새로운 경로가 이동노드에게 제공된다면, 이동노드는 목적지 노드에 대한 기존의 시퀀스 수를 비교하여, 더 큰 수를 선택한다. 이때, 현재의 값과 기존의 값이 서로 같다면, 목적지 노드까지의 홉 수가 적은 것을 선택한다.

12.8.3 경로 유지

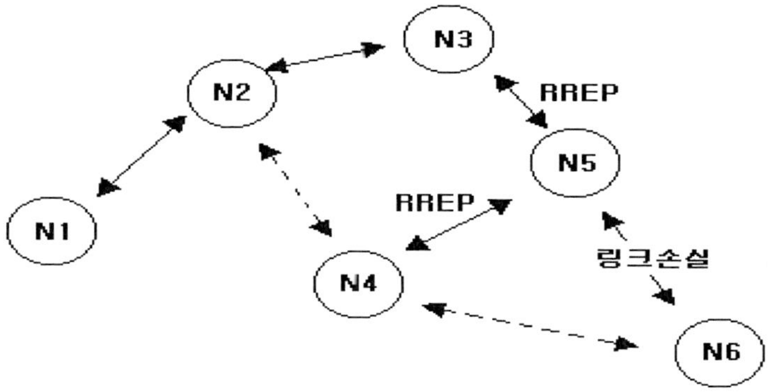

그림 12.13 링크 에러 시 처리 과정

그림 12.13에는 링크 에러 시 처리 과정에 대해서 설명하였다. 활성 경로에 놓여 있지 않은 노드의 이동은 라우팅에 영향을 미치지 않는다. 만약 전송 상의 소스노드가 이동했다면, 새로운 경로설정 과정을 수행한다. 만약 목적지노드나 중간노드가 이동했다면 특별한 RREP를 소스노드로 전송한다. 이때 주기적인 헬로(hello) 메시지를 이용하여 양방향 링크를 보장할 뿐만 아니라, 연결실패를 감지한다. 또는 연결 계층의 ACK를 이용한다. 이와 같은 노드의 이동을 비롯하여 무선 환경의 영향에 의해 링크가 깨진 경우, 업스트림(upstream) 노드는 더 큰 시퀀스 수를 갖고 홉 수를 무한대(∞)로 하여 회신을 요청하지 않는 RREP를 모든 활성 경로 상의 노드에게 전파한다. 결국 모든 활성 응답노드들은 링크실패를 인식한다.

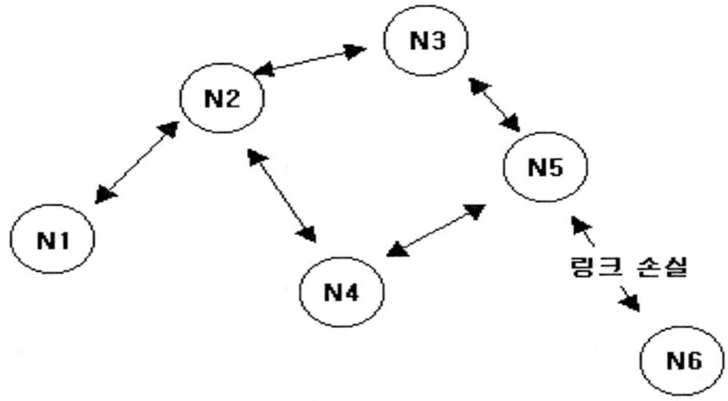

그림 12.14 완전한 링크 실패

연결이 끊어진 것을 수신한 소스노드에게 계속적으로 목적지 노드로의 연결을 요청할 경우, 경로발견 과정을 재 시작한다. 이때 새로운 경로를 재설정할 수 있도록 이전에 사용했던 것 보다 목적지 시퀀스 수를 증가시킨 RREQ를 전송한다. 그러나 그림 12.14와 같이 노드 N6으로 연결될 수 있는 여분의 링크가 존재하지 않을 경우, 계속적인 RREQ의 발생으로 인한 네트워크 전체의 효율이 급속히 저하되는 문제를 야기할 수도 있다. 이러한 문제를 해결하기 위해 지수적인 백 오프(exponential back off) 알고리즘을 사용하여 RREQ의 재 전송을 감소시키거나 소스노드를 유지모드(persistent mode) 상태로 두어 새로운 경로가 발견될 때까지 전송을 잠시 중단시키는 방식 등을 적용할 수 있다. 즉, 이것은 이동 등의 무선 환경의 변화로 인해 네트워크 내의 연결이 끊어져 노드간이 완전히 분할되었을 때, RREQ의 재 전송을 방지하여 네트워크의 부하를 줄일 수 있다.

연 습 문 제

1. 이동 애드 혹 네트워크의 개념에 대해서 설명하시오.

2. 네트워크에서의 라우팅의 개념에 대해서 설명하시오.

3. 기반 네트워크에서의 라우팅 기술에 대해서 설명하시오.

4. 이동 애드 혹 네트워크의 라우팅 기술에 대해서 설명하시오.

5. DSR에서의 경로발견과정에 대해서 설명하시오.

6. DSR에서의 경로유지과정에 대해서 설명하시오.

7. AODV에서의 경로발견과정에 대해서 설명하시오.

8. AODV에서의 경로유지과정에 대해서 설명하시오.

제 13 장

인터넷

13.1 개요
13.2 서비스

제 13 장 인터넷

13.1 개요

인터넷은 전 세계의 수천 개 컴퓨터 네트워크들이 상호 통신할 수 있도록 구성된 것이다. 각각의 네트워크들은 TCP/IP(Transmission Control Protocol/Internet Protocol) 라는 프로토콜을 통해서 정보를 교환한다. 최근 들어 우리의 생활에서 '인터넷'이라고 하는 말을 자주 접하게 되었다. 인터넷의 이용은 폭발적으로 증가하고 있으며, 특히 월드 와이드 웹(WWW)을 통한 정보 교환은 경이적인 속도로 증가하고 있다. 1994년 무렵부터 주목되었던 『초고속 정보통신망』이 정책적으로 구상되면서 전 세계적으로 불기 시작한 인터넷 붐은 우리나라에도 영향을 미쳐 94년 말 텍스트 인터넷으로 시작해 95년 초부터 웹으로 발전, 지금까지 이어져 오고 있다.

현재 인터넷에는 수백만 개의 도메인과 수천만 대 이상의 컴퓨터 단말기가 세계 130개국 이상에서 접속되어 수억 이상의 이용자를 가지고 있지만 하루가 다르게 증가하여 정확한 이용자수는 헤아릴 수 없을 정도로 많다. 이렇게 인터넷이 급속하게 퍼진 것은 대부분 웹 서비스의 활성화에 기인한다고 보는 게 일반적인 견해이다. GUI(Graphic User Interface)와 하이퍼텍스트(hypertext) 방식의 웹은 인터페이스가 단일화되고 인터넷의 여러 서비스가 통일되어 일반인들도 쉽게 인터넷에 접할 수 있게 만들어 주게 되었다.

13.1.1 인터넷의 시작

인터넷은 정보와 자료 교환을 위하여 ARPA(Advanced Research Projects Agency)에 의해서 개발된 네트워크에 기원을 두고 있다. 1969년에 만들어진 ARPANET에서 관심 분야가 같은 그룹들 간에 정보를 교환할 수 있도록 원격 로그인(remote login), 파일 전송(file transfer), 전자 메일(electronic mail) 등의 네트워크 도구를 제공해 주었고 인터넷에서는 이러한 서비스가 기반이 되었다. ARPANET은 다른 네트워크가 개발되는 동안에 꾸준히 성장하였다. 그러나 ARPANET의 NCP 프로토콜로는 다른 네트워크의 다양한 특성들을 수용할 수 없었고 ARPANET의 설계자들은 점차 다른 네트워크와의 통신 수단을 위한 새로운 프로토콜의 필요성을 깨달았다. 그들이 개발한 새로운 구조를 ARPA 인터넷이라고 하고, 새로운 프로토콜을 TCP/IP 라고 부르게 되었다.

13.1.2 인터넷의 발전

인터넷은 1983년에 ARPANET이 MILNET과 ARPANET으로 분리되고, 이 두 네트워크가 인터넷 환경을 갖춤으로서 시작되었다. 이 두 네트워크 구성원은 그들 사이의 정보 교환을 위하여, 교환 하고자 하는 자료를 패킷이라는 일정한 크기로 구분하여 게이트웨이를 통하여 포워딩(forwarding)을 제공하도록 설계하였다.

DDNNIC(Defense Data Network Network Information Center)에서 제공한 자료에 따르면, 1983년 처음 탄생한 이후 1985년 약 100 개의 네트워크에서 1990년에는 약 2,218 개의 네트워크로 급속히 증가하고 있는 추세이다. 인터넷이 발전한 이래로 많은 기반이 변화되었다. ARPANET과 MILNET은 꾸준히 발전하였고, 다른 근간 네트워크가 인터넷에 합해 졌다. 그것들 중에 하나가 컴퓨터 연구원들과 공학 연구원들 간의 협력으로 1987년 완성된 CSNET이다. CSNET은 ARPANET과 MILNET에 의해서 서비스를 받지 못하는 기관들을 위하여 구성되었으며, 오늘날에는 과학과 공학에 관련된 연구기관들로 확대되었으며, CSNET은 인터넷의 근간 네트워크인 NSFNET의 중규모 네트워크 중에 하나이다.

13.1.3 DNS

1) 도메인

접속하려고 하는 컴퓨터나 찾고 있는 어떤 자료에 어떻게 도달할 수 있는가 하는 것은 네트워크를 사용하는데 있어서 아주 중요하고 어려운 문제이다. 만약 어떤 사람이 집 주소를 물어본다면, 사람들은 아마도 번지, 시, 나라, 우편번호 등을 생각할 것이다. 마찬가지로, 컴퓨터 주소도 이와 비슷한 구조를 갖는다. 일반적인 형태는 다음과 같다.

사용자의 전자메일 주소 : user@somewhere.domain
컴퓨터 이름 : somewhere.domain

사용자 부분은 일반적으로 그 시스템의 사용자 계정 이름을 말하지만 이것은 반드시 그런 것은 아니다. somewhere.domain은 시스템의 이름이나 위치와 어떠한 기관에 이 컴퓨터가 있는지를 말해준다. 도메인(domain)의 마지막 부분은 대체로 아래 것들 중의 한 가지를 나타낸다.

표 13.1 다양한 도메인

이름	의미
com, co	일반적으로 회사나 상업적인 목적의 기관
edu, ac	교육기관
gov	정부기관
mil	군사기관
net	게이트웨이 시스템이나 네트워크를 관리하는 호스트
org	다른 도메인을 사용하기에 적합하지 않은 기관

각 나라는 또한 그들 고유의 가장 상위 레벨 도메인을 갖고 있다. 예를 들면, us 도메인은 각 50개 주를 모두 포함한다. 마찬가지로, 다른 나라들도 다음과 같이 가장 상위레벨 도메인을 사용하고 있다. 즉, kr은 Korea, jp는 Japan, au는 Australia 그리고 ca는 Canada 등을 나타낸다.

기관의 도메인 이름에 대한 전문용어는 기관의 FQDN(Fully Qualified Domain Name)이라고 하며, 이것은 그 기관의 구조 또는 후원기관을 명확하게 나타내기 위해 정해진다. 따라서 보통의 도메인 이름의 뜻을 파악하는 것은 그다지 어려운 문제는 아니다.

2) Internet Number(IP Address)

IP(Internet Protocol)는 원격지의 어드레스를 지정한다. 네트워크는 여러 컴퓨터 사이에 정보를 교환하기 위해 통신을 하고 있기 때문에 네트워크상의 컴퓨터는 반드시 각자의 고유한 IP 어드레스를 가져야 한다. IP 어드레스는 32비트 2진수로 이루어지며, 8비트 단위로 잘라서 점(.)으로 구분해 10진수로 나타낸다.

```
11010010  01101001  00010000  00100000
                   ↓
             210.105.16.32
```

그러나 숫자로만 주소를 표현하면 외우기 어렵고 혼동하기도 쉬우므로 인터넷에서 주소를 나타낼 때는 이런 숫자를 쓰지 않고 보통 DNS(Domain Name System)라는 것을 이용해 문자로 표현한다. 쉽게 외우고 이해할 수 있는 문자로 인터넷 주소를 표기하는 게 사용자들에게 훨씬 편리하기 때문이다. 실제로 위의 IP 어드레스는 다음과 같이 DNS를 이용해 문자열 주소로 바꿀 수 있다. 이 때 문자열 주소를 도메인 명(domain name)이라고 한다.

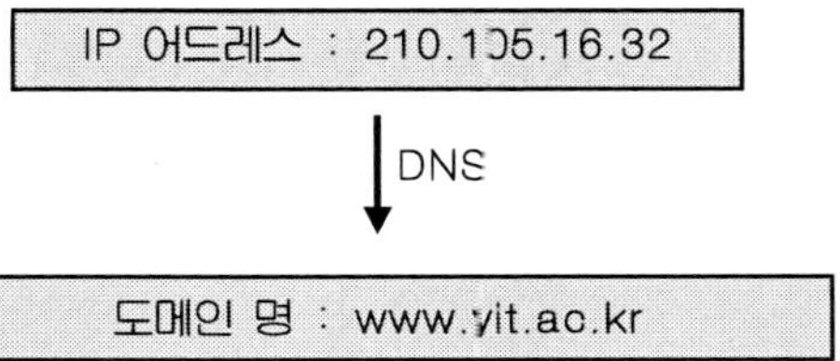

기능적으로는 IP 어드레스와 도메인명은 서로 같다. 네스케이프에서 사이트 주소를 입력할 때 IP 어드레스를 사용하든 도메인명을 사용하든 관계없다. 다만 도메인 명을 사용하면 DNS(Domain Name Server)에 있는 IP 어드레스 데이터베이스를 참조하게 된다.

도메인 명을 사용하는 또 다른 이점은 웹 사이트에서의 주소 관리가 간편하다는 것이다. 만약 웹 사이트의 링크를 전부 IP 어드레스로 하였다면 IP 어드레스가 바뀔 때마다 모든 링크를 다시 수정해야 한다. 그러나 링크에 도메인 명을 사용하면 도메인네임 서버에서 IP 어드레스만 수정하면 도메인 명을 수정할 필요가 없다. 도메인네임서버의 관리는 DNS에서 알아서 하기 때문에 일반 사용자는 도메인명만 사용하면 된다.

13.2 서비스

13.2.1 전자메일

전자메일(E-mail)은 컴퓨터 네트워크를 이용한 우편이라고 생각하면 된다. 우편의 경우 상대에게 엽서를 보낼 때 겉면에 상대방의 우편번호, 주소, 이름, 그리고 자신의 주소, 이름을 적고 내용을 적어 우편함에 넣어 배달한다. 전자우편도 기본적으로 같은 형식을 취한다. 전화나 편지보다 활용의 폭이 넓고 신속한 PC 통신은 얼마 전까지만 해도 국내의 사람들과 정보를 교환하는 것만이 가능했지만 지금은 인터넷을 통해 지구촌 누구와도 정보 및 의견을 나누는 것이 가능해졌다. 또한 전자메일은 인터넷을 이용해서 메시지를 전달하므로 매우 빠르고 비용이 매우 저렴하다. 그래서 최근 전자메일의 이용이 일상화되고 있다. 통신 사용자가 인터넷을 이용하려면 인터넷 서비스를 제공하는 기관에 등록을 해야 한다. 이때 사용자는 자신만의 고유한 계정을 발급받는

데 이 계정은 곧 인터넷상의 자신의 위치를 알리는 주소와 같은 역할을 한다.

UNIX 시스템에서는 기본적으로 제공하고 있는 전자우편 명령 외에도 전자우편을 위한 다양한 도구들이 개발되어 사용되고 있는데 그 중에 하나가 바로 elm이다. 메뉴 방식으로 되어 있어 초보자들도 쉽게 사용할 수 있다. m을 입력하면 수신인의 주소를 묻는다. 같은 호스트에서의 사람에게 편지를 보낼 때는 그냥 간단히 ID만 써도 되고 다른 곳으로 보낼 때는 @를 사용해서 호스트의 도메인주소까지 넣어야 한다. 유도라(Eudora)는 간단하고 편리한 윈도우 95용 전자우편 유틸리티로 널리 알려진 프로그램이다. POP 서버와 자신이 도메인 네임 혹은 IP 어드레스만 알고 있으면 전송이 가능하다.

네스케이프나 익스플로어에는 기본적으로 전자메일용 프로그램이 포함되어 있으므로 보다 쉽게 메일을 주고받을 수 있다.

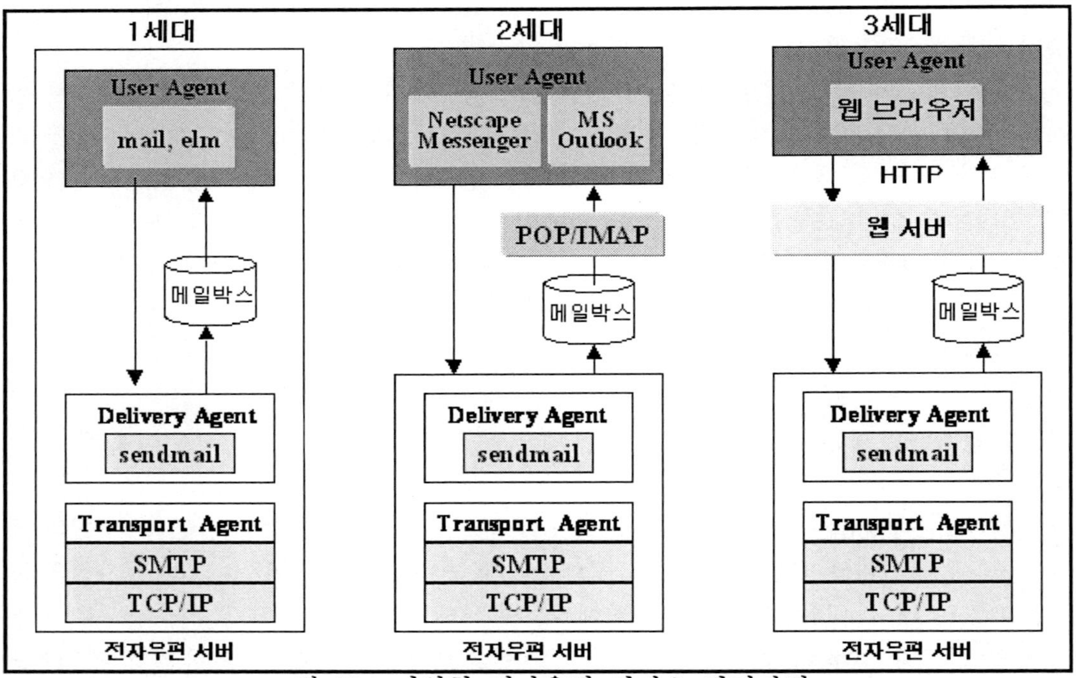

그림 13.1 다양한 전자우편 서비스 발전과정

13.2.2 뉴스

유즈넷 뉴스(Usenet News) URL(Uniform Resource Locator)은 인터넷상에서 공통의 관심사를 가진 사람들이 의견을 교환하는 일종의 게시판이라 생각하면 된다. ARPANET에 속한 사용자들 간에 새로운 정보의 분배, 조회 및 송수신할 수 있는 환경을 제공하여 학술연구, 취미, 오락, 레크리에이션 활동에 도움을 주는 세계적인 정보교환 시스템이다. 전자메일이 특정 송수신자 사이에 정보를 교환하는 것에 비하여 유즈넷은 세계 각국의 누구나 그 정보에 접하여 자신의 의견을 제시하거나 도움을 구할 수 있다.

유즈넷을 이용하는 사람의 숫자는 헤아릴 수 없이 많으며, 국제적인 학술정보망에 가입된 기관의 컴퓨터 사용자는 모두 이를 사용하는 것으로 보는 것이 타당할 것이다. 인터넷에 가입된 컴퓨터의 숫자는 확인된 것만 백만 대 이상이며 주로 북미, 유럽지역에서 활발히 이용되고 있다. 뉴스 서버에 직접 접속하는 방법, 뉴스 그룹에 접속하는 방법, 뉴스 기사를 바로 읽는 방법 등이 있다.

1) 유즈넷의 개요

(1) 활동그룹

유즈넷은 분야별로 몇 개의 모그룹으로 나뉘어 지고 다시 부 그룹으로 세분되어 수직적인 계층구조를 이루는 다수의 그룹들로 이루어져 있다. 모그룹과 부 그룹은 점(.)으로 구분되어 있으며 오른쪽으로 갈수록 세분화된 주제를 다루게 된다. 예를 들어, 그룹 sci.math.stat은 모그룹 sci(Science)에 속하는 부 그룹 math(Mathematics)의 stat(Ststistics) 관련 내용을 취급하는 그룹을 나타낸다. 다음은 현재 활동 중인 모그룹의 종류를 설명한 것이다.

comp은 컴퓨터과학(computer science), 소프트웨어 소스(software source) 및 하드웨어와 소프트웨어에 관련된 정보들과 같은 컴퓨터 사용자들로부터 관심을 끌 수 있는 주제를 취급하는 그룹, sci는 자연과학 및 공학 관련 그룹, misc는 모호하거나 다수의 범위에 속하는 주제를 다루는 그룹, soc는 사회 문제를 다루는 그룹, talk는 토론 그룹, news는 새로운 네트워크 및 관련 소프트웨어를 다루는 그룹, rec는 취미, 오락 활동 관련 그룹 등이며 현재 국내에서 이용할 수 있는 그룹의 숫자는 1700여개 정도이다.

(2) TIN 프로그램

TIN은 유즈넷 환경에 들어가기 위하여 개발된 프로그램의 일종으로서 사용자 환경이 메뉴방식으로 구성되어 초보자도 매우 쉽게 사용할 수 있으며, 각종 부 명령어를 사용하여 읽기, 응답하기, 찾기, 이동하기, 보관하기 등을 수행한다. TIN 프로그램에 의하여 만들어진 명령어가 tin이라는 명령어이며 보통의 환경에서는 tin -r 명령어를 입력하여 Usenet을 개시해야 한다. TIN 프로그램은 그 수행 과정이 매우 복잡하여 스스로 별도의 보조 파일과 디렉토리(directory)를 생성하여 이용하게 되는데, 이들을 TIN 보조 파일 혹은 TIN 보조 디렉토리라고 부른다. TIN 보조 파일과 보조 디렉토리는 각 사용자의 홈(home) 디렉토리($HOME으로 표시 됨)에 생성된다.

13.2.3 FTP

인터넷을 통하여 파일을 전송하는 간단한 방법이 FTP(File Transfer Protocol)이다. 이러한 작업이 가능하기 위해서는 통신하고자 하는 두 시스템에 사용자 계정을 가지고 있어야 하며 시스템 운용자에 의해 특별한 설치 작업이 필요하다.

1) 파일서버 접속

사용자가 접속하는 전 세계의 헤아릴 수 없는 컴퓨터에 자신의 계정을 모두 만든다는 것은 불가능하다. 따라서 Anonymous(익명의) FTP는 접속한 시스템에 자신의 이름이 없을 때를 해결할 수 있는 좋은 방법이다. 외부 사용자는 FTP로 연결하고 시스템에 들어가기 위해서 사용자의 아름으로 anonymous를 사용하고 비밀 번호로 자신의 전자메일 주소를 입력한다.

2) 파일 전송

실제적인 파일을 전송받기 위해서는 get, 전송하기 위해서는 put 명령이 사용된다. 일반적인 경우, 원격지의 파일을 전송받으면 현재 내가 접속하고 있는 호스트 파일 서버에 저장하게 된다. 그러나 인터넷 서버와 내가 현재 사용하고 있는 컴퓨터가 네트워크로 연결되어 있다면 직접 하드 디스크로 가져 올 수 있다. 접속한 호스트나 원격지의 호스트에서 사용 중인 컴퓨터로 파일을 가져오려면 먼저 FTP 접속 프로그램을 실행 시킨 후에 사용해야 한다. 사용하고자 하는 파일을 찾은 후에는 get 명령을 실행시킨다. 여기서 주의할 점은 파일이 들어 있는 폴더까지 cd를 이용하여 이동시킨 후, get 명령을 사용 할 때 반드시 파일과 확장 자를 모두 써 주어야 한다는 점이다.

표 13.2 FTP 명령어

명령어	구분	내용
open	사용법	open FTP 서버주소
	기능	새로운 FTP에 접속
close	사용법	close
	기능	현재 접속중인 FTP 서버와의 접속을 중지
quit	사용법	quit
	기능	FTP 프로그램을 종료
dir	사용법	dir
	기능	도스의 dir 명령과 같은 기능을 수행
get	사용법	get 파일이름
	기능	FTP 서버로부터 사용자 영역으로 파일을 가져옴
put	사용법	put 파일이름
	기능	사용자 영역에서 FTP 서버로 파일을 보냄
hash	사용법	hash
	기능	파일 전송 시 전송되는 양을 표시
ascii	사용법	ascll
	기능	텍스트 파일을 전송하기 위해 ASCII 모드로 전환
binary	사용법	binary 또는 bin
	기능	이진 파일을 전송하기 위해 BYNARY 모드로 전환
help	사용법	help (?)
	기능	도움말을 제공

13.2.4 TELNET

텔넷은 '원격 시스템 접속용 프로그램'이라고 한다. 사용자가 접속한 컴퓨터에 아무리 멀리 있을지라도 네트워크로 연결되어만 있으면 자신의 컴퓨터를 사용하는 것처럼 사용할 수 있다. 또한 동시에 여러 대를 접속해서 사용할 수도 있다. 접속한 컴퓨터 안에 있는 내용 검색은 물론 파일의 전송도 가능하다. 서비스를 공개하는 곳에 접속할 때는 문제가 없지만, 비공개 서비스에 접속하려면 그 호스트에 자신의 사용자 계정이 있어야 한다.

1) 기본명령

(1) telnet 명령모드에서 접속하기

다음과 같이 텔넷 프로그램이 실행되면 telnet> 이라는 새로운 프롬프트가 나타나게 된다. 텔넷 프로그램에서 접속을 할 때에 사용하는 명령은 open 이다. 예를 들어 여주대학에 접속하려면 다음과 같이 하면 된다.

telnet>open yit.ac.kr

표 13.3 텔넷 명령어

명령어	의미
open	원격 시스템으로 연결
close	연결을 종료
quit	연결을 끊고 텔넷을 종료
z	자신의 컴퓨터에서 명령이 수행되도록 텔넷을 일시적으로 정지
?	텔넷 명령에 대한 도움말을 출력

(2) 주소 입력 방법

텔넷에서는 접속하는 방법 중, 텔넷을 실행시키며 바로 접속을 할 수 있도록 다음과 같은 방법을 사용할 수 있다.

% telnet yit.ac.kr

13.2.5 WWW(World Wide Web)

1) 개요

분산 형 하이퍼미디어 시스템을 구축하기 위해 시작된 월드 와이드 웹은 최근 들어 폭발적으로 증가하고 있는 인터넷 서비스이다. 웹 서비스는 기존의 인터넷과는 달리 하이퍼텍스트라는 개념으로 인터넷을 할 수 있다. 하이퍼텍스트는 각 텍스트들이 주제어를 통해 순서에 관계없이 서로가 거미줄처럼 연결된 분산 형 구조이기 때문에 마우스만으로도 쉽게 정보를 얻을 수 있다. 하이퍼텍스트를 작성하기 위해서는 HTML이라는 문서 작성용 언어를 사용해야 하는데 하이퍼텍스트를 웹에서 전송하기 위한 규약으로 HTTP(Hyper Text Transfer Protocol)프로토콜을 사용한다.

웹은 기존의 인터넷과는 달리 하이퍼텍스트라는 형태로 전송되기 때문에 그래픽 모드의 운영체제를 사용하여야만 한다. 네트워크를 통해서 웹에 접속을 할 때, 반드시 필요한 것은 바로 웹 브라우저이다. 이것이 담당하는 일은 하이퍼텍스트로 들어오는 것들을 다시 그래픽으로 만들어 준다고 생각하면 된다. 현재 많이 사용되는 브라우저로는 네스케이프와 마이크로소프트사의 익스플로러가 있다.

2) URL

URL(Uniform Resource Locators)은 HTML 문서, FTP상의 문서와 파일들, 그리고 그림, 사운드, 동화상 같은 멀티미디어 데이터의 주소를 가리키며 서비스까지 구체적으로 지정하는 정보 검색의 단일화된 방식을 제시한다. 쉽게 말해 우리들의 컴퓨터가 다루고 있는 실질적인 정보는 파일인데 반해 웹에서의 URL은 이를 네트워크용으로 확장한 것이라고 생각하면 된다. 결국 URL이라는 것은 특정 정보의 인터넷상의 위치와 인터넷 서비스를 구별하는 방법을 정의한 것이다. 웹에서 브라우저를 사용해 링크를 통해 이리저리 옮겨 다니는 것은 실제로 URL을 이용해서 옮겨 다니는 것이다. 네스케이프에서 각각의 링크를 마우스로 가리켰을 때 화면 하단의 상태 바에 나타나는 주소가 바로 URL이다.

URL은 대개 세 부분으로 이루어져 있다. 첫 부분은 사용 프로토콜 또는 서비스명을, 둘째 부분은 도메인 명, 마지막은 문서의 경로를 나타낸다. 첫 부분의 http는 프로토콜 이름을 나타낸다. ftp나 gopher, mailto, news 등이 올 수도 있다. 첫 부분과 둘째 부분은 '://' 표시로 구분한다. 참고로 mailto와 news는 ':'으로 구분한다. 둘째 부분의 'wh.myongji.ac.kr'은 호스트 컴퓨터의 도메인 명을 나타낸다. 만약 호스트 컴퓨터가 여러 가지 서비스를 제공한다면 다음과 같은 표현도 가능하다.

```
http://www.yit.ac.kr
ftp://www.yit.ac.kr
gopher://www.yit.ac.kr
```

마지막으로 '/acalab/main.html'은 정보를 담고 있는 실제 경로 명을 나타낸다. 디렉토리 구분을 '\'로 하는 도스와는 달리 '/'을 쓴다. 대부분의 URL에는 디폴트(default) 파일이 있다. 즉 프로토콜 이름과 호스트 컴퓨터의 도메인 명(또는 디렉토리)만을 입력하면 서버에서 설정한 기본 파일을 불러들이게 된다.

3) 웹 브라우저

우리가 컴퓨터에서 무슨 일을 하려면 반드시 그를 위한 소프트웨어가 필요하다. 문서작성을 하려면 흔글이나 워드와 같은 워드프로세서가 필요한 것과 같이 천리안과 나우누리와 같은 PC 통신을 하려면 이야기와 같은 통신 프로그램이 필요하다. 이와 마찬가지로 웹에 접속하여 인터넷을 사용하려면 그에 맞는 소프트웨어가 필요하다. 이런 소프트웨어를 웹 브라우저라(Web Browser)고 부른다. 그 의미를 풀이해 보면 '거미줄 위에서 타고 이곳저곳을 구경하는 도구'라고 할 수 있다.

(1) 모자이크

WWW 브라우저로 가장 널리 알려진 것은 GUI 환경에서 작동하는 모자이크(Mosaic)이다. CERN에서 WWW를 발표한 직후, 미국 일리노이 대학에 있는 국립 슈퍼컴퓨터 센터(NCSA)에서는 여러 종류의 시스템에서 사용할 수 있는 범용 브라우저인 모자이크를 개발하게 된 것이다. 최초의 모자이크는 유닉스의 X윈도우용, PC의 MS 윈도우용, 애플 맥용으로 개발되었다. 모자이크의 가장 큰 장점은 그림, 음성, 동화상 등의 하이퍼미디어를 기본적으로 지원하는 것으로 WWW의 실질적인 브라우저라고 할 수 있다. 모자이크는 IP 연결이 되어 있고, GUI 환경을 지원하는 시스템에서만 작동이 가능하다.

모자이크에서 할 수 있는 일을 꼽으라면 우선 하이퍼텍스트와 하이퍼미디어 문서들을 들려주고 보여준다. 찾아보았던 문서들의 경로(history)를 유지하고 있어서 찾아보았던 문서들을 손쉽게 다시금 볼 수 있게 해준다. 주요한 문서들에 대한 최근 리스트를 유지해서 단 한 번에 곧바로 문서를 볼 수 있게 한다. WWW를 이용하는 클라이언트 프로그램이므로 gopher, ftp, wals, telnet, archie 등의 WWW 서비스를 손쉽고 화려한 사용자 인터페이스 속에서 제공한다. 또한 모자이크를 통해서만 WWW에 있는 정보를 검색하고 이용할 수 있다. 모자이크의 가장 큰 장점은 멀티미디어 정보(그래픽, 음향, 비디오)를 포함한 데이터를 사용할 수 있다는 점이다. WWW의 풍부한 문서, 그래픽, 사진, 음향 파일, 필름, 비디오가 모자이크 멀티미디어 기능을 통하여 이용 가능하다. 모자이크의 클라이언트/서버 정보수집 아키텍처를 통하여 모자이크는 인터넷상의 어디든 그곳의 정보를 보여준다.

(2) 네스케이프

네스케이프 프로그램은 HTTP 링크를 동시에 여러 개 열고 데이터를 받아오기 때문에 기존의 모자이크 프로그램보다 데이터 전송 속도가 빠르고, 하이퍼텍스트문서 작성용 언어로 'HTML'의 확장판인 'HTML+'를 사용하여 보다 향상된 기능을 발휘할 수 있다. 웹을 쓰기 위해 네스케이프를 꼭 사용해야 한다는 법칙은 없다. 마이크로소프트에서는 네스케이프와 경쟁하기 위해 MS 인터넷 익스플로어라는 강력한 웹 브라우저를 내놓았고, 현재 많은 부분에서 이용되고 있다.

13.2.6 기타 서비스

1) 파일 찾기

인터넷을 사용하다 보면 가장 흥미를 끄는 것이 바로 프로그램 전송이다. 하지만 원하는 프로그램을 찾기란 어려운 일이다. 따라서 검색 프로그램이 필요하다.

아키(ARCHIE)란 원하는 프로그램의 이름을 아는 경우에 그 프로그램이 어디에 있는지를 찾아 주는 검색 프로그램이다. 예를 들면 네스케이프라는 프로그램 이름을 알고 있을 때 어느 anonymous ftp 서버에 이 프로그램이 있는지 쉽게 찾을 수 있게 해준다. 이것이 가능한 이유는 모든 anonymous ftp 서버들이 주기적으로 파일 목록을 아키 서버들에게 제공해주기 때문이다.

2) 고퍼

고퍼(Gopher)는 제공하는 정보나 파일들을 찾아가는 과정에서 어려운 명령 대신 화면에 나타난 번호를 보고 그 메뉴의 해당하는 번호를 키보드로 입력하도록 되어 있다. 고퍼는 자신이 찾는 정보의 형태가 고퍼의 형태로 제공될 때 고퍼를 사용할 수 있다. 고퍼로 제공되는 정보의 종류는 무수히 많으며 고퍼를 통해 제공되는 정보는 대부분이 텍스트 파일 형태이다. 이 파일들은 자신의 디스크에 저장하거나 다른 사람에게 mail 기능을 통하여 보낼 수도 있다. 간혹 고퍼를 ftp서버와 연결하여 파일 안에서 다른 컴퓨터로 텔넷을 이용하여 연결하는 경우도 있다. 고퍼의 또 다른 특징은 거의 모든 고퍼들이 자신의 메뉴를 가지고 있다는 것이다.

연 습 문 제

1. 인터넷의 역사에 대해서 설명하시오.

2. DNS에 대해서 설명하시오.

3. 전자메일에 대해서 설명하시오.

4. FTP에 대해서 설명하시오.

5. TELET에 대해서 설명하시오.

6. WWW에 대해서 설명하시오.

제 14 장

다양한 정보통신시스템

14.1 정보보안시스템
14.2 전자상거래시스템
14.3 영상압축시스템
14.4 가상현실시스템
14.5 FT 시스템

제 14 장 다양한 정보통신시스템

이 번 장에서는 오늘 날 사용되고 있는 다양한 정보통신시스템에 대해서 살펴보도록 하자.

14.1 정보보안시스템

14.1.1 개요

과거나 현재 그리고 미래에도 사회 및 산업 활동의 많은 부분은 정보 통신에 의존하고 있으며, 이 때의 필수적인 조건은 정보의 보호일 것이다. 이러한 정보의 보호는 여러 측면에서 생각할 수 있지만 우리가 보다 더 관심을 가지고 연구해야 할 분야는 정보가 실제의 통신 로를 경유하여 전송될 때, 다른 사용자들이 도청하여 해독하기 어렵게 만드는 정보의 여러 가지 암호화 기법이라 할 수 있다. 암호 학은 합법적인 인가자와 프로토콜의 허용된 가입자들만이 정보를 알아볼 수 있도록 변화시키는 여러 기법들과 이와 관련된 이론적인 측면을 다루는 수학, 전자계산학 등의 분야를 포함하는 학문 분야이다 전자 상거래 시대의 전자화폐, 전자 결제, 전자 입찰 등 수 많은 경제 활동에서부터 전자 투표, 인터넷, 인트라넷 등에 이르는 사회 활동 전반에 걸쳐 암호학의 범위는 굉장히 넓다.

이러한 암호 학의 분야는 DES(Data Encryption Standard), 스트림(stream) 암호 시스템, 공개키 암호 시스템과 디지털 서명, 해쉬(Hash) 함수, 암호화 프로토콜, 네트워크 보안 등의 이론적인 면과 실제적인 구축으로 전자상거래, 방화벽(firewall) 등이 다루어지고 있으며 암호 학은 통신 보안에서 가장 중요한 분야이며 컴퓨터 보안의 기초로써 그 중요성이 증가하고 있다.

14.1.2 정보보안의 특징

1) 정보보안 서비스의 특성

정보보안 서비스의 특성은 다음과 같은 6가지로 분류할 수 있다.

(1) 신뢰성(confidentiality)

컴퓨터 시스템의 정보 및 전송 정보가 인가 당사자만 읽을 수 있도록 통제할 필요성을 말한다.

(2) 인증(authentication)

메시지의 원본이 정확히 확인되고 그 정보가 거짓이 아님을 확인할 필요성을 말한다.

(3) 무 결성(integrity)

컴퓨터 시스템 및 전송 정보가 오직 인가 당사자에 의해서만 수정될 수 있도록 통제할 필요성을 말한다.

(4) 무인 봉쇄(non-reputation)

메시지의 송신자 모두 전송을 거부할 수 없게 할 필요성을 말한다.

(5) 액세스 제어(access control)

정보 시스템이 정보 자원의 접근을 통제할 필요성을 말한다.

(6) 가용성(Availability)

컴퓨터 시스템이 인가 당사자가 필요로 할 때 이용할 수 있게 해주는 필요성을 말한다.

2) 보안에 대한 공격

보안에 대한 공격은 다음과 같은 4가지로 분류된다.

(1) 방해(interruption)

시스템의 일부가 파괴되거나 사용할 수 없게 되는 경우로 가용성에 대한 공격을 말한다.

(2) 가로채기(interception)

비인가자들의 불법적인 접근에 대한 공격으로 네트워크 상에서 데이터를 가로채기 위한 도청과 파일 또는 프로그램의 불법 복사 등을 말한다.

(3) 불법수정(Modification)

비인가자들의 불법 접근에 의한 불법적인 변경을 포함한 네트워크 상에서 전송중인 메시지 내용의 수정을 말한다.

(4) 위조(Fabrication)

비인가자들의 시스템에 대한 위조물 삽입에 의한 인증에 대한 공격을 말한다.

14.1.3 암호화 방식의 종류

1) 관용 암호화 방식

관용 암호화 방식은 전통적인 암호화 방식으로서, 이 방식은 줄리어스 시저(Julius Caesar)에 의해 개발되어 처음으로 사용되었다. 시저 암호화 방법은 각 알파벳 문자를 두 문자 건너 세 번째 문자로 치환하는 방식이다. 이 외에도 많은 관용 암호화 방식이 사용되었는데 현재까지 가장 많이 사용되는 암호화 방식은 DES(Data Encryption Standard)이다.

DES는 1977년에 국제 표준 위원회에 의해서 채택되어졌으며, 64비트의 평문과 56비트의 키의 입력을 통해 64비트의 암호문을 만드는 알고리즘이다. DES 알고리즘은 64비트의 데이터를 64비트의 키(key)를 사용하여 암호화한다. 키는 암호호화와 그의 해독을 위하여 송·수신 국이 이용하는 임의로 선택한 비트(bit)나 캐릭터(character)들의 집합을 말한다. 만일 상대방이 알고리즘은 알고 있으나 키를 모르는 상태에서 해독하기 위해서는 엄청나게 많은 시간과 노력을 투자해야 한다. 다음 그림 14.1은 DES를 이용한 데이터의 암호화 및 복호화 과정을 나타낸 것이다.

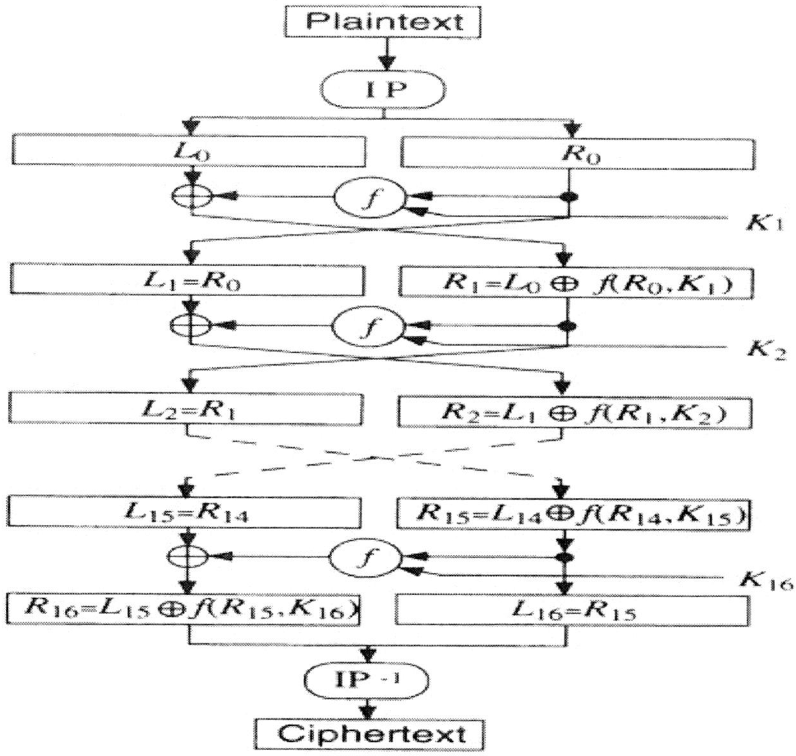

그림 14.1 DES 암호화 알고리즘

DES 알고리즘의 수행 과정은 다음과 같다.

(1) 평문(plain text)으로 구성된 전체 메시지를 64비트로 구성한다.

(2) 가장 먼저 구성된 64 비트를 두 개의 32비트 블록으로 분할한다. 이 때, 왼쪽 32비트를 L_1, 오른쪽 32비트를 R_1로 부른다.

(3) R_1의 32비트가 확장에 의해 48비트로 구성한다. 확장은 다음과 같이 미리 정해진 확장 표를 이용한다.

(4) 암호화를 위해 사용되는 64개의 키(key)를 압축 단계를 거쳐 48비트의 키로 생성한 다음 단계 (3)에서 확장된 48비트와 논리합(exclusive-OR) 연산을 수 행하여 다시 48비트의 결과를 얻는다.

(5) 48비트의 결과는 8개의 6비트 그룹으로 나누어지며, 6비트 중에서 4비트가 선택되어 32비트가 출력된다.

(6) 출력된 32비트는 각 비트마다 위치를 새로이 변화시킨다.

(7) 새로이 위치가 변화된 32비트는 단계 (2)에서 구성된 왼쪽 32비트(L_1) 블록과

논리합(exclusive-OR) 연산을 수행하여 새로운 32비트가 구성된다.
(8) 단계 (7)에서 구성된 32비트를 오른쪽에 위치시키고 단계 (2)에서 구성된 왼쪽 32비트(L_1)와 조합하여 전체 64비트로 구성된다.
(9) 단계 (1)에서 (8)까지의 과정을 16번 반복 처리된다.
(10) 16번 반복 처리된 결과 얻어진 오른쪽 32비트와 왼쪽 32비트의 위치를 서로 바꿈으로서 최종적인 DES 암호화 과정이 끝나게 된다.

한편, 복호화 과정은 이와 같은 암호화 과정의 역 과정으로 진행된다. 표 14.1에는 DES 암호화 알고리즘에 사용되는 확장 표를 표시하였다.

표 14.1 DES 암호화 알고리즘에 사용되는 확장 표

확장 비트	1	2	3	4	5	6	7	8	9	10	11	12
입력 비트	32	1	2	3	4	5	4	5	6	7	8	9
확장 비트	13	14	15	16	17	18	19	20	21	22	23	24
입력 비트	8	9	10	11	12	13	12	13	14	15	16	17
확장 비트	25	26	27	28	29	30	31	32	33	34	35	36
입력 비트	16	17	18	19	20	21	20	21	22	23	24	25
확장 비트	37	38	39	40	41	42	43	44	45	46	47	48
입력 비트	24	25	26	27	28	29	28	29	30	31	32	1

이 외에도 DES의 키의 길이가 작은 이유로 보완하여 나온 방식으로 DES를 두 번 취하는 3-DES가 있다. 그러나 DES와 같은 관용 암호화 방식은 암호화 과정과 복호화 과정에서 동일한 키를 사용하여야 한다. 따라서 관용 암호화 방식은 송신 측에서 생성한 암호화 키(key)를 수신자에게 제공해야 하기 때문에 키 분배의 보안성이 가장 큰 문제가 된다. 이러한 문제점을 해결하기 위해 제시된 암호화 방식이 공개키를 이용한 암호화 방식이다.

2) 공개키 암호화 방식

공개키 암호화(public key encryption) 방식은 관용 암호화 방식의 단점인 키 분배의 문제를 해결한 방법으로 관용 암호화 방식과는 다르게 두 개의 키를 사용한다. 다시 말해, 암호화키와 복호화키가 서로 다른 경우이다. 사용자들은 각각 한 쌍의 키를 갖는다. 하나는 공개키(public key)라 하며, 말 그대로 모두에게 공개한다. 다른 하나는 비밀 키(secret key or private key)라 하며, 사용자 자신만이 보관하고 다른 사람들에게는 절대로 공개하지 않는다. 공개키 암호화는 암호화할 때 수신자의 공개키를 사용

하고, 해독 과정에서는 수신자의 비밀 키를 이용하게 된다. 다음 그림 14.2는 공개 키 암호화 방식을 나타낸 것이다.

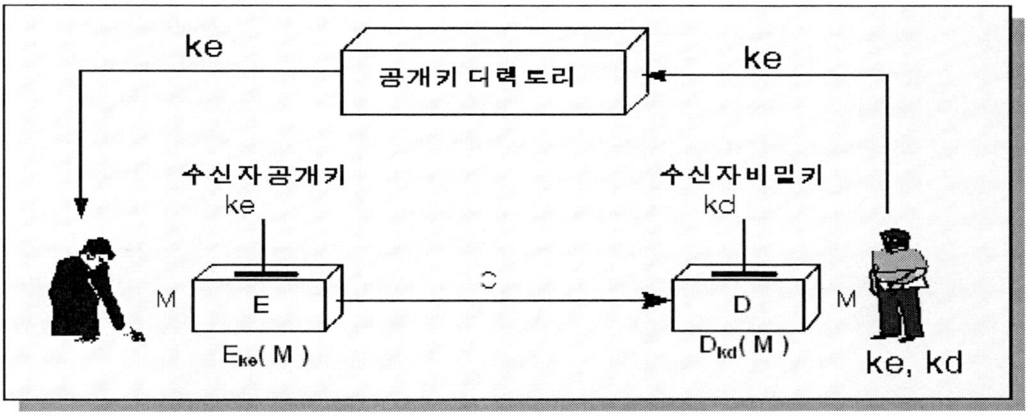

그림 14.2 공개 키 암호화 알고리즘

그림 14.2에서 Ke는 공개 키, Kd는 비밀 키, M은 메시지(Message), C는 암호문(Ciphertext), E는 암호화(Encryption)이고 D는 복호화(Decryption)이다.

공개키 암호화 및 복호화 과정은 다음과 같이 진행된다.

(1) 먼저, 메시지의 암호화와 복호화에 사용될 한 쌍의 키를 송신 측과 수신 측에서 각각 생성한다. 위의 그림 14.2에서 보는 바와 같이 송신자 공용키(K_{sp})와 비밀 키(K_{ss})가 한 쌍을 이루며, 수신자 공개 키(K_{rp})와 비밀 키(K_{rs})가 또 다른 한 쌍을 이룬다. 공용키는 누구나 접근할 수 있는 공용키 디렉토리(directory)에 보관시키고, 비밀키는 누구도 접근할 수 없는 비밀 키 디렉토리에 보관시킨다.

(2) 메시지를 전송하기 전에 송신자는 수신자의 공용키(K_{rp})를 사용하여 메시지를 암호화(E_{Krp}(M))시킨 다음 수신자에게 전송한다.

(3) 수신자는 전송되어온 암호화된 메시지(EM)를 자신의 비밀 키(K_{rs})를 이용하여 복호화((D_{Krs}(M))함으로서 원래의 메시지(M)로 복원한다. 이 때, 수신자의 비밀 키는 수신자만이 알고 있으므로 다른 어떤 자도 암호화된 메시지를 해독할 수 없다.

공개키 암호화 방식의 대표적인 알고리즘으로는 RSA(Rivest Shamir Adleman) 암호화 방식이 있다. RSA의 계산은 DES에 비해 대단히 복잡한 편이다. 소프트웨어적으로만 시스템을 구현하여 실행할 때 DES에 비해 적어도 100배 이상의 실행시간이 소요되며 하드웨어 상에서 적절히 구현하여 실행할 때는 1,000배 이상의 시간이 소요되는 등 실행 속도에서 큰 차이가 있다. 따라서 언제쯤 빠른 실행속도를 가진 RSA 전용 실행 프로세서가 다양한 하드웨어 환경에서 개발되어 저렴한 가격으로 공급될 수 있느냐 하는 것이 RSA 암호화 기술의 보편적인 사용 여부를 결정하는 중요한 전제 조건이다

3) 디지털 서명

디지털 서명(digital signature)은 개인의 고유성을 주장하고 인정받기 위해 전자적 문서에 서명하는 방법으로 일반적인 서명과는 그 성격이 다르다.

(1) 디지털 서명의 일반적인 조건

디지털 서명의 일반적인 조건은 다음과 같다.

① 송신자 이 외에는 문서의 내용이나 서명이 변조나 삭제될 수 없어야 하며, 문서의 내용이 변경되면 서명도 변경되어야 한다.
② 수신자는 문서의 서명을 통하여 송신자를 확인한다.
③ 송신자와 수신자 사이에 분쟁이 발생할 경우에는 중재자나 심판자에 의해서 해결한다.

(2) 디지털 서명의 분류

디지털 서명은 암호화 방식에 따라서 메시지 복원 형 디지털 서명과 부가형 디지털 서명으로 분류된다. 메시지 복원 형 디지털 서명은 RSA와 같이 공개키로 암호화하고 비밀 키로 복호화하며, 서명의 검증 과정에서 원래의 메시지가 복원된다. 이와 같은 메시지 복원 형 디지털 서명의 장점은 별도의 디지털 서명 프로토콜이 필요 없다는 것이며, 단점은 일정한 크기의 블록으로 나누어 각각의 블록을 암호화하므로 많은 시간이 소요된다는 것이다. 부가형 디지털 서명은 임의의 길이의 메시지를 해쉬 함수(Hash function)를 이용하여 일정한 길이로 압축하고 그 해쉬 함수의 결과와 서명자의 비밀 키를 이용하여 디지털 서명을 생성하여 메시지와 덧붙여 보내는 방법을 말한다. 이러한 부가형 디지털 서명의 장점은 단 한 번의 서명 생성 과정만이 필요하다는 것이고, 단점은 전송 량의 증가한다는 것이다.

이 외에도 이산 대수 문제에 바탕을 둔 공개키 암호시스템과 디지털 서명 방식이 있고, ID에 의한 서명과 인증 방식이 있는데, 송신자의 ID를 이용하여 공개 자물쇠를 계산한 다음 이를 이용해 암호화하고, 수신자는 자신의 ID로써 비밀 열쇠를 계산하여

문서를 다시 복호화하는 방법으로 대두된 배경은 공개키 암호시스템에서도 다수의 가입자가 사용할 때 각 사용자들의 키를 생성하고 분배하고 보관하는 키 관리의 어려움이 발생하기 때문이다.

4) 전자 상거래와 전자 지불 시스템

전자 상거래를 위한 전자 지불 시스템은 겉으로 보기에는 동일한 것처럼 보이지만 내부적인 과정을 살펴보면 크게 두 가지로 구분해 볼 수 있다. 하나는 지불 브로커(payment broker) 시스템이고 또 하나는 전자 현금(electronic money) 시스템으로 구분할 수 있다.

지불 브로커(payment broker) 시스템은 독립적인 신용 구조를 가지고 있지 않고 신용카드나 은행의 계좌를 이용해 네트워크 상에서 지불을 하도록 연결시켜주는 구조로 되어있다. 이런 시스템은 신용카드를 이용한 거래의 관행이 자리 잡혀 있고 이의 응용이 용이하기 때문에 현재 많이 이용되고 있는 현실적인 전자 지불 시스템이다. 그러나 신용카드의 수수료 등이 매우 비싸며 비효율적이며 사용자들의 개인 정보의 비밀이 보장되지 않는다는 단점이 있다. 이 방식은 현재 임시적 방식이며 향후 사용이 줄어들 것으로 전망된다.

전자화폐(electronic cash)시스템은 이론적으로 그리고 실험적으로 많이 연구되고 있으며, 전자 지불 시스템이 지향하는 궁극적인 목표 시스템이다. 이는 선불카드/직불카드를 응용하거나 순수한 디지털 현금을 응용하는 시스템이다. 이들을 만들어 낼 수 있는 기술적인 준비는 상당히 진전되었지만, 현재 금융과 사회적 관습 그리고 통화량과 경제에 미치는 영향 등 사회 경제적인 관점에서는 아직 깊은 연구가 이루어지지는 않는 듯하다.

14.1.4 통신 정보 보안 시스템

정보 통신 기술의 급속한 발전과 전 세계 네트워크를 연결한 인터넷 망은 그 편리함과 신속성으로 인하여 상호 연결된 다양한 통신망 환경에서 다양한 형태의 정보 서비스가 이루어지고 있다. 유닉스(unix)로 대변되어지는 클라이언트/서버 환경은 점차 정보화 시대의 주역으로 떠오르고 있으며, 초고속 정보통신망의 구축은 이러한 인터넷 상의 서버들을 더욱 더 빠르게 엮어주고 있다. 이러한 편리함과 유익 성을 가진 인터넷은 현대인에게 필수 불가결한 존재가 되어 국내외의 많은 연구소, 대학기관, 기업, 정부 심지어 개인까지도 사용이 급증하게 되었다. 따라서 모든 개개인은 인터넷을 통하여 다양한 서비스를 받을 수 있을 뿐만 아니라 네트워크 상에서 언제, 어디서나, 누구와도 통신이 가능하게 되었다. 그러나 인터넷의 사용은 이러한 편리성과 함께 개개인은 물론 기업이나 국가에 이르기까지 중요 정보가 노출될 뿐만 아니라 시스템을 파괴하는 매우 위험하고 파괴적인 정보화의 역기능 결과를 초래하게 되었다. 최근 인터넷을 이용한 전자상거래와 기간 정보시스템 구축에 대한 논의가 활발해지면서 보안시스템의 중요성은 더욱 크게 부각되었고 개방된 네트워크인 인터넷을 기반으로 주요 정보를 주고받기 위해서는 안심할 수 있는 정보보호 시스템이 무엇보다 선행되어야 한다는 것을 인지하게 되었다. 이러한 문제 인식은 기업과 연구소, 교육계의 주요 서비스 업무 시 인가 받지 않은 불법 사용자로 인한 정보시스템의 파괴, 개인 신상 비밀의 누설 및 유출, 각종 정보의 위·변조와 같은 심각한 위협으로부터 효율적인 정보보호 방법이 필요하게 되었다. 이에 특정한 자원에 접속하는 권한과 접속 시간 등을 강제로 규정할 수 있는 사용자 인증 기술이 커다란 논쟁이 되었다.

인증 과정은 크게 「알고 있는 것」과 「갖고 있는 것」 등 두 가지를 통해 이루어지고 있는데 전자의 대표적인 예로는 패스워드를 들 수 있으며 후자는 카드 혹은 지문처럼 몸에 지니고 다니는 것을 이용하는 방법이 대표적이다. 이 밖에 공인기관으로부터 토큰을 발급 받는 것도 인증과정의 또 다른 방법으로 최근 인터넷에서 관심을 끄는 전자 인증은 신뢰성 있는 단체에서 거래 객체의 신분을 확인해준다는데 초점을 맞추고 있다. 서로 상대방의 신분을 확인할 수 있다면 얼마든지 믿고 거래할 수 있기 때문이다. 현재 이 분야에서는 미국 베리사인(Verisign), GTE, Entrust 등 수십 개의 기업들이 인증서비스를 제공하고 있다. 그러나 미국에서는 특허 등의 문제로 CA(Certification Authority) 관련 개발도구는 RSA사 만이 제공하고 있으며 국내에서는 이니테크가 이 분야 제품 개발에 나서고 있다.

1) 정보보호 대책

정보사회의 역기능적 부작용을 해결해야 한다는 사실이 각종 컴퓨터 범죄 관련 보도와 연구를 통하여 선결되어야 하는 당면과제로 인식되고 있다. 그러나 국내의 여러 가지 제약 상황들로 인하여 정보화 역기능에 대해 효과적으로 대처하지 못하고 있다. 정보 사용자들이 전산망 자원의 순기능을 더욱 효율적으로 사용하기 위해서는 비밀성과 무 결성을 보장하면서 가용성을 최대화 할 수 있는 보안 통제 대책이 수립되어야 한다.

미래의 정보기술은 인터넷을 포함하여 네트워크의 확산, 정보고속도로 ,멀티미디어, 이 기종 컴퓨터의 접속 등을 이용한 상용 서비스를 제공하여줄 것이다. 정보보호가 해결되지 않는다면 개인의 프라이버시, 고객정보 및 자산의 보호 측면에서 많은 문제를 일으키게 된다. 따라서 정보보호는 앞으로도 지속적인 발전과 함께 정보사회의 중요한 요소로 자리 잡게 될 것이다. 전산망을 구성하는 정보시스템의 보안대책을 위한 구성 요소로는 크게 세 가지로 나눠 볼 수 있다.

(1) 법적 · 제도적 보안 대책

정보시스템의 안정, 신뢰성을 확보하기 위해 기본사항에 대한 보호대책을 법제정 또는 사규, 규정 등의 차원에서 대응케 하기 위함이다. 여기에 관리적인 요인들도 함께 고려되어야 한다. 조직은 보안 정책 수립과 함께 운영보안, 사용자 지침서 등의 절차들이 작성되어 운영될 수 있도록 해야 한다.

(2) 인적 · 관리적 보안대책

인적 자원에 대한 보안대책은 보안대책 중에서도 매우 중요한 요소이다. 왜냐하면 정보시스템에 대한 보안대책들이 완벽하게 구축됐다 할지라도 시스템을 운영하는 운영자나 사용자들의 보안의식이 없다면 모래 위에 성이나 마찬가지이다. 컴퓨터 범죄의 80% 이상이 내부자의 소행으로 나타나 있는 것은 대부분의 보안사고가 인적자원 관리가 허술하거나 보안의식이 소홀한데서 발단된다고 볼 수 있다. 그러므로 내부의 운영자원이나 사용자에 대한 지속적인 보안 마인드 제고와 함께 보안 교육 프로그램을 통해 인적자원 관리에도 관심을 두어야 할 것이다.

보안요소의 관리적 대책은 정보시스템에 대한 접근 통제 및 재난에 대비한 비상계획의 수립을 통하여 물리적인 피해를 막는 대책이다. 전산실의 통제 및 출입인원에 대한 출입 관리 및 전산센터의 시설물 설치 및 관리, 천재지변이나 화재 등 자연 환경적인 장애요인 방지대책, 재난복구 계획, 출입관리 등이 관리대책에 포함된다.

(3) 기술적 보안 대책

이는 세부적으로 시스템을 구성하는 하드웨어와 소프트웨어, 데이터, 네트워크 대책으로 나눌 수 있다. 정보보호 제품을 이용하여 정보통신 시스템의 접근을 통제한다거나, 저장된 자료나 송수신 중인 자료를 은폐하는 암호 기술을 적용한다거나, 재난 복구를 대비하기 위한 백업 체제를 갖춘다거나 정보통신 시스템 자체에 보안성이 강화된 시스템 소프트웨어를 사용하는 등의 대책들이 여기에 속한다. 특히 기업 망 또는 국가기간전산망의 외부의 불법적인 사용을 막기 위해 방화벽(Firewall) 시스템에 준하는 정도의 기술적 보안대책도 고려해 볼 수 있다.

2) 정보보호 체계

정보보호 체계란 정보보호를 구성하는 요소와 이들 간의 관계로 표시할 수 있는 데 정보 시스템의 운용이 안전하도록 하기 위해 필요한 요소의 모임이다. 정보보호 체계에는 정보 보호 관리, 정보보호 산업, 정보보호 기술, 정보보호 기반의 네 가지 요소로 이루어진다.

(1) 정보보호 관리

정보보호 관리(security management)는 정보 시스템이 제공하는 정보와 서비스에 대한 적절한 수준의 비밀성, 무 결성, 가용성 등을 유지하는 과정을 말한다. 정보보호 관리 역시 관리의 하나이므로, 관리의 일반적인 주기를 따른다. 최고 경영자의 입장에서 조직 전체 수준이 달성해야 할 정보보호의 목표와 그 목표를 달성하기 위한 전략과 방침이 정해지면 정보 시스템의 자산에 대한 위협을 식별하고, 위협의 크기와 빈도를 측정하는 위험 분석을 시행한다. 적절한 위험 수준을 유지하기 위한 정보보호 대책을 마련하기 위한 정보보호 계획을 수립하고, 이에 따라 대책을 구현한다. 정보보호 기능이 무시되면 효과적인 정보보호 목표 달성이 어려우므로 사용자의 정보보호 인식 제고 및 교육이 중요하다. 보안관리의 마지막 활동인 보안 감사는 사후 관리적 측면을 강조한다.

(2) 정보보호 산업

정보보호 산업(security industry)은 어떤 조직이 정보보호 관리를 수행함에 있어 필요한 제품이나 서비스를 제공하는 역할을 담당한다. 정보 시스템의 운용에 있어 추가되는 관리적 측면에서의 정보보호는 외부 전문가의 전문 기술에 대한 컨설팅과 정보보호 제품 개발자로부터의 정보보호 제품에 의존하게 된다. 이는 마치 전산화가 되지 않은 사무 환경을 전산화시키기 위한 조직이 외부 전문가의 자문을 구하고, 컴퓨터나 통신 제품 판매자로부터 원하는 제품을 구매하는 것과 마찬가지이다. 정보보호 서비스에는 위험 분석/관리 서비스, 보안 인식 프로그램 서비스, 보안 감사 서비스, 비상 계획 및 재난 복구 서비스 등이 대표적이다. 현재 국내에는 생소한 서비스이나 선진국에서는 이미 성업 중인 정보보호 산업에 속한다. 선진국에서 생산 판매되는 정보보호 제품은 통신 및 네트워크 보안 제품, 암호화 제품, 재난 복구 제품, 물리적 보안 제품, 마이크로컴퓨터/터미널 보안 제품 등이 있다.

(3) 정보보안 제품

정보보호 기술(security technology)은 정보보호 제품을 만드는데 필요한 제품 기술, 정보보호 시스템 자체의 보안성을 강화하기 위한 시스템 보안 기술, 정보통신 시스템을 활용하여 제공되는 응용(전자 우편, 전자 상거래 등)의 보안을 위한 네트워크 응용 보안 기술로 구분할 수 있다. 기반 기술에는 정보보호 과정을 제공하기 위한 암호화(encipherment), 전자 서명(digital signature), 접근 제어(access control) 등이 대표적이다. 시스템 보안 기술에는 운영 체제(operating systems)이나 데이터베이스, 분산 시스템 등에 보안 기능을 강화하는 기술을 말한다. 네트워크 응용 보안 기술은 전자 메일, 텔넷, 인트라넷, 전자 상거래, WWW 등과 같은 네트워크 응용 각각에 맞는 보안 기능을 추가하는 기술이다.

(4) 정보보호 기반

정보보호 기반(security infrastructure)은 조직이나 개인이 정보통신 시스템을 안전하게 운용하기 위한 정부 차원에서 제공하는 요소이다. 정보통신 시스템의 오남용을 규제하기 위해 법률을 제·개정하고 범죄 행위를 처벌하는 활동, 정보보호 기술이나 기준을 표준화하는 활동, 정보보호 제품의 보안성을 평가하고 인증하여 필요에 따라 정보보호 제품을 구매할 수 있도록 하는 활동, 어떤 조직의 보안성 정도를 평가하는 인정 활동, 네트워크 상에서 발생하는 침허 사고를 적극적으로 대응하는 사고 대응 센터 운영, 네트워크 상에 안전한 메시지 전송을 위한 암호 체계 관리 센터 등이 정보보호 기반을 이루는 요소이다.

14.2 전자상거래시스템

14.2.1 개요

전자상거래라는 용어는 1989년 미국의 Lawrence Livermore National Laboratory에서 사용된 후 1993년에 미국 연방정부가 도입하면서 확산된 것으로 추정된다. 미국에서 본격적으로 인터넷 상점이 시작된 시기는 네스케이프(netscape) 브라우저가 도입되면서 인터넷이 비즈니스용도로 쓰이기 시작한 1994년 말부터 1995년 초가 된다.

전자상거래라는 용어에 대해서 아직까지 통일된 개념이 정립되어 있지는 않지만, 일반적으로 기업, 정부기관과 같은 독립된 조직간 혹은 조직과 개인 간에 다양한 전자적인 매체를 이용하여 상품이나 서비스를 교환하는 방식이라고 정의할 수 있다. 이렇듯 전자상거래는 편리성과 신속성은 물론 시간과 장소의 제약이 없고, 상호 거래자간의 국경의 제약이 없으므로 앞으로 다가올 21세기를 주도하는 산업이 될 것이다. 단, 현재의 인터넷이 전자상거래를 수용하기 위해서는 속도와 보안등 몇 가지 취약한 부분들에 대한 보강이 필요하다.

1970년 ARPANET(advanced research projects agency network)은 국방용으로 사용되기 위해 시작되었고, 소수의 연구소, 대학, 공공기관에서만 사용되었다. 그 후 ARPANET이 TCP/IP(Transmission Control Protocol/Internet Protocol) 기반하의 인터넷으로 개방되면서 가정과 대학, 기업, 연구소, 그리고 정부 연구기관 등 서로 연결되어있는 전 세계적 규모의 분산 시스템으로 발전하였고, 이로 인해 많은 사용자들이 네트워크를 통해 서로 정보를 공유하고 사용할 수 있게 되었다. 주로 정보검색에 사용되던 인터넷은 점차 제품에 대한 홍보나 판매 등 그 사용범위가 확대되었으며, 이러한 웹의 발달로 인터넷을 통한 정보의 전달이나 전자상거래 등 네트워크의 사용이 늘어나게 되었다.

특히, 전자상거래는 어느 누구에게나 개방되어 있는 네트워크에 가상점포를 설치하여, 상품구매, 서비스구매, 기차표나 항공권의 예매, 각종 공연예매, 각종 생활정보 등의 서비스를 제공하고, 그에 따른 대금지불은 신용카드나 전자화폐를 이용하여 대금결제가 이루어지도록 하고 있다. 하지만, 현재 쇼핑몰의 웹 사이트가 취약하여 그저 단순한 홍보를 위한 단계이며, 소비자를 유치하기 위한 다양한 기능 제공과 안정성이 부족한 상태이다.

안전한 전자상거래를 구현하기 위해서는 웹의 보안이 강화되어야 한다. 이렇듯 전자상거래의 신뢰성을 회복하기 위해서는 정보화 사회에 걸림돌이 되는 네트워크 위협요소를 해결해야 한다는 것이다. 현재 컴퓨터 네트워크에 대한 문제점은 네트워크상의 자료에 대한 보호문제와 네트워크 자체에 대한 보안문제라 할 수 있고, 이러한 보안과 암호화 부분들에 대한 관심이 집중되고 있다.

현재 상용 서비스 업체나 인트라넷에서 사용되는 아이디(ID)와 패스워드(password)를 통한 단순한 로그인(login) 방식에 공개키 방식의 암호화 알고리즘을 첨가함으로써 사용자에겐 안정성과 정당성을 부여하고, 서비스 업체나 서버 관리자에겐 불법 접속으로 인한 제3자의 데이터이용과 악용 등을 최소화하는 시스템들이 개발되었다. 전자상거래 시스템 해킹으로 인한 상거래 정보의 위·변조, 시스템 마비 및 개인정보 유출 등을 방지하기 위하여 공개키 방식의 암호알고리즘 RSA는 자바(Java)언어를 사용하여 구현하고, 웹 서버와 클라이언트사이의 안전한 통신채널을 제공하는 SSL을 사용하여 사용자 인증에 앞서 1차 적인 보안단계를 거치도록 설계하는 것이 일반화되었다. 이렇게 함으로써 시스템 외부에서의 공격자에게는 접근(access)을 제한시킬 수 있고, 시스템 내부에 있는 부당한 사용자로부터는 RSA의 특성으로 인해 전송되는 정보를 안전하게 지킬 수 있다.

14.2.2 전자상거래의 목적과 특징

전자상거래의 목적은 네트워크 상에서 제품의 홍보, 쇼핑, 구입, 결제 등의 활동을 실현 할 수 있는 환경을 제공하고, 경제활동의 실효성과 신속성을 제공하고자 하는 것이다.

이러한 전자상거래의 특징은 다음과 같다.

① open service : 불특정 다수를 대상.(개방성)

② one-to-one marketing : 일대일 마케팅이 가능.(양방향성)

③ multimedia : 문자, 음성, 동영상등 다양한 매체를 이용.(다양성)

④ borderless : 시간과 국경의 제한이 없다.(범세계적)

14.2.3 전자상거래의 거래 유형

전자상거래의 거래 유형은 경제주체간의 이해관계에 따라 다음의 네 가지로 구분할 수 있다.

1) 기업과 기업 (Business to Business)

기업간의 거래는 사설 망이나 부가가치 망을 통한 EDI에서 두드러지게 나타나는데, 주로 네트워크 상에서 기업간의 주문, 송장(invoice)을 받고 지불을 하는데 사용된다.

2) 기업과 개인 (Business to Consumer)
WWW(World Wide Web)의 발달로 급격히 늘어나고 있는 인터넷을 통한 쇼핑몰에서의 소규모의 거래를 말한다.

3) 기업과 정부 (Business to Administration)
정부가 조달내용을 공시하고, 기업이 인터넷을 통해 응답을 하는 형태이며, 아직은 초기단계지만 정부가 전자상거래의 중요성을 인식한다면 빠르게 성장할 것이다.

4) 개인과 정부 (Consumer to Administration)
아직 행해지고 있지 않지만 기업과 개인, 기업과 정부간의 거래가 활성화 된 후 정부가 생활보호지원금(welfare payment)이나 자진신고 세금 환불(self-assessed tax returns)등 전자적인 거래를 확장할 것이다.

14.2.4 전자상거래의 기본 절차

전자상거래의 기본 절차는 다음과 같다.
① 화폐발행 : 은행은 필요한 만큼의 액수를 전자화폐화 한 후 고객의
시스템으로 전송.
② 구매요구 : 인터넷에서 제공되는 서비스를 통하여 구매를 요청.
③ 지불요구 : 해당 상인은 원하는 상품의 정확한 가격 및 정보를 제공.
④ 지불 : 해당 액수만큼의 전자화폐를 상인에게 전송
⑤ 인증 및 입금/교환 : 상인은 받은 전자화폐의 유효성검사를 의뢰하고, 자신의 구좌로 입금/교환하기를 희망.
⑥ 입금/교환 확인 : 은행은 상인의 요구에 대한 결과를 확인.
⑦ 영수증/상품 : 상인은 고객에게 영수증을 발급하고 상품을 전달.

그림 14.3은 전자상거래의 가장 기본적인 절차를 보여준다.

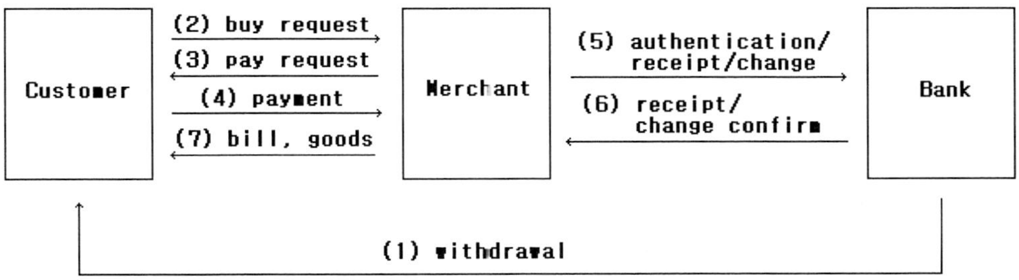

그림 14.3 전자상거래의 기본 절차

14.2.5 전자 지불 시스템

인터넷을 이용한 전자상거래가 급속히 확산되면서 초기에는 인터넷상에서 상품의 대금결제 수단으로 인터넷을 통하지 않고 수표의 발행이나 신용카드 등을 이용하여 결제하였다. 그러나 최근 기술의 발달로 인터넷을 통해 사용자에게 편리함과 신속한 서비스를 제공할 수 있는 전자지불이 등장하고 있다. 아직까지는 전자지불의 안전성이나 보안성 등 여러 가지 문제로 널리 사용되고 있지는 않지만 이에 대한 해결방법을 연구하고 있고, 점차 전자지불에 참여하는 업체들이 늘어가고 있다. 이같이 전자상거래에서 중요한 단계 중 한 가지는 상품의 주문 후에 일어나는 전자지불단계라고 할 수 있다. 이러한 전자지불의 기본구성은 그림 와 같이 고객, 상점, 은행사이에 발생하는 발행(withdrawal), 지불(payment), 예치(deposit)로 이루어진다.

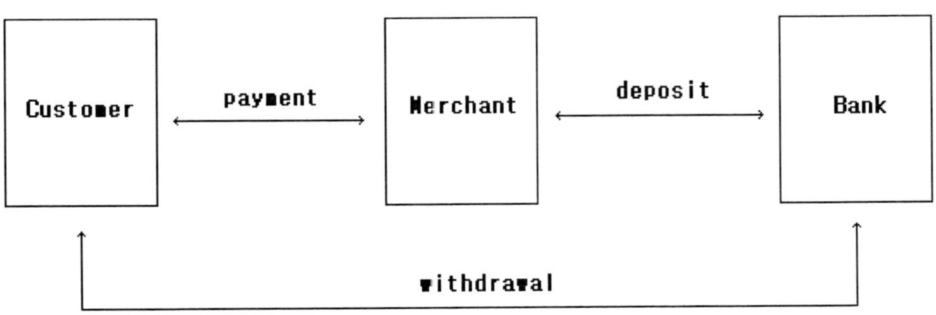

그림 14.4 전자 지불 구성도

전자 지불 시스템은 특성에 따라 표 14.2와 같이 분류할 수 있다.

표 14.2 전자 지불 시스템

Type	Classification
Electronic Cash	E-Cash, Net cash
Credit Card	FV(First Virtual), Cybercash, iKP, SET
Electronic Check	E-check, NetCheque

1) 전자화폐

전자화폐(electronic cash)는 인터넷상에서 현금과 동일한 가치를 가지고 있어야 하며, 주로 소액거래에 사용된다. 그러나 매 사용 시 고객의 정보가 저장된다면 개인의 프라이버시가 침해될 수 있으므로 익명성을 보장해야 한다.

이와 같이 전자화폐 시스템에서 제공해야 하는 요구사항을 다음과 같이 요약할 수 있다.

① 안정성 : 전자화폐의 복사, 위조 등에 의한 이용이 불가능해야 함

② 익명성 : 은행 또는 상점의 결탁에 의해 고객의 구매 관련 내용에 대한 추적이 불가능

③ 이중사용 방지 : 한번 사용한 전자화폐의 이중사용을 방지해야 함

④ 양도성 : 타인에게 양도할 수 있어야 함

⑤ 휴대 성 : 현금의 특성과 같이 휴대가 가능해야 함

⑥ 분할이용 : 전자화폐를 세분화하여 사용할 수 있어야 함

네덜란드 디지캐쉬(DigiCash)사에서 개발한 소프트웨어로 인터넷을 통한 본격적인 전자 지불 시대를 주도한 최초의 시스템중 하나이다. 사용자는 클라이언트 소프트웨어를 이용하여 은행으로부터 이-캐쉬(E-Cash)를 인출해 자신의 컴퓨터에 저장하고, 이 이-캐쉬를 가지고 상점에서 상품을 구매하고 지불한다. 미국의 마크트웨인 은행에서 종이화폐와 교환도 하고 은행서비스도 받을 수 있다. 디지캐쉬사는 사용자의 익명성을 보장하기 위해 화폐를 발행한다. 하지만 사용된 화폐를 모두 기록해야 하므로 사용기

간을 두고 있으며, 중앙 집중적인 계좌 관리로 인해 사용자 수에 제한을 두고 있다.

2) 신용카드 기반

신용카드(credit card)를 사용하는 지불 방식은 실세계의 지불 과정과 유사한 절차로 이루어지므로 트랜잭션 비용보다 거래금액이 크다. 하지만 전자상거래에서 이루어지는 거래는 소액거래가 많이 있으므로 트랜잭션 비용을 줄이는 것이 필수적이다.

(1) FV

FV(First Virtual)는 미리 신용카드나 은행 계좌번호, 전자메일 주소 등의 정보를 전화나 팩시밀리로 등록해 두고 ID 번호를 이용자에게 발행하는 방식이다. FV에서는 개인정보에 대하여 암호화를 사용하지 않고 전자메일을 기반으로 하는 것이 특징이다. WWW과 전자메일을 통해서만 거래가 이루어지는 것이 특징이다.

(2) 사이버캐쉬

사이버캐쉬(CyberCash)에서 지원하는 신용카드 서비스는 디지털 서명을 기반으로 하여 실시간 인증을 지원한다. 지불처리 절차는 다음과 같다. 고객은 확인된 주문서와 암호화된 지불정보를 상점에게 보내고, 상점은 디지털 서명이 첨가되고 공개키로 암호화된 고객의 지불정보를 사이버캐쉬 지불 서버로 보낸다. 지불 서버는 복호화한 후에 은행으로 보내고 은행은 카드회사로 승인요청을 한다. 승인/거부 결과를 반대경로를 통해 지불 서버에 보내며, 지불 서버는 상점에게 전송함으로써 지불을 처리한다.

3) 전자수표

전자상거래에서는 거래하려는 상대방의 얼굴과 신원을 확인 할 수 없으므로, 사용자의 인증 과정이 반드시 필요하다. 또한 트랜잭션 비용이 높지만 큰 액수의 사용에 적합하다. 전자수표 (electronic check)는 종이수표와 비교할 때 비용이 적으므로 소액거래에도 사용이 가능하다. 단점은 수표의 중복발행 및 인증을 위해 수표의 사용에 관한 유효일자가 정해져 있다는 것이다. 대표적인 전자수표 방식은 캘리포니아대학의 NetCheque, 카네기 멜론 대학의 NetBill, FSTC (financial services technology consortium)의 E-Check등이 있다.

FSTC는 미국의 금융 산업 발전을 위한 정보거래 및 공동연구를 목적으로 설립된 비영리단체로 CitiBank, BostonBank, ChemicalBank 등 대형은행, 비자(Visa), 마스터(Master)등 카드회사, AT&T, IBM, CyberCash 등 금융서비스 관련업체, 연구기관, 대학 등 60여개 기관이 참여한 컨소시엄이다. FSTC의 전자수표는 PCMCIA 카드를 사용하고 있는데 현재 이용되고 있는 개인수표 서비스를 인터넷에 옮긴 형태이다. 즉, 고객은 은행과의 거래를 통해 전자수표를 교부받고 이를 PCMCIA 카드에 저장한 후, 상품구입 시 전자수표를 발행해 서명하고 상점에 지불하면 된다. 전자수표를 받은 상점은 이를 은행에 송신하고 은행은 전자수표상의 데이터를 상점의 거래은행에 송신하여 정산을 요구하면 기존의 은행간 채널인 ECP(electronic check presentment)나 ACH(Automated Clearning House)을 통해 결제한다. E-Check는 보안을 위해 공개키 방식의 암호서명을 이용하여 전자수표의 발행, 배서, 인증 등에 사용하고, 전송할 때는 FSML(financial service markup language)이라는 프로토콜을 사용하여 공중망을 이용하고 있다. PCMCIA를 사용하므로 컴퓨터에 이 서명카드를 인식하는 장치가 설치되어야 한다. E-Check는 개인수표 서비스 방식이므로 고객의 사용에는 편리하지만 자신의 계좌에 잔고가 얼마인지 확인할 수 없다는 단점이 있다.

4) 국내의 전자 지불

(1) Wallet

데이콤에서는 1996년 11월 공개키 방식을 이용한 Wallet이라는 전자 지불 S/W를 개발해 현재 사용하고 있다. 데이콤 전자 지불 서비스의 특징은 SSL(secure socket layer)을 적용한 폼(form) 방식의 전자 지불 서비스, 국제 SET 프로토콜을 적용한 전자 지불 서비스, 사용자 Wallet 소프트웨어를 이용한 전자 지불 서비스 등 다양한 방식의 전자 지불 서비스를 제공한다.

(2) 이니페이

보안전문 업체인 이니시스에서는 RSA 암호화 기법을 이용해 1024bit의 키 길이를 가지며 신용카드, 직불카드, 계좌이체 등 다양한 지불방식을 지원하는 국내 금융환경에 적합한 전자 지불 S/W를 개발하여 서비스 중에 있다. 또한 최근에는 이니페이 카드라는 전자상품권 형태의 소액결제 서비스를 제공할 계획이다. 이니페이 카드는 이니페이를 사용 중인 인터넷 쇼핑몰에서 기존 신용카드 직불카드 선불카드 상품권 등의 기능을 수행하는 전자상거래용 만능카드로써 신용카드번호 대신 인터넷카드 번호와 비밀번호를 입력하면 신용카드나 통장과 연결돼 자동으로 거래가 이뤄진다.

(3) 아이캐시

1998년 말 동성정보통신이 네트워크형 전자화폐 아이캐시를 선보였다. 아이캐시는 조흥은행, 데이콤, IBM, 동성정보통신, 오라클, 대홍기획, LG정보통신 등 7개사가 인터넷 EC에서 수수료 없이 소액결제를 하기 위해 추진해온 IC 카드 기반 전자화폐로 개인키, 계좌번호, 인증서, 패스워드 등에 대한 비밀정보를 암호 키를 사용해 보안기능을 대폭 강화한 것은 물론 사용자 인증과 전자서명 등의 EC를 위한 핵심 기능도 제공한다. IC카드를 활용한 전자화폐는 EC를 위해 안전성과 편리함을 보장하는 소액결제수단으로 전 세계에서 각광받고 있지만 이처럼 공개적으로 EC에 응용한 경우는 아이캐시가 아태지역에선 처음이다. 아이캐쉬는 컴퓨터 하드웨어에 지갑과 돈을 다운받아둔 뒤 필요할 때마다 인터넷상에서 꺼내 쓸 수 있는 디지털 코인과, 컴퓨터에 장착된 리더기에 IC카드 형태의 스마트카드를 읽어 사용하는 방법 두 가지 형태로 제공된다.

(4) 이코인

1999년 8월 (주)이코인은 상품권 이용 방식의 인터넷 EC 소액 결제시스템 이코인을 선보였다. 그동안 선보인 네트워크형 소액 전자화폐는 개인의 PC 등에 전자지갑 프로그램을 일일이 설치, 신용카드-은행간 계좌이체를 통해 전자지갑에 충전해 사용하거나 IC 카드 등을 활용해야 했기 때문에 초기사용자 등록 시 개인 신용정보 노출 등으로 인한 보안사고의 우려와 복잡한 프로그램 다운로드 및 인증, 암호화에 따른 번거로움이 있었다. 이에 반해 이코인은 종이상품권에 기재된 고유번호를 입력하면 이코인 서버와의 인증, 암호화를 통해 전자 지불 및 카드 잔고확인이 가능해 지불결제의 편리함과 안전성을 동시에 제고시킨 것은 물론 거래 시 은행 및 신용카드 사에 접속하지 않아도 이코인 서버 내에서 원스톱 방식으로 모든 과정을 처리해 정산비용을 획기적으로 줄인 것이 특징이다.

14.2.6 웹 보안 위협 분석

1) 웹 보안 개요

웹은 기본적으로 클라이언트-서버 모델을 기본으로 하고 있다. 인터넷 이용자들은 보통 브라우저 또는 클라이언트라고 하는 응용(application)을 웹 서버에 연결함으로써 사용이 가능하게 된다.

인터넷은 원래 개방성에 근간을 두고 있으므로, 보안상의 문제는 어느 누구도 피할 수 없다. 웹은 이러한 인터넷에 기반을 두고 있으므로 보안의 측면에서 매우 취약하다. 웹에서 발생할 수 있는 보안 위협과 현재 대응방법 및 취약성을 보완하기 위해 웹 상에서 적용되고 있는 프로토콜에 대해 소개한다. 그림 14.5에는 웹의 개념에 대해서 설명하였다.

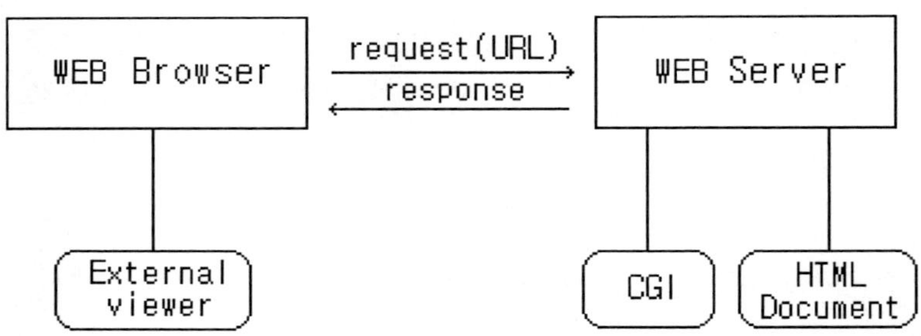

그림 14.5 웹의 개념

2) 웹 보안 위협과 대응책

웹상에서 전송되는 메시지에 대한 제 3자의 위협을 보면 수동적 공격(passive attack)과 능동적 공격(active attack)이 있다. 수동적 공격은 단지 도청(eavesdropping)

이나, 트래픽 분석(traffic analysis) 등 메시지의 변형 없이 가해지는 공격이다. 능동적 공격은 변조(modification), 삽입(insertion), 삭제(delete), 재생 (replay) 공격 등 메시지의 변형과 조작을 가하는 공격이다. 그림 14.6에는 메시지 공격에 대해서 설명하였다.

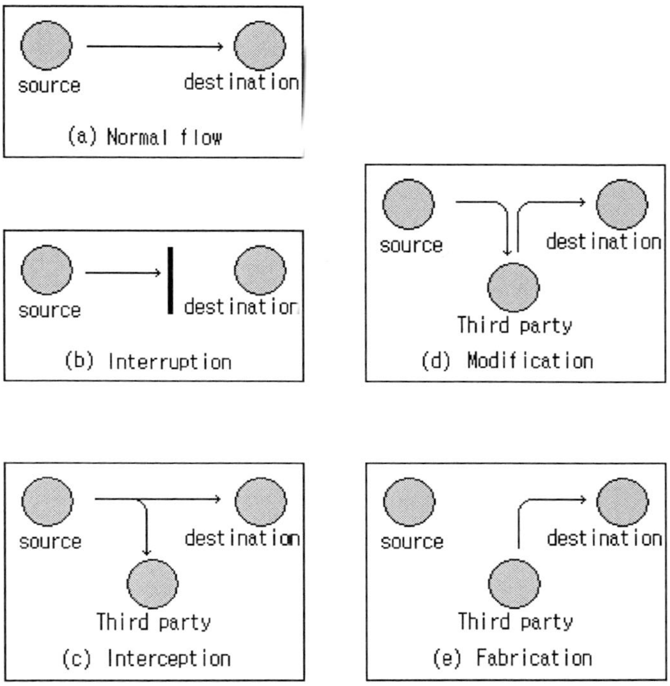

그림 14.6 메시지 공격

위와 같은 공격에 대응하여 제공되는 보안 서비스는 다음과 같다.

(1) 무 결성

클라이언트와 서버 외에 제 3자가 인터넷을 통해 전송되는 메시지를 가로채, 그 내용은 알 수 없더라도 메시지의 내용을 생성, 변경 삭제할 수 있다. 이렇듯 무 결성(integrity)은 메시지의 내용을 생성, 변경, 삭제 할 수 없도록 보호하는 기능을 한다. 여기서 쓰이는 방식은 해쉬 함수이다. 해쉬 함수는 길이의 제한을 받지 않는 스트링을 입력으로 받아 특정한 길이의 이진 값을 출력하는 함수이다. 얻어진 이진 값으로부터 원래의 스트링을 얻을 수 없으므로, 클라이언트는 메시지와 해쉬 함수를 통한 이진 값을 함께 전송하고 서버는 클라이언트에서 전송된 원래의 메시지로부터 해쉬 함수를 통해 이진 값을 얻어내고, 전송된 이진 값과 비교하여 메시지의 무 결성을 검증한다.

(2) 기밀성(confidentiality)

전송되는 메시지가 외부에 노출되어 단지 클라이언트와 서버 두 통신 당사자만이 알아야 하는 메시지를 제 3자가 알 수 있다. 대응방법으로는 메시지 또는 헤더를 암호화하는 방법이 있다. 이때, 공개키를 사용한다. 서버는 메시지를 세션(session) 키로 암호화하고 클라이언트의 공개키로 세션 키를 암호화한다. 클라이언트는 자신의 비밀 키로 복호화하여 세션 키를 생성하고, 그 세션 키를 사용하여 메시지를 복호화한다. 이렇게 하여 제 3자가 메시지를 가로채더라도 클라이언트의 비밀 키를 모르므로 세션 키를 생성할 수 없고, 따라서 메시지를 해독할 수 없다.

(3) 부인봉쇄(non-repudiation)

서버와 클라이언트사이에 발송된 메시지를 부인하거나, 전송하지 않은 메시지를 받았다고 주장할 수 있고, 또는 수신사실을 부인할 수 있다. 전자서명(digital signature)을 사용하면 메시지가 특정 클라이언트에게 보내졌을 때 나중에 서버는 발송사실을 부인할 수 없고, 클라이언트에서 발송되지 않은 메시지를 받았다고 주장 할 수도 없다.

(4) 인증(authentication)

서버와 클라이언트가 서로 통신을 하려고 할 때, 각각에 대해서 실제 통신하려던 서버와 클라이언트인지 확인해야 한다. 제 3자가 서버를 가장하여 잘못된 서비스를 제공한다면 클라이언트는 원하지 않던 잘못된 서비스를 받게 된다. 마찬가지로 어느 특정 클라이언트에게만 제공해줄 서비스가 있다면 정당한 클라이언트인지 확인해야한다. 전자서명을 사용하여 이를 해결한다.

(5) 접근제어(access control)

클라이언트에서 통신채널을 통한 서버자원의 무분별한 사용을 금지하기 위해 서버의 시스템이나 응용프로그램의 접근을 통제하거나 사용범위를 제한한다. 클라이언트는 먼저 해당 식별 자나 인증을 얻어 각각의 사용권한에 맞는 서비스를 사용한다.

(6) 가용성(availability)

웹에 대한 다양한 공격은 서버와 클라이언트사이의 사용에 손실을 가져오거나 감소를 가져온다. 가용성은 네트워크에 접속된 전체 시스템의 성능을 안정적으로 유지하는 한편 전체시스템의 시용 효율에는 이상이 없도록 하는 것이다. 이러한 가용성을 확보하기 위해서는 데이터의 주기적인 백업, 물리적인 위협으로부터의 보호, 중복성(redundancy) 유지 등이 있다.

14.2.7 웹 보안 프로토콜

현재 웹을 이용하여 통신하는 서버와 클라이언트사이에서 각 레벨에 적용되는 보안 프로토콜들은 다음과 같다.

① Network Level : IPSec

② Transport Level : SSL(secure socket layer), TLS

③ Application Level : Kerberos, S/MIME, PGP, SET, S-HTTP

다음에서는 Transport Layer에서의 대표적 보안 프로토콜인 SSL(secure socket layer)에 대해 알아본다. 그림 14.7은 각 계층에서 적용되는 보안 프로토콜을 나타낸다.

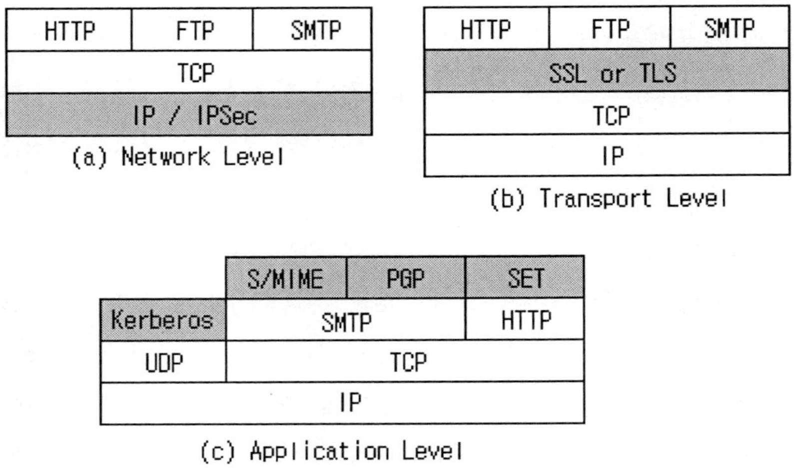

그림 14.7 보안 프로토콜

1) SSL

SSL(secure socket layer)은 Netscape 사에서 인터넷 보안을 위하여 개발한 프로토콜이다. RSA와 X.509를 사용하여 데이터의 암호화, 서버 인증 기능, 데이터의 무결성(integrity) 그리고 선택적으로 클라이언트 인증 기능을 수행하며 응용 계층과 TCP/IP 계층의 사이에 위치한다. 응용 계층의 아래에 위치하기 때문에 각종 응용 계층 프로토콜(HTTP, TELNET, FTP 등)에서 사용이 가능하다.

그림 14.8과 같이 SSL은 TCP/IP 또는 그 밖의 전송계층(transport layer) 위에 하나의 계층을 따로 구현한 것으로, 통신하고자 하는 서버와 클라이언트사이에 소켓 루틴들을 사용하여 먼저 안전한 통신 채널을 확립한 다음 이 채널을 통해 암호화된 정보를 교환할 수 있도록 하고 있다.

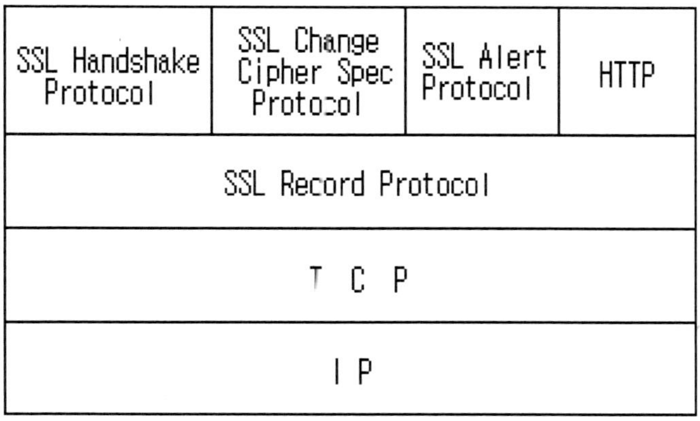

그림 14.8 SSL 프로토콜

SSL의 경우, TCP/IP 연결을 시작했을 때, 보안 응답 확인방식(handshake)을 사용하여 보안 등급을 협상한다. SSL을 사용하려면 URL에 HTTPS라는 액세스 방식을 사용해야 하는데 이 경우 포트(port) 443을 사용한다. 보통 HTTP에서는 포트 80을 사용하므로 이렇게 포트를 구분하여 사용하면 하나의 서버 호스트에서 보안 웹 서버와 보안 기능이 없는 웹 서버를 동시에 실행할 수 있다.

SSL프로토콜의 구성을 보면 SSL은 그 안에서 SSL Record protocol, SSL Handshake protocol, Change Cipher Spec protocol, Alert protocol로 나누어진다. SSL Record Layer에서는 암호화 처리를 위한 기본 단위들로 나누고 그것을 구분하는 것을 담당하고, SSL Handshake Layer는 암호화 방법이나 열쇠의 결정 및 협상을 담당한다.

2) SSL Record protocol

레코드 프로토콜은 여러 가지 상위 계층의 프로토콜들을 캡슐화 하기 위해 사용되는데 이것은 TCP 상위에 존재한다. DES(data encryption standard), RC4(Rivest cipher version four, Ron's code) 등과 같은 대칭키 암호화 알고리즘을 사용하여 두 통신 개체간의 비밀보장 서비스가 제공되며, 접속 과정에서 클라이언트와 서버 인증이 제공된다. 그림 14.9에는 SSL 레코드 프로토콜에 대해서 설명하였다.

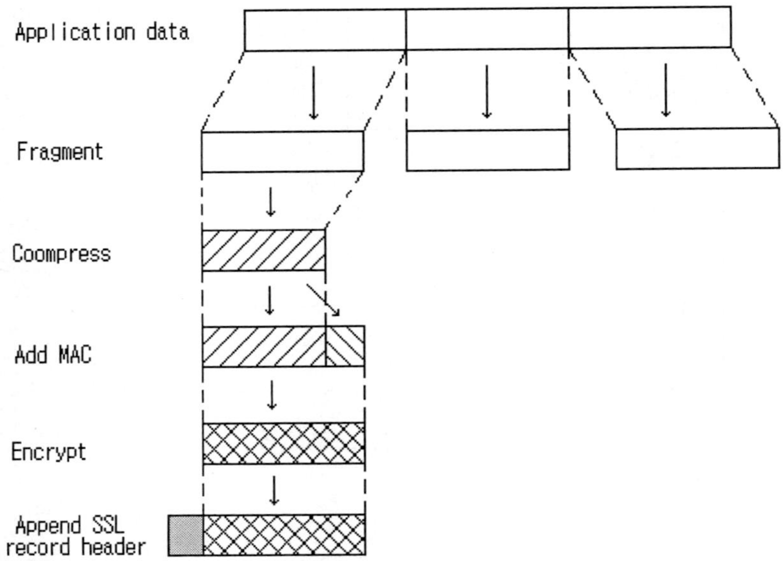

그림 14.9 SSL 레코드 프로토콜

- fragment : 2^{14} byte 또는 그보다 작게 하여 단편화시킨다.
- compress : 현재 TLS에서는 압축을 사용하지 않고, 그 값은 null이다.
- add MAC(message authentication code) :

```
hash( MAC_write_secret || pad_2 ||
    SSL( MAC_write_secret || pad_1 || seq_num ||
    SSLCompressed.type || SSLCompressed.length ||
    SSLCompressed.fragment ))
MAC_write_secret : 공유키
hash : 해쉬 알고리즘 (MD5 또는 SHA-1)
pad_1 : 0x36을 MD5에서는 48번 반복,
        SHA-1에서는 40번 반복한 값
pad_2 : 0x5C을 MD5에서는 48번 반복,
        SHA-1에서는 40번 반복한 값
seq_num : 이 메시지의 순서번호
```

- encrypt : 2^{14} + 2048 byte를 넘지 않는다.
- append SSL record header: 암호화된 데이터 + 4개 field

Content Type(8bit) : 단편화에 사용되는 상위계층 protocol
Major Version(8bit) : SSLv3에서는 값 3을 갖는다.
Minor Version(8bit) : SSLv3에서는 값 0을 갖는다.
Compressed length(16bit) : 최대 값은 2^{14} + 2048

3) SSL Handshake protocol

SSL이 서버와 클라이언트 사이에서 동작하기 위해서 필요한 사전작업 즉, 상호간 인증, 암호화방법, MAC 알고리즘, 암호 키 결정 등의 작업들이 Handshake protocol에서 수행된다. Handshake protocol은 클라이언트와 서버에 의해 교환되는 메시지로 구성된다.

• type(1 byte) : 표 14.3에 정의된 10개의 메시지중 하나
• length(3 byte) : 메시지의 길이
• content(≥1 byte) : 메시지와 관련된 파라미터(표 14.3 참조)

표 14.3에는 메시지 형식과 파라미터에 대해서 설명하였다.

표 14.3 메시지 형식과 파라미터

Message Type	Parameters
hello_request	null
client_hello	version, random, session id, cipher suite, compression method
server_hello	version, random, session id, cipher suite, compression method
certificate	chain of X.509v3 certificate
server_key_exchange	parameters, signature
certificate_request	type, authorities
server_done	null
certificate_verify	signature
client_key exchange	parameters, signature
finished	hash value

다음은 Handshake protocol에서 수행되는 작업들을 4개의 단계별로 나눈 것이다.

(1) 1단계 - establish security capabilities

① Logical connection을 초기화하고, security capabilities를 설정한다.

② Client hello

최 상위 SSL version, 32-bit의 timestamp와 28byte의 random number로 구성된 32byte initial random number, session ID, ciphersuite, compression method등 5개의 파라미터가 포함된 client hello 메시지를 보내는 클라이언트에 의해서 교환이 초기화 된다.

(2) 2단계 - server authentication and key exchange

서버가 인증을 위해 자체의 certificate를 보냄으로 2번째 단계가 시작된다.

① Certificate 메시지

하나 또는 여러 개의 X.509 certificate로 구성되고, fixed DH의 키 교환 용도로 사용된다.

② Server key exchange 메시지

자체 certificate가 없거나, 단지 서명에만 사용되면 server key exchange 메시지가 보내지게 되고, fixed DH 파라미터를 가진 certificate를 보낼 때 이 메시지는 사용되지 않는다.

③ Certificate request 메시지

non-anonymous 서버는 클라이언트로부터 certificate를 요청하고, certificate type, certificate authorities등 2개의 파라미터를 포함한다.

④ Server done 메시지

파라미터를 가지지 않으며 server hello의 끝을 알리고 이 메시지 후에 클라이언트의 응답을 기다린다.

(3) 3단계 - client authentication and key exchange

① Certificate 메시지

서버의 certificate 요청이 있는 경우 보내고 적절한 certificate가 없으면 경고 메시지, no certificate를 대신 보낸다.

② Client key exchange 메시지

server key exchange에서 선택된 공개키 알고리즘에 의해 메시지가 결정된다.

③ Certificate verify 메시지

클라이언트 certificate의 확실한 증명을 제공하기 위해 보내진다.

(4) 4단계 - finish

secure connection의 setting을 완결하는 단계

① Change cipher spec 메시지

클라이언트가 change cipher spec 메시지를 보내고, pending cipherspec을 current cipherspec에 복사한다.

② Finished 메시지

key exchange와 인증이 완료되었음을 의미한다.

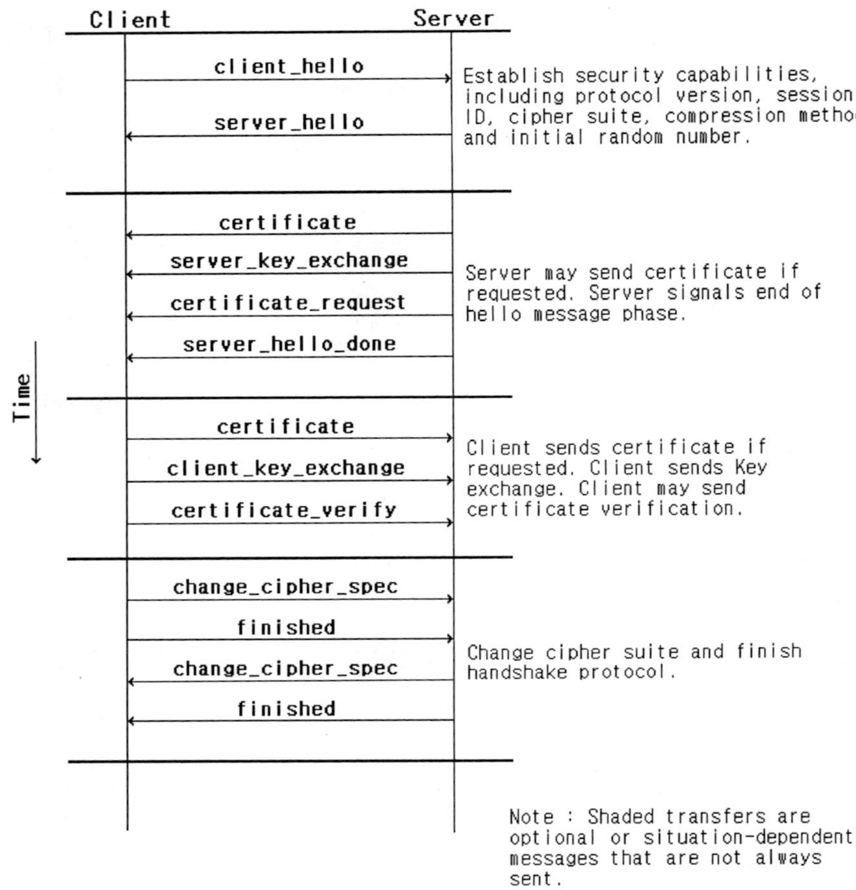

그림 14.10 Handshake 프로토콜 동작

4) SSL Change Cipher Spec protocol

서버와 클라이언트 상호간에 전송되는 프로토콜로서 앞으로의 데이터전송에 서로 협의된 cipher spec을 따르겠다는 것을 알려주는 역할을 한다. Change Cipher Spec protocol은 그림 14.11 (a)와 같이 값 1을 갖는 single 메시지로 구성되어있고, 이것은 현재의 연결에서 사용할 cipher suite를 갱신하기 위해 사용된다.

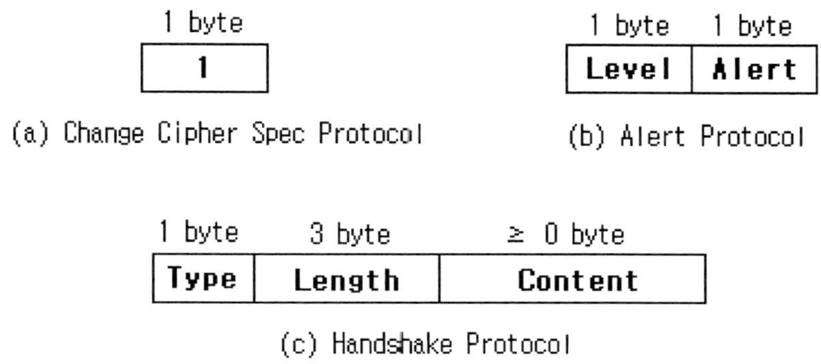

그림 14.11 SSL 프로토콜 구조

5) SSL Alert protocol

Alert protocol의 구성은 그림 14.11 (b)와 같다. 첫 번째 byte는 warning과 fatal의 두 가지 level을 가지는데, 만약 level이 fatal인 경우에는 즉시 연결을 종료하게 된다. 두 번째 byte는 alert을 나타내는 code값을 가진다.

다음은 Alert의 종류와 의미를 나타넌다. 처음 다섯 개의 종류는 항상 fatal을 가리킨다.

① unexpected_message : 부적절한 메시지를 받았을 때.

② bad_record_mac : 잘못된 MAC을 받았을 때.

③ decompression_failure : 잘못된 입력 값이 전달되었을 때.

④ handshake_failure : security parameter등을 협상하지 못했을 때.

⑤ illegal_parameter : handshake 메시지의 field가 범위 밖이거나, 다른 field와 조화를 이루지 못할 때.

⑥ close_notify : 연결에 대해 더 이상의 메시지가 없을 때.

⑦ no_certificate : certificate 요청에 대해 적당한 certificate가 사용되고 있지 않을 때.

⑧ bad_certificate : 수신된 certificate가 변질되었을 때.

⑨ unsupported_certificate : 수신된 certificate가 지원되지 않을 때.

⑩ certificate_ revoke : 서명자에 의해 무효화 될 때.

⑪ certificate_expired : certificate가 만기되었을 때.

⑫ certificate_unknown : 불확실한 certificate의 경우.

14.3 영상압축시스템

14.3.1 JPEG

1) 개요

컴퓨터와 통신, 방송 등이 결합, 통합된 다중미디어 환경이 다양하게 발전하여 정보통신 분야의 꽃이라 할 수 있는 멀티미디어 시대가 열렸다. 멀티미디어를 지원해주는 핵심 요소 기술로는 디지털 화와 더불어 디지털 영상 압축 기술이 있다. 정보통신의 급격한 발달과 함께 컴퓨터에서 취급하는 데이터의 형태도 다양하게 되어 종래의 텍스트 중심의 데이터로부터 음성 및 영상 데이터까지 포함하는 멀티미디어의 시대를 맞이하게 되었다. 멀티미디어 중에서 영상 데이터는 인간의 시각효과를 이용할 수 있기 때문에 텍스트 데이터 부호화와는 다른 양상을 보이게 되고 또한, 압축효과가 매우 크기 때문에 널리 응용되고 있다.

영상 데이터의 부호화는 주로 완전복원을 전제로 하지 않는 손실 부호화(loss coding)가 활발하게 연구되어 JPEG(Joint Photographic Experts Group)와 같은 국제 표준화 규격을 완성하게 되었다. 한편, 하드카피 통신에 대표되는 팩시밀리 등을 위한 부호화는 흑백의 이진 영상을 대상으로 하여 완전복원을 전제로 하는 무 손실 부호화(lossless coding) 기법이 적용되어 오고 있다. 최근에는 흑백의 이진 영상뿐만이 아니라 한정 계조 영상 및 칼라 영상까지도 팩시밀리에서 취급함에 따라 다중 레벨 영상(multi-level image)의 무 손실 부호화의 필요성이 크게 증대하고 있다. 따라서 JPEG과 JBIG(Joint Bi-level Image Experts Group)을 중심으로 활발히 연구, 개발되고 있으나 시스템의 구성이 복잡하고 고가라서 그 실현이 용이하지 않기 때문에 개인용 컴퓨터에서 일반 사용자가 손쉽게 응용할 수 없는 실정이다.

영상 신호는 고부가의 정보임에도 불구하고 많은 데이터 양으로 인하여 실시간 전송 실현에 상당한 한계를 가지고 있다. 이러한 실시간 전송을 위한 데이터 압축 방식은 예측 부호화, 변환 부호화 및 이들을 결합한 하이브리드(hibrid) 부호화 등이 있다. 이들 부호화중에서 변환 부호화는 데이터 압축률이 높아 화상 전화 및 비디오 회의를 위한 CCITT(the International Telegraph and Consultative Committee)의 권고안으로 채택되었다. 특히 고속변환을 갖는 DCT를 이용한 변환 부호화는 에너지 집중성이 높아 변환 부호화의 대표적인 방법으로 칩의 개발과 더불어 실용화 단계에 있다. 일반적으로 DCT를 이용한 변환 부호화는 자연 영상을 1.0[bpp] 정도의 부호화 율에서 채널 에러가 없는 경우에는 원 영상에 가까운 재생영상을 얻을 수 있다. 정지영상 압축의 표준인 JPEG과 동영상 압축의 표준인 MPEG(Moving Picture Experts Group)에서 사용하는 DCT와 양자화는 영상을 주파수 영역에서 해석하여 처리한다. JPEG과 MPEG에서 주로 사용되는 압축 기법은 변환부호화 방식과 예측부호화 방식, 엔트로피 부호화 방식 등이 있다. 영상압축은 영상들이 갖는 공간적, 시간적 중복성을 제거하거나 변환시키고 거기에 통계적 특성을 적용함으로써 영상을 표현하는 데이터 량을 줄이는 방법이다. 공간적 중복성이란 한 영상에서 인접한 픽셀들은 서로 비슷한 값을 가지고 있다는 것을 말하고, 시간적 중복성이란 대부분의 동영상이 1초에 수십 장의 영상을 보내어 움직임을 보여 주고 있으므로 역시 시간적으로 연속적인 두 영상은 비슷하다는 것을 의미한다.

영상에 대한 공간상의 중복성을 제거하는 방법으로는 원래의 신호를 여러 개의 블록으로 분할한 후 각각을 블록 변환하여 변환계수를 구한 뒤, 각 계수들을 양자화하여 부호화 효율을 증가시키는 변환부호화 방법, 영상의 통계적 특성 및 인간의 시각적 특성을 고려하여 유한 개수의 동일 차원 코드벡터로 이루어진 코드 북에서 한 코드벡터를 찾아서 근사시키는 벡터양자화 방법, QMF (Quadrature Mirror Filter) 뱅크를 사용하여 대상 신호의 주파수 대역을 N개의 subband 신호로 분리한 후, 각 subband의 신호를 그 주파수 영역에서 인간의 시각 특성에 적합한 PCM(Pulse Code Modulation) 또는 DPCM(Differential PCM) 등을 적용하여 대역압축을 하는 대역분할 부호화 방법, 심벌의 확률적 분포에 따라 발생빈도가 높은 심벌(symbol)은 적은 비트를 할당하고 발생빈도가 낮은 심벌에 대해서는 많은 비트를 할당함으로써 전체적으로 비트 발생율을 최소화하는 엔트로피 부호화 방법 등이 있다.

변환 부호화, 벡터양자화, 대역분할 부호화, 엔트로피 부호화가 영상에 대한 공간상의 중복 성을 제거하는 데 이용되는 압축 방식인 반면에 예측 부호화 방식은 영상에 대한 시간적인 중복 성을 제거하는 압축 방식이다. 단순히 같은 공간상 위치의 화소를 비교하여 차 신호를 구하고, 차 신호를 양자화한 후 전송하는 단순 DPCM 방식이 일찍부터 영상의 시간상의 중복 성을 제거하는 부호화 기법으로 사용되어져 왔다. 그러나 이러한 단순 DPCM은 움직임이 많은 동영상 부호화시에는 예측오차의 증가에 따라 예측성능이 떨어지기 때문에 움직임이 많은 동영상을 낮은 비트 율로 감축할 때의 예측방법으로 이용하기에는 부적절하다. 이러한 문제점을 보완하면서 예측성능을 향상시키기 위하여 이웃한 영상간의 물체의 움직임을 검출한 후 보상해줌으로써 예측성능을 크게 향상시킨 움직임 보상 예측 부호화 방식이 널리 사용되고 있다. 움직임 보상 예측 부호화 방식의 대표적인 방법으로서 블록 움직임 벡터를 가지는 블록 정합 알고리즘이 사용되고 있다.

2) JPEG 시스템

(1) 부호화기와 복호화기

부호화기는 그림 14.12에 나타난 것과 같이 구성되어 있다. 먼저 입력 영상은 8*8크기의 블록들로 나뉘어 지며, FDCT(Forward Discrete Cosine Transform), 양자화(quantization), 지그재그 스캔(zig-zag scan), 허프만 부호화(Huffman coding) 과정을 거쳐서 압축하게 된다. 복호화기는 그림 14.13과 같이 부호화기의 반대 과정으로 구성되어 압축된 데이터를 읽어 들여서 허프만 복호화(Huffman decoding), 역 지그재그 스캔, 역양자화, IDCT(Inverse DCT) 과정을 거치면 복원 영상이 만들어진다. 물론 이 때도 8*8 크기의 블록 단위로 수행된다.

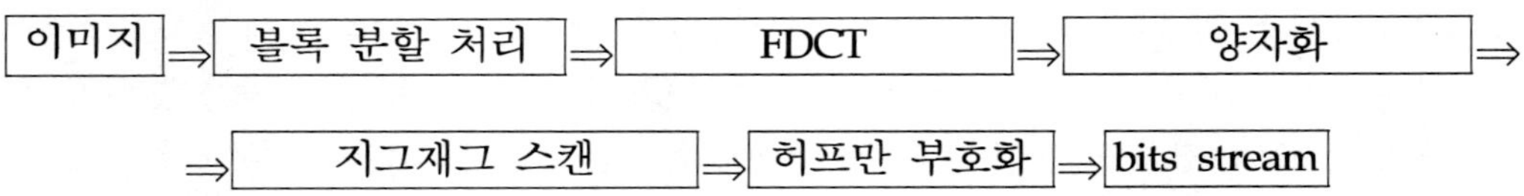

그림 14.12 JPEG 부호화기

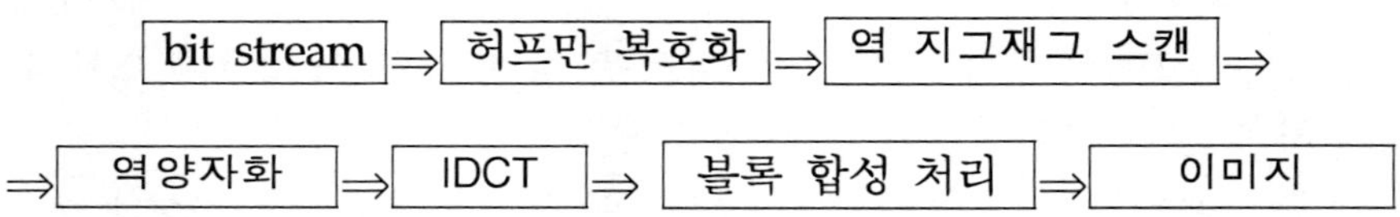

그림 14.13 JPEG 복호화기

그림 14.12와 그림 14.13에서 영상 크기는 일반적으로 256*256이고 블록 크기는 8*8이다.

(2) FDCT와 IDCT

DCT는 영상압축의 성능을 떨어뜨리는 고주파 성분의 발생을 억제하는 특징을 가지고 있다. 압축부호화기의 입력으로서 8*8의 64화소 샘플들이 하나의 블록으로 모아지고 얻어진 8*8 블록들은 FDCT에 의해 변환된다. 반면에 복호화기에서는 8*8 복원 영상 블록을 얻기 위해 IDCT가 계산된다.

영상에 적용하는 일반적인 2차원 FDCT(Forward DCT)의 수학적 모델은 다음 공식으로 나타낸다.

$$F(u,v)=\frac{4C(u)C(v)}{N^2}\sum_{x=0}^{N-1}\sum_{y=0}^{N-1}f(x,y)\cos\left[\frac{(2x+1)u\pi}{2N}\right]\cos\left[\frac{(2y+1)v\pi}{2N}\right]$$

N*N은 블록 크기

u, v = 0, 1, 2, ... N-1

$C(w)$는 $w=0$인 경우에만 $\frac{1}{\sqrt{2}}$이고 나머지는 0이다.

영상에 적용하는 일반적인 2차원 IDCT(Inverse DCT)의 수학적 모델은 다음 공식으로 나타낸다.

$$f(x,y)=\sum_{u=0}^{N-1}\sum_{u=0}^{N-1}C(u)C(v)F(u,v)\cos\left[\frac{(2x+1)u\pi}{2N}\right]\cos\left[\frac{(2y+1)v\pi}{2N}\right]$$

N*N은 블록 크기

x, y = 0, 1, 2, ... N-1

$C(w)$는 $w=0$인 경우에만 $\frac{1}{\sqrt{2}}$이고 나머지는 0이다.

각 8*8 블록은 2개의 공간차원의 함수인 64화소 이산신호이다. DCT는 이러한 이산신호를 입력으로 취하여 64개의 신호로 분리하여 출력한다. DCT 계수는 입력신호의 주파수 성분을 64개의 2차원 공간 주파수 성분으로 나타낸다. 따라서 DCT 계수들은 64화소 입력영상에 따라 결정되는 독특한 주파수 성분의 표현이라고 볼 수 있다. x=0, y=0일 때의 DCT 계수는 양 차원으로 0 주파수를 나타내기 때문에 "DC 계수"라하고 나머지 63개의 계수들은 "AC계수"라 부른다. 그런데 영상신호들은 보통 급격히 변화하지 않으므로 대부분의 에너지가 저주파수 성분에 모이게 된다. 이것이 변환 부호화를 영상압축에 이용하는 이유이다. 그러나 DCT 자체로서는 영상압축효과를 얻는 것이 아니고 단지 원 영상 블록의 표현방법을 공간 영역에서 주파수 영역으로 바꾸었고, 결과적으로 신호에너지를 제한된 몇 개의 DCT계수에 집중시키게 되었다는 것이다. 한편, 복호화기에서 IDCT는 FDCT의 역으로 한다. 즉, 64개 DCT 계수를 취하여 역

변환함으로써 64개의 공간영역 화소들은 재현한다.

(3) 양자화와 역양자화

DCT의 출력인 64개의 계수들은 64개의 값을 갖는 양자화 테이블(quantization table)에 의해서 각각 동일한 양자화를 거치게 된다. 일반적으로 사용하는 양자화 테이블은 그림 14.14와 같다.

16	11	10	16	24	40	51	61
12	12	14	19	26	58	60	55
14	13	16	24	40	57	69	56
14	17	22	29	51	87	80	62
18	22	37	56	68	109	103	77
24	35	55	64	81	104	113	92
49	64	78	87	103	121	120	101
72	92	95	98	112	100	103	99

그림 14.14 양자화 테이블

구체적으로 테이블의 값들은 정수로서 범위는 1에서 255까지인데 각각의 DCT 계수들에 대한 양자화 스텝크기를 나타낸다. 양자화과정을 거치는 목적은 실질적인 압축효과를 얻고자 함인데 구현하려고 하는 영상품질에 맞는 정확도의 DCT 계수를 결과로서 갖게 된다. DCT 압축알고리즘의 주요 손실은 양자화 과정에 있다. 이것은 DCT 계수의 양자화가 양자화 스텝 크기로 나눈 후에 가장 가까운 정수를 치환함으로써 이루어지기 때문이다. 양자화테이블을 살펴보면 오른쪽 아래로 갈수록 더 큰 값을 가지는 것을 볼 수 있다. 이것은 정보가 대부분 저주파수 영역에 집중되어 있기 때문이다. 즉 픽셀들 간의 차가 적은 저주파 영역은 강조하고 화소간의 변화가 많은 고주파 영역은 다소 무시해도 좋다는 것을 의미한다. DCT계수 F(u,v)는 양자화 된 계수 $F^Q(u,v)$와의 관계는 다음과 같다.

$$F^Q(u,v) = \text{Nearest Integer}\ [F(u,v)/Q(u,v)]$$

식에서의 Q(u,v)는 그림 14.의 양자화 테이블의 각각의 양자화 계수를 나타낸다. 역 양자화는 지금까지 과정의 역이므로 다음과 같이 나타낸다.

$$F(u,v) = FQ(u,v)*Q(u,v)$$

Q(u,v)의 값이 크면 클수록 양자화 된 DCT 계수들의 크기가 작아지므로 압축률은 증가함을 쉽게 알 수가 있는데 문제는 시각적으로 영상화질의 저하를 느끼지 않는 범위에서 압축률을 결정해야 하는 것이다.

(4) 지그재그 스캔과 역 지그재그 스캔

양자화한 후에 DC 계수는 63개의 AC계수와 분리되어 독립적으로 처리된다. DC계수는 한 블록 내의 64개 화소들의 평균값이므로 일반적으로 인접블록의 DC 값들과 큰 상관관계가 있어서 서로간의 차이를 부호화하는 것이 더 효율적이다. 또한 나머지 63개의 AC계수들은 그림 2.4에서와 같이 지그재그로 재배열된다. 이렇게 함으로써 저주파수 영역에 분포한 0이 아닌 AC계수들을 주파수 크기대로 함께 모이게 하여 허프만 부호화를 통해 압축률을 증가시킨다. 역 지그재그 스캔은 복호화시에 지그재그 스캔과 동일한 방법으로 수행되어진다.

그림 14.15에는 기존의 방식에서 사용하는 지그재그 스캔을 나타내었다.

0	1	5	6	14	15	27	28
2	4	7	13	16	26	29	42
3	8	12	17	25	30	41	43
9	11	18	24	31	40	44	53
10	19	23	32	39	45	52	54
20	22	33	38	46	51	55	60
21	34	37	47	50	56	59	61
35	36	48	49	57	58	62	63

그림 14.15 지그재그 스캔

(5) 허프만 부호화와 허프만 복호화

DCT 압축 알고리즘에서 부호화 과정의 마지막 단계는 허프만 부호화인데, 이 과정을 통해서 추가로 압축효과를 얻는다. 양자화 된 DCT계수들의 통계적인 특성을 부호화에 이용하여 자주 나타나는 계수 값들에 대해서는 짧은 코드워드를 부여하고, 드물게 나타나는 계수 값들에 대해서는 긴 코드워드를 부여함으로써 계수들을 표현하는데 필요한 평균 데이터 량을 감축하는 것이다. 허프만 복호화는 부호화된 코드워드로부터 양자화 된 DCT계수를 만들어 내는 과정을 말한다.

14.3.2 웨이브렛

1) 개요

일상생활에서 대부분의 정보는 시각에 의해서 얻어지고 있기 때문에 영상정보를 교환할 수 있는 영상통신에 관한 연구가 오래전부터 활발하게 이루어져 왔다. 전화망을 이용한 비디오폰(video-phone)의 경우, 한 프레임(frame)은 가로 176, 세로 144화소(pixel)로 구성되며 초당 25프레임을 전송한다고 하면, 흑백(mono)영상은 하나의 화소를 나타내는데 8비트가 필요하게 되므로 약 5Mbps의 정보량을 갖게 되고, 컬러(color)영상은 24비트가 필요하게 되므로 약 15Mbps의 정보량을 갖게 된다. 일반적으로 음성데이터통신용에서 사용하는 전화망의 데이터 전송 율은 10Kbps이며, 흑백영상을 전송하는 경우는 500 대 1 정도의 압축률과 컬러영상을 전송하는 경우는 1500 대 1 정도의 높은 압축률을 필요로 하게 된다. 이와 같이, 영상정보의 데이터 량은 방대하기 때문에, 비디오폰의 경우뿐만이 아니라 영상정보를 다루는 모든 분야에 있어서 영상부호화 기법의 개발은 필수적이라 할 수 있다.

한편, 대용량의 영상정보를 효율적으로 부호화하면서 여러 응용분야의 요구조건을 충족하기 위한 방법은 JPEG(Joint Photographic Coding Experts Group), JPEG-2000, MPEG(Moving Picture Experts Group)-1, MPEG -2, MPEG-4, H.261 및 H.263등이 있다. 이들 중에서 JPEG, MPEG-1, MPEG-2, H.261 및 H.263은 영상부호화의 표준으로 제정되어 있으며, JPEG-2000과 MPEG-4는 차세대 영상부호화방식으로 표준과 기술선점을 위한 연구가 각국에서 활발히 진행되고 있다. 그런데, 이들 대부분의 부호화방식들은 영상을 4×4, 8×8 또는 16×16 크기의 블록으로 나눈 다음, 각각의 블록을 DCT(Discrete Cosine Transform)처리하여 독립적으로 부호화하기 때문에, 인접 블록간의 밝기의 연속성이 깨지는 블록화 현상(blocking effect)이 발생하여, 고압축을 할 경우에는 심각한 화질의 저하를 초래한다.

기존의 DCT(Discrete Cosine Transform) 알고리즘 이외의 주요 부호화 알고리즘으로는 프랙탈 부호화(fractal coding), 객체부호화(object coding) 및 웨이브렛 변환 부호화(wavelet transform coding) 알고리즘 등이 많은 분야에서 연구되고 있다. 프랙탈 부호화 알고리즘은 영상 내에 존재하는 자기유사성(self-similarity)을 이용하여 부호화하는 방식으로서, 기존의 DCT 기반의 영상부호화 알고리즘보다 효율적인 압축률은 얻을 수 있으나, 블록 단위로 부호화를 수행하기 때문에 블록화 현상이 현저하고, 부호화시간이 길기 때문에 실시간 압축에는 적용하기 곤란한 단점이 있다. 한편, 객체부호화 알고리즘은 영상정보의 객체(object)화를 통한 효율적인 압축방법으로서, MPEG(Moving Picture Experts Group)-4에서 이를 채택하고 있다. 이 알고리즘은 영상이 갖고 있는 의미 있는 영역을 각각의 객체로 분할한 다음, 각 객체별로 부호화한다. 이러한 방법은 기존의 영상부호화 알고리즘보다 압축률과 영상의 화질 면에서는 효율적이지만, 영상을 객체화하는데 필요한 계산 량과 처리시간의 부담이 있는 단점이 있다. 웨이브렛 변환 부호화는 영상을 다중해상도(multi-resolution)로 분해하여, 저주파대역으로부터 고주파대역으로의 계층적 정보를 갖게 함으로써, 이를 이용하여 적절한 부호화를 수행할 수 있게 한다. 또, DCT와는 달리 블록변환기법이 필요 없기 때문에 블록화 현상을 제거할 수 있으며, 사람의 시각적 특성을 적절하게 반영하고 있기 때문에 영상을 효율적으로 압축할 수가 있다. 이러한 이유로 최근 웨이브렛을 이용한 효과적인 영상부호화기법이 많은 관심을 끌고 있으며, 현재 표준화가 진행 중인 MPEG-4에서도 표준의 일부로 채택될 가능성이 높다.

최근 연구되고 있는 웨이브렛 변환(wavelet transform) 부호화방법은, 주로 웨이브렛 변환 후 변환된 영상의 대역별 상관관계에 따른 중요도를 이용하여, 저주파대역에서는 화질을 보장하는 저 삭제 알고리즘을 적용하고, 고주파대역에서는 압축률을 보장하는 고 삭제 알고리즘을 적용하는 방식을 기본적인 알고리즘으로 사용하고 있다. 이러한 방법을 더 세분하면, 두 영상의 차이 값을 기반으로 웨이브렛 변환하여 압축하는 방법과, 웨이브렛 변환 후 저주파대역에서 기존의 움직임 예측과 움직임 보상알고리즘을 사용하여 압축하는 방법, 그리고 영상에 대해 의미 있는 영역을 객체화하여 압축하는 방법 등으로 나눌 수 있다.

그 첫 번째 알고리즘은 Hilton에 의하여 제안된 알고리즘이다. 두 영상프레임간의 순수한 차이 값만을 웨이브렛 변환하는 알고리즘이다. 화질을 충분히 보장할 수 있고, 빠른 수행속도를 장점으로 들 수 있으나, 압축률을 보장할 수 없는 단점이 있다. 두 번째 알고리즘은 Zhang에 의하여 제안된 알고리즘이다. 저주파대역과 고주파대역에서 계층적 움직임 추정기법을 사용한 것이다. 기존의 움직임 추정기법은 전 영역에 대해서 움직임 벡터를 찾는 방식인데, Zhang의 기법은 저주파대역내에서만 전 프레임과 현재 프레임 사이에 BMA(Block Matching Algorithm)을 적용하여 얻은 움직임 벡터를 이용하여 움직임을 보상하는 알고리즘이다. 압축률은 Hilton의 알고리즘보다 좋으나, 움직임 예측과 움직임 보상에 소요되는 시간과, 복원 시 원래의 화질을 보장할 수 없는 단점이 있다. 세 번째 알고리즘은 Servitto에 의하여 제안된 알고리즘이다. 움직임이 있는 영역을 객체화하기 위해서 전경과 배경을 각각 따로 부호화하는 방법이다. 그러나 이 알고리즘은 영상을 객체화하는 전 처리 과정에서 많은 연산 량과 시간이 소요되기 때문에, 실시간 처리의 동영상 부호화에는 사용하기 어렵다.

2) 웨이브렛 변환 방식

(1) 웨이브렛 변환의 개요

웨이브렛 변환은 모 웨이브렛(mother wavelet) $\psi(t)$를 스케일링(scaling)과 전이(translation)시켜 만든 웨이브렛 기저함수 $\psi_{ab}(t)$를 이용하여 얻어지는 함수들의 집합이다. 즉, 함수가 유한한 에너지를 가지고 진동(oscillate)하며, 0으로 빠르게 감쇄(decay)한다면 어떤 함수라도 모 웨이브렛 $\psi(t)$가 될 수 있다. 대부분의 자연적인 신호는 이러한 특성이 있다. 그림 14.16은 고전적인 웨이브렛의 한 예인, 모렛(Morlet) 모 웨이브렛을 나타낸 것이다.

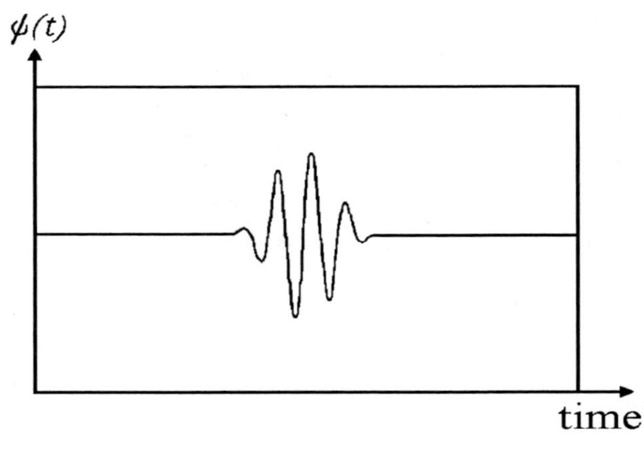

그림 14.16 모렛 모 웨이브렛

그림에서 보는 바와 같이, 모렛 모 웨이브렛은 유한한 에너지를 가지고 진동하며, 빠르게 0으로 감쇄하는 것을 알 수 있다. 그러나 그림 14.17에 나타낸 것과 같은 웨이브렛은 모 웨이브렛이 될 수 없다.

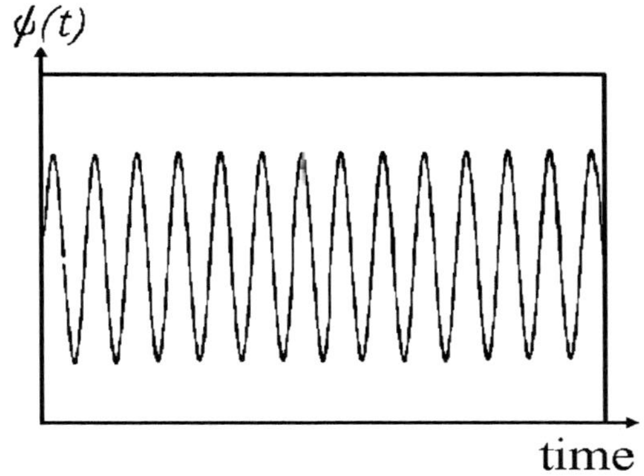

그림 14.17 모 웨이브렛이 될 수 없는 함수

이와 같은 특성을 가지는 모 웨이브렛을 스케일링 및 전이시켜 만든 웨이브렛 기저함수 $\psi_{ab}(t)$는 다음 식과 같이 표현된다.

$$\psi_{ab}(t) = \frac{1}{\sqrt{a}}\psi\left(\frac{t-b}{a}\right) \qquad a, b \in R \tag{14-1}$$

여기서 변수 a는 모 웨이브렛의 크기를 조정하는 스케일링 인자(scaling factor)를 나타내고, 변수 b는 모 웨이브렛의 위치를 조정하는 전이인자(translation factor)를 나타낸다. 두 변수는 모두 실수(R)의 원소이다. 그림 14.18은 식(14-1)의 웨이브렛 기저함수 $\psi_{ab}(t)$에서의 변수 a와 b의 역할을 나타낸 것이다.

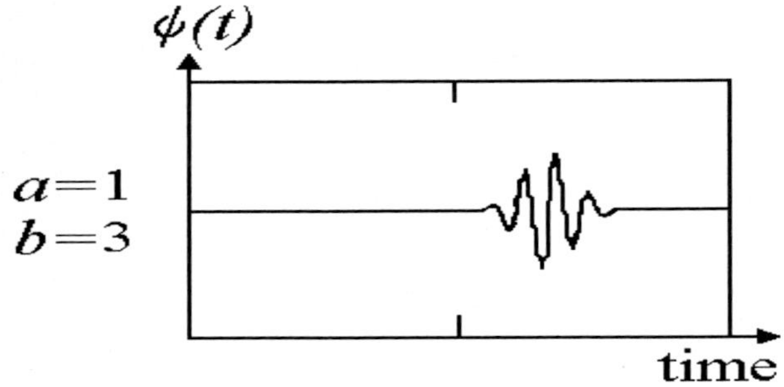

그림 14.18 웨이브렛 기저함수 $\psi_{ab}(t)$에서 변수 a와 b의 역할

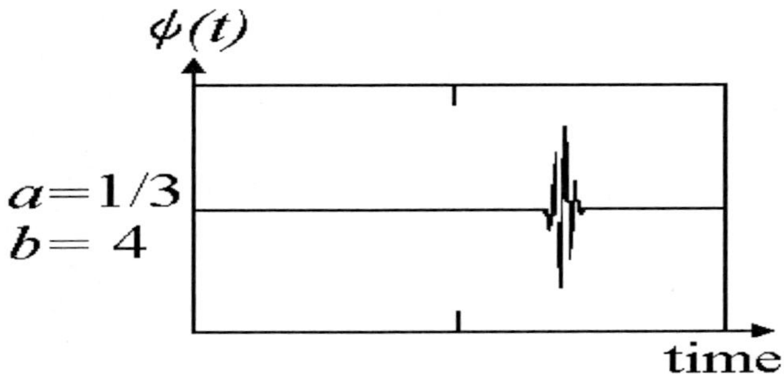

그림 14.19 웨이브렛 기저함수 $\psi_{ab}(t)$에서 변수 a와 b의 역할

예로서, 그림 14.18의 경우, 모 웨이브렛(그림 14.16)의 크기는 a=1이므로 변함이 없고, 위치는 b=3이므로 우측으로 3만큼 전이된 것이다.

이와 같은 특성을 가지는 웨이브렛 기저함수 $\psi_{ab}(t)$을 이용하면, 임의의 신호 $x(t)$의 웨이브렛 변환은 다음 식(14-2)와 같다.

$$X(a,b) = \int_{-\infty}^{+\infty} \psi_{ab}(t)\, x(t)\, dt \tag{14-2}$$

여기서, 변수 a, b가 실수 ($a,b \in R$ with $a \neq 0$) 일 때 연속(continuous) 웨이브렛 변환이라 하고, a, b가 정수($a = a_0^m$, $b = nb_0a_0^m$, with $m,n \in Z$ and $a_0>1$, $b_0>0$)일 때 이산(discrete) 웨이브렛 변환이라고 한다.

식(14-2)에서 변수 b는 시간 축 상에서의 전이를 나타내며, b를 변화시키면 웨이브렛 기저를 원하는 곳에 놓을 수 있다. 변수 *a*는 스케일링인자로서 웨이브렛 기저의 크기를 조정한다. *a*가 감소하면 웨이브렛의 시간 국부성은 낮아지고 주파수 국부성은 높아진다. 변수 *a*와 *b*를 x와 y축으로 하는 2차원의 평면에 웨이브렛 변환 값을 계조도나 색깔로 나타낸 것을 스케일로그램(scalogram)이라고 하며, 시간-주파수 특성을 나타낸다. 그림 14.20은 전형적인 웨이브렛 기저의 3가지 형태와, 이를 기저로 하여 웨이브렛 변환을 했을 때의 시간-주파수 스케일로그램을 나타낸 것이다.

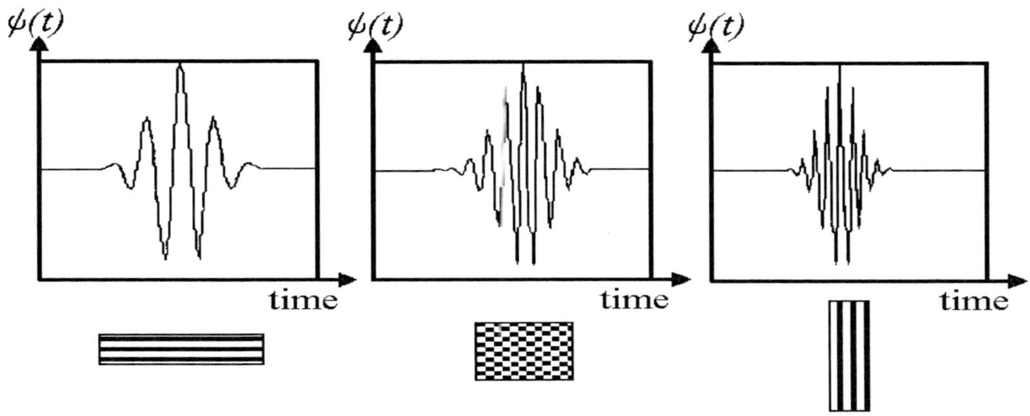

그림 14.20 웨이브렛 기저

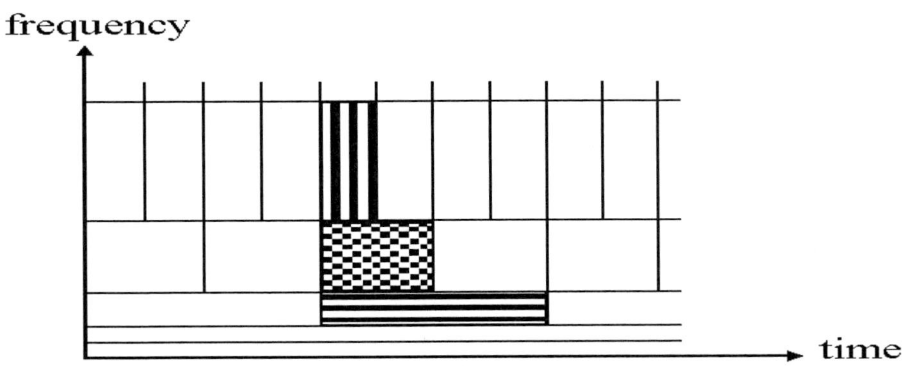

그림 14.21 웨이브렛 변환의 시간-주파수 해상도

그림 14.20의 첫 번째 함수와 같이, 스케일링 인자 *a*가 크면, 그림 14.21에서와 같이, 시간 축 상에서는 넓은 영역을 차지하게 되며 주파수 축에서는 좁은 영역을 차지한다. 반면에, 그림 14.20의 세 번째 함수와 같이, 스케일링 인자 *a*가 작으면, 시간 축 상에

서는 좁은 영역에 놓이게 되며 주파수 축에서는 넓은 영역을 차지한다.

일반적으로 영상에서의 에지(edge)와 같이 계조도가 급격히 변화하여 높은 주파수를 갖는 신호들(예 : 그림 14.20의 첫 번째 경우)은 짧은 시간(공간)영역에 분포하고, 에지가 아닌 영역과 같이 계조도가 완만하게 변화하여 낮은 주파수를 갖는 신호들(예 : 그림 14.20 의 세 번째 경우)은 넓은 시간영역에 분포한다. 그러므로 웨이브렛 기저를 고주파대역에서는 세밀한 해상도를 가지게 하고, 저주파대역에서는 상대적으로 세밀하지 않은 시간 해상도를 가지게 할 경우, 넓은 저주파 성분에서, 갑자기 나타나는 짧은 고주파 성분이 섞인 신호의 경우에는 쉽게 처리할 수가 있다. 따라서 자연영상의 경우 화소의 값이 천천히 변해가며, 어느 순간 물체의 가장자리 부분에서 화소의 값이 급격하게 바뀌는 것을 생각하면, 웨이브렛 변환을 영상압축에 이용함으로써 윤곽을 뚜렷하게 살리면서도 압축이 최대한 가능함을 알 수 있다.

그림 14.22, 그림 14.23, 그림 14.24는 각각 임펄스(impulse)함수, 사각(rectangular)함수 및 톤(tone)함수를, 그림 14.16의 모렛 모 웨이브렛을 이용하여 웨이브렛 변환했을 때의 각각의 크기(magnitude)를 나타낸 것이고, 그림 14.25는 사각함수를 또 다른 모 웨이브렛을 사용하여 웨이브렛 변환한 경우를 나타낸 것이다.

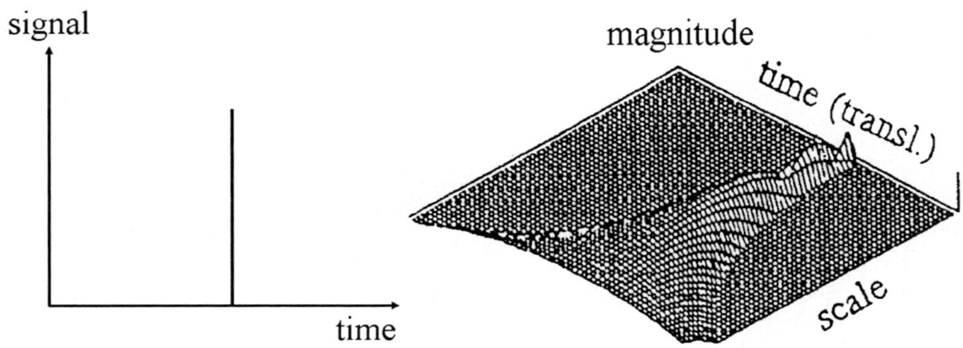

그림 14.22 임펄스 함수의 웨이브렛 변환

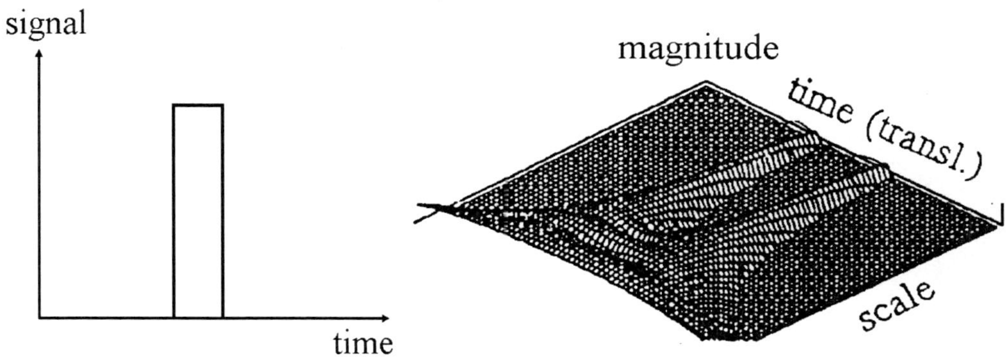

그림 14.23 사각 함수의 웨이브렛 변환

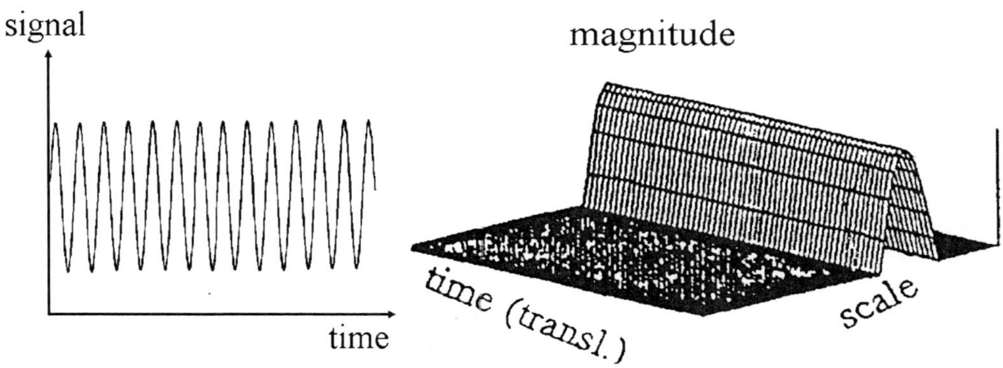

그림 14.24 톤 함수의 웨이브렛 변환

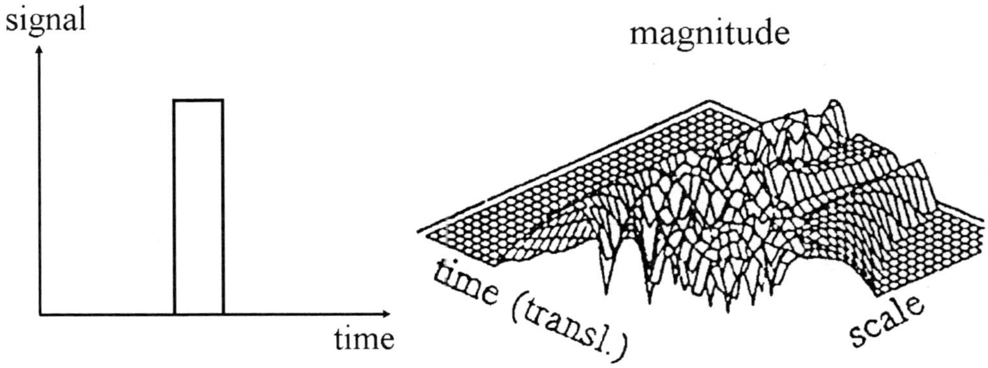

그림 14.25 다른 모 웨이브렛을 사용한 사각 함수의 웨이브렛 변환

그림 14.22, 그림 14.23, 그림 14.24에서와 같이, 모렛 모 웨이브렛을 사용한 경우는 시간에 따른 신호의 크기가 분명히 나타나 있다. 그러나 그림 14.25에서와 같이 다른 모 웨이브렛을 사용한 경우는 시간에 따른 신호의 특성이 불분명하게 나타나 있다. 따라서 어떤 종류의 모 웨이브렛을 사용하여 웨이브렛 변환을 하는가에 따라 신호의 특성이 다르게 나타나게 된다는 것을 알 수 있다.

(2) 이산 웨이브렛 변환과 신호의 다중해상도 분해

일반적으로, 컴퓨터 비전(computer vision)분야에서는 영상을 그 특성에 맞도록 효과적으로 처리하기 위하여 여러 가지 해상도로 분석하게 되는데, 이 때 웨이브렛 변환을 적용할 수 있다. 마찬가지로, 영상부호화에서도 최종 사용자가 사람이기 때문에, 시각 시스템의 여러 특성을 이용하게 되는데, 그 중 중요한 특성이 다중해상도 또는 피라미드식의 영상처리이다.

신호의 다중해상도 표현은 신호 $x(t)$을 일련의 내포 부 공간(embedded subspace) 상으로 투영(projection)시키면 된다. 신호 $x(t)$의 다중해상도 표현 $X_m(t)$와 내포 부 공간들의 관계식은 다음과 같다.

$$V_m \subset V_{m-1}, \quad m \in Z \tag{14-3}$$

$$\bigcap_{m \in Z} V_m = \{0\}, \qquad \bigcup_{m \in Z} V_m = L^2(R) \tag{14-4}$$

$$x(t) \in V_m \Leftrightarrow x(2t) \in V_{m-1} \tag{14-5}$$

$$X_m(t) = \sum_{n=Z} \langle x(t), \phi_{m,n}(t) \rangle \phi_{m,n}(t) \tag{14-6}$$

식(14-3)의 m은 정수의 원소이고, 상위 부 공간 V_{m-1}은 하위 부 공간 V_m을 포함한다는 의미이다. 식(14-4)는 모든 부 공간 V_m사이의 교집합은 공집합이고, 합집합은 $L^2(R)$이 된다는 의미이다. 그리고 식(14-5)는 신호 $x(t)$가 하위 부 공간 V_m의 원소이면 신호 $x(2t)$는 상위 부 공간 V_{m-1}의 원소가 된다는 의미이다. 또한, 식

(14-6)의 신호 $x(t)$의 다중해상도 표현 $X_m(t)$는 신호 $x(t)$와 스케일링 함수 $\phi_{m,n}(t)$와의 내적(inner product)에 스케일링 함수 $\phi_{m,n}(t)$를 곱한 전체 합으로 표현할 수 있다.

그리고, 부 공간 V_0의 정규 직교 기저 $\phi(t-n)$, $n \in Z$ 를 생성하는 스케일링 함수 $\phi(t)$가 존재한다. 이러한 각 내부 부공간의 기저들은 다음 식(14-7)과 같이, 스케일링 함수를 시간 전이 및 스케일링하면 된다.

$$\phi_{m,n}(t) = 2^{-m/2}\phi(2^{-m}t-n), \quad m, n \in Z \tag{14-7}$$

신호를 높은 해상도 공간 V_{m-1}에서 낮은 해상도 공간 V_m으로 근사화할 때에는, 정보의 손실이 발생하는데, 이러한 신호를 잔여신호(residual signal)라고 하며, V_m의 직교 보충 부 공간(orthogonal complement subspace) W_m상에 존재하게 된다. 상 하위 해상도 공간과 직교하는 공간 사이의 관계는 식(14-8)과 같고, 그림 14.26은 이상적인 저 대역 부 공간 V_m과 밴드대역 부 공간 W_m들의 스펙트럼을 나타낸 것이다.

$$V_{m-1} = V_m \oplus W_m, \quad V_m \perp W_m \tag{14-8}$$

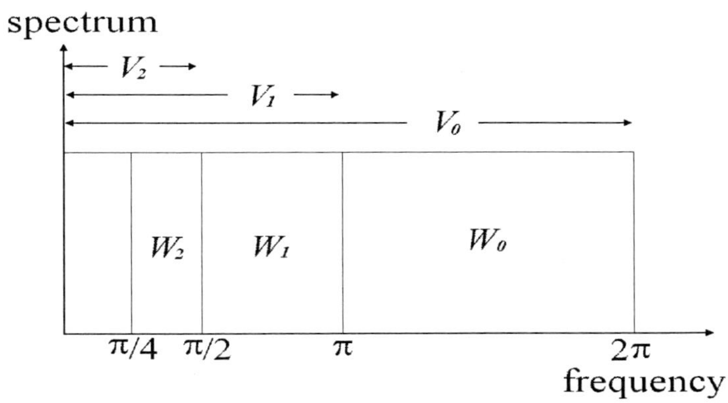

그림 14.26 이상적인 저 대역 부 공간 V_m과 밴드대역 부 공간 W_m의 스펙트럼

그리고, 부 공간 V_m의 스케일링 함수 $\phi(t)$와 유사하게 부 공간 W_m을 생성하는 모 웨이브렛 $\psi(t)$가 존재한다. 식(14-9)~(14-11)과 같이, 각 부공간의 기저는 웨이브렛 $\psi(t)$를 시간 전이 및 스케일링함으로서 생성된다.

$$\psi_{m,n}(t) = 2^{-m/2}\psi(2^{-m}t-n), \quad m,n \in Z \tag{14-9}$$

$$x_{m-1}(t) = x_m(t) + r_m(t) \tag{14-10}$$

$$r_m(t) = \sum_n \langle x(t), \ \psi_{mn}(t) \rangle \psi_{mn}(t) \tag{14-11}$$

한편, 하나의 해상도 부공간은 더 낮은 해상도 부공간과 직교 보충 부 공간으로 표현이 가능하며, 반복 적용하면 보충 부공간만으로도 표현이 가능하다. 따라서 식(14-12)~(14-14)와 같이, 신호 $x(t)$는 W_m의 기저들로 표현할 수 있다.

$$V_m(t) = W_m \oplus W_{m-1} \oplus W_{m-2} \cdots \tag{14-12}$$

$$L^2(R) = \bigcup_m (\oplus W_m), \quad m \in Z \tag{14-13}$$

$$x(t) = \sum_{m,n} \langle x(t), \ \psi_{m,n}(t) \rangle \psi_{m,n}(t) \tag{14-14}$$

여기서, $\phi(t) \in V_m$ 이면 $\phi(2t) \in V_{m-1}$ 이 되므로, 다음 식(14-15)~(14-19)의 관계를 만족한다.

$$\phi(t) = \sqrt{2}\sum_n h(n)\phi(2t-n), \quad n \in Z \tag{14-15}$$

$$\psi(t) = \sqrt{2}\sum_n g(n)\psi(2t-n), \quad n \in Z \tag{14-16}$$

$$\sum_n h(n) = \sqrt{2} \tag{14-17}$$

$$g(n) = (-1)^n h(1-n) \tag{14-18}$$

$$\sum_n g(n) = 0 \tag{14-19}$$

신호 $x(t)$에 대해서 $C_{mn}=\langle x(t), \phi_{m,n}(t)\rangle$, $d_{mn}=\langle x(t), \phi_{m,n}(t)\rangle$일 때, 부 공간 V_m, W_m과 $h(n)$, $g(n)$ 사이의 관계는 그림 14.27과 그림 14.28과 같이 2진 트리(binary tree) 구조를 형성한다.

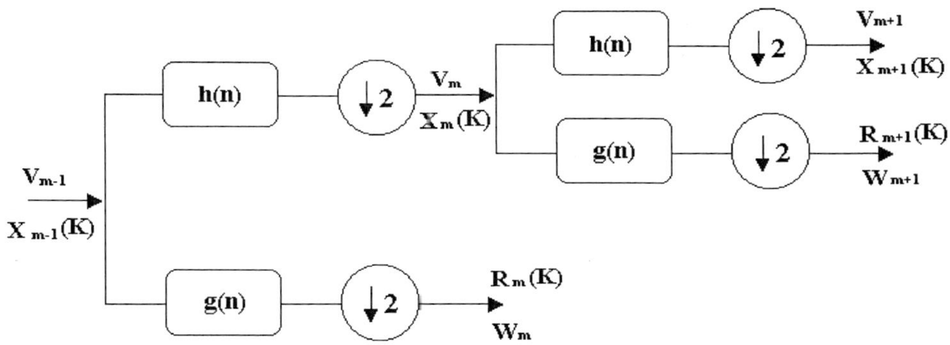

그림 14.27 2진 트리구조의 웨이브렛 분해

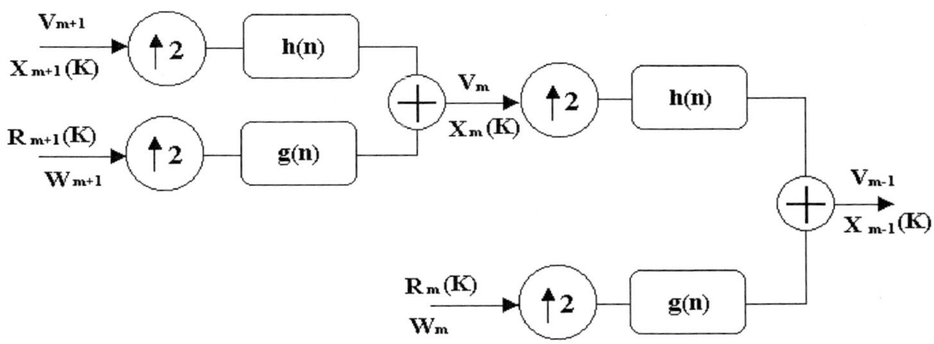

그림 14.28 2진 트리구조의 웨이브렛 합성

(3) 이산 웨이브렛 변환과 필터뱅크

입력 V_0를 이산신호 $x(n)$이라고 하면, $C_{m-1,n'}$ $C_{mn'}$ 및 d_{mn}의 관계는 완전 복원필터에서의 분해 및 합성과 동일하다. 그림 14.29와 그림 14.30은 2채널(two channel) QMF(Quadrature Mirror Filters)의 기본구조와 분해필터의 특성을 나타낸 것이다.

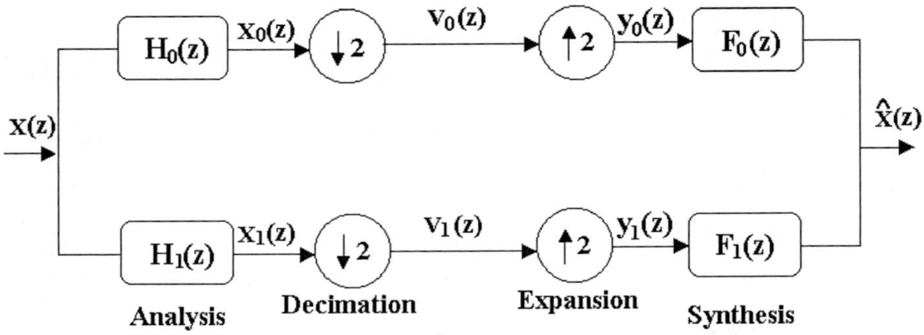

그림 14.29 QMF의 분해 및 합성의 블록도

그림 14.29에서 입력신호를 $X(z)$라고 하면, 출력신호 $\hat{X}(z)$는 다음 식과 같이 표현할 수 있다.

$$\hat{X}(z) = \frac{1}{2}[H_0(z)F_0(z)+H_1(z)F_1(z)]X(z) + \frac{1}{2}[H_0(-z)F_0(z)+H_1(-z)F_1(z)]X(-z) \tag{14-20}$$

여기서, $\frac{1}{2}[H_0(z)F_0(z)+H_1(z)F_1(z)]=T(z)$ 및 $\frac{1}{2}[H_0(-z)$ $F_0(z)+H_1(-z)F_1(z)]=S(z)$로 하여, 다시 정리하면 다음 식과 같다.

$$\hat{X}(z) = T(z)X(z) + S(z)X(-z) \tag{14-21}$$

여기서, $S(z)$는 신호왜곡의 원인이 되는 앨리어징(aliasing)을 발생시키는 전달함수이다. 따라서 $S(z)=0$으로 하여 앨리어징을 제거시키고, $T(z)=Cz^{-n_0}$(n_0:전이인자)의 형태가 되도록 설계하면 진폭왜곡(amplitude distortion)과 위상왜곡(phase distortion)을 제거할 수 있다. 이 조건을 만족하는 출력 $\hat{X}(z)$는 다음과 같이 된다.

$$\begin{aligned} \hat{X}(z) &= Cz^{-n_0}X(z) \\ &= Cx(n-n_0) \end{aligned} \tag{14-22}$$

여기서, C는 0이 아닌 상수이고, n은 주파수축을 의미하며, n_0는 전이인자를 의미한다. 따라서 식(14-22)의 합성된 신호 $\hat{X}(z)$는 입력신호 $X(z)$가 증폭 또는 감쇄되고 시간 전이된 형태를 의미하며, 이것을 완전복원이라 한다.

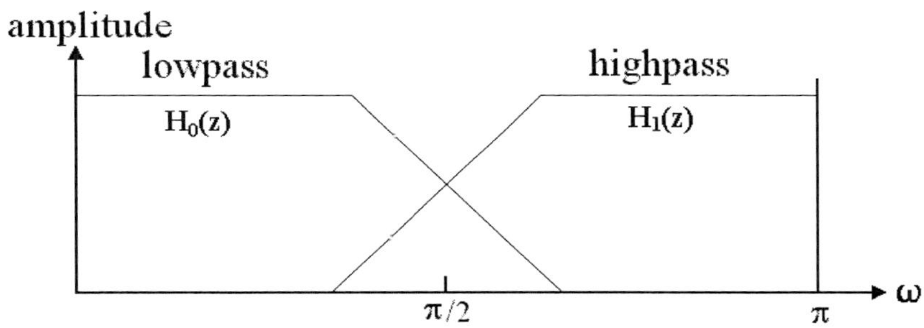

그림 14.30 QMF의 분해 및 합성 필터의 주파수 응답

완전복원의 해를 구하기 위해서 그림 14.30의 π/2 주위에서 두 파형이 겹치므로 인해 복원할 때에 신호왜곡의 원인이 되는 앨리어징을 제거해야 하기 때문에 $S(z)=\frac{1}{2}[H_0(-z)F_0(z)+H_1(-z)F_1(z)]=0$라고 하면, 다음의 식을 얻을 수 있다.

$$\frac{H_0(-z)}{H_1(-z)} = -\frac{F_1(z)}{F_0(z)} \tag{14-23}$$

완전복원조건에 조건 $T(z)=Cz^{-n_0}$를 추가하면, 다음과 같은 각 필터의 관계식

(14-24)~(14-26)을 얻을 수 있으며, 완전복원을 위한 충분조건이 된다.

$$H_1(z) = -z^{-N}\tilde{H}_0(-z) \tag{14-24}$$

$$F_0(z) = z^{-N}\tilde{H}_0(z) \tag{14-25}$$

$$F_1(z) = z^{-N}\tilde{H}_1(z) \tag{14-26}$$

여기서, N은 전이인자를 의미하며, tilde $(\tilde{\ })$는 $\tilde{A}(z) = A^{*}(z^{*-1})$의 관계를 나타낸 것이다. 식(14-24)~(14-26)을 식(14-20)에 대입하면 다음 식과 같다.

$$\hat{X}(z) = \frac{1}{2}z^{-N}[H_0(z)\tilde{H}_0(z) + H_1(z)\tilde{H}_1(z)]X(z) \tag{14-27}$$

여기서, $H(z) = H_0(z)\tilde{H}_0(z)$, $F(z) = H_1(z)\tilde{H}_1(z)$이라고 하면, $H(z)$와 $F(z)$는 각각 0 위상(zero phase)을 갖는 저역통과 필터와 대역통과 필터가 된다(그림 14.30 참조).

(4) 필터뱅크의 설계

이산 웨이브렛 변환을 이용한 영상의 다중해상도 분해에 사용되는 필터들은 완전복원조건을 만족해야 하는데, 필터뱅크의 구현 시 양자화 에러가 발생하게 된다. 그러므로 응용에 있어서 선형성이 반드시 필요한 경우에는 완전복원조건을 제외하면 필터설계의 자유도를 높일 수가 있다. 영상부호화에 널리 사용되는 웨이브렛 관련 필터의 설계 방법에는 Equiripple 필터, Daubechies 필터 및 쌍 직교(biorthogonal) 필터 등이 있다.

① Equiripple 필터

Equiripple 필터는 완전복원을 위하여 사용되며, 다음의 세 가지 조건하에서 설계된다.

(a) $G(z) = \sum_{n=-N}^{N} g(n) z^{-n}$ 이고, 차수가 2N인 파워 대칭(power symmetric) 필터를 설계한다. 이 때 이 필터의 특성에 맞는 설계 알고리즘으로 Parks-McClellan 알고리즘(N=홀수)을 이용한다.

(b) $H(z) = G(z) + \delta$ (δ : 최대 서브밴드 리플)

(c) $H(z)$에서 최대 위상(maximum phase)을 갖도록 단위 원 안의 극점(pole)과 영점(zero)을 선택하여 필터의 $H_0(z)$를 설계한다.

그림 4.31은 Equiripple 필터를 나타낸 것이다. 이 필터는 정규도(regularity)가 낮기 때문에 영상신호의 손실부호화에 적용하기에는 부적절하다. Daubechies는 이를 해결하기 위해서 영상신호에 적합한 정규도가 높고 완전복원조건을 만족할 수 있는 필터 설계방법을 제안하였다.

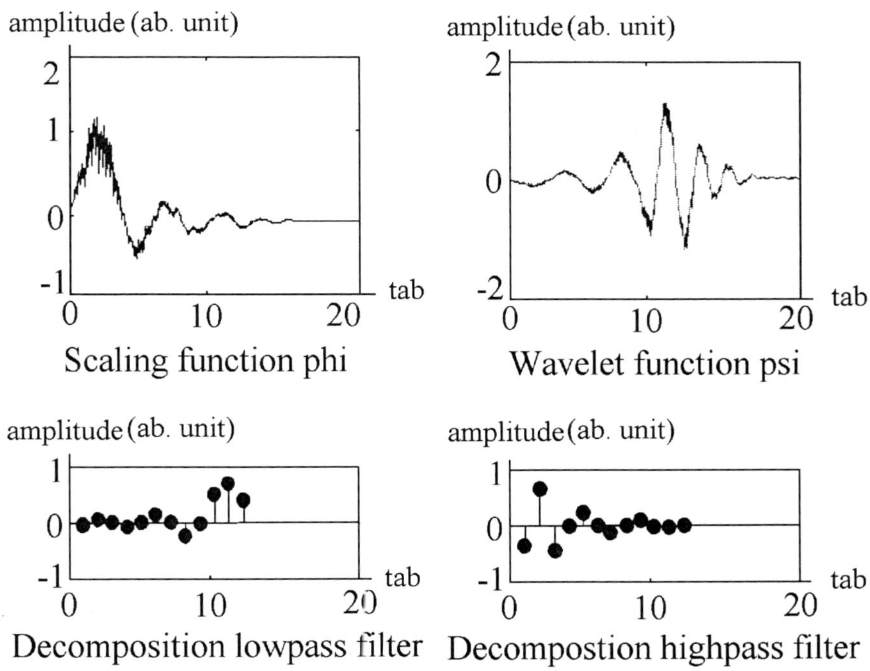

그림 14.31 Equiripple 필터

② Daubechies 필터

Daubechies가 제안한 설계조건은 다음과 같다.

(a) $z=-1$ 즉, $\omega=\pi$ 에서 N개 영점을 갖도록 필터 $P_N(z)$를 설계한다.

(b) 필터 $P_N(z)$에서 $W(z)$에 진폭왜곡이 제거될 수 있는 조건을 설정하여 삼각함수의 멱급수로 전개한다.

(c) 설계된 필터 $P(z)$계수 중 최소 위상 응답을 갖도록 계수를 선택한다.

위의 조건들은 다음 식(14-28)~(14-33)로부터 구한다. 먼저, $N \geq 2$일 때의 해를 구하면,

$$C(z)=\cos(\pi\omega)=(z^{-\frac{1}{2}}+z^{\frac{1}{2}})/2 \tag{14-28}$$

$$S(z)=\sin(\pi\omega)=(z^{-\frac{1}{2}}-z^{\frac{1}{2}})/2 \tag{14-29}$$

$$1=(C^2+S^2)^{2N-1}=\sum_{k=0}^{2N-1}\binom{2N-1}{k}C^{4N-2-2k}(1-C^2)^{2k} \tag{14-30}$$

여기서 k 는 0부터 $2N$-1까지 변하는 변수이며, $|P(z)|^2$을 $P_N(C)$로 나타내면,

$$P_N(C)=C^{2N}W_N(S)=\left(\frac{1+z}{2}\right)^{2N}W_N(S) \tag{14-31}$$

$$W_N(S)=\sum_{k=0}^{N-1}\binom{2N-1}{k}(1-S^2)^{N-1-k}S^{2k}\geq 0 \tag{14-32}$$

$$W(z)=\sum_{n=0}^{N-1}w_n z^n|W(z)|^2=W_N(S) \tag{14-33}$$

여기서, w_n 은 0부터 N-1까지 각각 다른 값을 가지게 되는 변수이며, N=1일 경우, 하-시스템(Haar system)에 해당한다.

$$P(z)=\left(\frac{1+z}{2}\right)^N W(z)=\left(\frac{1+z}{2}\right)^N \sum_{n=0}^{N-1}\omega_n z^n$$

(14-34)

$$W(1)=1\cong P(1)=1$$

$$P(z)=\frac{(1+z)}{2}=e^{-\pi\omega}\cos(\pi\omega) \tag{14-35}$$

$$P(-z)=\frac{(1+z)}{2}=e^{-\pi\omega}\sin(\pi\omega) \tag{14-36}$$

$$W_2(S)=1+2S^2=2-\frac{z+z^{-1}}{2} \tag{14-37}$$

$$W(z)=a+bzW(-z)=W(z)^*=a+bz^{-1} \tag{14-38}$$

$$|W(z)|^2=(a+bz)(a+bz^{-1})=a^2+b^2+ab(z+z^{-1}) \tag{14-39}$$

따라서 a, b는 식(14-40)과 같이 결정된다.

$$a^2+b^2=2,\ ab=-\frac{1}{2},\ a=\frac{1}{2}(1\mp\sqrt{2}),\ b=\frac{1}{2}(1\mp\sqrt{3}) \tag{14-40}$$

$$W_{\pm Z}=\frac{1}{2}[(1\pm\sqrt{3})+(1\mp\sqrt{3})z] \tag{14-41}$$

$$P_{\pm z}=\frac{1}{2}\left(\frac{1+z}{2}\right)^2[(1\pm\sqrt{2})+(1\mp\sqrt{3})z] \tag{14-42}$$

N = 2 인 경우, 필터의 계수 값은 식(14-43)과 같다.

$$\frac{1}{2}[1 \quad 2 \quad 1] * [1 \pm \sqrt{3} \quad 1 \mp \sqrt{3}] = \frac{1}{2}[1 \pm \sqrt{3} \quad 3 \pm \sqrt{3} \quad 3 \mp \sqrt{3} \quad 1 \mp \sqrt{3}] \qquad (14\text{-}43)$$

그림 14.32는 Daubechies 필터를 나타낸 것이다. 그림에서 보는 바와 같이, 전체적인 형태를 보면, Equiripple 필터보다 정규도가 높아진 것을 알 수 있다.

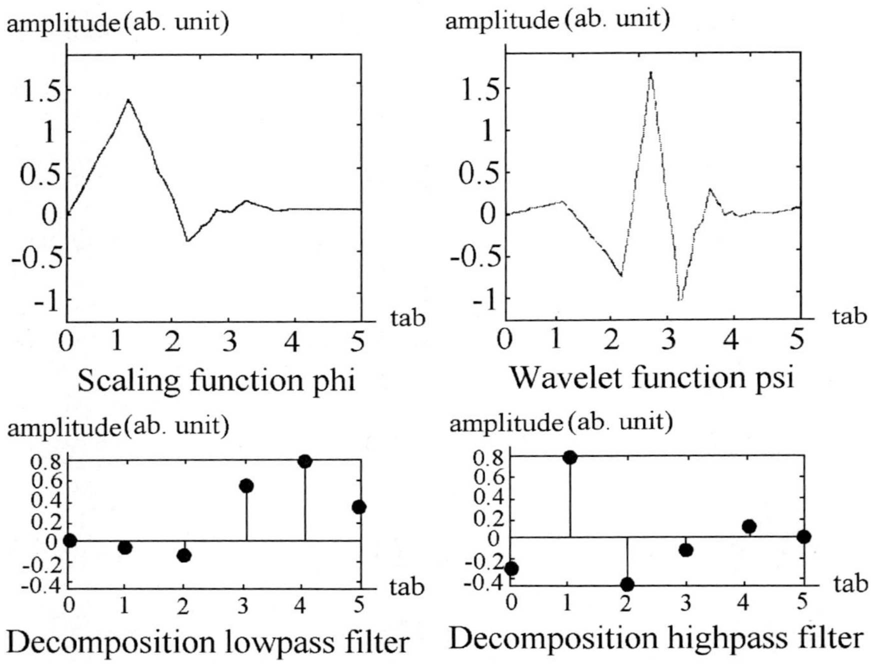

그림 14.32 Daubechies 필터

③ 쌍 직교 필터

쌍 직교 필터는 정규도 보다는 선형위상과 완전복원을 만족하도록 설계한 필터이다. 쌍 직교 필터는 완전복원의 조건으로부터 $S(z)=0$, $T(z)=Cz^{-n_0}$, (14-23)~(14-26) 및 식(14-44)~(14-47)을 만족하도록 설계한 필터이다. 즉,

$$\langle \tilde{f}_0(n-2k), h_1(n-2l)\rangle = 0 \tag{14-44}$$

$$\langle \tilde{f}_1(n-2k), h_0(n-2l)\rangle = 0 \tag{14-45}$$

$$\langle \tilde{f}_0(n-2k), h_0(n)\rangle = \delta_k \tag{14-46}$$

$$\langle \tilde{f}_1(n-2k), h_1(n)\rangle = \delta_k \tag{14-47}$$

식(14-44)에서 $\tilde{f}_0$와 h_1은 그림 14.29의 $\tilde{F}_0$(F_0의 tilde)와 H_1에 해당하며, k 와 l 은 서로 다른 정수를 의미한다. 그리고 식(14-44)와 식(14-45)는, 두 함수가 서로 직교(orthogonal)하는 경우이고, 식(14-46)과 (14-47)은 두 함수가 서로 정규직교(orthonormal)하는 경우이다.

그림 14.33은 쌍 직교 필터를 나타낸 것이다.

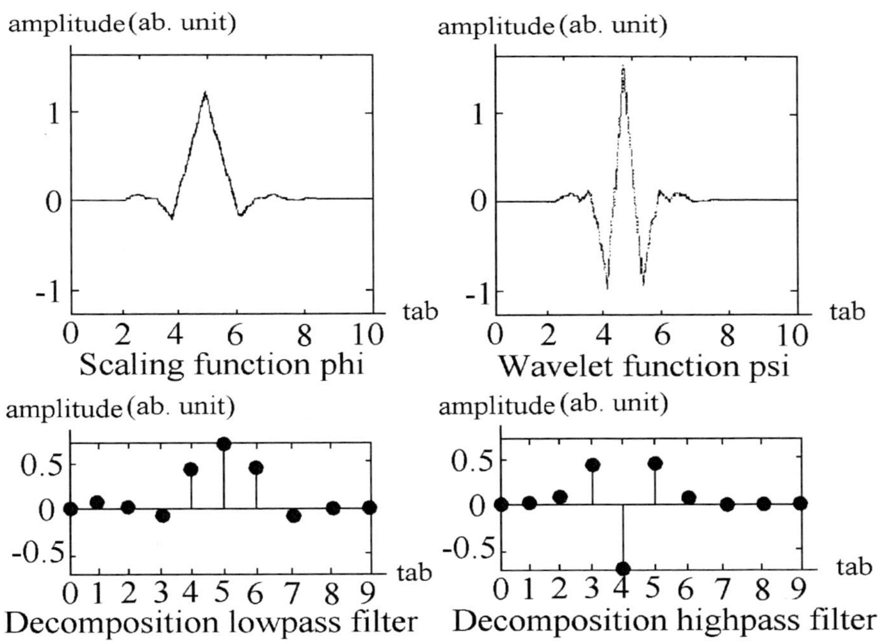

그림 14.33 쌍 직교 필터

14.4 가상현실시스템

14.4.1 개요

멀티미디어 기술의 발전으로 컴퓨터 내에 다양한 형태의 가상공간이 만들어 졌으며 최근 관련된 소프트웨어와 하드웨어의 눈부신 발전으로 가상현실(Virtual Reality)에 좀 더 쉽게 접근 할 수 있게 되었다. 그렇다면 가상현실이란 무엇인가? 가상현실이란 단어의 의미를 직해한다면 상상속의 현실이란 의미로 상상과 현실은 반대적인 의미를 갖기 때문에 다소 모순 된 의미를 내포한다.

가상현실이란 의미를 인지하기 위해서는 현실에 대한 단어 의미를 이해할 필요가 있다. 인간이 현실을 느끼는 현실감의 주된 이유는 보고, 듣고, 만지고, 맛을 느끼며, 냄새 맡는 행동인 오감(시각, 청각, 촉각, 미각, 후각)을 통해서이다. 인간은 누구나 꿈을 꾸며 상상을 한다. 그러나 꿈과 상상을 현실이라고 하지 않는 이유는 인간의 오감이 결여되었기 때문이라 할 수 있다. 따라서 가상현실이란 비록 가상이지만 인간의 오감이 바탕이 되어 상상 속에서 현실감을 느끼는 가상공간이라 할 수 있다. 이러한 가상공간은 컴퓨터 등을 이용하여 인간의 오감을 인공적으로 만듦으로서 가상공간을 마치 현실처럼 느끼게 할 수 있다.

가상현실의 시초는 1962년 사진작가이면서 영화작가였던 Morton Heilig가 센소라마(Sensorama)라는 기계를 고안했던 것에서부터 시작되는 것으로 전해진다. 센소라마는 컴퓨터를 이용한 기술이 아니라 영사화면에 따라 진동하는 의자를 이용하여 가상체험을 할 수 있도록 고안된 장비였다. 이후 70,80년대를 거치면서 미국 NASA에서 많은 연구비를 들여 연구했지만 90년대 초에서야 여러 디스플레이 장치, 센서, 소프트웨어의 발전으로 가상현실의 가능성을 나타내었다.

가상현실에는 컴퓨터 이외에도 많은 보조 장비가 필요하다. 가상현실에서 현실감을 최대한 나타내기 위해서는 인간의 오감을 표현하는 여러 장치들 중에 그림 1(a)의 헤드마운트 디스플레이(HeadMounted Display : HMD)가 있다. HMD는 작은 LCD를 장착해 헬멧 형태로 제작돼 있으며 센서를 부착하여 착용하고 있는 사용자의 주시방향을 탐지하여 지속적으로 가상환경을 변화 시키며 가상공간을 제공한다. HMD는 인간이 외부의 정보를 받아들일 때 가장 많은 비중을 차지하는 것이 시각 정보이기 때문에 가장 필요한 장비이다. 데이터 글로브는 섬유굴절 케이블을 이용하여 각 손가락 하나하나에 센서를 부착하여 손의 방향과 굴곡을 측정하여 측정된 정보를 전달해 주는 대표적인 입력 장치이다. 이외에도 스페이스 볼(SpaceBall)과 사이버스틱(Cyberstick)은 3차원 공간에서의 방향 입력 장치로 가상현실 속에서 탐색항해를 할 때 사용되며,

가상공간 속에 스테레오 음성을 가미하면 더욱더 현실감이 더해진다.

가상현실을 구축하기 위해서는 고속의 하드웨어뿐만 아닌 3차원 물체를 생성, 편집하고 이를 통합, 제어, 관리하는 다양한 소프트웨어도 필요하다. 아직까지 완벽한 가상현실이 구축된 사례가 없는 것은 하드웨어 측면이 아니라 가상현실 환경 구축에 필요한 엄청난 양의 데이터를 구축하고 제어할 소프트웨어의 부재라 할 수 있다. 따라서 가상현실 기술의 발전은 HMD나 데이터글로브와 같은 하드웨어 장비의 측면보단 가상현실 환경을 구축에 필요한 다양한 소프트웨어의 제어, 관리가 필수적이며 가상현실에서 제공되는 엄청난 양의 데이터를 어떻게 처리하는 방법이 선결과제라 할 수 있다. 현재 가상현실 소프트웨어로서 입출력장치, 데이터베이스를 통합, 제어하는 가상현실 개발 소프트웨어로 비교적 고가이나 3차원 물체를 생성, 편집하는 3차원 모델링 소프트웨어는 비교적 쉽게 구할 수 있다. 또한 인터넷의 대역폭은 점차 증가하는 추세에 있으며 가상현실 장비의 점차적인 하락은 개인용 컴퓨터 환경에서 가상현실을 대중화시키고 있다. 가상현실의 응용 분야는 광범위하고 교육효과가 매우 효율적이기 때문에 가상현실의 중요성은 점차 증대될 것이다.

14.4.2 VRML

1) VRML의 정의

VRML은 Virtual Reality Modeling Language의 약자로 인터넷 환경에서 상호 작용하는 3차원 환경을 개발하기 위해 제안된 스크립트 언어로 국제 표준(ISO/IEC 14772-1) 3차원 모델링 언어이다. VRML에는 기본적인 입체 도형들이 정의되어 있으며 애니메이션, 사운드 등을 삽입 할 수 있을 뿐만 아니라 상호작용이 가능하여 3차원 가상현실을 구현 할 수 있다. 그림 2는 VRML로 구현된 가상도시를 나타낸 것이다. VRML의 등장은 1994년 5월 스위스 제네바에서 열린 World Wide Web conference에서 Tim Berners-Lee와 Dave Raggett가 3차원 환경의 필요성을 주장하면서 HTML 개념과 과 유사한 VRML을 사용한 것이 시초이다. 3차원 세계를 구축하기 위한 표준 언어가 필요하다는 공감대가 형성된 직후 VRML을 개발하기 위한 국제 그룹이 만들어졌다. VRML 개발의 개발시간을 단축시키기 위하여 Silicon Graphics 사의 Open Inventor 파일 형식을 기반으로 VRML V1.0 규약을 만들었다. 그러나 VRML V1.0은 Open Inventor의 기능을 중심으로 정적인 3차원 세계의 탐색항해 위주였고 가상현실에서 중요한 상호작용이 지원되지 않아 큰 호응을 얻지 못하였다.

1996년 8월에 발표된 VRML V2.0 은 V1.0의 기능에 다양한 기능을 추가하였고 1997년에 VRML 2.0은 VRML97로 수정하면서 국제 표준으로 인정받았다.

2) VRML의 역사

(1) VRML 1.0

1994년 제1회 WWW conference에서 Tim Berners-Lee가 VRML이란 단어를 도용한 후 Mark Pesce와 Tony Parisi가 인터넷을 위한 3차원 사용자 인터페이스 프로토타입(Prototype)인 Labyrinth를 제시하였다. 많은 개발 시간과 비용을 줄이기 위해서 Labyrinth는 당시 널리 쓰이고 있던 실리콘 그래픽스(SGI)의 오픈 인벤터(Open Inventor)의 파일 포맷을 기초로 하여 VRML 1.0 규약이 제정되었다. 따라서 VRML 1.0은 오픈 인벤터의 기능을 중심으로 플랫폼의 독립성, 확장성 그리고 낮은 전송 량과 온라인에서도 잘 작동되는 기능 등을 확보 할 수 있었다. 그러나 사운드, 애니메이션 등이 결여되었고 가장 중요한 요소인 상호작용이 지원되지 않음으로서 단순한 3차원을 표현하는 정도였다.

(2) VRML 2.0

VRML 1.0 발표 이후, VAG(VRML Architecture Group)는 1996년 8월에 실리콘 그래픽스의 "Moving Worlds" 제안을 받아 VRML2.0 규약을 제정하였다. VRML 2.0은 V1.0의 기능에 다양한 기능을 추가함으로써 단순히 3차원 모델링만 구현하던 기술과 차별화를 시도하여 획기적인 모습을 보였지만 아직 국제표준으로는 인정받지 못하였다.

VRML 2.0에 대표적으로 추가된 기능은 상호작용(interactive), 키 프레임(Key Frame) 애니메이션, 3차원 사운드, 다양한 배경 그리고 3차원 물체를 제어할 수 있는 여러 스크립트가 제공 되었다. 표 14.4는 VRML 2.0의 새로운 기능을 설명한 것이다.

표 14.4 VRML 2.0의 새로운 기능

추가기능	설명
상호 작용	사용자의 마우스 클릭과 드래깅에 반응하여 물체를 회전 또는 이동 시킬 수 있다. 또한 다양한 센서 설정으로 애니메이션과 사용자의 움직임을 감지한다.
키 프레임 애니메이션	이벤트(Event)등을 이용하여 스스로 변화하는 애니메이션이 가능하다.
NavigationInfo	3차원의 가상세계를 탐색항해 시 분신(avatar) 표현이 가능하다.
3차원 사운드	현실 세계에서와 유사하게 음원에서의 거리와 방향에 따라 소리가 달라진다.
다양한 배경	3차원 공간의 배경 표현이 가능해짐으로서 하늘과 땅의 색상과 원근감의 표현이 가능하다.
스크립트	다양한 스크립트 언어를 사용해 3차원 물체를 제어할 수 있다.
프로토타입 (prototype)	기존 54개의 노드를 이용하여 사용자가 필요에 따라 새로운 노드의 정의가 가능하다.

(3) VRML 97

VRML 2.0을 국제 그래픽 표준으로 인정받기 위하여 V2.0의 스펙(Specification)과 관련한 문서의 수정과 기능의 수정을 통해 그래픽 언어의 표준으로 VRML97이 제안 되었다. VRML97은 1997년 6월 가상현실 언어의 국제 표준(ISO/IEC DIS 14772-1)이 되며 인터넷 가상현실 표준으로 자리 잡았다.

(4) X3D

X3D는 "Extensible 3D"의 약자로 인터넷 가상현실 구현 표준 언어인 VRML97을 대체할 차세대 표준안의 명칭이며 2002년 12월 ISO에 드래프트(draft)를 상정하였다. VRML이 기존의 HTML을 기반으로 정의된 반면, X3D는 차세대 웹 페이지 형식인 XML의 형식으로 정의 되었다. X3D는 기존의 VRML을 컴포넌트(Component)별로 분리하여 새로이 구현된 기능이 있다면 해당 컴포넌트에 추가만 해주면 새로운 기능이 추가되는 유연성을 가졌기 때문에 기존 VRML97과의 호환성을 계속 유지하는 것을

전제로 스펙을 진행하고 있다.

3) VRML의 특징

VRML은 웹상에서 3차원 물체를 모델링 하는 것을 목적으로 하고 있다. 따라서 기존의 다른 컴퓨터 그래픽과의 가장 큰 차이점은 상호작용과 탐색의 기능이다. 상호작용은 가상현실을 만드는 가장 기본 요소로서 상호작용을 통하여 사용자는 흥미와 현실감을 맛 볼 수 있으며 가상공간을 자유자재로 탐색이 가능하다. 또한, VRML은 웹을 기반으로 하기 때문에 HTML 문서가 갖는 여러 특징을 갖고 있다. 즉, 다른 문서와 링크를 통하여 가상공간과 문서와의 이동이 자유로우며 자바나 자바스크립트 등과 같은 웹 관련 프로그램 언어를 사용하여 보다 효율적으로 표현을 할 수 있다.
VRML이 갖는 여러 특징을 세부적으로 살펴보면 다음과 같다.

(1) 상호작용과 탐색 기능(Interaction and Navigation)

VRML은 웹을 기반으로 하는 언어이기 때문에 VRML로 구현된 3D를 보기 위해선 전용 뷰어가 필요하다. 전용 뷰어는 3D 물체의 이동, 회전 등을 기본적으로 제공하며 경우에 따라서 사용자는 이벤트(Event) 등을 통하여 문이 열린다거나 3D 물체의 색상이 변화도록 할 수 있다. 이러한 상호작용 기능과 함께 가상 쇼핑몰이나 가상 학교, 백화점 등을 사용자 직접 탐색함으로서 가상 세계를 간접 체험을 할 수 있다.

(2) 인터넷상의 3D 그래픽 국제 표준

VRML은 국제 표준 언어이기 때문에 VRML 관련 기술은 모두 공개되어 있다. VRML을 배우고자 하는 사용자들은 쉽게 인터넷이나 VRML 관련 서적 등을 통해 쉽게 VRML 스펙(Specification)을 구할 수 있으며 이를 이용 개발이 가능하다.
또한, VRML은 그래픽이면서도 웹에서의 사용을 전제로 하기 때문에 웹 문서가 갖는 여러 특징을 갖고 있다. 기존의 그래픽은 특정 시스템과 프로그램 언어에 의존적이지만 VRML은 플랫폼에 독립적이다. 또한 실시간을 전제로 하기 때문에 파일의 크기는 작아 ASCII 형태의 파일로 구성된다. 따라서 간단한 메모장이나, 워드 등 Text 편집이 가능한 프로그램이면 VRML을 구현할 수 있으므로 고가의 하드웨어나 소프트웨어 없이도 3D 그래픽을 쉽게 구현 할 수 있다.

(3) 다양한 스크립트 지원

VRML은 HTML 문서와 연결 가능할 뿐만 아니라, JAVA나 JavaScript와 결합 가능하여 다양한 기술을 효과적으로 표현할 수 있다. 스크립트를 사용하면 단순한 상호작용 뿐만 아니라 복잡한 기술도 효과적으로 나타낼 수 있다. 이러한 장점과 함께 VRML을 HTML 문서와 하이퍼링크로 연결 할 수 있다. 따라서 자신의 홈페이지만 있다면 VRML로 만든 3D 물체를 별도의 비용 없이 웹상에서 표현 가능하다.

14.4.3 VRML 사용법

1) 전용 뷰어(Viewer) 설치

인터넷을 사용하여 정보를 이용하기 위해서는 익스플로러(Explorer)가 필요 하듯이 VRML로 구현된 3D를 보기 위해선 VRML 뷰어(Viewer)가 필요하다. VRML 전용 뷰어는 VRML 형식의 파일을 3D 화면으로 그려주는데 인터넷 익스플로러처럼 독립된 브라우저 형태로 제공되지 않고 플러그인(Plug In) 형태로 제공된다. VRML 1.0 이후 많은 종류의 VRML 뷰어가 개발되었다. 대표적인 전용 뷰어로는 VRML언어를 공식적으로 후원하였던 Silicon Graphic Inc.(SGI)사의 Cosmo Player, Sony 사의 Community Place 그리고 Parallel Graphics의 Cortona가 있다. 국내에서는 (주)사이맥스의 깨비 뷰어 등이 있다. 각 전용 뷰어는 사용법과 기능이 다소 차이가 있으나 VRML은 기본적으로 SGI 사의 Open Inventor 기술을 바탕으로 하기 때문에 현재 가장 널리 사용되는 것은 Cosmo Player이다. Cosmo Player는 인터넷을 통해 쉽게 다운 받을 수 있는 공개 응용 소프트웨어이다.

Cosmo Player는 프리웨어(freeware)로서 인터넷에서 다운로드 받을 수 있다. 인터넷 검색도구를 이용하여 Cosmo Player를 입력하면 Cosmo Player 2.1 버전을 다운로드 받을 수 있다. 파일은 압축된 형태로 제공되며 파일의 크기는 3.0MB이다. 검색을 통하여 cosmo_win95nt_eng.exe 파일을 찾은 후 자신의 적절한 폴더에 다운로드 받고 이를 실행하면 환영 메시지가 뜨며 초기화면이 나타난다. 환영 메시지에서 Next 아이콘을 클릭하면 라이센스에 동의할 것인가를 묻는 화면이 나타난다. 여기서도 Yes를 선택한다. 라이센스에 동의 하였다면 Component를 선택하는 화면이 나타난다. 이 부분은 소프트웨어가 자동으로 적절히 여러분의 Component를 탐색하기 때문에 첫 번째 단추를 체크하고 Next 단추를 누른다.

Component를 선택 한 후 Cosmo Player를 설치할 디렉토리를 묻는 화면이 나타난다. 만약 다른 디렉토리에 설치하기를 원한다면 하단의 Browse 단추를 눌러 자신이 설치하고자하는 디렉토리를 직접 지정한다. 설치 디렉토리를 지정 후 Next 단추를 클릭하면 Cosmo Player를 설치하는 과정이 나타난다. 앞에서 설명하였던 것처럼 Cosmo Player는 독립된 브라우저 형태로 제공되는 것이 아니라 플러그인의 형태로 제공되기 때문에 별도의 Cosmo Player 실행파일은 없다. 따라서 Cosmo Player 실행 파일을 찾느라고 고생하는 독자가 없기를 바란다. 단지, Cosmo Player는 VRML 파일을 불러들일 때 자동으로 Cosmo Player를 실행하여 3D 물체를 나타내 준다.

2) Cosmo Player 사용법

Cosmo Player의 사용법을 배우기 위해 간단한 VRML 작품을 만들어 보자. 먼저 메모장에 아래 예제와 같이 VRML 프로그램을 입력한 후 저장한다. 메모 장은 텍스트 편집기 이므로 파일의 확장 자가 파일명.txt가 된다. 프로그램은 차후 설명하기로 하고 Cosmo Player의 사용법에 대해 알아보자.

예제

```
#VRML V2.0 utf8
Shape {
        geometry Box { }
}
```

Cosmo Player는 파일명.txt를 인식하지 못하므로 파일을 저장할 때는 반드시 파일명.wrl로 해야 한다. wrl는 가상세계를 의미하는 world의 축약형이다. 따라서 VRML로 프로그램을 구현한 후에는 반드시 파일의 확장 자를 wrl로 저장해야 한다. 예를 들어 ex3-1.wrl로 저장하였다면 파일명 앞에 아이콘 모양이 생긴다. ex3-1.wrl을 더블 클릭하면 실행할 연결 프로그램을 묻는다. 권장 프로그램은 인터넷 익스플로러와 메모장이 있는데 인터넷 익스플로러를 선택하면 Cosmo Player가 실행되고 메모장은 VRML을 편집할 경우 사용한다. 연결 프로그램에서 인터넷 익스플로러를 선택하면 이 3D 정육면체가 Cosmo Player에 나타난다.

Cosmo Player 뷰어는 크게 3D 물체를 표시하기 위한 작업 표시 창과 3D 물체를 조종하기 위한 컨트롤 바(Control Bar)로 나눌 수 있다. 컨트롤 바는 컨트롤 조정 장치를 통해 두 가지 형태로 변경가능하다. VRML을 실행 시키면 기본 형태는 이동 모드(Walk mode)이며 그림의 붉은 색 원으로 표시된 모드 조정 장치를 마우스로 클릭하면 관찰용 모드(Examine) 전환되며 붉은색으로 표시된 메뉴로 변경된다.

마우스의 움직임에 따라 관찰자와 물체의 위치가 변경되는데 먼저 이동모드일 경우 각 컨트롤 바의 기능에 대해 알아보자. 표 14.5에 컨트롤 바의 기능에 대해서 표현하였다.

표 14.5 컨트롤 바의 기능

전후이동(Go)	뷰어에서 마우스를 클릭한 상태에서 위 아래로 드래그하면 드래그를 한 방향으로 움직이는 기능으로 걷는 효과를 낼 수 있다.
상하좌우이동 (Slide)	Z축은 고정되고 X, Y 축의 방향으로 상하좌우로 움직이는 기능
고개돌리기 (Tilt)	현재 위치에서 보는 방향만을 좌우로 이동시키는 효과. 마우스의 움직임과 반대로 물체가 이동.
무중력 (Float)	중력의 영향을 받지 않고 비행기처럼 날면서 탐색할 수 있다. "Slide" 기능과 함께 사용하면 자유로운 탐색이 가능하다.
중력(Gravity)	가상세계를 현실세계와 마찬가지로 중력을 작용하게 하여 지면에서만 이동이 가능하다. 프로그램 상에 중력이 설정되지 않으면 동작하지 않는다.

표 14.6 관찰(Examine) 모드

회전(Rotate)	3D 물체를 360° 회전시키며 관찰하는 기능
평행이동(Pan)	3D 물체를 상하좌우로 평행이동 시키는 기능
거리조절(Zoom)	3D 물체를 확대 축소시키는 기능

표 14.7 기타(Walk) 기능

시점리스트 (View Point)	View Point는 뷰어에서 보는 시점을 지정해 놓은 것이다. 프로그래머가 지정한 시점에서 가상세계를 볼 수 있다.
취소/다시하기 (Undo/Redo)	바로 이전에 한 움직임을 취소하거나 다시 실행하는 기능
바로세우기 (Straighten)	회전이나 물체의 이동으로 물체가 기울어져 있을 때 이 버튼으로 물체를 바로 세울 수 있다.
탐색(Seek)	자세히 보고 싶거나 이동하고 싶은 물체 가까이 바로 이동시키는 기능
환경설정(Preference)	Cosmo Player의 환경을 설정하는 기능
도움말(Help)	Cosmo Player의 도움말을 보여준다.

3) 노드와 필드

(1) VRML 구조

아래 예제 통해 간단한 3D 정육면체를 구현 하였다. 가상 세계를 현실감 있게 구현하기 위해서 VRML에 대해 자세히 알아본다.

예제

```
#VRML V2.0 utf8          ### 반드시 #VRML은 빈칸 없이 첫줄에서 시작

### 크기 1을 갖는 정육면체 사각형
Shape {
        geometry Box {
       size 1 1 1
        }
}
```

첫 라인의 #VRML V2.0 utf8은 VRML 버전 2.0 규약으로서 VRML의 헤더이다. 모든 VRML 문서는 반드시 이 헤더를 포함해야 한다. 주의해야 할 사항은 #VRML은 빈칸 없이 반드시 첫 줄에서 시작해야 한다. VRML 규약의 #은 두 가지 용도로 사용되는데 첫째가 VRML 헤더를 가리키며 반드시 첫째 줄의 첫 칸에 대해서만 해당된다. 둘째는 두 번째 문장처럼 프로그램내의 설명문을 나타낸다. 일반적으로 초보 프로그래머들은 설명문을 달지 않는 경우가 많으나 프로그램의 크기가 커진다면 프로그램 유지 보수의 측면에서 반드시 설명문을 기입하는 습관을 처음부터 들이는 것이 좋다. utf8은 VRML 문서의 인코딩(Encoding) 방식을 UTF-8로 한다는 것이다. UTF-8은 모든 유니코드(Unicode) 문자를 1바이트에서 4바이트까지 가변 폭 바이트 스트림으로 인코딩한다. UTF-8 문서를 편집할 수 있는 편집기/워드프로세서는 메모 장(NotePad), Wordpad, MS-Word, 아래아한글, UltraEdit, Yudit, EditPlus, Emacs 등이 있다. 따라서, VRML을 구현하기 위해서 위의 편집기들 중 하나를 사용하면 된다.

Shape{ .., }안의 내용이 실제로 Cosmo Player를 통해 보여 지는 내용으로서 다른 프로그램들과 비교할 때 매우 간단하게 3D를 표현하고 있다. Shape { .., } 안의 내용은 두 가지 특징 점이 있다. 첫째, 대문자로 시작하는 영문자와 소문자로 시작하는 영문자가 있다. VRML에서 대문자로 시작하는 영문자를 노드(Node)라 부르며 소문자로 시작하는 부분을 필드(Field)라 부른다. 예제 3-1의 경우 Shape와 Box는 노드가 되며, geometry와 size는 필드가 된다. 노드는 VRML에서 3D 물체의 형태를 기술하는 구성요소이며 필드는 노드의 특성을 기술하는 구성요소로서 변수 값을 갖는다. 하나의 노드는 다수의 필드로 구성되어 있어 다수개의 필드를 반드시 대괄호({ })안에 포함하여야 한다. 노드는 또 다른 노드를 포함할 수 있으며 같은 노드라도 필드의 값에 따라 다양한 형태의 3D 물체를 구현할 수 있다. 메모 장을 이용하여 VRML을 구현할 경우 주의해야 할 점은 반드시 대소문자를 구별해야 하며 대괄호를 정확히 사용해야 한다. 예를 들어 노드의 대문자를 소문자로 기입하거나 대괄호를 생략한 채로 파일을 실행시키면 붉은색의 점선 띠가 나타나며 실행되지 않는다. 이 경우 붉은색의 점선 띠를 마우스로 클릭하면 왼쪽 창에서와 같이 오류 원인을 보여준다. 붉은색이 아니라 노란 점선이 나타나는 경우가 있는데 이것은 문법이나 철자의 오류가 아니라 프로그램의 논리적 오류에 해당한다.

VRML97에는 총 54개의 노드가 정의 되어 있는데 필드의 변수 값을 어떻게 지정하느냐에 따라 현실 세계의 물체를 거의 나타낼 수 있다. 노드와 필드의 관계를 정의한 VRML97 스펙(Spec.)은 공개되어 있으며 부록에 수록되어 있다. VRML을 이용 3D를 구현하고자 한다면 VRML97 스펙의 내용을 수시로 살펴봐야 한다.

(2) 노드(Node)

VRML97 스펙은 총 54개의 노드에 대해 정의하고 있다. 각 54개의 노드는 다음과 같은 특성이 있다.

① 각 노드는 Box, Color, Group 등과 같이 하나의 타입(type name)을 갖는다.
② 각 노드가 갖는 필드 값에 따라 같은 타입의 노드를 구분할 수 있다.
③ 각 노드는 이벤트(Event)를 받거나 전송할 수 있다.
④ 각 노드에 대한 동작방식은(3D 랜더링, 이벤트에 대한 행위 등) Cosmo Player와 같은 VRML 전용뷰어에 이미 정의되어 있다.
⑤ 각 노드는 다른 노드의 참조를 위해 이름을 부여하여 재사용할 수 있다.(DEF/USE)

54개의 노드를 타입별로 분류하면 다음과 같다. 기하노드는 물체의 외형을 표현하는 노드로서 Shape 노드에서 반드시 하나의 기하 노드를 포함해야 한다. Shape노드는 기하노드와 함께 기하노드의 속성과 외형(appearance)을 포함한다.

표 14.8 기하 노드(Geometry Nodes)

Box	X,Y,Z 좌표에서 (0,0,0)을 중심으로 정육면체 생성
Cone	X,Y,Z 좌표에서 (0,0,0)을 중심으로 Y축과 평행한 원뿔 생성
Cylinder	X,Y,Z 좌표에서 (0,0,0)을 중심으로 Y축과 평행한 원기둥 생성
Sphere	X,Y,Z 좌표에서 (0,0,0)을 중심으로 구 생성
ElevationGrid	Y=0인 평면에 다양한 높이의 격자를 생성하여 불규칙한 면 만듦
Extrusion	2차원 평면에 3차원 회전을 부여하여 돌출 형태를 만드는 노드
PointSet	3D 좌표를 갖는 점(point) 생성
IndexedLinneSet	3D 좌표의 두 점을 이용 선(line) 생성
IndexedFaceSet	3D 좌표의 세 점 이상을 이용 면(face) 생성
Text	3D 공간상에 문자열을 생성하는 노드

기하노드는 Color, Coordinate, Normal, TextureCoordinate와 같은 기하학적 속성을 갖는다. 기하 속성노드는 서로 다른 기하 노드들이 사용 가능하도록 독립적으로 정의된다.

표 14.9 기하 속성 노드(Geometry Properties Nodes)

Color	3D 물체에 RGB 칼라를 적용하는 노드
Coordinate	PointSet, IndexedLineSet, IndexedFaceSet 노드의 3D 좌표 값을 정의하는 노드
Normal	IndexedFaceSet, ElevationGrid 노드의 벡터(vector) 필드에 사용되는 3D 표견의 법선 벡터를 정의하는 노드
TextureCoordinate	정점으로 이루어진 기하노드의 정점에 이미지를 입힐 때 사용되는 2D 좌표를 정의하는 노드

Shape 노드에 포함된 기하노드들의 외적 특징을 부여하는 것은 외형노드로서 외형 노드의 속성에 따라 기하노드들은 다른 형태로 표현된다.

표 14.10 외형 노드(Appearance Nodes)

Appearance	기하 노드에 적용할 색상, 재질, 텍스트 정보 등을 정의
FontStyle	문자열의 다양한 모양을 정의하는 노드
ImageTexture	기하 노드에 외부 이미지를 적용하는 노드
Material	기하 노드의 외형에 색상 속성을 정의하는 노드
MovieTexture	기하 노드에 의부 동영상을 적용하는 노드
PixelTexture	기하 노드에 화소 단위로 색상을 지정하는 노드
TextureTransform	기하 노드의 텍스트 좌표계에 적용하여 2D 변형을 정의하는 노드

그룹노드는 다수의 자식(children) 노드를 포함하며 각 자식노드의 좌표 공간을 정의한다. Inline, LOD 그리고 Switch 노드를 제외하면 eventIn 필드로서 addChildren과 removeChildren을 갖는다.

표 14.11 그룹 노드(Group Nodes)

Anchor	Anchor 그룹 노드안의 자식 노드를 사용자가 선택 했을 때 url 필드에 링크된 내용을 가져오는 기능. HTML 구문의<A> tag와 유사한 기능을 수행한다.
Billboard	Billboard 노드의 Z축이 관찰자를 바라보도록 좌표 체계를 수정하는 노드
Collision	충돌 감지 설정 노드
Group	변형 없이 자식 노드만을 포함하는 노드
Transform	부모와 자식 노드 간에 좌표 체계를 공유하며 좌표의 이동, 회전, 크기 변화를 포함하는 노드
Inline	웹에 있는 자식노드의 데이터를 읽어 현재 화면에 삽입하는 노드
LOD	시점과 거리에 따라 사물을 다양하게 표현하도록 뷰어에게 정보를 제공하는 노드
Switch	choice 필드에 정의되어 있는 노드 중 하나만을 선택하는 노드

센서 노드는 VRML 환경 내에서 이벤트를 발생시키는 노드이다. 이벤트를 생성 시키는 원인에 따라 Pointing_Deveice 센서, 환경(Environment) 센서로 구분지울 수 있다 Pointing_Device 센서는 사용자의 입력을 감지하여 이벤트를 발생시키며 환경 센서는 환경의 변화에 따라 이벤트를 발생시킨다.

표 14.12 Pointing_Device 센서

TouchSensor	TouchSensor가 설정되어 있는 노드에 터치(Touch)하는 행위 등에 대해 이벤트를 발생시키는 노드
PlaneSensor	PlaneSensor가 설정된 객체를 드래그할 때 X-Y 평면으로 움직이게 하는 노드
CylinderSensor	CylinderSensor가 설정된 객체를 드래그할 때 Y축 방향으로 움직이게 하는 노드
SphereSensor	SphereSensor가 설정된 객체를 드래그할 때 임의의 정점을 중심으로 회전 시키는 노드

표 14.13 Environmental 센서

ProximitySensor	자동문처럼 ProximitySensor가 설정된 임의의 영역 내에 관찰자의 위치와 방위를 감지하여 이벤트를 발생시키는 노드
TimeSensor	시간의 설정, 흐름, 간격 등을 감지하여 이벤트를 발생시키는 노드
VisibilitySensor	특정 물체나 특정 영역의 부분이 관찰자에게 보이는 여부에 따라 동작하는 노드

인터폴레이터 노드는 선형적인(linear) 키 프레임 애니메이션을 위한 노드이다. 인터폴레이터 노드에 의해 3D 물체들은 시간이 지남에 따라 색상, 위치 그리고 크기 등을 변화 시키며 활동적인 모습을 제공한다.

표 14.14 인터폴레이터 노드(Interpolators Nodes)

ColorInterpolator	MFColor 키 값의 리스트 중에서 SFColor 값의 변화 이벤트를 생성하여 삽입
CoordinateInterpolator	MFVec3f 값의 리스트 중 중간 값들을 선형적으로 삽입
NormalInterpolator	방향 벡터 리스트 중 중간 값들을 삽입
PositionInterpolator	SFVec3f 리스트에서 연속적인 이동을 위해 중간값을 삽입
ScalarInterpolator	SFfloat 리스트 중 중간 값들을 선형적으로 삽입

표 14.15 바인딩 노드(Bindable Nodes)

Background	3D 공간에 배경그림이나 색상을 설정하는 노드
Fog	안개 효과를 나타내는 노드
NavigationInfo	3D 가상공간을 탐색하기 위한 아바타(avatar)의 여러 정보 등을 설정하는 노드
Viewpoint	사용자의 관찰 위치를 설정하는 노드

가상공간에서 물체를 보기 위해서는 현실 세계와 마찬가지로 빛이 존재하여야 한다. 기본적으로 NavigationInfo에서 headlight를 제공하지만 이 밖에도 Shape 노드에 여러 특성들을 제공하는 라이트 노드가 있다.

표 14.16 라이트 노드(Light Nodes)

DirectionalLight	3D 공간의 한 종착점으로 향하는 3D 벡터 광선
PointLight	3D 공간의 한 시점으로 시작하는 3D 벡터 광선
SpotLight	3D 공간의 한 시점에서 특정한 방향으로 빛을 방출

이외에도 사운드나 일반적으로 사용되는 노드들은 다음과 같다.

표 14.17 사운드와 일반 노드(Sound and Common Nodes)

AudioClip	Sound 노드의 오디오 데이터를 정의
Script	한 장면 내에서 프로그램의 동작을 지정하는 노드
Shape	기하 노드의 속성, 외형 노드를 포함하여 3D 물체를 표현하는 노드
Sound	VRML 장면 내에서 사운드를 나타내기 위한 노드
WorldInfo	Scene에 대한 정보를 갖는 노드

(3) 필드

필드(node)는 노드를 정의하기 위한 데이터 타입이다. 필드는 노드의 자료 형에 따라 단일 값을 갖는 SF형과 다중 값을 갖는 MF형이 있다. 필드를 구성하는 요소는 속성, 자료 형, 이름 그리고 변수 값으로 정의된다. 표 3-1에 Box 노드에 대한 필드 구성 요소를 나타내었다.

표 14.18 Box 노드의 필드 구성 요소

속성	자료 형	이름	변수 값
Field	SFvec3f	size	2 2 2

필드의 각 요소별 종류와 의미는 다음과 같다. 첫 번째 속성 필드는 데이터의 속성으로서 Field/exposedField/EventIn/EventOut의 네 가지 속성이 있으며 Field를 제외한 세 가지 속성은 센서 등을 이용한 이벤트를 설정할 때 중요하게 사용되는 요소이다. 두 번째 자료 형은 필드가 가질 수 있는 변수의 데이터 형태를 나타낸다. 앞서 언급한 것처럼 자료 형이 단일 값일 경우는 SF(Single Field)를 나타내며 다중 값일 경우는 MF(Multiple Field)를 나타낸다. MF의 다중 값의 내용들은 중괄호([ ])안에 쉼표(,)를 사용하여 각각의 값을 구분한다. 속성과 자료 형은 VRML 프로그램에는 나타나지 않지만 항상 속성과 자료 형을 확인하며 노드를 구현하여야 한다. 세 번째와 네 번째 항목 이름과 변수 값 필드는 해당 노드가 실질적으로 갖는 속성의 이름과 값을 의미한다. 예를 들어 Box 노드를 표현하기 위해서는 정육면체의 크기 size에 대한 변수 값만을 나타내면 정육면체를 표현 할 수 있다.

표 14.19 자료형의 종류와 의미

단일값(SF)	다중값(MF)	내용	기본값
SFBool		불리언(Boolean)값	TRUE/FALSE
SFFloat	MFFloat	32비트 실수 값	SF-0.0, MF-[]
SFInt32	MFInt32	32비트 정수 값	SF-0, MF-[]
SFTime	MFTime	시간을 절대, 상대 값으로 표현	SF--1, MF-[]
SFVec2f	MFVec2f	좌표계를 갖는 2차원 벡터값	SF-xy, MF-[]
SFVec3f	MFVec3f	좌표계를 갖는 3차원 벡터값	SF-xyz, MF-[]
SFColor	MFColor	R,G,B로 구성된 색상값	SF-rgb, MF-[]
SFImage	-	2차원 이미지로서 8비트에서 32비트로 구성된 이미지 표현	SF-RGB
SFNode	MFNode	VRML 노드의 내용	SF-NULL, MF-[]
SFRotation	MFRotation	임의의 축을 기준으로 회전	SF-xyzΘ, MF-[]
SFString	MFString	" "안에 문자열을 나타낸다.	SF-"", MF-[]

14.5 FT 시스템

14.5.1 개요

최근 초고속 정보처리에 대한 요구는 전체 산업분야의 모든 부문에서 이루어지고 있다. 이러한 요구에 부응하여 고 신뢰성 FT(Fault Tolerant) 시스템에 대한 필요성은 급격히 증가하고 있다. 특히 순간적으로 많은 정보를 처리해야 하는 초고속 정보통신 분야에 있어서 위의 조건에 부합하는 고 신뢰성 시스템 설계는 매우 중요한 관건이라고 할 수 있다.

ATM(Asynchronous Transfer Mode) 제어 시스템은 기존의 FT 범용컴퓨터 시스템과는 다르게 고 신뢰성, 고유용성, 고안정성, 고성능, 및 호환성 등이 요구되는 교환시스템이다. 범용컴퓨터 응용분야에서는 대부분의 경우 시스템의 고장발생시 이를 감지하여 시스템의 동작을 일시 중지시키고, 필요한 복구동작을 수행하고 시스템을 재가동시킨다. 또한 ATM 제어시스템에서는 시스템 고장감지 시 시스템의 동작을 가능한 중지시키지 않고, 계속 유지시키면서 고장복구동작을 동시에 수행시켜야만 한다. 이는 ATM 교환시스템으로의 호(call) 요청이 끊임없이 이루어지기 때문에 시스템의 일시적인 동작중지는 ATM 교환 망을 이용하는 사용자들에게 극도의 혼란을 야기 시킬 수 있기 때문이다. 따라서 고유용성과 고 신뢰성, 등을 요구하는 기존의 교환시스템에서는 FT 구조로서 이중 모듈의 웜·스탠바이(warm standby) FT 기법과 핫·스탠바이(hot standby) FT 기법을 주로 사용하고 있다.

현재 웜·스탠바이 FT 기법은 구현의 용이성으로 인해 교환시스템에서 가장 많이 사용되고 있는 방식이다. 마스터 모듈은 시스템 정상동작 시에 동시쓰기(concurrent write)방식을 사용하여 그 자신의 메모리내용과 스탠바이모듈의 메모리내용을 동일하게 동작시키며, 고장발생 시 스탠바이 모듈이 액티브(active) 상태로 전환되고, 단일 모듈로서 정상기능을 수행하는데 비교적 짧은 시간이 소요된다. 그러나 고장의 종류와 정도에 따라 다소의 데이터 손실이 발생한다. 이러한 데이터 손실을 줄이기 위해서 정상동작 중에 빈번한 로그(log)데이터의 생성이 필요하고, 마스터 모듈과 스탠바이모듈간에 주기적인 고장점검이 요구된다. 한편 마스터 모듈에서 감지되지 못한 에러(error)는 궁극적으로 전체 시스템으로 확산될 위험성을 내포하고 있다. 반면에 핫·스탠바이 FT기법은 시스템의 내부동작 수행 시 모든 모듈이 액티브하게 동작하므로 모든 모듈의 상태와 내용이 시스템의 동기화를 통해서 항상 같도록 유지되어야 한다. 이 기법에서는 외부시스템과의 데이터 교환 시에만 한 모듈이 마스터로서 동작하게 된다. 한 모듈로부터 고장이 감지되었을 때 즉시 고장모듈을 시스템으로부터 제거하고, 수행 중이던 일을 계속 진행시킬 수 있으므로 고장감지로부터 시스템의 정상기능 재가동까지 짧은 시간이 소요된다. 또한 시스템의 고장으로부터 데이터 손실이 발생되지 않는 FT 구조의 설계가 가능하다. 그러나 이 시스템의 해결과제는 FT 시스템 모듈 간에 빈번한 동기동작으로 인한 시스템 전체의 성능저하를 최소화할 수 있는 동기화시스템을 설계하고, 시스템이 동작 중에 발생하는 고장으로부터 복구가 완료될 때까지 시스템 모듈의 재정상가동 등을 위한 완전한 통합관리시스템을 구현해야 한다.

ATM 교환망은 영상, 음성, 문서 등의 복합적인 데이터 형태로 확대되고 있고 이러한 정보의 홍수 속에서 효율적이고 안전한 B-ISDN의 중추적인 통신기반 기술의 일환으로 추진되고 있다. 현재 개발되어 사용되고 있는 대부분의 교환기들은 FT 구조로서 웜・스탠바이 FT기법을 사용하고 있다. 그러나 이 기법의 치명적인 결함으로 마스터 모듈에서 감지되지 못한 에러가 전체 시스템으로 확산되는 것을 방지하여 고 신뢰성을 유지하기 위해 핫・스탠바이 FT 기법을 이용한 FT 시스템의 개발에 관심이 집중되고 있다.

현재 많은 FT 시스템들이 개발되어 사용되고 있으며 하드웨어 가격의 하락으로 경제성 있는 상용 FT 시스템들이 출현하여 여러 분야에서 활용되고 있다. 그러나 더욱 강력한 FT 시스템에 대한 필요성이 정보화시대의 출현과 더불어 급속히 증대되고 있으며, 이에 대한 연구도 활발히 진행되고 있다.

기존의 FT 시스템에서는 핫・스탠바이 구조와 웜・스탠바이 구조를 많이 사용하였다. 핫・스탠바이 구조는 이중화 또는 삼중화 된 모듈들이 동시에 같은 작업을 수행함으로서 한 개의 모듈이 고장 나는 경우 데이터의 손실을 막을 수 있는 장점이 있는 반면에 매번 데이터가 갱신 될 때 마다 빈번하게 데이터를 비교하고 동기화를 수행하여야 하기 때문에 시스템 성능이 저하되는 단점을 갖고 있다. 또한, 웜・스탠바이 구조는 마스터 모듈에서 감지되지 못한 에러가 스탠바이모듈로 확산되어 잘못된 데이터가 전체시스템에 확산될 뿐만 아니라 올바른 데이터를 찾을 수 없는 단점을 갖고 있다. 전자 상거래 등이 사회 전반에 걸쳐 보급되고 있는 현 시점에서 데이터의 손실은 중대한 결점이 될 수 있다.

14.5.2 FT 구조 및 동기화 회로

1) FT 구조

(1) 웜・스탠바이 FT 구조

웜・스탠바이 FT 구조는 시스템 업무를 현재 수행하고 있는 마스터 모듈(MM :

Master Module)과 이와 동일한 메모리 내용을 유지하면서 대기 상태로 있는 스탠바이 모듈(SM : Standby Module)로 구성되어 있다. 또한 구조가 비교적 단순하기 때문에 구현이 용이하다는 장점을 가지고 있으며, 현재 상용화된 많은 교환 제어 시스템에 이용되고 있다. 그러나 마스터 모듈에서 감지되지 못한 에러가 스탠바이 모듈로 확산되어 전체 시스템의 신뢰도를 저하시킨다. 이러한 데이터 신뢰성의 문제를 해결하기 위해 고장발생 즉시 에러를 감지할 수 있는 기능이 요구되어 진다. 또한 마스터 모듈과 스탠바이 모듈 간에 주기적인 점검이 요구된다. 웜·스탠바이 FT 구조에서 정상동작, 오동작 및 절체 동작과 고장 복구는 다음과 같이 진행된다.

① 정상동작

데이터 읽기 동작 시 MPU(Master Processor Unit)는 MLMU(Master Local Memory Unit)로부터 데이터를 읽는다. 데이터 쓰기 동작 시 MPU는 MLMU와 MBIU(Master Bus Interface Unit)에 사용할 데이터를 보내며, 동시에 시스템 버스를 통해 스탠바이 모듈의 SLMU(Standby Local Memory Unit)로 데이터를 전송한 후 그 다음 동작을 수행한다.

② 오동작 및 정기적인 절체동작

웜·스탠바이 구조에 있어서 오동작의 원인은 크게 전력고장과 소자고장으로 나눌 수 있다. 이때 고장이 감지되어 스탠바이모듈이 일을 처리할 수 있을 때까지 마스터모듈은 가동이 중단되므로 시스템 기능을 마비시킨다. 이 경우에 처리 중이던 데이터의 손실은 불가피하다. 따라서 소프트웨어적인 처리보다는 전용라인을 통해 직접 스탠바이 모듈에 에러를 통보함으로써 시스템의 오동작시간과 그로 인한 데이터 오류를 줄일 수 있다.

단일 프로세서를 가지는 웜·스탠바이 FT 구조는 정기적으로 마스터 모듈과 대기상태에 있는 스탠바이 모듈의 역할을 서로 바꾸는 절체동작을 한다. 절체동작은 다음과 같이 진행된다.

단계 1 : 마스터모듈은 정기 절체동기신호를 스탠바이모듈에 보낸다.
단계 2 : 스탠바이모듈이 준비완료 상태임을 확인한 후, 마스터 모듈은 프로세서 레지스터 값 등을 포함한 필요한 정보를 스탠바이모듈에 전송한다.
단계 3 : 스탠바이모듈은 필요한 정보를 얻은 후, 마스터모듈로 동작하기 위해 프로세서 내부의 레지스터 값들을 전송 받은 정보로 등록시킨다.
단계 4 : 마스터모듈과 스탠바이모듈은 서로의 역할이 구분되어 동작을 수행한다.

③ 고장복구

고장으로부터의 복구동작은 크게 두 단계로 나뉘어 진다. 첫 번째 단계에서는 고장발생 감지 시에 마스터 모듈에서 수행하던 일을 중시시키고 고장 난 모듈은 복구동작에 들어간다. 두 번째 단계에서는 고장 난 모듈이 하드웨어적으로 완전수리 된 후, 그 메모리 유닛의 내용이 현재 마스터로 동작중인 모듈의 메모리내용과 다르기 때문에 두 메모리 유닛 간에 데이터를 상호 일치시킨 후, 수리된 모듈을 스탠바이 모듈로 동작되도록 한다.

(2) 핫 · 스탠바이 FT 구조

핫 · 스탠바이 FT구조는 이중화 동기 유닛이 내부 또는 외부에 존재하며, 각각의 이중화 모듈이 정상동작 시 모두 동작한다. 또한, 두 모듈 간에 시스템버스와 전용라인은 정상상태에서 사용되지 않는다. 이 구조에서는 두 모듈이 동작하기 때문에 모듈내의 각 구성요소가 고장발생 감지 시 이 사실을 상대편 모듈에게 전용 라인을 통해 알려주는 동작만이 필요하다. 정상동작, 오동작 및 고장복구는 다음과 같이 진행된다.

① 정상동작

데이터 읽기 동작 시 AM(Active Module)의 APU(Active Processor Unit)는 ALMU(Active Local Memory Unit)로부터 데이터를 읽는다. 이때 각각의 프로세서 모듈은 FT 기능을 수행해야 하기 때문에 이중화구조로 구성된다. 데이터 쓰기 동작 시 APU는 ALMU로 변경된 데이터를 보낸다. 외부 시스템으로부터 데이터의 입력이 발생한 경우, 외부 시스템은 데이터를 LSI로 전송하고, LSI(Local System Interface)는 그 사실을 AM에 통보한다. 이때 AM은 현재 수행하던 일을 일시 중단하고, 외부 입력 데이터를 받아들이기 위해 이중화된 동기유닛에 동기생성신호와 PID(Processor IDentification)신호를 보낸다. 정상동작인 경우 AM에 대한 동기응답은 동기유닛에서 처리한다. 동기장치는 임계시간 내에 두 프로세서 모듈로부터 동기발생 신호를 받으면 각 모듈로부터 수신된 PID 번호를 비교한 후 서로 동일한 경우 동기응답신호와 PASS 신호를 동기유닛과 AM으로 동시에 보낸다.

외부 시스템으로 데이터출력 시 AM은 요청받은 데이터와 PID 신호를 LSI에 보낸다. LSI는 두 모듈로부터 데이터와 PID 신호를 모두 받은 후에 데이터가 동일한 경우에 그 데이터를 외부시스템에 전송하며, 데이터가 서로 다른 경우에는 모듈에 FAIL 신호를 전송한다. 이때 두 모듈은 자체고장점검을 수행한다. 또한 데이터가 서로 동일하나 PID 신호가 서로 다른 경우에는 그 사실을 두 모듈에게 알리고, 그에 필요한 조치를 취하도록 한다. 데이터와 PID가 모두 동일한 경우에는 PASS 신호를 두 모듈에 동시에 보냄으로써 두 모듈이 정상동작을 계속 수행하도록 해준다.

② 오동작

전원고장의 발생은 동기유닛 상에 한 모듈로부터 동기생성신호가 도달했으나 다른 모듈로부터 임계시간이 지나도록 동기생성신호가 도달하지 못한 경우에 감지된다. 이때 동기유닛은 두 모듈에게 전원 고장의 발생사실을 통보한다. 두 모듈에게 전원고장 사실을 통보하는 이유는 이때 발생된 에러가 전원고장뿐만 아니라 동기유닛으로 동기생성신호를 보내는 회로의 고장에 기인할 수도 있기 때문이다. 각 모듈 내부의 유닛은 고장감지기능을 내장하고 있기 때문에 고장발생 즉시 그와 관련된 에러신호가 전용라인을 통해 상대편 모듈에 전송된다. 이때 고장이 발생하지 않은 모듈은 동기화작업을 중지시키고, 외부시스템에 고장발생 사실을 통보한 후에 단일모듈과 같이 동작하게 된다. 고장발생시에 고장 나지 않은 모듈은 동작 중이었으므로 이때 데이터의 손실은 발생하지 않는다.

웜・스탠바이 FT 구조에서와 같이 정기적인 정상상태 확인 동작을 수행할 필요가 없으며, 고장발생시 필요한 정보를 상대편 모듈에 전송할 필요도 없다.

③ 고장 복구

고장 난 모듈은 상대편 모듈이 단일모듈로서 동작하게 된 후에 고장복구동작에 들어간다. 먼저 고장 난 하드웨어에 대한 자체복구를 시도하고, 불가능한 경우에는 수리요원에게 복구를 요청한다. 고장 난 모듈은 하드웨어를 수리한 후에 현재 액티브로 동작중인 모듈에게 전용라인을 통해 그 사실을 통보하고, 그 자신의 메모리내용을 상대편 모듈의 메모리내용과 일치시킬 준비를 갖춘다. 이때 현재 동작 중인 모듈은 그 자신의 메모리내용을 수리가 완료된 모듈에게 전송하는데 그 동작은 다음과 같다.

현재 동작 중인 모듈에게 주어진 일이 있는 경우에는 그 일을 먼저 수행하며, 만약 데이터 변경이 요구되는 경우에는 동시쓰기방법을 이용하여 그 자신의 메모리가 상대편 모듈의 메모리내용을 동시에 변경시킨다. 이때 데이터전송은 시스템버스를 통해서 이루어진다. 또한 동작중인 모듈에게 주어진 일이 없으면 액티브 모듈은 그 자신의 메모리내용을 시스템버스를 통해 상대편 모듈의 메모리로 전송한다. 수리완료모듈의 메모리내용이 액티브 모듈의 메모리내용과 동일하게 된 후, 두 모듈 간에 재 동기화가 이루어지며, 이때 전체시스템은 정상 핫・스탠바이 상태로 복귀된다.

2) 동기화 회로

(1) PLL

PLL(Phase Locked Loop : 위상동기루프)는 특별한 시스템이 다른 시스템을 추적하도록 하는 회로이다. 즉, 위상에서 뿐만 아니라 주파수에서 입력신호나 기준(reference) 신호를 갖는 출력신호를 동기화하는 회로이다. 이때 동기화 된 상태에서 발진기(oscillator)의 출력신호와 기준신호 사이의 위상 에러(phase error)는 0이거나 매우 작다. 위상에러가 발생되면 제어 메커니즘은 위상에러가 최소가 되도록 계속적인 감소방식으로 발진기를 동작시키게 된다. 또한 제어시스템에서 출력신호의 위상은 실제적으로 기준 신호의 위상에 동기(locked)되기 때문에 PLL이라고 한다.

PLL 회로에서는 CCO(Current-Controlled Oscillator : 전류 제어 발진기)가 VCO(Voltage-Controlled Oscillator : 전압 제어 발진기)대신 사용되는데, 이때 위상검출기의 출력신호는 전압이 아닌 전류로 제어하게 된다. PLL의 종류는 LPLL(Linear Phase Locked Loop : 선형위상동기루프), DPLL(Digital Phase Locked Loop : 디지털 위상 동기루프), ADPLL(All Digital Phase Locked Loop : 전 디지털 위상동기루프), SPLL(Software Phase Locked Loop : 소프트웨어 위상동기루프) 등이 있다.

PLL의 구조는 다음의 기본적인 세 가지 구성 요소 즉 전압제어발진기, PD(phase detector : 위상검출기), LF(loop filter : 루프필터)로 구성된다.

(2) LPLL

LPLL(linear phase locked loop : 선형위상동기루프)은 네 개의 증폭기(multiplier)를 위상검출기로서 사용한다. LPLL의 구조에서 입력신호는 각 주파수를 가지는 정현파인 반면에 출력신호는 각 주파수를 가지는 구형파이다. 또한 동기 상태에서 두 주파수는 서로 같다.

PD의 출력신호는 다음의 구성요소를 갖는다.

① DCV(Direct Current Voltage : 직류전압)요소

② 위상 에러

③ 2배 또는 4배의 주파수를 가지는 교류전압요소 : 원하지 않는 고주파적인 신호로서 LF에 의해 제거되는데 이때 낮은 주파수는 통과시키고, 고주파는 제거되기 때문에 저역통과 필터를 사용

LPLL은 대부분의 경우 한 개의 저역통과필터가 사용되고, 여러 개의 낮은 주파수통과필터도 특별한 경우에 사용되고 있지만 위상변화에 의한 고차시스템의 안정성을 유지하기가 매우 어렵다.

(3) DPLL

DPLL(digital phase locked loop : 디지털위상 동기루프)은 디지털적인 요소를 가지는 위상검출기이다. 대부분의 특성은 LPLL의 이론과 매우 유사하여 그 이론이 채택되지만 그 동작은 완전히 다르다. DPLL의 구조는 LPLL의 구조에 VCO와 PD 사이에 N-분할-카운터(divide-by-N counter)를 삽입한 형태이며, 카운터는 VCO에 의해 기준주파수의 N배인 주파수를 발생시키며, VCO와 LF는 LPLL과 똑같이 동작하게 된다. 이때 이 회로는 항상 2진 신호에 의하여 동작된다는 특징을 갖는다.

PD는 다음과 같은 다른 논리회로가 사용된다.

① 배타적인 OR게이트

- 보장하는 에러의 범위는 $-\frac{\pi}{2} < \Theta_e < \frac{\pi}{2}$
- 선형 증폭기와 유사하다

② JK-플립플롭

- 보장하는 에러의 범위는 $-\pi < \Theta_e < \pi$

③ PFD(Phase Frequency Detector : 위상주파수검출기)

- 보장하는 에러의 범위는 $-2\pi < \Theta_e < 2\pi$
- 무제한의 범위를 제공하기 때문에 최악의 동작 조건에도 부합
- DN(down)과 UP(up) 신호에 따라 다음과 같은 상태로 분류
  (a) DN = 1, UP = 0 ---> 상태 = −1
  (b) UP = 0, DN = 0 ---> 상태 = 0
  (c) UP = 1, DN = 0 ---> 상태 = +1

(4) ADPLL

고전적인 의미의 DPLL은 반 아날로그 회로로서 중심 주파수가 칩 내의 진동용량에 의해 영향 받기 때문에 오류에 대한 치명적인 반응을 보이는 응용에 사용되기 위해서는 변동에 대한 수정과정이 요구된다. 또한 사용되는 파라미터들이 온도에 의한 변동(drift)에 영향을 받는 문제를 해결하기 위하여 ADPLL(All Digital Phase Locked Loop : 전 디지털 위상동기루프)를 사용하였다. ADPLL은 디지털 시스템으로서 논리적인 소자와 2진 신호나 데이터 레지스터 및 카운터의 병렬출력을 갖는 디지털 코드워드로 구성되어 있다. 특히 디지털회로를 구성하기 위해 LF나 VCO에 대한 디지털회로를 구성해야만 한다. 이를 위해 VCO는 DCO(Digital Controlled Ocillator : 디지털 제어 발진기)로 대체시켜야 한다.

① 전 디지털 위상 검출기

(a) FF 카운터(Flip Flop counter) PD

FF 카운터(Flip Flop counter) 위상검출기는 FF 카운터로 구성되며, 이때 기준신호와 DCO의 출력신호는 2진 값을 갖는다. 이 값들은 상승 RS(Reset Set)-FF의 셋(set), 리셋(reset)을 이용하여 생성된다.

FF의 출력 Q가 논리 1인 시간주기는 위상에러와 비례한다. 이때 출력 Q는 고주파수 클록신호로 카운터를 개폐하는데 사용된다. 또한 카운터는 신호의 모든 상승모서리(positive edge)에서 리셋 된다.

(b) 나이퀴스트 율(Nyquist rate) 위상 검출기

나이퀴스트 율 위상검출기의 구조는 입력신호는 데이터라인을 통해 전송된 신호형태와 같이 아날로그파형을 갖는 신호로서 클록속도에 따라 주기적으로 샘플링 되고 디지털화 된다. 일반적으로 샘플링 속도는 적어도 고주파수 신호요소의 두 배 이상이 되어야 한다. 신호는 DCO에 의해 발생된 N-bit 디지털 워드로 구성되며 디지털화된 신호는 소프트웨어 다중 프로그램에 의해 동시에 처리된다. 이때 에러 신호에 대한 평균값은 연속되는 디지털 루프필터에 의해 필터링 된다.

(c) 0 근접 위상 검출기

PED(Positive Edge Detector : 상승모서리 검출기)의 기준 신호는 아날로그신호이고 상승전달은 ADC(Analog Digital Converter : 아날로그 · 디지털 변환기)에 클록을 준다. ADC의 디지털 출력신호는 위상에러에 비례하고 이 신호는 일반적으로 변환이 완료될 때까지 버퍼 레지스터에 저장된다.

(d) 힐버트 변환 위상 검출기

힐버트 변환 위상 검출기(Hilbert transform phase detector)의 주요요소는 힐버트 변환회로로 구성되며, 주파수에 상관없이 정확하게 -90。 만큼 입력된 정현파의 위상을 변환시키는 디지털 필터의 특성을 갖는다. 이때 모든 주파수에 대하여 이득은 1을 갖게 된다. 입력신호를

(e) 디지털 평균 위상 검출기

디지털 평균 위상 검출기(digital average phase detector) 구조는 힐버트 변환 PD에서 사용하는 DCO에 기준신호를 배가해서 적당한 시간주기를 통과한 곱셈기의 출력신호와 단순히 평균함으로써 획득하게 된다. 이러한 처리는 이미 사용된 평균 필터의 임펄

스 전송함수에 의해 정의된 필터링 함수를 포함한다고 할 수 있다. 이것은 소프트웨어적으로 처리된다.

② 전 디지털 루프 필터

전 디지털 루프 필터는 전 디지털 PD에 따라 다른 형태의 출력신호를 생성하며, 이때 XOR이나 PFD는 하나 또는 두 개의 2진화된 출력신호를 넘겨주는 반면에 보통의 PD는 N-비트 디지털 출력신호를 생성한다.

(a) 상승/하강 카운터 루프필터

상승/하강(UP/DN) 카운터 LF의 구조는 위상검출기로부터의 UP/DN 신호와 조합된다. 즉, XOR나 JK-FF PD와 결합되어 동작한다.

위상형성회로(phase forming circuit)는 입력된 UP나 DN 신호를 계산하는 클록과 UP/DN 신호로 변환시킨다. PD에 의해 발생된 UP 펄스는 UP/DN 카운터의 항목 N을 1씩 증가시키고 DN 펄스는 1씩 감소시켜서 루프필터의 n-비트 병렬출력신호를 형성한다. 이것은 전송함수의 통합 기(integrator) 역할을 담당하지만 위상 에러의 실제적인 크기에 대한 정보를 전송하지 않고 단지 상대적으로 빠른지 느린지에 대한 대략값의 평가를 위한 정보만을 제공한다.

(b) K 카운터 루프 필터

K카운터 LF는 XOR나 JK-FF PD와 함께 동작하며 UP 카운터와 DN 카운터로 언급되는 두개의 독립적인 카운터로 구성된다. 이때 두 개의 카운터는 항상 위쪽으로 계수한다. K는 두 카운터의 율(modulus)로 0에서 K-1의 범위를 가지며 K-1을 넘으면 다시 0으로 재순환되며, 그 값은 2의 승수로 보통 8, 16, 32,가 되며, 그 주파수는 ADPLL의 기준신호의 주파수 f_0의 M배로 정의된다. 그 동작은 UP/DN 신호에 의해 제어된다.

(c) N-before-M 루프 필터

N-before M 루프필터(N-before M loop filter)의 성능은 매우 비선형적인 특성을 나타내며, UP나 DN 신호를 발생하는 PD와 결합되어 동작된다.

M만큼 크기를 줄이는 카운터와 N만큼 크기를 줄이는 카운터 두개를 사용하며, 항상 M > N을 유지시키고 이때 ÷M 카운터는 UP 또는 DN 펄스를 계수하며 상단의 ÷N 카운터는 ÷M 카운터가 M펄스를 수신하지 않을 경우, 자리올림신호를 생성한다. 즉 N 펄스가 M 펄스의 합 이상의 UP펄스이면 자리올림신호를 생성한다. 하단의 ÷N 카운터도 자리 빌림 신호를 위와 같은 방식으로 생성한다. 이때 출력 값은 DCO를 제

어하는데 사용된다.

③ 디지털 제어발진기

디지털 제어발진기는 소프트웨어나 하드웨어적인 방식으로 동작한다.

(a) ÷N 카운터 DCO

÷N 카운터는 고정된 주파수에서 동작하는 고주파수 발진기에 의해 발생된 신호의 비율을 줄이는데 사용되고, 디지털 루프필터의 N-비트 병렬출력신호는 ÷N 카운터의 비율요소 N을 제어하는데 사용된다.

이때 만약 자리올림과 자리 빌림이 같으면 에러가 없음을 나타내고, 만약 둘 사이의 차이가 발생한다면 그 만큼 빠르거나 느림을 나타낸다.

(b) 증감 카운터 디지털 제어 발진기

K카운터나 N-before -M 필터와 같이 자리올림이나 자리 빌림 펄스를 발생시키는 LF와 결합되어 동작되고, 클록입력(ID 클록)과 자리올림 펄스의 INC(Increment)입력 및 자리 빌림 펄스의 DEC(decrement)입력으로 구성된다.

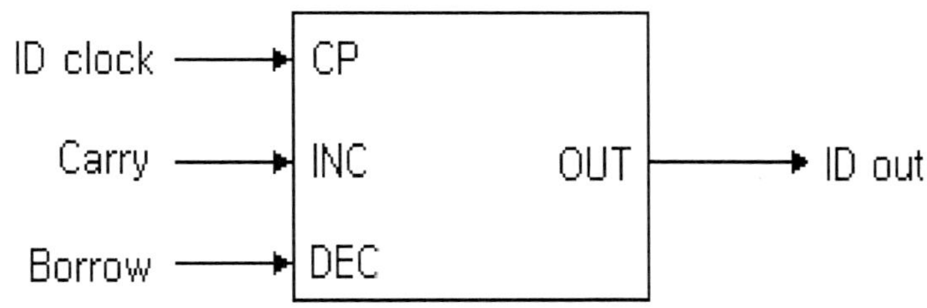

그림 14.34 ID 카운터 DCO의 구조

이때 자리 올림, 자리 빌림 입력의 상승모서리에 반응하여 동작하지만 이 신호의 지속시간과 무관하게 동작한다. 만약 자리올림과 자리 빌림 신호가 존재하지 않는다면 토글(toggle) FF은 증감클록의 모든 상승모서리에 대하여 토글하게 된다.

(c) 파형분석기 디지털 제어발진기

소프트웨어에 의해 수행되며, ROM에 저장된 테이블을 참조함으로써 사인 또는 코사인 의 파형을 발생시킨다. 고정된 클록 율 즉, 원하는 주파수와는 상관없이 샘플링 시점에서 합성신호의 샘플을 계산하여 동작한다. 이때 낮은 주파수는 높은 주파수보다 도 더 높은 분해능을 갖는다.

(5) SPLL

SPLL(Software Phase Locked Loop : 소프트웨어 위상동기루프)의 장점과 수행방법은 다음과 같다.

① 장점

· 구성방법이 다양하여 어떠한 PLL 디자인도 자유롭게 제공된다.

· 하드웨어 PLL보다 2배에서 4배까지의 기준신호를 제공한다.

· 하드웨어로 변환하기 어려운 함수도 실행가능하다.

· 경제적인 수행을 위해 다음의 수행방법이 요구된다.

② 수행방법

(a) SPLL 알고리즘을 정의하면

· 수학적이고 논리적인 방정식을 상징적인 형태로 표현한다.

· 순차적인 동작에 의거하여 수행절차를 표현한다.

(b) 언어의 정의

· 고급언어와 기타 하위 언어 수행시간 차이 등의 호환성을 맞추기 위해 컴파일러를 사용한다. 또한 서로 다른 어셈블러 명령어는 서로 다른 수행시간이 요구된다.

· 병렬처리 DSP의 경우 어셈블리코드로 쓰여 진 라이브러리를 따로 관리함으로써 수행시간을 단축할 수 있다.

(c) 실시간 대역폭추정

· 완전한 SPLL 알고리즘은 프로그램 수행시간이 길지만 계산시간을 위한 기준 주기는 2배 빠르게 선택할 수 있다.

(d) 실시간 검사

· 브레드보드(breadboard)를 통한 실제적인 검사가 필요하다.

하드웨어와 소프트웨어의 절충에서 소프트웨어적인 방법은 많은 프로그램 수행시간을 요구하는데 비해 하드웨어적인 방법은 수행시간을 단축할 수 있으나 구조상의 복잡성이 야기되고, 많은 비용이 필요하므로 구성할 때 고려하여야 한다.

14.5.3 FT 구조 설계

1) 이중화 액티브 FT 구조 설계

두 개의 프로세서 모듈이 동시에 똑같은 작업을 액티브하게 수행하는 고유용성 시스템을 위한 FT 구조의 수행계획은 시스템의 재구성시간을 단축함으로써 시스템의 유용성을 향상시킬 뿐만 아니라, 오직 출력동작 시에만 두 프로세서 모듈 사이의 비교를 수행함으로써 이중화 프로세서모듈 사이의 빈번한 동기화를 함으로써 성능저하를 최소화한다. 또한 이 구조는 출력동작을 수행할 때 두 프로세서모듈에서 에러를 감지함으로써 이중화 프로세서모듈 내에서 감지하지 못한 거짓데이터가 전체 시스템으로 확산되는 것을 막을 수 있다.

(1) 이중화 액티브 프로세서모듈의 구조

이중화 프로세서모듈구조는 낮은 가격에 고수행성과 고 신뢰성을 제공할 수 있기 때문에 상용화된 고유용성 시스템에 널리 사용되고 있다. 이중화 프로세서모듈구조에 대하여 각 프로세서모듈에서 순간적인 프로세서에러를 감지할 수 있는 기능은 치명적인 시스템 문제를 피하기 위하여 요구되며, 이러한 고수행성, 고유용성, 고 신뢰성을 수행할 수 있는 구조는 가까운 미래에 요구될 것이다. 이중화 프로세서모듈은 두 모듈이 모두 정상상태일 때 액티브 상태에 있다. 그것은 시스템 수행성과 시스템의 유용성을 향상시키도록 시스템의 기능을 단순화시킨다. 클록동기화 버스는 이중화 프로세서모듈 사이에 존재한다. 각 프로세서모듈은 자신의 클록발생기로부터 만들어낸 클록신호와 클록동기화버스를 통해 다른 프로세서모듈로부터 전송된 클록신호를 교환하여 동기화시킨 클록신호를 사용한다. 이 방식은 만약 시스템이 마스터 클록발생기로부터 생성된 공통 클록신호를 사용하고 마스터 클록발생기가 고장 난다면 이로 인해 발생할 수 있는 시스템의 DN을 막아준다. 이중화 프로세서모듈 사이의 유지·보수버스(maintenance bus)는 프로세서모듈에서 감지한 정보를 알려주고, 에러감지 후에 시스템의 복구에 필요한 제어정보를 전송하는데 이용된다.

또한 유지·보수버스는 시스템의 복구를 위한 메모리 동시쓰기를 지원하는데 사용된다. 프로세서모듈은 프로세서유닛, 메모리유닛, 버스인터페이스유닛, 클록유닛, 유지·보수버스 제어유닛으로 구성된다.

프로세서 유닛은 순간적 프로세서의 에러를 즉시 감지할 수 있는 기능을 갖는다. 또한 구성은 CPU와 내부 캐쉬(cache), 메인 메모리, 시작 ROM(booter Read Only Memory), 시간 클록(time of date), NVRAM(non volatile RAM), 시리얼 포트로 이루어진다. 시작 ROM은 시스템에 전원을 투입 시 부팅프로그램을 내장하고 있으며,

NVRAM은 시스템의 전원차단 시에도 보존되어야 하는 데이터를 저장하고 있다. 시간 클록은 시스템의 시계 역할을 하며, 시리얼 포트는 외부터미널과의 직접연결을 위해 사용된다.

버스인터페이스 유닛은 프로세서 유닛내부에서 사용되는 M버스와 외부 입·출력제어기와의 데이터교환 시 사용되는 입·출력버스 간에 신호변환을 담당하며, 직접메모리 액세스기능, 데이터 비교 로직, 패리티 검사 로직을 포함한다. 데이터 비교 로직은 출력동작에 대하여 오류를 검사하는데 사용되며 반면에 패리티 검사 로직은 입력동작에 대하여 사용된다. 클록유닛은 클록발생기와 클록동기화 회로로 구성된다. 유지·보수버스 제어유닛은 시스템의 재구성과 시스템의 복구를 위해 사용된다.

(2) 시스템 동작

모든 프로세서모듈은 동기화된 클록신호를 가지고 동시에 같은 동작을 수행한다. CPU 명령에 대해서는 각 프로세서모듈은 완전한 프로세서/메모리대역에서 프로세서모듈 사이의 어떠한 비교도 없이 독립적으로 명령을 실행한다. 프로세서모듈 사이의 비교는 오직 출력명령에 대하여서만 수행된다. 이 점은 이 구조가 다른 핫·스탠바이 FT 구조를 뛰어넘는 막대한 수행이득을 성취하게 만든다. 시스템이 입·출력명령을 수행할 때, 모든 프로세서모듈은 동시에 같은 입력 또는 출력동작을 수행해야만 한다. 만약 프로세서모듈이 입·출력 동작 시, 서로 다른 동작으로 응답하거나 어떤 입·출력동작에 결함이 있다면 그것은 시스템 내에 고장이 발생한 것을 의미한다. 고장감지는 시스템의 진단이나 복구동작을 일으킬 것이다. 이러한 고장의 원인은 주로 메모리오염이나 인터페이스결함과 같은 프로세서모듈요소내의 어떤 결함 때문이다. 메모리오염에 대해서 대부분의 경우 시스템은 정상모듈과 결함모듈을 구별할 수 없기 때문에 이중화 프로세서모듈구조에게 치명적일 수 있다. 메모리오염은 순간적인 에러를 즉시 감지할 수 있는 프로세서유닛을 사용함으로써 크게 감소시킬 수 있다. 프로세서모듈 사이의 지연에러는 입·출력 동작 시에 또한 감지될 수 있다.

이중화 액티브 FT 구조의 출력동작의 경우에 각 프로세서모듈은 입·출력버스 상에 데이터를 싣고 DE(Data Enable)신호를 선언시킨다. 입·출력버스상의 데이터 DE 라인은 오직 프로세서모듈로부터 데이터 DE 신호 모두가 선언될 때만이 선언된다. 데이터 DE 라인이 선언될 때, 입·출력버스로부터의 데이터와 그 자신의 프로세서모듈로부터의 데이터 사이의 비교는 각 프로세서모듈에서 수행된다. 두 프로세서모듈 사이에 불일치가 없다면 정상적인 경우로서 각 프로세서모듈은 입·출력버스 상에 DV(Data Valid)신호를 선언시킨다. 두 프로세서모듈로부터 DV 신호는 또한 입·출력버스 상에 연결 되어진다. 그것은 입·출력버스의 DV 라인을 선언시키며, 이때 각 프로세서 모듈은 그 다음 동작을 수행하며, 입·출력유닛은 입·출력 버스로부터 어드레스 및 데이터를 얻는다. 만약 프로세서 모듈이 서로 일치하지 않는다면, 출력동작은 정지되고, 프로세서 모듈은 그 결함을 발견하기 위하여 진단루틴을 가동한다. 그 진단이 완료될 때 정상 프로세서 모듈은 결함이 있는 프로세서 모듈을 유지·보수버스를 이용하여 오프라인 시킨다. 이 경우 정상 프로세서 모듈은 단일 모듈로 그 동작을 계속하고, 반면에 결함이 있는 프로세서 모듈은 영구적인 결함을 찾기 위해 검사된다. 만약 한 프로세서 모듈이 자신의 DE 신호를 선언시킨 후 정해진 시간 내에 입·출력버스의 DE 라인의 선언을 감지하지 못하면 이 프로세서 모듈은 다른 프로세서 모듈에게 그 사실을 알린다. 이 경우 진단 루틴은 이러한 문제점을 발견하기 위하여 구동된다. 만약 모듈 지연 에러가 발견되었다면 시스템은 이러한 에러를 수정하고 정지된 출력동작을 재 시도한다. 만약 그렇지 않으면 정상 프로세서모듈은 시스템의 복구에 대한 조치를 취하고, 결함이 있는 프로세서모듈은 영구적인 결함에 대해 오프라인 상태에서 검사된다.

이중화 액티브 FT 구조에서 각 프로세서 모듈은 입·출력 버스로부터 데이터를 읽고, 데이터로부터 패리티 워드(parity word)를 생성시키고, 생성된 패리티워드를 각 프로세서 모듈은 입·출력 버스에 싣고 DE 신호를 선언시킨다.

두 프로세서 모듈로부터의 DE 신호는 입·출력버스 상에서 연결되어진다. 입·출력버스상의 DE 라인은 오직 두 프로세서 모듈로부터 DE 신호가 모두 선언될 때만이 선언된다. DE 라인이 선언될 때 입·출력 버스로부터의 패리티 워드와 그 자신의 프로세서 모듈 내의 패리티 워드 간에 비교가 각 프로세서 모듈에서 수행된다. 두 프로세서 모듈 사이에 불일치가 없다면 정상적인 경우로서 각 프로세서 모듈은 입·출력버스 상에 DV 신호를 선언시킨다. 입·출력버스의 DV 라인이 선언될 때 각 프로세서 모듈은 동시에 그 메모리 유닛에 데이터를 전송한다.

만약 한 프로세서 모듈이 DV 신호를 선언한 후, 정해진 시간 내에 DV 라인이 선언된 것을 감지하지 못하면 그 프로세서 모듈은 다른 프로세서 모듈에게 유지·보수버스를 사용하여 그 사실을 알린다. 그때 두 프로세서 모듈 모두가 외부 시스템에게 오류를 알리기 위하여 MF(Module Fault) 신호를 선언시키고 시스템의 복구에 대한 조치를 취한다. 만약 DV 라인과 MF 라인이 모두 정해진 시간 내에 선언되지 않았다면 외부 시스템은 입력 데이터를 재 전송한다. 한편 프로세서 모듈이 그 프로세서 유닛에서 오류를 감지하는 경우에 프로세서 모듈은 결함이 있는 프로세서 모듈을 오프라인 되게 하고, 단일 모듈로서 수행중인 작업을 계속한다. 반면에 결함이 있는 프로세서 모듈은 영구적인 결함에 대하여 검사한다.

(3) 시스템 복구 동작

시스템은 고장 감지 시에 필요한 고장복구 동작을 수행한 후, 다시 정상 가동된다. 그림 3-6은 시스템의 고장복구동작의 흐름 도를 나타낸 것으로서 먼저 시스템 진단이 수행된다. 그 결과에 따라 다음과 같은 시스템의 재통합이 일어나게 된다. 고장 난 프로세서모듈은 오프라인이 되고, 고장 난 프로세서모듈은 새로운 모듈로 교체되거나 수리된다.

단일 프로세서모듈의 동작은 정상 이중화 모듈동작과 동일하게 수행되거나 또는 기존의 단일 프로세서시스템과 동일하게 수행할 수 있다. 전자의 경우, 정상 이중화 모듈동작과 동일하므로 동일한 수행 소프트웨어를 사용할 수 있다는 장점을 갖는다. 반면에 후자의 경우, 시스템 입·출력동작이 단순화되므로 시스템의 성능을 향상시킬 수 있으나 정상 이중화 모듈동작 시와는 다른 별도의 수행 소프트웨어가 필요하다. 이때 정상 프로세서모듈은 단일 프로세서모듈로 동작한다. 프로세서모듈의 결함은 하드웨어를 수리하거나 대체함으로써 제거되고, 동작 중인 프로세서모듈의 메모리내용은 두 프로세서모듈이 정확하게 같은 메모리내용을 유지하도록 하기 위해 복구된 프로세서모듈의 메모리로 복사된다. 메모리복사는 시스템의 정상동작을 방해하지 않고 수행되어야만 한다. 동작 중인 프로세서모듈의 메모리내용은 계속 수정되므로 반복적으로 재복사가 수행된다. 반복적인 재 복사과정은 오직 적은 양의 메모리내용이 복사되기 위해 남겨질 때 정지되어야만 한다. 그때 시스템은 어떠한 인터럽트없이 그 복사를 완료한다. 복사가 완료될 때, 동작 중인 프로세서모듈은 다른 프로세서모듈에게 그 사실을 알린다. 그때 두 프로세서모듈은 잠시 동안 정지되고, 재 동기화되어 정상 모드상태에서 시스템 동작을 다시 시작 한다.

2) 상호 동기화 회로

상호 동기화회로의 구조는 고유용성을 요구하는 이중화 액티브 시스템에 대한 FT 상호동기 클록장치에 관한 것이다. 기존의 핫·스탠바이 시스템에서 사용되는 마스터 동기클록장치에서의 이중화 시스템은 단일 마스터클록에 의해서 구동되므로 마스터 클록장치에 고장이 발생된 경우 이중화 시스템의 전체가 고장상태로 전이된다. 이러한 문제는 시스템의 유용성을 현저히 저하시키는 요인이 된다.

FT 클록 장치는 핫·스탠바이 시스템의 동기클록신호로서 단일 마스터클록만을 사용하는 대신에 이중화 시스템의 각 프로세서모듈로부터 공급되는 모든 클록신호들을 이용하여 생성한다. 정상동작 시 이중화된 두 프로세서모듈로부터 클록신호들의 평균신호가 이중화 시스템의 클록신호로 이용된다. 고장감지 시 정상동작 중인 프로세서모듈의 내부클록만이 이중화 시스템의 클록신호로 이용되므로 시스템의 고유용성을 유지할 수 있다. 상호동기장치는 일시적인 내부클록의 불안정 또는 내부클록장치의 고장으로 인한 급격한 클록신호 변화에 대하여 이전에 발생시킨 클록신호를 기준으로 서서히 변화하도록 설계된다. 따라서 두 프로세서모듈의 클록장치 모두가 고장 나지 않는 한 클록에러로 인해 이중화 시스템의 전체가 고장상태로 전이되는 것을 막을 수 있으므로 시스템의 유용성을 향상시킨다.

이중화 액티브 시스템의 구조는 두 개의 동일한 프로세서모듈과 이중화된 입·출력 버스에 연결되는 입·출력 유닛으로 구성된다.

두 프로세서 모듈은 정상상태 시 서로 동일한 동작을 수행하며 입·출력유닛에 대해 한 개의 프로세서모듈인 것처럼 동작한다. 한편 고장감지 시 먼저 이중화 액티브 시스템은 고장 나지 않은 프로세서모듈을 계속 구동시킴으로써 시스템의 동작이 중지되지 않도록 한다. 이때 고장이 발견된 프로세서모듈은 수리 및 복구동작을 수행한다. 복구가 완료된 후에는 두 프로세서모듈이 이중화 액티브 시스템으로 정상 가동된다. 이중화 액티브 시스템의 두 프로세서모듈이 핫·스탠바이 하에서 서로 동일한 동작을 수행하기 위해서는 두 프로세서모듈에서 각기 사용되는 클록신호들 사이에 정확한 동기가 이루어져야 한다.

프로세서 모듈의 FT 상호동기 클록 장치는 고장감지 내부클록생성기와 상호동기장치로 구성된다. 고장감지 내부클록생성기는 상호동기장치에서 사용될 입력클록 신호를 생성하며, 그 생성기내부의 고정주파수 발진기로부터 급격한 신호변화를 완화시키는 기능과 그 고정주파수 발진기의 고장을 감지시키는 기능을 지니고 있다. 반면에 상호동기장치는 각 프로세서모듈의 고장감지 내부클록생성기로부터 생성된 클록신호를 이용하며, 두 프로세서 모듈 간에 핫·스탠바이를 지원하는 클록신호를 생성하며, 신호는 각 프로세서모듈의 클록신호로서 사용된다.

고장감지 내부클록 생성기는 고정주파수 발진기, 위상 및 주파수비교기, 고장감지장치, 필터 그리고 가변주파수 발진기로 구성된다. 위상 및 주파수비교기는 고정주파수 발진기로부터 신호와 가변주파수 발진기로부터의 신호를 서로 비교하여 그 평균차이 신호는 필터로 보내고, 그 차이신호는 고장감지장치로 보낸다. 필터는 위상 및 주파수 비교기내에서 발생한 잡음을 제거해 주는 저주파 대역필터이다. 가변주파수 발진기는 초기에 고정주파수 발진기와 동일한 주파수를 갖도록 설정된다. 가변주파수 발진기는 필터출력신호를 이용하여 점차적으로 고정주파수 발진기의 위상 및 주파수에 접근해 간다. 즉, 초기에는 고정주파수 발진기와 가변주파수 발진기의 주파수가 서로 동일하므로 위상 접근만이 이루어지며, 고정주파수 발진기의 주파수변화 시 가변주파수 발진기는 위상 및 주파수 접근을 수행한다.

그 가변주파수 발진기로부터 생성된 신호는 각 프로세서모듈의 상호동기장치의 입력신호로 사용된다. 고장감지장치는 위상 및 주파수 비교기로부터 차이신호를 받아 듀티 사이클(duty cycle)을 계산하며, 타이머에서 설정한 시간이 경과한 후에도 듀티 사이클 값이 0.5이하로 감소하지 않는 경우에는 고장발생 신호는 해당 고장감지 내부클록생성기의 외부출력신호를 외부로부터 차단시키고, 해당 프로세서모듈의 프로세서에 고장발생사실을 알려주는데 사용된다.

상호동기장치는 지연보상 부, 위상 및 주파수비교기, 허용범위 검색 부, 신호평균 부, 필터 그리고 가변주파수 발진기로 구성되어 있다.

지연보상 부는 상대편 프로세서모듈로부터 전송되는 클록신호의 전송지연시간을 보상하는 보상부로서 전송지연으로 인해 발생하는 위상보상 값은 시스템 구현 시에 실험을 통해서 얻어진다. 위상 및 주파수 비교기는 고장감지 내부클록 생성기로부터의 신호 간에 위상 및 주파수를 비교하여 두 신호 간에 평균차이신호를 허용범위검색부로 보낸다. 허용범위검색 부는 그 입력신호가 상호동기장치의 정상상태 동작을 유지할 수 있는 허용범위 내에 있는지 검사한다. 만약 그 입력신호가 허용범위 내에 있다면 허용범위검색 부는 그 입력신호를 그대로 신호평균부에 보낸다. 반면에 그 입력신호가 허용범위 밖에 있음이 처음 감지되면 미리 설정된 허용타이머를 구동시키고 "0" 값을 신호평균부에 보낸다. 허용타이머의 설정시간이 완료되기 전에 허용범위 내의 입력신호를 감지하게 되면 허용범위 검색 부는 그 허용타이머를 초기상태로 리셋 시키고, 그 입력 신호를 신호평균부에 그대로 전달한다. 만약 허용타이머의 설정시간이 완료될 때까지 허용범위 밖의 신호가 계속 입력된다면 그 허용범위검색 부는 고장발생 신호 t를 생성하고 '0' 값을 신호평균부로 보낸다. 그 고장발생 신호는 해당 프로세서모듈의 프로세서에게 상호동기장치에서 고장을 감지했다는 사실을 알려주는데 사용된다. 신호평균 부는 두 허용범위검색부들로부터 신호들을 받아서 그 신호들에 대한 평균을 산출하여 출력으로 내보낸다. 필터는 앞 단계들의 신호처리과정에서 발생한 잡음을 제거해 주는 필터로서 저주파 대역필터를 사용한다. 가변주파수 발진기는 초기에 해당 프로세서모듈 내의 고장감지 내부클록 생성기의 고정주파수 발진기와 동일한 주파수를 갖도록 설정된다. 가변주파수 발진기는 그 전단의 필터로부터 신호를 받아 해당 프로세서모듈에서 사용될 클록신호를 생성한다.

연 습 문 제

1. 정보보안시스템 개념에 대해서 설명하시오.

2. 관용 암호화 방식에 대해 설명하시오.

3. 공개 키 암호화 방식에 대해 설명하시오.

4. 전자상거래시스템 개념에 대해서 설명하시오.

5. 전자상거래의 기본 절차에 대해서 설명하시오.

6. 웹 보안 프로토콜에 대해서 설명하시오.

7. 정보압축시스템 개념에 대해서 설명하시오.

8. JPEG 알고리즘에 대해서 설명하시오.

9. 웨이브렛 알고리즘에 대해서 설명하시오.

10. 가상현실시스템 개념에 대해서 설명하시오.

11. VRML에 대해서 설명하시오.

12. FT 시스템의 개념에 대해서 설명하시오.

13. FT 시스템의 구조에 대해서 설명하시오.

14. FT 시스템의 동기화 회로에 대해서 설명하시오.

정보통신망과 시스템

2010년 8월 20일 인쇄
2010년 8월 25일 발행
저 자 강 경 인 저
펴낸이 오 성 걸
펴낸곳 **오성미디어**
주 소 132-916 서울시 도봉구 창 3동 491-1
전 화 02)997-0136
FAX 02)997-0137
등 록 2000. 5. 12 제 7-212 호

ISBN 978-89-92583-82-4 **값 23,000 원**